Versuch
einer
ausführlichen Darstellung
der Lehre
von
den chemischen
Reagentien.

Zunächst als Vorbereitung
auf das
Studium der analytischen Chemie
entworfen
von

August Wilhelm Lindes
ordentlichem Lehrer der Chemie und Mineralogie an der Königlichen Realschule zu Berlin, und Privatlehrer der Pharmacie.

Mit zwei Steindrucktafeln.

Berlin, 1830.
Verlag von Eichhoff und Krafft.

Dr. Schulze Montanus
die
Reagentien
und
deren Anwendung
zu
chemischen Untersuchungen auf nassem und auf trocknem Wege (d. i. mit Anwendung des Löthrohrs).

Vierte Ausgabe.

Nach
einem veränderten und erweiterten Plane bearbeitet,
und durch die bewährten Erfahrungen der berühmtesten Chemiker vermehrt und verbessert

von

August Wilhelm Lindes

ordentlichem Lehrer der Chemie und Mineralogie an der Königlichen Realschule zu Berlin, und Privatlehrer der Pharmacie.

Mit zwei Steindrucktafeln.

Berlin, 1830.
Verlag von Eichhoff und Krafft.

Sr. Hochwohlgeboren

dem Herrn

Dr. E. Mitscherlich

ordentlichem Professor der Chemie an der Friedrich-Wilhelms Universität zu Berlin, Mitglied der Königlichen Akademieen der Wissenschaften zu Berlin, Paris und Stockholm, der Königlichen Gesellschaften in London und Edinburgh etc. etc.

seinem hochverehrten Lehrer

hochachtungsvoll gewidmet

vom

Herausgeber.

Vorrede des Herausgebers.

Wenn ein, wie die Montanus'sche Reagentienlehre vorzugsweise dem Selbststudium bestimmtes Werk in dem Zeitraum von etwa funfzehn Jahren drei Auflagen erlebt, so dürfte dadurch der Werth und die Brauchbarkeit desselben wohl anerkannt sein. Hiervon ausgehend übernahm ich nach dem Tode des den Wissenschaften viel zu früh entrissenen Verfassers, nachdem die dritte Ausgabe bereits einige Zeit vergriffen war, auf Antrag der Verlagshandlung die Besorgung dieser vierten, in ihrem Plane bedeutend veränderten und erweiterten Ausgabe. Ueber die Nothwendigkeit der getroffenen Abänderungen und über die Ansichten, welche mich dabei leiteten, Rechenschaft zu geben, sei der nächste Zweck dieses Vorwortes.

Beinahe zehn Jahre sind seit dem Erscheinen der letzten Ausgabe verflossen, ein gewichtiger Zeitabschnitt für eine in ihrer Entwickelung so rasch fortschreitende Wissenschaft, wie die Chemie. Vieles und wichtiges wurde seitdem durch Berzelius und seine Schüler entdeckt, manches durch sie berichtigt, und grossen Einfluss gewann namentlich die von ihnen aus sich immer mehr und mehr verbreitende Anwendung des Löthrohrs auf den früher so sehr vernachlässigten Gebrauch der Reagentien auf trocknem Wege überhaupt. Dieser letzte Umstand allein würde ausreichen, die Fortschritte darzuthun, welche in diesem Theil des chemischen Wissens in neuester Zeit gemacht worden sind; aber auch ausserdem und von andern Seiten her hat die chemische Reagentienlehre Bearbeiter gefunden, die sie mehr oder minder gefördert haben. Es erschien mir daher als eine unerlässliche Bedingung, dem Werke alles bewährte Neue einzuverleiben, namentlich aber das Verhalten der Reagentien auf trocknem Wege darin ausführlich aufzunehmen, um dadurch zur Verbreitung einer Untersuchungsmethode beizutragen, die bei unorganischen Körpern so sicher und leicht zum Ziele führt, dessenungeachtet aber noch nicht so allgemein benutzt wird, als sie es verdient. Hoffentlich wird es mir dabei nicht zum Vorwurf gemacht werden, dass alles in dieser Beziehung in dem Buche Enthaltene fast wörtlich aus Berzelius Werke: „die Anwendung des „Löthrohrs in der Chemie und Mineralogie, 2. Auflage, Nürnberg 1828" entlehnt worden; denn in der That möchte es ein gewagtes Unternehmen sein, Arbeiten dieses grossen Mannes ergänzen oder verbessern zu wollen. Ueberall aber, wo obiges Werk benutzt worden, dasselbe zu citiren oder darauf hinzuweisen, schien mir eine unnöthige Wiederholung, auch schon der Raumersparniss wegen nicht rathsam.

Indess nicht bloss von dieser Seite her hat die vorliegende Ausgabe im Vergleich zu den früheren bedeutende Zusätze erhalten, sondern auch die Lehre von dem Verhalten der Reagentien auf nassem Wege ist beträchtlich erweitert und viel umfassender vorgetragen worden. Es ist aber bei den einzelnen Reagentien nicht etwa nur eine verbesserte Art ihrer Bereitung, eine gründlichere Prüfung auf Reinheit und tadellose Beschaffenheit angegeben, und die Zusammensetzung und das Mischungsgewicht derselben im Vergleich zum Sauerstoff und Wasserstoff hinzugefügt worden, sondern vorzüglich ist bei einem jeden Reagens mit der grössten Genauigkeit auseinandergesetzt worden, unter welchen Umständen es seine Wirkung äussert, oder nicht; und gerade dadurch, so schmeichelt sich der Herausgeber, dürfte diese Ausgabe eine wesentliche Verbesserung erfahren haben. Besondern Fleiss auf diesen letzten Punkt zu verwenden, schien demselben um so wichtiger, als längere Erfahrung ihn überzeugt hat, dass dem Anfänger des Studiums der analytischen Chemie in der Regel desshalb besonders Versuche misslingen, weil er nicht auf dem Anschein nach unbedeutende Umstände, z. B. den gehörigen Concentrationsgrad des Reagens und der zu untersuchenden Flüssigkeit, die neutrale, saure und alkalische Beschaffenheit derselben u. s. w. gehörig zu achten versteht. Sicher würde der verstorbene Verfasser von den Mängeln seines Werkes in dieser Beziehung (die es übrigens mit den meisten ähnlichen gemein hat) vollkommene Ueberzeugung gewonnen haben, wenn er praktischer Chemiker gewesen wäre. In seinem Verhältniss als blosser Theoretiker konnte er aber das Bedürfniss des angehenden Praktikers eben so wenig kennen, als richtig beurtheilen. Welche grosse Verschiedenheit durch diese gegebene praktische Tendenz zwischen der vorliegenden Ausgabe und den früheren herbeigeführt worden ist, kann leicht ersehen werden, wenn man z. B. den Artikel Schwefelwasserstoff in beiden vergleicht. Dabei könnte es indess auf den ersten Blick gar leicht den Anschein gewinnen, als ob durch diese mehr auf das praktische Bedürfniss gerichtete Bearbeitungsweise dem Buche ein Vorzug verloren gegangen wäre, auf den der verstorbene Verfasser besonderen Werth legte, nämlich Kürze. Ohne den hohen Werth derselben in Abrede stellen zu wollen, schien es jedoch, als ob das Streben danach in einem zum Selbststudium bestimmten Werke nicht zu weit gehen dürfe, damit nicht derjenige, welcher sich des Buches bedient, durch den zu kurzen Vortrag und die allzu fragmentarische Abhandlung der Materien in ein Labyrinth von Ungewissheiten gerathe, aus dem er mit Hilfe seines Führers allein nicht wieder herauszufinden im Stande ist. Dass sich diess aber mit den früheren Ausgaben dieses Werkes wirklich so verhalten habe, darin dürfte mir leicht ein Jeder beistimmen, der sich derselben als Leitfaden bei seinen Veruchen in der analytischen Chemie bedient hat.

Als eine nothwendige Folge der vorgenommenen Umarbeitung des Buches ist es anzusehen, dass Manches aus der vorliegenden Ausgabe verschwunden ist, was sich in den früheren befand. So wird man jetzt die ganze ehemalige dritte Abtheilung vermissen, welche eine Anleitung zur Prüfung pharmazeutischer Präparate, zur Untersuchung mineralischer Wasser, wie auch zur Auffindung metallischer Gifte enthielt. Ohwohl alles dieses streng genommen nicht in ein der Reagentienlehre gewidmetes Werkes gehört, so würde ich doch den genannten Gegenständen gern einen Platz gegönnt haben, wenn Raum zu einer ausführlichen Darstellung vorhanden gewesen, oder eine kurze Anweisung auch nur von einigem wissenschaftlichen Werthe wäre. An ihrer Stelle ist ein alphabetisch geordnetes Verzeichniss der bei Analysen am häufigsten vorkommenden Stoffe getreten, mit Angabe der wichtigsten Reagentien, welche das Dasein dieser Körper zu erkennen geben. Es schien mir diess um so zweckmässiger, als man häufig schon aus dem Aeussern der zu untersuchenden

Verbindung mit einiger Wahrscheinlichkeit einen Schluss auf ihre Bestandtheile machen kann. Die Bestätigung oder Widerlegung einer solchen Vermuthung wird der Anfänger bald finden, wenn er auf den von ihm vermutheten Stoff die bei diesem in der zweiten Abtheilung des Werks angeführten Reagentien anwendet.

Wenn das Buch auf diese Art ein ganz verändertes Ansehn gewonnen hat, und gleichsam ein neues, eigenthümliches Werk geworden ist, so dürfte man mit dem Herausgeber nicht rechten, wenn er dem ältern Titel desselben einen neuen hinzugefügt hat.

Einiger Ungleichheiten wegen, die sich wider Willen in dem Werke befinden, muss ich um Entschuldigung bitten. Vom Anfang an war es nämlich meine Absicht, einem jeden Reagens die chemische Formel in der Ueberschrift beizusetzen, weil sie eine sehr leichte Uebersicht von der Zusammensetzung der Körper gewährt. Diess ist denn auch bis zu den Reagentien, welche Salze sind, geschehen; für diese hatte indess die Druckerei nicht mehr die nöthigen Lettern. Einen Aufenthalt in dem Druck des Buchs eintreten zu lassen, war nicht zulässig; von den Salzen an sind daher diese Formeln weggeblieben. Diesem Mangel ist aber später abgeholfen worden; es befinden sich daher die Formeln aller in dem Werke aufgenommenen Reagentien in einer Tabelle zusammengestellt am Ende des Werkes. Diese Tabelle habe ich zugleich benutzt, um die während des Druckes neu bekannt gewordenen Atomengewichte verschiedener einfacher Stoffe aufzunehmen, und deren Verbindungen danach zu berechnen. Die in der Tabelle aufgeführten Mischungsgewichte sind also überall, wo zwischen ihnen und den im Texte aufgeführten eine Verschiedenheit statt finden sollte, als die richtigern anzusehen.

Ein vollständiges Register, welches diese neue Ausgabe vor den frühern voraus hat, dürfte die Brauchbarkeit derselben noch um vieles erhöhen.

Schliesslich halte ich mich verpflichtet, meinem Jugendfreund, dem Königl. Staabsarzt Herrn Dr. v. Siedmogrodzki öffentlich für die besondere Sorgfalt zu danken, mit welcher er die beschwerliche Correctur des Werkes besorgt hat.

Auch wird gewiss ein Jeder das rühmliche Bestreben der Verlagshandlung, dem Werke durch gutes Papier und schönen Druck ein empfehlendes Aeussere zu geben, wohlwollend anerkennen.

Berlin, im November 1829.

Wilhelm Lindes.

Inhalt.

Einleitung.

Erste Abtheilung.

Die Reagentien und ihre Wirkung überhaupt.

I. Einfache Körper.

A. Nicht metallische Stoffe.

B. Metallische Stoffe.

II. Zusammengesetzte Stoffe.

A. Säuren.

B. Alkalien, Erden und Metalloxyde.

C. Salze.

D. Reagentien aus den organischen Reichen.

Zweite Abtheilung.

Kurze Uebersicht der bei Analysen am häufigsten vorkommenden Stoffe mit Angabe der wichtigsten Reagentien, welche ihr Dasein zu erkennen geben.

Zusätze.

Dr. Montanus

chemische Reagentien.

Herausgegeben

von

Wilhelm Lindes.

Vierte durchaus umgearbeitete, vermehrte und verbesserte Ausgabe.

Einleitung.

Eine kurze Erklärung von dem, was man unter chemische Reagentien versteht, einige Worte über die Erscheinungen, durch welche sich ihre Wirkung unsern Sinnen offenbart, so wie über die Art und Weise ihrer Anwendung im Allgemeinen, muss dem eigentlichen Gegenstand dieser Schrift wohl nothwendig vorangehen. Auch wird es den meisten Lesern hoffentlich nicht unwillkommen sein, dass demnächst eine gedrängte Uebersicht der unentbehrlichsten Instrumente und sonstigen Bedürfnisse zu Untersuchungen auf trockenem Wege (d. i. mit Hilfe des Löthrohrs) folget. Freilich können dem Plane des Werkchens gemäss hier keine ausführlichen Beschreibungen Platz finden, aber auch nur Andeutungen dazu werden ausreichen, auf die Wichtigkeit aufmerksam zu machen, welche Untersuchungen auf trocknem Wege in neuester Zeit erlangt haben.

Begriffsbestimmung eines Reagens.

Chemische Reagentien heissen solche Substanzen, deren man sich bedient, um einerseits die Bestandtheile der Körper zu entdecken, sie ihrer eigenthümlichen Beschaffenheit nach zu erkennen, und von einander zu unterscheiden, und anderseits, die ihrer Natur nach ermittelten Bestandtheile von einander zu trennen, und deren respektive Menge zu bestimmen. Reagentien heissen sie in Betreff der wechselseitigen Einwirkung, die sie auf andere Substanzen ausüben, und wiederum von diesen — vice versa — erfahren.

Da indess hiernach Zweifel darüber entstehen könnten, welcher von den in Wechselwirkung tretenden Stoffen eigentlich für das Reagens zu halten sei, so ist angenommen, jederzeit die bekannte Substanz, durch deren Anwendung eine unbekannte gefunden werden soll, für das Reagens anzusehen. Da aber fast alle, oder doch die meisten Naturkörper wechselseitig auf einander wirken (reagiren), so könnte man alle Reagentien nennen; es ist in der Chemie aber einmal festgesetzt, nur diejenigen Stoffe, welche mit andern Körpern in Berührung gebracht, sehr auffallende charakteristische Veränderungen bewirken, in diese Klasse aufzunehmen, und denen von ihnen den Vorzug zu geben, durch welche noch sehr geringe Mengen einer Substanz mit Sicherheit und Schärfe ermittelt werden können.

Wirkungsart der Reagentien.

Die Erscheinungen, unter denen die Reagentien ihre Wirkung äussern, besonders also die Gegenwart der zu ermittelnden Substanz anzeigen, sind mannigfach verschieden; vornämlich gehören hierher die Entstehung mannichfaltiger Niederschläge (Präcipitate), oder auch nur das Trübewerden einer zuvor klaren Flüssigkeit; ferner Abänderung des zu untersuchenden Körpers in Farbe, Geruch und Geschmack; hin und wieder auch ein Aufbrausen, hervorgebracht durch das Verflüchtigen gewisser Stoffe. Ja selbst als Auflösungsmittel sehen wir sie wirken; kurz der Effekt, den sie auf andere Substanzen äussern, und den sie wiederum erfahren, ist höchst verschieden. Aus der Art dieser Veränderungen wird nach bekannten Gesetzen der chemischen Verwandschaft, und nach Regeln, denen eine lange Erfahrung, Dasein und Sicherheit ertheilt hat, auf die innere Natur und chemische Zusammensetzung der untersuchten Körper geschlossen, nicht selten auch zugleich der Weg entdeckt, die eigentliche Zerlegung (Analysis) solcher Körper zu bewirken.

Empfindlichkeit der Reagentien.

Um so auffallender die erwähnten mannichfaltigen Erscheinungen sind, um so merklicher dieselben für unsre Sinnesorgane eintreten, selbst wenn die absolute Menge der aufzufindenden Substanz äusserst gering ist, um so empfindlicher nennen wir die Reagentien, und um so grösser ist demnach der Werth, den sie zur Entdeckung eines Stoffes besitzen. So sind z. B. metallisches Eisen, Cyaneisenkalium und kaustisches Ammoniak Reagentien für das Kupfer; von denen jedoch unbezweifelt metallisches Eisen für das empfindlichste zu halten ist; denn es überzieht sich selbst dann noch deutlich mit einer Haut von metallischem Kupfer, wenn Cyaneisenkalium, das $\frac{1}{50000}$ Kupfer anzeigt, ohne Wirkung bleibt; kaustisches Ammoniak äussert jedoch seine Wirkung nur bis zum $\frac{1}{5000}$, ist daher unter den genannten Reagentien vom geringsten Werthe.

Empfindlichkeit der Reagentien nennen wir daher überhaupt das Vermögen derselben, bei gleicher Menge der zu untersuchenden Substanzen mehr oder minder auffallende Erscheinungen hervorzurufen, und bestimmen den Grad ihrer Empfindlichkeit nach der relativen Menge der Substanz, welche sie noch anzeigen, wobei jedoch noch auf den Grad der Verdünnung der in Auflösung befindlichen, zu ermittelnden Substanz, wie auch auf den des Reagens, Rücksicht genommen werden muss.

Die Ursach der verschiedenen Empfindlichkeit der Reagentien für ein und die nämliche Substanz ist in mehreren Umständen zu suchen, deren wichtigste der verschiedene Grad der Auflöslichkeit der neu entstehenden Verbindung sein dürfte. Es lässt sich nämlich annehmen, dass um so schwerer lösbar diese, um so grösser auch die Empfindlichkeit des Reagens ist, und diess noch mehr, je beträchtlicher zugleich das spezifische

Gewicht der neuen Verbindung ist. Darin liegt es z. B., dass die Barytsalze bei weitem empfindlichere Reagentien für die Schwefelsäure sind als die Blei- und Kalk-Salze; denn der schwefelsaure Baryt bedarf gegen 43000 Theile Wasser, um gelös't zu werden, und hat zugleich ein spezifisches Gewicht von 4, 4; das schwefelsaure Blei dagegen ist schon in 20000 Theilen Wasser löslich, und besitzt ein spez. Gewicht von 6, 3, der schwefelsaure Kalk hingegen bedarf nur 460 Theile Wasser zur Auflösung, und sein spez. Gewicht ist 2, 3; von den angeführten Reagentien für Schwefelsäure sind daher die Kalksalze als die am wenigsten, die Barytsalze aber als die am meisten empfindlichen anzusehen.

Eine andere Ursache der verschiedenen Empfindlichkeit ist in der Art der Farbenveränderung zu suchen, welche bei der Wechselwirkung der Reagentien eintritt, und zwar in sofern einige Farben bei gleicher Verdünnung das Auge viel merklicher affiziren, als andere; so lässt sich die blaue Farbenveränderung, welche die Kupfersalze durch das kaustische Ammoniak erfahren nur noch bei einer 3000 fachen Verdünnung sicher bemerken, während die röthlichbraune Färbung der Kupfersalze durch das Cyaneisenkalium selbst noch bei 50000 facher Verdünnung deutlich zu unterscheiden ist.

Um indess richtig über den verschiedenen Grad der Empfindlichkeit urtheilen zu können, muss man auch die Zeit berücksichtigen, innerhalb welcher das Reagens seine Wirkung äussert. Einige wirken sogleich, andere plötzlich nach

Verlauf eines kürzeren Zeitraums, und noch andere sehr spät, hin und wieder erst nach mehr als 24 Stunden.

Eintheilung der Reagentien.

Die genaue Kenntniss des Grades der Empfindlichkeit der Reagentien ist für den praktischen Chemiker von höchster Wichtigkeit, denn sie setzt ihn in den Stand, die Reagentien ihrem Werthe nach zu klassifiziren, und sichert ihm die Genauigkeit seiner Untersuchungen, ohne welche seine Arbeiten keinen Werth haben. Dessen ungeachtet bemerkt man häufig, dass besonders Anfänger in der analytischen Chemie diesem Gegenstand nicht die Aufmerksamkeit widmen, welche ihm zukommt, obgleich die Bemühungen sehr verdienter Chemiker, wie eines Fischer, Pfaff u. a. m. in dieser Beziehung nicht hoch genug zu achten sind. Dieses Umstandes wegen sollen die Reagentien nach ihrer Empfindlichkeit in zwei Klassen getheilt werden, nämlich in entscheidende und in bestätigende Reagentien. Entscheidende werden solche genannt, welche nicht bloss die geringste Menge irgend eines Stoffes mit Sicherheit und Schärfe anzeigen, sondern deren Wirkung auch so charakteristisch, so eigenthümlich, ja fast ausschliesslich ist, dass die eingetretene Reaktion schon als ausreichend anzusehen ist, selbst wenn mehrere noch ausserdem angewandte Reagentien entweder ohne Wirkung bleiben, oder doch nicht gerade deutlich die Erscheiuungen zeigen, welche zu erwarten sind. Als ein solch entscheidendes Reagens ist z. B.

für das Zink das Schwefelwasserstoff zu betrachten, weil es unter allen Metallen weiter keins giebt, welches damit einen weissen, in kaustischem Kali unlöslichen Niederschlag (Schwefelzink) hervorbringt; für ein solch entscheidendes Reagens auf Schwefelsäure und schwefelsaure Salze sind die Barytsalze anzusehen, in sofern sie die Gegenwart derselben nicht bloss noch bei 43000 facher Verdünnung anzeigen, sondern auch mit keiner andern Säure einen, in Säuren unlöslichen Niederschlag hervorbringen. Diese Untrüglichkeit, welche den entscheidenden Reagentien ohne Bedenken beigelegt werden kann, ist es, welche nächst dem hohen Grade ihrer Empfindlichkeit vorzugsweise ihren Charakter bestimmt, und wodurch sie sich von der zweiten Klasse, den bestätigenden Reagentien, unterscheiden. Zu diesen sind solche zu zählen, deren Erfolge einzeln, oder an und für sich betrachtet zwar schwankend und unsicher, zusammengenommen jedoch immer noch zu einem einigermassen sichern Schluss auf die Natur der zu ermittelnden Substanz berechtigen. Für das Blei z. B. sind als solche bestätigende Reagentien anzusehen chromsaures Kali, kaustisches Kali, Cyaneisenkalium u. a. m. Betrachtet man die Wirkung dieser einzeln, so giebt es allerdings noch Stoffe, welche ebenfalls mit chromsaurem Kali einen gelben, welche mit kaustischem Kali einen weissen, im Ueberschuss des Fällungsmittels auflöslichen, mit Cyaneisenkalium einen gelblich weissen Niederschlag geben; wenn aber die angeführten drei Reagentien sich gegen eine unbekannte

Substanz in sofern übereinstimmend verhielten, als ein jedes derselben, die ihm eigenthümliche Reaktion bewirkte, so würde man keinen Anstand nehmen, diese Substanz für Blei zu erklären, keineswegcs aber dasselbe Urtheil fällen, wenn nur eins von diesen bestätigenden Reagentien die Wirkung hervorbrächte, welche zu erwarten war. Wenn man zwar beim Blei gerade dieser bestätigenden Reagentien entbehren könnte, da es für dasselbe in der Schwefelsäure und ihren Salzen, ferner in der Oxalsäure und deren Verbindungen recht gute entscheidende Reagentien giebt, so ist es doch um so nothwendiger, sie in den Fällen nicht ausser Acht zu lassen, wo es noch an solchen entscheidenden Reagentien fehlt. Dieses gilt z. B. vom Wismuth, denn das Milchigwerden seiner Auflösungen beim Vermischen mit Wasser, die Eigenschaft, mit kaustischen und kohlensauren Alkalien weisse, mit chromsauren gelbe Niederschläge zu geben, hat es noch mit andern Metallen gemein. Eben so wenig eigenthümlich ist sein Verhalten gegen Schwefelwasserstoff; kurz man sieht, dass es noch an einem entscheidenden Reagens für das Wismuth fehlt, und sich dasselbe nur dadurch erkennen lässt, wenn man die von den angeführten, einzelnen Reagentien bewirkten Reaktionen zusammenfasst, und aus diesen allen, erst einen Schluss auf sein Vorhandensein macht. Aber nicht bloss in solchen Fällen, wie im vorliegenden, wo man sich auf die bestätigenden Reagentien allein beschränkt und angewiesen sieht, sondern auch da, wo es wirklich entscheidende Reagentien giebt, ist es der Vollständigkeit halber gut, neben diesen auch die bestätigenden Reagentien anzuwenden, und das um so mehr, als in der analytischen Chemie kein Mittel zu verachten ist, wodurch die Zuverlässigkeit der erhaltenen Resultate erhöhet und sicher gestellt werden kann. Es soll daher bei Abhandlung der einzelnen Reagentien jederzeit angeführt werden, für welche Stoffe sie in ihrer Wirkung von entscheidendem, und für welche sie nur von bestätigendem Werthe anzusehen sind.

Anwendungsart der Reagentien.

Die Art und Weise der Anwendung der Reagentien kann zwiefach sein. Man bedient sich ihrer nämlich auf nassem und auf trockenem Wege, und zählt zu letztem ihren Gebrauch unter Anwendung des Löthrohrs, ein Verfahren, welches in neuester Zeit, und zwar vornämlich durch die Bemühungen von Berzelius einen so hohen Grad von Vollkommenheit erlangt hat, dass ein Löthrohr in diesem Augenblick zu den unentbehrlichsten Instrumenten für den praktischen Chemiker gehört. Es soll daher dasselbe zuerst seiner Einrichtung nach beschrieben, darauf etwas Näheres über das Brennmaterial gesagt werden, welches beim Arbeiten damit erforderlich ist, ferner über die Unterlage, worauf man den vor dem Löthrohr zu untersuchenden Körper legt, so wie über einige, zu solchen Versuchen unentbehrliche, kleine Instrumente, sodann über das Blasen mit dem Löthrohr selbst, und die Behandlung der Flamme das Nöthige folgen, und schliesslich sollen einige allgemeine Regeln für Löthrohrproben gegeben werden.

Gebrauch der Reagentien auf trockenem Wege.

Vom Löthrohr.

Das Löthrohr der Chemiker ist ein Instrument, dessen sich ursprünglich verschiedene Metallarbeiter bedienten, um damit im Kleinen zu löthen; doch hat ein solches Löthrohr in Form und Einrichtung wenig Uebereinstimmendes mit dem zum chemischen Behuf, da man hier etwas ganz anderes bezweckt.

Die Metallarbeiter brauchen ihr Instrument gewöhnlich nicht länger als wenige Minuten, haben desshalb gar nicht auf das in der Röhre sich ansammelnde Wasser Rücksicht zu nehmen, welches von der ausgeathmeten atmosphärischen Luft herrührt, bei chemischen Arbeiten aber um so lästiger wird, als das Instrument hier viel anhaltender gebraucht wird. Beide Arten des Löthrohrs sind daher schon durch den Wasserbehälter von einander unterschieden, den man blos beim Löthrohr der Chemiker wahrnimmt.

Die zweckmässigste Construktion des Löthrohrs hat der schwedische Chemiker Gahn angegeben, welches hier Fig. 1. abgebildet ist; Fig. 2. zeigt das Instrument auseinander genommen mit seinen vier einzelnen Theilen A. B. C. D. Am besten wird es aus kupferfreiem Silber gearbeitet, gewöhnlich ist es jedoch aus Messing, und zur Vermeidung des unangenehmen Kupfergeschmackes mit einem Mundstück von Elfenbein versehen; auch aus Neusilber wird es zweckmässig angefertigt. Ein gläsernes Löthrohr ist seiner Zerbrechlichkeit wegen nicht zu empfehlen. Die Länge des Instruments ist von der Seheweite desjenigen abhängig, der es brauchen will; es bedarf daher der Kurzsichtige ein weniger langes, als der Weitsichtige. Gewöhnlich ist das Rohr A (inclus. des Mundstückes) 8 Zoll lang; die obere Oeffnung desselben hat $\frac{1}{4}$, die untere $\frac{1}{8}$ Zoll im Durchmesser. Der Wasserkasten B., in welchen das Rohr A. eingesetzt wird, muss $\frac{7}{8}$ Zoll lang sein, $\frac{1}{2}$ Zoll im Durchmesser haben, und da, wo das Rohr C. einpasst, mit einer Hülse versehen sein, die innen eingelöthet, und in welche das Rohr C. kegelförmig eingeschliffen ist; der Rand an diesem Rohr ist bloss wegen des bequemeren Anfassens befindlich. Das Hütchen oder Köpfchen D., gewöhnlich etwas über $\frac{3}{8}$ Zoll lang, welches auf das Rohr C. gesetzt wird, soll aus Platin bestehen; aus Silber schmilzt es zu leicht, und ist nicht gut zu reinigen. Es wird entweder aus einem Stück gedreht, oder aus gewalztem Platinblech zusammengebogen, und mit Gold gelöthet; die auf letzte Art angefertigten leisten dasselbe, und sind um vieles billiger, als die ersten. Hat sich das Hütchen durch den Gebrauch mit Russ überzogen, und ist dadurch seine Oeffnung verstopft, so darf man es nur auf eine Löthrohrkohle legen, und mit Hilfe des Löthrohrs ausglühen, wodurch es wieder rein wird, und sich seine Oeffnung ohne Hilfe einer Nadel öffnet, welche nur dazu beiträgt, die Oeffnung zu erweitern und zu verderben.

Ausser diesem eben beschriebenen Löthrohr hat man noch mancherlei andere Arten; auch ganze Apparate, welche das Blasen mit dem Munde erleichtern oder gar überflüssig machen sollen, sind erdacht. Diese alle sollen indessen hier übergangen werden, besonders aus dem Grunde, weil sie nur von den falschen Begriffen ihrer Erfinder über den eigentlichen Gebrauch dieses eben so einfachen als nützlichen Instruments zeugen.

Das Brennmaterial.

Obgleich jede Flamme bei Arbeiten mit dem Löthrohr zu brauchen ist, so hat doch die einer zweckmässig eingerichteten Oellampe unbedingt den Vorzug; die einer Weingeistlampe giebt nicht den erforderlichen Hitzgrad. Zum Brennmaterial ist Baumöl besser als raffinirtes Rüböl, denn es raucht nicht so stark, und giebt mehr Hitze. Die Löthrohrlampe hat am besten die Einrichtung, welche Fig. 3. mit der Ansicht von vorn abgebildet ist. Sie besteht aus verzinntem Eisenblech, hat eine etwas conische Form, und ist der Reinlichkeit wegen lackirt. Sie ist $4\frac{1}{2}$ Zoll lang, und der Boden an der Vorderseite kürzer als die obere Seite. Diess gewährt die Bequemlichkeit, dass man mit der Probe der Flamme sehr nahe kommen kann, ohne an die Lampe zu stossen. An dem schmalen vorderen Ende b. ist sie $\frac{7}{8}$ Zoll hoch, und hat auf der obern Seite, nahe am Ende, eine runde Oeffnung c. von $\frac{3}{4}$ Zoll im Durchmesser. Diese Oeffnung wird von einem aufgelötheten Rande aus

Messing umgeben, der $\frac{1}{4}$ Zoll hoch und innen mit einer Schraubenmutter versehen ist; man sieht ihn am Ende der Lampe in Fig. 4. Durch diese Oeffnung setzt man den Docht in eine kleine längliche Hülse von Eisenblech ein, welche auf einer niedern Scheibe von demselben Material ruhet, und in die Oeffnung passt. Die Hülse sieht man in Fig. 5. a. von vorn, und b. von der Seite. Der Messingring ist ein wenig weiter als die Oeffnung der Lampe, so dass die Scheibe, auf welcher der Docht mit seiner Hülse liegt, lose auf dem hervorspringenden Rande innerhalb des Messingringes ruht. An dem breitern hintern Ende a. in Fig. 3. hat die Lampe einen Zoll im Durchmesser, und ist hier mit einer Hülse versehen, vermittelst welcher sie auf einen Messingstift befestigt werden kann; diese Hülse sieht man von der Seite Fig. 6. Auf der obern Seite desselben Endes der Lampe befindet sich noch eine zweite, der vorhin erwähnten Oeffnung ganz gleiche, die auf nämliche Weise mit einer Schraube versehen, und zum Einfüllen des Oels bestimmt ist. Beide Oeffnungen sind mit einem Deckel zu verschliessen, der sich in den Messingring einschrauben lässt, und durch ein Leder schliesst, das vorher mit geschmolzenem Wachs getränkt worden ist. Wenn der Deckel festgeschroben wird, so drückt der obere Rand des Messingringes gegen das mit Wachs getränkte Leder, und hält vollkommen fest, so dass, wenn das Oel abgetrocknet worden ist, die Lampe ohne die geringste Gefahr, irgend etwas zu beflecken, aufbewahrt werden kann. Hierbei ist zu merken, dass man nur Wachs gebrauchen muss, um das Leder zu tränken, und dass die Schraubengänge innerhalb nicht etwa ausserhalb sein müssen, weil sonst auch das Leder ausserhalb befindlich sein müsste, und durch die Hitze während des Blasens zerstört werden würde.

Beim Gebrauch der Lampe wird sie auf einen 12 Zoll langen Messingstab, der aus zwei 6 Zoll langen Stücken in der Mitte zusammengeschroben ist, befestigt, und zugleich durch einen eng auf dem Messingstift passenden, durchbohrten Kork bewirkt, dass sich die Lampe nicht zu tief senken, wohl aber nach Willkühr höher oder tiefer gestellt werden kann. Der Messingstab ist unten mit einer Schraube auf einem Kreuze fest gemacht, das aus zwei 7½ Zoll langen und 1½ Zoll breiten Messingstäben besteht. Fig. 7. stellt eine solche, auf ihrem Messingstatif befindliche Löthrohrlampe dar. Während des Arbeitens stellt man sie in eine viereckige mit Papier ausgelegte Schüssel von Schwarzblech, 12 — 14 Zoll im Quadrat, mit ½ Zoll hohen Rändern versehen, und verhütet dadurch, dass von der Unterlage herabfallende Stückchen nicht so leicht verloren gehen.

Die Unterlage.

Um die vor dem Löthrohr zu untersuchenden Substanzen zu befestigen, bedarf man eines Körpers, worauf man sie legt, oder wodurch man sie festhält. Hierzu eignet sich am besten die gut ausgebrannte Holzkohle; eine solche, die noch brennt, raucht und prasselt, taugt dazu nicht. Den Vorzug verdient die vom Fichtenholz, die der

Laubhölzer giebt dagegen nicht bloss zu viele Asche, sondern überdiess eine so eisenhaltige, dass man sie nur alsdann nehmen darf, wenn Fichtenkohle nicht zu haben ist. Weidenkohle kann Fichtenkohle noch am ersten ersetzen. Welcher Art von Kohle man sich auch bedienen mag, so muss man immer diejenige ihrer Seiten nehmen, auf der die Jahresringe hervorstehen, weil sich die Flüsse auf die Oberfläche der andern Seiten zu sehr ausbreiten würden. Da nämlich die Zwischenräume eher verbrennen, als die Jahresringe selbst, so hat das den Vortheil, dass die Probe nur auf diesen liegt, und nur ein Paar Berührungspunkte hat. Die Gruben auf der Kohle werden durch ein konisches Rohr von verzinntem Eisenblech, das an beiden Enden eigends dazu eingerichtete scharfe Kanten hat, eingeschnitten, wodurch sie im Boden nicht bloss glatt, sondern auch sehr regelmässig ausfallen, und, je nachdem das kleinere oder grössere Ende des Rohrs in Anwendung gesetzt, kleiner oder grösser werden. Als Unterlage der zu untersuchenden Substanz ist jedoch die Kohle nicht als die einzige zu betrachten, und es ist nur ein Vorurtheil, wenn man glaubt, dass die Kohle besonders deshalb als Unterlage Vorzüge habe, in sofern sie die Reduktion befördert. Mit demselben und noch besserem Erfolg kann man auch einen $2\frac{1}{2}$ Zoll langen Platindrath brauchen. Die Dicke desselben ist gleichgiltig; um so feiner er ist, um so besser ist er jedoch, nur darf er nicht so fein sein, dass er sich bei starkem Blasen biegt; ist er dagegen zu stark, so entzieht er zu viel Hitze. Will man ihn gebrauchen, so wird er zu einem Oehr gebogen, wie es in Fig. 8. zu sehen ist. Diess Oehr befeuchtet man beim Gebrauch mit Speichel, taucht es in das anzuwendende Flussmittel, welches auf diese Weise daran haftet, und in der Flamme zu einem Tropfen geschmolzen wird, der an der Biegung des Oehrs hängen bleibt. An das erstarrte Flussmittel befestigt man sodann durch Speichel die zu untersuchende Substanz, und erhitzt darauf beide zusammen. So erhält man die zusammengeschmolzene Masse in einem solchen Zustande, dass sich die geringste Farbenveränderung wahrnehmen lässt, und diess ohne alle Täuschung, der man nur zu sehr durch das Liegen der verglasten Masse auf dem schwarzen Boden der Kohle ausgesetzt ist. Es ist daher dieses Verfahren so vollkommen seinem Zwecke entsprechend, dass es in den meisten Fällen die Holzkohle entbehrlich macht, und überall, wo nicht während des Blasens ein Metall reducirt werden soll, mit günstigerem Erfolg anzuwenden ist, als das mit Kohle. Ueberhaupt gilt es als Regel alle Oxydationen und Reduktionen, die bloss in Farbenveränderungen bestehen, auf Platindrath zu verrichten. Endlich muss man darauf halten, dass stets mehrere solcher Dräthe zur Hand sind, damit man sich nicht gezwungen sieht, die darauf sitzende verglaste Probe mit Gewalt abzureissen, anstatt sie allmählig in Wasser sich lösen zu lassen. Auch Platinblech kann als Unterlage gebraucht werden; Platinlöffel sind indess recht gut zu entbehren.

Kleine Instrumente anderer Art, die zu Löthrohrversuchen ebenfalls erforderlich sind.

Unter diesen nehmen Glasröhren und kleine Glaskolben die erste Stelle ein. Die Röhren sind etwa 3 Zoll lang, haben eine Linie im Durchmesser, und sind an beiden Enden offen. Die Probe wird in der Nähe des einen Endes nach einer Seite hin gelegt, etwas geneigt und sodann erhitzt. Die flüchtigen, nach dem Erkalten wieder fest werdenden Bestandtheile des zu untersuchenden Körpers legen sich alsdann im obern Theil der Röhre an, und können so ihrer Natur nach erkannt werden.

In solchen Fällen, wo die zu untersuchenden Körper stark verprasseln (decrepitiren), wählt man lieber einen kleinen Glaskolben, welcher durch das Zublasen des einen Endes einer Glasröhre leicht herzustellen ist. Zum Erhitzen der Röhren und Kölbchen dient eine Spirituslampe; Oellampen beräuchern das Glas nicht bloss zu stark, sondern geben auch nicht den gehörigen Grad von Hitze, wenn man nicht mit dem Löthrohr zugleich bläst. Die zweckmässigste Form ist die in Fig. 9. abgebildete. Es ist eine Art gläserner Flasche mit einem gläsernen Kopf versehen, um das Verdunsten des Weingeistes zu verhüten, wenn die Lampe nicht weiter gebraucht wird. Eine Hülse von Eisenblech, in welcher sich der Docht befindet, wird in die Oeffnung a. eingesetzt.

Zangen. Um die Schmelzbarkeit der Körper zu untersuchen, kommt es oft vor, kleine Stückchen derselben vor dem Löthrohr zu behandeln; werden sie dabei auf die Kohle gelegt, so führt sie der Luftstrom leicht weg, es ist daher besser, sie mit einer stählernen Zange festzuhalten, deren Spitzen aus Platin gearbeitet sind. Fig. 10. stellt eine solche von beiden Seiten vor. a b sind zwei schmale Scheiben von Stahl, von der Form, wie sie die Figur zeigt, welche beide am Ende b einen schmalen Ansatz von Platin b c haben, der durch ein Paar Nägel am Stahl befestigt ist. Diese Scheiben sind in der Mitte durch Nägel mit einem dünnen Eisenstück zusammengefügt, welches zwischen e e liegt, wodurch sie eine doppelte Zange bilden, die am Ende a abstehende, breitere Schenkel von Stahl, und am Ende c zusammenliegende, dünne, schmale Schenkel von Platin hat, welche durch die Federkraft des Stahles im Stücke b c zusammengehalten werden. Um sie zu öffnen, hat jedes Stück von b c seinen Knopf dd, welcher durch das eine geht, und an das andere befestigt ist, auf die Art, dass wenn die Knöpfe d. d. mit dem Daumen und dem Zeigefinger gedrückt werden, die Platinspitzen sich trennen, und die Probe umfassen können, welche nun, wenn das Drücken aufhört, von der eignen Federkraft der Zange festgehalten wird. Die Platinspitzen müssen einigermassen bei b. steif sein, um nicht der Federkraft des Stahles nachzugeben, aber sie müssen in allen Dimensionen gegen c. abnehmen, um nicht durch ihre Masse zu viel Wärme von der Probe abzuleiten. Die Stahlschenkel bei a. müssen gehärtet sein, damit sie nicht rissig oder stumpf werden, wenn man sie braucht, um kleine Stück von den zu untersuchenden Körpern abzubrechen.

Ausser dieser Art Zange hat man noch andere, die entweder entbehrlich, oder auf deren Form zu dem Behuf nichts ankommt, wozu man sie braucht, z. B. den Docht der Löthrohrlampe auszubessern u. s. w.

Um die vor dem Löthrohr reducirten Metallkörner auszuschmieden, bedarf man eines Hammers von gutem gehärtetem Stahl, der an einem Ende rund und polirt, am andern mit einer stumpfen Spitze versehen sein muss, um Probestückchen abzuschlagen.

Den Amboss zum Ausplatten der durch Reduction erhaltenen Metallkörner vertritt ein Parallelepipedum aus Stahl, ungefähr 3 Zoll lang, 1 Zoll tief und $\frac{5}{8}$ Zoll breit. Um darauf die Metallkörner auszuschmieden, ist es am besten, das Metallkorn auf dem Amboss mit dünnem Papier zu bedecken, und mit den Fingern darauf zu drücken. Da, wo das Korn liegt, wird eine Erhöhung im Papier gebildet; worauf man mit den Fingern das Papier festhält, während man das Korn ausschmiedet. Ist das Metall spröde, so bleibt das Pulver auf der Stelle liegen; ist es geschmeidig, so bildet es ein Flitterchen, welches mit den Kanten sich in das Papier befestigt, so dass es auf diese Art festgehalten und geprüft werden kann.

Ein Messer, wozu am besten ein Federmesser mit einzuschlagender Klinge geeignet ist, gehört ebenfalls zu den unentbehrlichsten Instrumenten.

Mit der Spitze desselben, die im Munde etwas angefeuchtet wird, nimmt man die Flussmittel aus ihren Behältern, und mengt damit die zu untersuchende Substanz auf der innern Seite der linken Hand; macht man das Messer magnetisch, so kann es auch als Magnet dienen.

Ein Mikroskop ist nicht minder nöthig, und gilt es als Gesetz, keine Farbe anders zu bestimmen, als durch Anwendung desselben; weil in kleinen Glaskugeln die Reflection des Lichtes von der Kohle eine Modifikation in der Farbe hervorbringt, die unter dem Mikroskop verschwindet. Fig. 11. zeigt die passendste Form. Es hat zwei Gläser von ungleicher Vergrösserungskraft, welche, wie Wollaston gezeigt hat, auf der einen Seite plan sein müssen, um das richtige Sehfeld grösser zu machen. Feilen verschiedener Art, als platte, dreieckige, runde kommen auch häufig in Anwendung.

Nachdem die unentbehrlichsten Instrumente angeführt, soll das Blasen mit dem Löthrohr selbst anschaulich gemacht werden, obgleich ohne praktische Anleitung eines schon Geübten und ohne dessen Zurechtweisung es jemand schwerlich lernen wird.

Beim Gebrauch des Löthrohrs geschieht das Blasen nicht mit den Lungen allein, einmal, weil man es damit nicht lange aushalten würde, und andrerseits weil alles Bemühen zu diesem Zwecke nur nachtheilig für die Gesundheit sein würde. Es geschieht vorzüglich mit den Backenmuskeln, indem man den Mund mit

Luft füllt, und diese hernach vermittelst jener Muskeln durchs Löthrohr drückt. So einfach dies ist, so erfordert es Anfangs doch einige Uebung, ehe man sich gewöhnt, die Muskeln des Mundes nicht gemeinschaftlich mit denen der Brust wirken zu lassen. Das erste, was man versuchen muss, besteht darin, den Mund bei einem fortwährenden Ein- und Ausathmen aufgeblasen zu halten. Man stelle sich vor, dass zwischen den Lippen eine kleine Oeffnung sei, wodurch etwas Luft ausströmen kann, so dass die Backen allmählig ein wenig zusammensinken, während dessen man fortfährt, die Gemeinschaft zwischen der Mund- und Brusthöhle zu verschliessen. Um den Mund wieder zu füllen, braucht man beim nächsten Ausathmen nur wieder durch den Schlund Luft einzulassen, so dass die Backen von Neuem gespannt werden.

Die Luft, welche auf diese Art innerhalb des Mundes leicht zusammengedrückt wird, fährt ununterbrochen fort, durch die feine Oeffnung zu gehen. Das ist es gerade, was beim Gebrauch des Löthrohrs geschehen soll, und die Luft, welche durch die feine Oeffnung des Löthrohrs entweicht, ist gewöhnlich so geringe, dass man nicht nöthig hat, die Mundhöhle bei jedem Athemholen anzufüllen. Im Anfang, ehe man sich daran gewöhnet hat, geschieht es oft mit Schwierigkeit, aber nach einigen Tagen Uebung erlangt man schon Fertigkeit, und hat man das Löthrohr schon einige Zeit hindurch gebraucht, so geht alles vor sich, ohne dass das Athmen auf irgend eine Weise erschwert wird. Die einzige Ungemächlichkeit liegt in dem Müdewerden der Muskeln des Mundes, die ausser der Gewohnheit auch darin zu suchen ist, dass Anfänger gewöhnlich fester, als es nöthig ist, das Mundstück des Löthrohrs zwischen die Lippen nehmen, und heftiger blasen, als es erforderlich ist.

Ist man so weit gekommen, dass man einen beständigen Luftstrom zu unterhalten vermag, so muss man sich üben, ein recht gutes Feuer zu geben, wenn man auf die Flamme der Lampe bläst. Dazu ist jedoch eine genaue Kenntniss der Flamme nöthig, die hier gegeben werden soll.

Betrachtet man die Flamme eines brennenden Lichtes, so findet man sie aus mehreren Theilen zusammengesetzt, von denen deutlich vier zu unterscheiden sind. Fig. 12. stellt eine Lichtflamme vor, wenn nicht darauf geblasen wird. An ihrer Basis erscheint ein kleiner dunkelblauer Theil bb, welcher immer schmaler wird, je mehr er sich vom Docht entfernt, und welcher da ganz verschwindet, wo die Seiten der Flamme gerade aufsteigen. Mitten in der Flamme ist ein dunkler Theil dce, welcher durch den leuchtenden Theil hindurch scheint. Dieser Theil enthält die vom Dochte aufsteigenden Stoffe, die noch nicht mit der Luft in Berührung gekommen sind, und daher noch nicht brennen. Um diesen ist der eigentlich leuchtende Theil der Flamme afa, und an den äussersten Rändern sieht man mit einiger Aufmerksamkeit eine wenig leuchtende dünne Umgebung hgh, welche gegen die Spitze der Flamme breiter wird. Diess ist die Stelle, wo die Verbrennung der brennbaren Gasarten erfolgt, und zugleich der heisseste Theil der Flamme. Bringt man einen feinen Drath von Eisen oder Platin hinein, so sieht man, dass der Drath am stärksten in der Spitze der Flamme glüht, senkt man ihn aber tiefer hinein, so findet man, dass die Stelle, wo der Drath am stärksten glüht, die Punkte sind, wo er in die Flamme und aus derselben geht, das heisst, da wo er sich in der dünnen, wenig leuchtenden Umgebung der Flamme h g h befindet. Hat man einen sehr feinen Drath, so sieht dieser aus, als wäre er um die Dicke mehrerer Durchmesser aufgeschwollen, und diese scheinbare Aufschwellung nimmt in dem Grade zu, je mehr man der Stelle näher kommt, wo der untere blaue Rand der Flamme aufhört, so dass der Punkt, wo die Luft mit ihrem ganzen Sauerstoffgehalt die Flamme trifft, auch die heisseste Stelle ist. Fig. 13. stellt eine Flamme vor, in deren Mitte mit der Spitze eines Löthrohrs Luft hineingeblasen wird, und sehen wir daher vor der Oeffnung des Löthrohrs eine lange, schmale, blaue Flamme b b, welche dieselbe ist, wie b b in Fig. 12, aber nur ihre Form geändert hat, so dass sie nun mitten in einen kleineren Raum concentrirt ist, und einen schmalen Cylinder bildet, anstatt sie vorher eine Hülle der Flamme abgab. Vor der Spitze dieser blauen Flamme ist der heisseste Punkt, gleichwie in der freien Flamme, aber in dieser bildet er einen ringförmigen Gürtel um die Flamme herum, in jener ist er aber in einen Punkt zusammengedrängt, und wird daher weit heisser, schmilzt und verflüchtigt Stoffe, auf welche die freie Flamme gar nicht einwirkt. Hierauf gründet sich die hohe Temperatur, welche sich durch das Löthrohr bewirken lässt. Man lässt hier auf einem kleinen Fleck innerhalb der Flamme das geschehen, was sonst ausgebreitet auf der ganzen äussern Seite derselben vor sich geht, gerade als ob man das Aeussere der Flamme nach innen wendet. Uebrigens trägt auch der umgebende äussere Theil der leuchtenden Flamme noch dazu bei, die Ableitung der erregten Hitze zu verhindern. Es erfordert lange Uebung, bevor man sich mit Sicherheit überzeugt, wo die stärkste Hitze ist; denn ungleiche Körper geben beim Glühen ungleiche Scheine von sich, und muss man sich daher vom Lichte nicht betrügen lassen. Es ist nämlich nöthig, weder zu stark noch zu schwach zu blasen, weil im erstern Fall die Hitze durch den überflüssigen Luftstrom verringert, und im letzten keine gehörige Hitze durch ein zu schwaches Feuer bewirkt wird. Eine sehr hohe Temperatur wird erfordert, theils wenn man die Schmelzbarkeit der Körper untersuchen, theils wenn man verschiedene Metalloxyde reduciren will, die den Sauerstoff sehr festhalten, wie z. B. Eisen- und Zinnoxyd. Aber es ist nicht bloss die hohe Temperatur, welche man mit dem Gebrauch des Löthrohrs beabsichtigt; es giebt noch andere Processe, die eine nicht minder starke Hitze erfordern, z. B. die Oxydation und Reduction, welche sich leicht bewerkstelligen lassen, wiewohl sie einander gerade entgegengesetz sind.

Die Oxydation geschieht, wenn man die Probe vor der äussersten Spitze der Löthrohrflamme erhitzt, wo alle brennbaren Theile oxydirt werden.

Je weiter von der Flamme, desto besser erfolgt die Oxydirung, wenn die Temperatur dabei hinlänglich hoch erhalten werden kann; wobei man jedoch nicht vergessen darf, dass eine zu starke Hitze oft der Oxydirung entgegen wirkt, und diess besonders, wenn die Probe Kohle zur Unterlage hat. Am schnellsten geschieht diess beim anfangenden Glühen.

Die Reduction geschieht am besten mit einer Löthrohrspitze von feiner Oeffnung, welche dabei aber nicht tief in die Flamme eingesenkt werden darf, wodurch sonst eine mehr leuchtende Flamme entstehen würde, deren Theile nicht richtig verbrannt werden, und nicht den Sauerstoff aus der Probe aufnehmen, welche wie in einem brennbaren Gase erhitzt, anzusehen ist. Wenn sich Russ auf die Probe absetzt, so ist diess ein Beweis, dass das Feuer zu rauchig ist, wodurch die Wirkung beim Blasen bedeutend vermindert wird. Man sah früher die blaue Flamme für die eigentlich reducirende an, aber das ist falsch. Es ist eigentlich der leuchtende Theil der Flamme, welcher reducirt; man muss diesen daher auch so auf die Probe leiten, dass er sie von allen Seiten gleich umspielt, und Luft nicht hinzukommen kann; endlich ist noch einmal zu erinnern, dass die Reduction der Probe durch die brennbare Atmosphäre, keineswegs aber durch die Kohle, welche nur als Unterlage dient, erfolgt, denn die Reduktion, welche durch die Kohle in dem Berührungspunkt mit der Probe geschieht, geht eben so gut in der äussern wie in der innern Flamme vor sich.

Das Wesentlichste bei diesen Reaktionsproben besteht darin, sowohl Oxydation als auch Reduction gehörig anstellen zu können, was sich bei einiger Uebung bald lernt. Die Oxydirung ist so leicht, dass man dazu nur die Vorschrift gebraucht, die Reduction hingegen erfordert schon mehr Kenntniss und Gewohnheit in der Beurtheilung der Flamme. Eine gute Uebung, ein gehöriges Reductionsfeuer hervorzubringen, besteht darin, ein Zinnkorn in der Weissglühhitze so zu schmelzen, dass die Oberfläche sich beständig metallisch erhält.

Das Zinn hat ein solches Bestreben sich zu oxydiren, dass, so wie die Flamme nur ein wenig zu Oxydationsfeuer verändert wird, sich Zinnoxyd bildet, wodurch das Metall mit einer unschmelzbaren Rinde bedeckt wird. Man fängt an, sich mit einem kleinen Zinnkorn zu üben, nimmt dann immer ein grösseres, und wird um so mehr Meister in der Kunst, je grösser die Menge des Zinnes ist, die man in der Glühhitze metallisch zu erhalten vermag.

Allgemeine Regeln
für Löthrohrproben.

Rücksichtlich der Grösse der Proben gilt die Regel, dass diese ausreichend ist, wenn die Reaktion daran wahrzunehmen ist, die man sucht, und dass man leichter seinen Zweck mit einer zu grossen als mit einer zu kleinen Probe verfehlt.

Grosse Proben haben einzig Vortheil bei der Reduction von Metallen durch Soda oder durch das Koupelliren; denn alsdann erhält man auch eine grössere Menge von dem Metall, das man sucht, und ist dieses alsdann auch leichter zu prüfen und zu erkennen.

Die Grösse eines grossen Senfkorns ist meist ausreichend. Uebrigens sagt die Erfahrung bald, in welcher Grösse sich die Probe am besten behandeln lässt, besonders wenn man bei kleinen Probestücken das hervorzubringen sucht, was bei grössern nicht gelungen ist. Glückt eine Probe auch mit einem grössern Stück, so erfordert diess doch längere Zeit und stärkeres Blasen, und am Ende bemerkt man Farbe und Schmelzbarkeit gleich gut bei einer kleinen, wie bei einer grossen Probe.

Ehe man die Probe der Wirkung des Flussmittels aussetzt, ist es Regel, ihr Verhalten an und für sich zu untersuchen. Diese Untersuchung geschieht so, dass man

1) die Probe in einem kleinen Glaskolben über der Spirituslampe erhitzt, um zu sehen, ob sie dekrepitirt, Wasser oder irgend einen flüchtigen Stoff giebt

2) sie gelinde vorm Löthrohr mit der Kohle erhitzt, und die in demselben Augenblicke aus dem Feuer genommene Probe beriecht, und wenn ein Geruch zu bemerken ist, nachsicht, ob eine Verschiedenheit desselben im Oxydations- oder Reductionsfeuer obwaltet. So erkennt man z. B. Schwefel und Selen am besten im ersten, Arsenik jedoch besser im letzten.

3) ihre Schmelzbarkeit untersucht. Am meisten sind hierzu Stückchen in Form eines Splitters geeignet, die zugleich einen scharfen Rand haben, welchen man alsdann mit den Platin-Spitzen der

beschriebenen Zange fasst, und gegen die Löthrohrflamme hält. Die unschmelzbaren behalten ihre Ränder alsdann unverändert, die schwer schmelzbaren runden sich ab, und die leicht schmelzbaren fliessen zu einer Kugel zusammen. Sehr schwer schmelzbare Körper behandelt man am besten so, dass man sie mit Wasser anreibt, und einen Tropfen der Mengung auf die Kohle fallen lässt, worauf die ausgebreitete Masse getrocknet und im Oxydationsfeuer erhitzt wird, bis dass sie lose auf der Kohle liegt. So erhält man daraus eine zusammenhängende Platte, die man behutsam zwischen den Platinspitzen der Zange fasst, und sie darauf an den äussersten Rändern in dem stärksten Feuer erhitzt, das man nur hervorbringen kann. Gewöhnlich biegen sich alsdann bei den nicht schmelzbaren die Ränder etwas über, zum Beweise, dass sie nicht absolut unschmelzbar sind, aber durch das Mikroskop zeigt sich bald deutlich, ob sie verglast sind oder nicht. Um die Schmelzbarkeit bei runden Körpern zu untersuchen, legt man sie ohne Weiteres auf die Kohle, wobei sie freilich nicht selten durch ein starkes Blasen fortgeweht werden. Pulverförmige Körper werden mit Wasser zu einem Teig angerührt, der mit der Messerspitze auf der Kohle ausgebreitet wird, und dann so behandelt, wie es von den schwer schmelzbaren Körpern angeführt worden. — Verschiedene Körper, insbesondere Fossilien, können ihr Ansehen und ihre Form verändern, ohne dabei zu schmelzen; einige schwellen auf, wie Borax, andere bilden blumenkohlartige Verästelungen, und von diesen schmilzt ein Theil nach dem Aufschwellen, andere bleiben aufgeschwollen ohne zu schmelzen. Noch andere endlich schmelzen, schäumen, und geben ein blasiges Glas, das von den vielen Luftblasen, die es enthält, unklar wird, obgleich die Glasmasse selbst durchscheinend ist. Was den Grund dieser Erscheinungen anbelangt, so scheinen die blumenkohlähnlichen Anschwellungen von einer durch die Hitze hervorgebrachten Veränderung in der Vereinigungsart der Bestandtheile und in ihren relativen Lagen herzurühren, das Schäumen und Aufblähen aber, das bei einer schon geschmolzenen Masse vor sich geht, scheint bloss in der Entwicklung eines flüchtigen Bestandtheiles in Gasform herzurühren, obgleich es nicht selten bei Verbindungen eintritt, deren genaueste Analyse nicht die Gegenwert eines solchen Stoffes zu erkennen giebt, wie z. B. die Silikate von Kalk. Zuweilen verschwindet es, wenn man darauf bläs't, zuweilen aber fährt es so lange fort, als man die Schmelzung fortsetzt. Im letzten Falle scheint die Ursach darin zu liegen, dass die Probe von der Flamme Kohlensäure aufnimmt, die in Berührung mit der Kohle zu Kohlenoxydgas reducirt wird, und sodann in Blasen davon geht. Jedenfalls verdient der Gegenstand noch eine nähere Untersuchung. Inzwischen giebt das Anschwellen unter der Schmelzung ein gutes Unterscheidungszeichen für sonst einander ähnliche Körper ab.

Bei Anwendung der Flussmittel muss man nicht schnell mit dem Blasen aufhören; denn was anfangs unlöslich zu sein scheint, wird oft nach kurzer Zeit aufgenommen, und nach einigen Minuten vollkommen gelöst. Ferner muss man kleine Portionen zusetzen, und nach der Aufnahme jeder Portion mehr zusetzen, damit das Glas so gesättigt wird, dass sich nichts mehr auflösen kann. Arbeitet man mit Flussmitteln im Reductionsfeuer, so geschicht es manchmal, dass die Kugel in der Zeit, die zu ihrer Abkühlung nöthig ist, Gelegenheit findet, sich von Neuem zu oxydiren, und dadurch das Resultat ungewiss macht. In dem Falle wendet man die Kohle um, stösst die noch flüssige Kugel gegen einen kalten Körper ab, oder wenn das nicht gelingt, so bringt man einen Tropfen Oel darauf, wodurch sie sich gleichfalls abkühlt; hierbei muss man sich jedoch in Acht nehmen, dass sich das Oel nicht etwa verkohlt, und das Glas undurchsichtig macht.

Wenn die Farbe einer geflossenen Perle tief ist, so dass sie dadurch undurchsichtig erscheint, dann pflegt man sie unterscheiden zu können, wenn das Glas am hellen Tage gegen die Lampenflamme in einer gewissen Richtung gehalten wird, da dann die Flamme sich umgekehrt in der Kugel mit der Farbe des Glases zeigt.

Auch kann man mit einer Zange, die platte Schenkel hat, welche vorher erwärmt worden sind, die Kugel platt drücken, ehe sie erstarrt; oder wenn das nicht ausreicht, muss man sie im Augenblick des Erstarrens zu einem so dünnen Drath ausziehen, dass dessen Farbe kenntlich wird.

Uebrigens zeigen die Körper, je nachdem sie in der äussern oder innern Flamme behandelt werden, so wie auch bei der Schmelzung für sich, oder mit Flussmitteln eine Menge Erscheinungen, die verdienen, dass man darauf achtet, und deren Summe bei einer jeden Probe das Resultat bestimmt, das sich aus dem Versuch ziehen lässt. Uebrigens beruht der Aufschluss, den man durch Versuche mit dem Löthrohr über ganz unbekannte Körper enthält, durchaus auf der Bekanntschaft mit der Chemie im Allgemeinen, und besonders mit den Erscheinungen, die durch das Löthrohr hervorgebracht werden, und endlich auf dem individuellen Vermögen, das Charakteristische in den Reactionen zu erkennen, zu verfolgen, und vom Ausserwesentlichen zu unterscheiden, wofür sich keine Regeln geben lassen.

Endlich muss man jeden Versuch wiederholen, und die Resultate von beiden einzeln aufzeichnen, weil es dabei leicht geschieht, dass man einen Umstand übersieht, der einem andern besser in die Augen fällt. Noch besser ist es, wenn zwei Personen, jede für sich, dieselben Versuche anstellen, die gefundenen Resultate mit einander vergleichen, und die Ursach der Verschiedenheit in den Resultaten aufzufinden bemüht sind.

Gebrauch der Reagentien auf nassem Wege.

Um vieles ausgedehnter und wichtiger ist der Gebrauch der Reagentien auf nassem Wege, d. h. in dem Zustande, in welchem das Reagens, oder der zu untersuchende Körper, oder auch beide zugleich sich in tropfbarflüssiger Gestalt befinden. Wenn etwa dieses nicht schon ursprünglich der Fall ist, muss man die in Wechselwirkung kommenden Stoffe in diesen Zustand versetzen, sie flüssig machen, oder auflösen. Die Art und Weise, wodurch sich feste Körper flüssig machen lassen, ist auf doppeltem Wege zu erreichen, entweder dadurch, dass man sie der Einwirkung einer erhöhten Temperatur aussetzt, oder dass man sie mit einem, bei gewöhnlicher Temperatur tropfbarflüssigen Körper verbindet. Jenes ist der Erfolg einer Auflösung auf trockenem Wege (solutio via sicca), dieses der Erfolg einer Auflösung auf nassem Wege (solutio via humida). Eine Auflösung auf trockenem Wege kann nur bei schmelzbaren Körpern statt finden. Da hierauf der Gebrauch der Reagentien mit Hilfe des Löthrohrs beruhet, von dem bereits geredet worden ist, so bleibt hier nur noch von der Auflösung auf nassem Wege zu reden übrig.

Um einen Körper auf diese Weise flüssig zu machen, muss man ihn erst durch mechanische Mittel dazu vorbereiten, ihm nämlich so viele Berührungspunkte als möglich geben. Dieses geschieht dadurch, dass man die Körper mittelst Reiben in das feinste Pulver verwandelt, wozu man sich der Reibschalen von Feuerstein oder Achat bedient, welche ihrer beträchtlichen Härte wegen den darin zu zerreibenden Stoffen nicht leicht etwas von ihrer Masse mittheilen, was bei Mörsern von Serpentin, Porzellan, Glas u. s. w. eher geschieht. Oft sieht man sich jedoch noch ausserdem genöthigt, die zart zerriebenen Körper zu schlämmen, das heisst, durch Anrühren mit Wasser die gröberen Theile von den feinern zu trennen, worauf das geschlämmte Pulver wiederum getrocknet werden muss. Es bedarf übrigens kaum der Erwähnung, dass diess nur bei solchen Körpern anzuwenden ist, die vom Wasser nicht verändert werden.

Hat man dergestalt die festen Körper zur Auflösung vorbereitet, so versucht man sie zuvörderst in reinem Wasser zu lösen, erst in der Kälte, dann in der Wärme. Erfolgt darin keine Auflösung, so versucht man dieselbe durch Anwendung von Säuren zu erlangen, und zwar nimmt man erst Salzsäure, dann Salpetersäure, und im Fall beide ohne Wirkung bleiben sollten, ein Gemisch von beiden (Königswasser). Fluorwasserstoffsäure darf auch nicht ausser Acht gelassen werden, indem sie eine grosse Anzahl von Körpern zu lösen vermag, welche in den übrigen erwähnten Säuren fast unlöslich sind. Wenn aber auch hierdurch der Zweck unerreicht bleiben sollte, so kocht man den mit Wasser angerührten aufzulösenden Körper mit kohlensauren oder kaustischen Alkalien. Nicht selten kommt man aber auch damit nicht aus, und dann ist nichts anders übrig, als den Körper mit seiner 4 bis 5 fachen Menge trocknen kohlensauren Kalis sorgfältig zusammenzureiben, und das Gemenge in einem Platin- oder Silbertiegel der Einwirkung des Feuers auszusetzen. Dieses Verfahren nennt man, den Körper zur Auflösung auf nassem Wege durch Aufschliessen vorbereiten. Schon der Tiegel wegen ist es rathsam, diese Operation nicht zwischen glühenden Kohlen vorzunehmen, sondern sich hier, wie überall, wo es irgend thunlich ist, der Weingeistlampe mit doppeltem Luftzug zu bedienen, was um so allgemeiner ausführbar ist, da auf dieser Lampe noch 15 Gramme eines Kieselfossils durch ein Gemenge von 5 Theilen kohlensauren Kali und 4 Theilen kohlensauren Natron nicht bloss mit Leichtigkeit geschmolzen, sondern auch im vollen Fluss erhalten werden können. Nach dem Erkalten der aufgeschlossenen Masse versucht man es, sie in Wasser zu lösen; sollte noch nicht alles von demselben aufgenommen werden, so wird der unlösliche Antheil für sich in Säuren zu lösen versucht.

Erlangt man auf die eine oder andere Weise eine Flüssigkeit, in welcher weder der eine noch der andere der heterogenen Stoffe auch in den kleinsten Theilen der ganzen Masse mit seinen besondern Eigenthümlichkeiten weiter zu bemerken ist, in der also kein Theil des Ganzen gefunden wird, welcher nicht mit diesem, als Continuum betrachtet, völlig gleichartig (homogen) erscheint, so heisst die Auflösung eine vollkommne oder totale. Eine unvollkommne oder partielle Auflösung nennen wir sie dagegen, wenn in derselben nur einer oder wenige, aber nicht alle Bestandtheile gelöst sind. Das Nichtgelöste entfernt man vom Aufgelösten durch Filtration, und sucht es nach Umständen entweder durch erneute Anwendung des nämlichen oder eines veränderten Auflösungsverfahrens vollkommen in Auflösung zu versetzen.

Wenn ein flüssiger Körper von einem festen so viel aufgelöst hat, dass er bei gleichbleibender Temperatur nichts mehr davon aufnehmen kann, so heisst er gesättigt, und die Auflösung eine gesättigte (saturata). Die Gränze der Sättigung (Sättigungspunkt) wechselt indessen mit dem Grad der Wärme, den der flüssige Körper hat. So werden die meisten Salze vom Wasser bei erhöhter Temperatur reichlicher aufgelöst, als bei niedriger. Wird der Flüssigkeit vom festen Körper noch mehr zugesetzt, so bleibt dieser überschüssige Antheil unaufgelöst, aber doch in feuchter Form. Von dem Zustande der Sättigung hat man den der chemischen Neutralität sorgfältig zu unterscheiden, welches Wort eine beschränktere Bedeutung hat. Hier ist nämlich das Auflösungsmittel jederzeit eine Säure, oder doch ein solcher Körper, welcher die Stelle einer Säure zu vertreten fähig ist; der aufzulösende Stoff aber immer eine salzfähige Grundlage oder Basis von verschiedener Natur. Haben sich diese einander durchaus entgegengesetzten Körper in der Art mit einander chemisch verbunden, dass keiner der beiden Bestandtheile (weder die Basis, noch die Säure), seine ihm im abgesonderten Zustande eigenthümlichen Eigenschaften mehr zeigt, dann heisst die Verbindung eine neutrale; so finden wir z. B. Salpetersäure und Kali im Salpeter neutralisirt. Ist hingegen in einer Verbindung im Verhältniss zur Basis zu wenig von der Säure enthalten, so wird diese durch die Basis sehr stark, die Basis aber durch die geringe Quantität der Säure nur schwach gebunden, und man nennt alsdann eine solche Verbindung basisch, oder sagt, die Basis prädominirt (herrscht vor). Eben so kann umgekehrt die Säure prädominiren, und man nennt alsdann die Verbindung eine saure, oder sagt, die Verbindung hat überschüssige Säure. Nach stöchiometrischen Ansichten ist jedoch der Neutralitätsbegriff ein anderer. Ihnen zufolge heisst jede Verbindung neutral, in welcher sich so viele Atome der Säure befinden, als ein Atom der Basis Sauerstoff-Atome in sich enthält (manchmal auch nur halb so viel). Saure Verbindungen heissen dagegen die, in denen die Zahl der Säureatome die der Sauerstoffatome in der Basis übertrifft, und basische, in welchen das Entgegengesetzte der Fall ist. Demnach betrachten wir die Verbindungen metallischer Basen mit Säuren, welche alle, das salpetersaure Silberoxyd ausgenommen, Lackmus roth machen, als neutrale Verbindungen, während man sie früher für saure ansah.

Um die in einer Auflösung befindlichen festen Stoffe von dem Auflösungsmittel zu trennen, muss man die Auflösung fällen, oder niederschlagen (präcipitiren), und den Niederschlag (Präcipitat) darauf von der Flüssigkeit sondern. Lagert sich der abgeschiedene Stoff wegen seiner specifisch grössern Leichtigkeit oben auf die Flüssigkeit, so nennt man ihn Rahm (Cremor). Die Substanz, durch welche die Fällung hervorgebracht wird (das Fällungsmittel), wird entweder im tropfbarflüssigen oder im gasförmigen Zustande angewandt, seltener in fester Form. Dabei gilt es als Regel, dass die zu fällende Auflösung gehörig verdünnt sei; am besten wird die Fällung in Gläsern, von der in Fig. 14. abgebildeten Form, unternommen. Diese Gläser müssen jedoch recht dünn sein, und vorzüglich einen dünnen Boden besitzen, damit sich die zu fällende Auflösung darin erwärmen lässt, was ohne Gefahr im Sandbade geschehen kann, und, bis auf wenige Ausnahmen, zur bessern Absonderung des Niederschlags eigentlich immer geschehen sollte. Man spart bei solchen Gläsern das Ausgiessen der gefällten Flüssigkeit in andere Gefässe, was gar leicht zu einem Verlust Veranlassung giebt. Sind die Niederschläge so fein zertheilt, dass sie selbst durch ein Filtrum nicht abgeschieden werden können, so ist es besser, sie mit der Flüssigkeit, woraus sie erhalten worden, anhaltend zu digeriren, oder das Uebergehen derselben in einen compacteren Zustand durch ein reichliches Uebermaass von Säure herbeizuführen.

Hat man auf die eine oder andere Weise den Niederschlag zur Absonderung vorbereitet, so unternimmt man diese mittelst des Filtrirens. Es ist dieses eine der wichtigsten Arbeiten in der analytischen Chemie, von deren sorgfältigen Ausführung mehr abhängt, als man glauben sollte. Es sollen daher einige kleine Handgriffe, die gerade nicht allgemein bekannt sind, hier angeführt werden. Das Material zum Filtriren ist Druckpapier, welches nicht mit Leim durchzogen (ungeleimt), und so wenig als möglich Kalk, Eisen oder dergleichen enthalten darf. Wenn man kein Filtrirpapier haben kann, das mit destillirtem Wasser bereitet worden, wie es solches in Schweden giebt, so ist das sogenannte Joseph-Papier zum Ersatz am besten. Je weniger Asche ein solches Papier nach dem Verkohlen und Einäschern hinterlässt, um so besser ist es. Graues Löschpapier ist zu genauen Arbeiten auf keine Weise anwendbar.

Sollte man sich in der Lage befinden, dass ein Filtrirpapier von erwähnter Beschaffenheit nicht zu haben wäre, so müsste man das gewöhnliche ungeleimte Druckpapier vor seiner Anwendung zum Filtriren mit Säure haltigem Wasser sorgfältig auswaschen. Um dem Filtrum die gehörige Form und Grösse zu geben, macht man sich kreisförmige Modelle von Pappe, und schneidet nach diesen die Filtra aus dem Papier, worauf sie durch zweimaliges Falten nach den zwei einander unter einem rechten Winkel durchkreuzenden Durchmessern zusammengelegt werden. Ein Kniffen der Filtra, wodurch viele Falten entstehen, ist in der analytischen Chemie als unzweckmässig zu verwerfen. Die Grösse der Filtra richtet sich nach der Menge der Substanz, welche sie aufnehmen sollen, und nach der Grösse der Trichter. Als allgemeine Regel ist dabei anzunehmen, dass ein Filtrum immer mit der Menge der aufzunehmenden Substanz in Verhältniss stehe, besonders aber nicht etwa zu gross für dieselbe sei; ferner, dass es jederzeit etwas kleiner als der Trichter sei, für den es bestimmt ist. Sind die Filtra grösser, so ist es unmöglich, sie mit ihrem Inhalt gehörig auszuwaschen, und reine Niederschläge zu erhalten, in welchem Fall dann auch die Filtra bei farbigen Substanzen nach dem Trocknen immer oben einen gefärbten Rand werden bemerken lassen, weil es durchaus unmöglich ist, sie da auszuwaschen, wo sie nicht an einem festen Körper (wie das Glas des Trichters) anliegen.

Das Trocknen der Filtra, ehe man den Niederschlag darauf bringt, muss man so viel als möglich vermeiden, und sich nicht anders darauf einlassen, als wenn es unumgänglich nöthig ist, wie z. B. in den Fällen, wo die Natur der darauf befindlichen Substanz das Einäschern des Papiers verbietet. Sonst thut man immer besser, eine bestimmte Menge von dem Druckpapier, dessen man sich zu den Filtris bedient, zu wiederholten Malen zu verkohlen, einzuäschern, und aus den erhaltenen Resultaten das arithmetische Mittel zu nehmen. Auf diese Weise lässt sich mit ziemlicher Gewissheit finden, wie viel eine gegebene Menge Papier an Asche liefert. Wenn es unumgänglich nothwendig ist, den Niederschlag auf ein gewogenes und getrocknetes Filtrum zu bringen, kann das Filtrum in einer Glasröhre so lange über concentrirter Schwefelsäure unter einer Glocke getrocknet werden, bis beim Wiegen mit der Röhre keine Abnahme im Gewicht des Filtrums zu bemerken ist; freilich muss man das Trocknen des Filtrums mit dem Niederschlage nach dem Filtriren auf nämliche Weise vornehmen, weil es sich nicht gerade darum handelt, das Filtrum absolut wasserfrei zu erhalten, sondern es so viel als möglich bei beiden Wägungen gleich schwer zu haben. Aus diesem Grunde kommt man eben so weit, wenn die Filtra in einem Platintiegel getrocknet, und nachdem sie darin bei aufgelegtem Deckel erkaltet sind, sogleich im Tiegel gewogen werden, was nachher auch geschehen muss, wenn das Filtrum den Präcipitat enthält.

Was die Form des Trichters anbelangt, so ist die in Fig. 15. abgebildete offenbar die zweckmässigste; ist der Schnabel des Trichters zu lang, so verzögert diess die Arbeit ungemein. Hat man das Filtrum auf die Weise in den Trichter gelegt, dass es dicht anliegt, so muss man es mit reinem Wasser befeuchten, und mit dem Finger alle Fältchen desselben behutsam durch Streichen entfernen, auch darauf sehen, dass zwischen dem Glastrichter und dem genässten Filtrum kein Zwischenraum bleibe. Stäbchen dazwischen zu legen, ist nicht bloss unnöthig, sondern führt auch leicht einen Verlust herbei, indem gar leicht etwas der vom Niederschlag ablaufenden Flüssigkeit daran hängen bleibt. Noch ist zu bemerken, dass beim Filtriren der Schnabel des Trichters jederzeit dicht am Rande des Glases liegen muss, welches die ablaufende Flüssigkeit aufnehmen soll. Es hat dieses das Gute, dass nicht bloss ein Wassertropfen den andern nach sich zieht, und so das Auswaschen beschleunigt wird, sondern dass auch nicht so leicht etwas durch Spritzen verloren geht.

Um das Aussüssen der Niederschläge auf dem Filtrum zu bewirken, aber auch um die Masse derselben nach Möglichkeit auf dem Grunde des Filtrums zu vereinigen, braucht man ein Stöpselglas, versehen mit einem durchbohrten Kork, in dessen Oeffnung ein, am äussern Ende in eine feine Spitze auslaufendes Glasröhrchen dergestalt eingeschoben ist, dass das weitere Ende sich in der Mündung der Flasche befindet. Das Glas selbst ist bis zu zwei Drittel seines Inhalts mit destillirtem Wasser gefüllt; bläst man nun durch die feine Spitze des Glasrohrs Luft in die Flasche, kehrt sie darauf rasch um, so treibt diese Luftmasse einen Wasserstrahl mit solcher Kraft heraus, dass da, wo er hintrifft, der anhängende Niederschlag auf der Stelle losgewaschen wird. Dass diese eben so einfache als sinnreiche Vorrichtung auch bei andern Gelegenheiten von Nutzen ist, lässt sich leicht erachten. Uebrigens ist es Regel, beim Aussüssen auf das im Filtrum befindliche Präcipitat nicht eher frisches Wasser aufzugiessen, bevor nicht das frühere vollständig abgelaufen ist.

Hat man durch dieses Verfahren den Niederschlag gehörig ausgewaschen, so bringt man ihn, wohl bedeckt, mit Filtrum und Trichter an einen warmen Ort, lässt ihn hier trocknen, und nimmt ihn sodann vom Filtrum ab. Zu diesem Behuf breitet man einen Bogen farbiges, stark geglättetes Papier auf einen Tisch aus, reibt den trocknen Niederschlag mit den Händen behutsam vom Filtrum ab, sammelt ihn auf dem Papier, und schreitet zuerst zum Einäschern des Filtrums. Dazu dient der Deckel eines Platintiegels, auf welchem das zusammengefaltete Filtrum gelegt, und sodann auf der Weingeistlampe zum Glühen gebracht wird. Finden sich Stellen, die längere Zeit, ohne sich einzuäschern, ihren verkohlten Zustand behalten, so nähert man diesen einen kalten Körper, z. B. einen Platinspatel, bewirkt dadurch einen Luftzug, und erreicht dergestalt das Einäschern vollständig und sicher. Der Rückstand vom Filtrum, welcher nicht selten sogar dessen Form beibehalten hat, wird in den Platintiegel zum noch nicht geglühten Niederschlag gebracht, und das Gewicht des letztern bestimmt, nachdem auch er zum Glühen gekommen, und noch warm ist.

Dieses wären die gewöhnlichsten, in der analytischen Chemie so häufig wieder kehrenden Operationen, ohne welche eine Untersuchung auf nassem Wege nicht auszuführen ist. Ihre nähere Beschreibung schien um so nöthiger, als von der sorgfältigen Ausführung derselben die Richtigkeit der Resultate zum Theil mit abhängig ist.

Allgemeine Regeln

beim Gebrauch der Reagentien auf nassem Wege.

Wenn es überhaupt Schwierigkeiten hat, in der praktischen Chemie Regeln von allgemeiner Giltigkeit zu geben, so ist diess besonders hier der Fall. Wenige Regeln möchten nicht eben so viele Ausnahmen erleiden, als Fälle ihrer unbedingten Giltigkeit vorkommen. Dass darf aber kein Beweggrund sein, den Anfänger ohne alle Anleitung zu lassen; daher mögen folgende Regeln hier Platz finden, die bei Anwendung der Reagentien auf nassem Wege zu beobachten sind.

1. Die Auflösungen der Reagentien müssen im Durchschnitt gesättigte, aber nicht verdünnte sein. Will man z. B. in einer Flüssigkeit Kali

durch Weinsteinsäure finden, so muss die gesättigte Auflösung sogar in der Siedhitze bereitet sein. Dieser Satz gilt aber nicht immer; in andern Fällen muss das Reagens gerade umgekehrt recht verdünnt in Anwendung kommen. So lassen sich Baryt und Kalk nur vermittelst einer verdünnten Schwefelsäure sicher von einander unterscheiden, die alsdann bloss mit dem Baryt einen total unlöslichen Niederschlag von schwefelsaurem Baryt hervorbringt, nicht aber den Kalk als Gyps abscheidet, während beide, Baryt und Kalk, von concentrirter Schwefelsäure zugleich präcipitirt werden.

2. Die Reagentien müssen successive zu der zu untersuchenden Flüssigkeit, nicht aber auf einmal in solcher Menge zugesetzt werden, dass das Maximum der vom Reagens hervorzurufenden Veränderungen auf der Stelle eintritt. Uebersieht man diesen Umstand, so gehen dem Beobachter nicht allein die verschiedenen Perioden verloren, nach deren Verlauf erst das Reagens seine Wirkung äussert, sondern man läuft auch Gefahr, dass der zu erwartende Niederschlag durch einen Ueberschuss vom Reagens aufgelöst, und folglich nur temporär sichtbar wird. Für beide Fälle geben die Quecksilberoxydsalze ein Beispiel. Leitet man durch eine Auflösung derselben rasch einen starken Strom von Schwefelwasserstoff, so bemerkt man es nicht, dass der Niederschlag erst weiss, dann gelb und zuletzt vollkommen schwarz wird; man übersieht also vielleicht ein nur den Quecksilberoxydsalzen ausschliesslich eigenes Verhalten, welches der Beobachtung nicht

entgehen kann, wenn man den Schwefelwasserstoff allmählig und recht langsam wirken lässt. So sieht man sich ferner getäuscht, wenn man zu einer Quecksilberoxydauflösung aufgelöstes Jodkalium nicht tropfenweis, sondern sogleich in reichlichem Maasse hinzusetzt. Vergeblich erwartet man alsdann den feurig rothen Niederschlag, weil das Uebermaass vom Reagens ihn gelöst hält.

3. Der Einfluss der Temperatur auf die von den Reagentien hervorgebrachten Veränderungen muss untersucht werden. Nachdem also der Zusatz des Reagens zu der zu untersuchenden Flüssigkeit geschehen ist, muss das Ganze aufgekocht, und von den Veränderungen Notiz genommen werden, welche eintreten. Die Wichtigkeit dieser Regel ergiebt sich recht augenscheinlich bei der Arseniksäure. Leitet man durch ihre Auflösung Schwefelwasserstoffgas, so bemerkt man keine sichtbare Veränderung; sobald aber die mit dem Schwefelwasserstoff in verbundene Flüssigkeit zum Kochen kommt, zeigt sich sogleich der mattgelbe Niederschlag von Schwefelarsenik.

4. Die Zeit darf nicht ausser Acht gelassen werden, in welcher die Reaction erfolgt. Zwar stellen sich in den meisten Fällen die Reactionen sogleich ein, öfters kann man jedoch 24 Stunden und noch länger darauf warten. Die Reaction auf Kali mittelst Weinsteinsäure, besonders wenn es an Schwefelsäure gebunden ist, liefert davon ein Beispiel. Mehrere Stunden vergehen gewöhnlich, ehe sie sich einstellt.

5. **Die Art und Weise der Veränderung**, welche die Reagentien bewirken, ist nicht ausser Acht zu lassen. Man sehe also bei Entstehung eines Niederschlags darauf, ob derselbe körnig, flockig, krystallinisch oder noch sonst anders erscheint. Verschiedene Körper, z. B. kohlensaurer Kalk, Thonerde u. a. m. sind daran leicht zu erkennen.

Endlich müssen die Reagentien chemisch rein sein, d. h. frei von fremdartiger Beimischung, weil widrigenfalls falsche Resultate, aber keine sicheren Anzeigen auf einen bestimmten Stoff erhalten werden. Aus diesem Grunde soll die chemisch reine Darstellung der Reagentien bei jedem derselben mit Deutlichkeit und Kürze angemerkt, und auch hinzugefügt werden, wie man sich von ihrer Reinheit überzeugen kann.

Ueber die Beschaffenheit der Flüssigkeit selbst, welche durch Reagentien untersucht werden soll, lässt sich wenig Allgemeines sagen. Ob sie z. B. neutral, sauer oder basisch sein müsse, hängt eben so sehr von Umständen ab, als ob man sie reichlich mit Wasser verdünnt, oder möglichst concentrirt anwenden muss.

Hierauf kommen wir zum eigentlichen Gegenstand dieser Schrift, und betrachten in der ersten Abtheilung die vorzüglichsten Reagentien — die entbehrlichen werden absichtlich übergangen — nach ihrer Bereitungsart, ihren Eigenschaften, ihrer Zusammensetzung, guten Beschaffenheit und Wirkung im Allgemeinen. In der folgenden wird gezeigt, wie mittelst derselben die bei chemischen Untersuchungen am häufigsten vorkommenden Stoffe aufgefunden werden können. In diesem Abschnitt ist indess die Wirkung der Reagentien nur angedeutet, nicht aber ausführlich beschrieben, wie im ersten. Es wird daher immer nöthig sein, dass wenn Jemand in der zweiten Abtheilung des Werkes die Reagentien erfahren hat, wodurch er sich von dem Dasein eines von ihm vermutheten Stoffes überzeugen kann, diese alsdann in der ersten Abtheilung aufsuche, um sich dort gründlich zu unterrichten, was zu beobachten ist, wenn der Versuch gelingen soll.

Erste Abtheilung.

Die Reagentien und ihre Wirkungen überhaupt.

I. Einfache Körper.

A. Nicht metallische Stoffe.

Sauerstoff. Oxygenium. O.

Vollkommen rein erhält man ihn durch vorsichtiges Erhitzen des mit Wasser angefeuchteten chlorsauren Kali's in einer geräumigen Retorte, und Auffangen des Gases über ausgekochtem Wasser, sobald das Salz in der Retorte zum Fluss gekommen ist.

Er ist ein permanent gasförmiger, farben- geruch- und geschmackloser Körper, durchaus nothwendig zum Athmen, besonders aber dadurch ausgezeichnet, dass die Verbrennung der Körper darin mit viel grösserer Intensität erfolgt, als in der atmosphärischen Luft. Das spec. Gewicht des Sauerstoffgases ist, das der atmosphärischen Luft = 1000 gesetzt, 1,1026.

Das Mischungsgewicht desselben ist = 100; den Wasserstoff zur Einheit genommen, = 16,026.

Vor seiner Anwendung als Reagens hat man es auf Kohlensäure und Stickgas zu prüfen. Die Kohlensäure entdeckt man durch Schütteln des Gases mit Barytwasser, welches vom reinen Sauerstoffgas nicht getrübt werden darf. Stickgas findet man auf die Weise, dass nach Verbrennung einer hinreichenden Menge Phosphor in dem Gase ein gasförmiger Rückstand übrig bleibt. Zeigt dieser auch gerade keine ausgezeichneten Eigenschaften, durch welche man auf der Stelle über seine Natur ins Reine kommen könnte, so wird doch auch das passive Verhalten dazu beitragen, ihn als Stickgas zu erkennen.

Als Reagens braucht man das Sauerstoffgas:

1. um Wasserstoffgas und Wasserstoffhaltige Gase zu erkennen, und die Menge des Wasserstoffs in diesen zu bestimmen; es entsteht nämlich Wasser, aus dessen Gewicht sich der Gehalt an Wasserstoff berechnen lässt.

2. zur Entdeckung des Stickstoffoxydgases (Salpetergas), mit welchem es rothe Dämpfe von salpetriger Säure hervorbringt.

Wasserstoff. Hydrogenium. H.

Zu analytischen Versuchen hinreichend rein erhält man es durch das Auflösen von gereinigtem Zink in verdünnter Schwefelsäure, und Auffangen des Gases über ausgekochtem Wasser. Um die Beimengung von atmosphärischer Luft nach Möglichkeit zu verhüten, muss man nicht nur das sich zuerst entwickelnde Gas entweichen lassen, sondern auch die Gasentbindungsflasche und die dazu gehörigen Röhren ganz mit Wasser anfüllen.

Der Wasserstoff behält unter allen Umständen seine Gasform, ist farben- und geruchlos (etwas übelriechend erhält man das Gas bei dieser Bereitungsart immer), nicht athembar, besitzt ein spec. Gewicht von 0,0688.

Das Mischungsgewicht desselben ist (den Sauerstoff = 100 gesetzt) 6,244. Nimmt man den Wasserstoff zur Einheit, so ist sein Mischungsgewicht = 1000.

Die fremdartigen Stoffe, worauf man das Wasserstoffgas vor seiner Anwendung zu prüfen hat, sind Kohlenwasserstoffgas und atmosphärische Luft. Die Gegenwart des Kohlenwasserstoffgases lässt sich schon aus dem unangenehmen Geruch des Gases abnehmen; sicherer überzeugt man sich jedoch davon, wenn man das Gas mit der doppelten Menge Sauerstoffgas in einem starken Glasrohr verpufft, und dabei einen gasförmigen Rückstand von Kohlensäure erhält, welcher durch das Schütteln mit Barytwasser bald zu erkennen ist. Enthält das Wasserstoffgas atmosphärische Luft, so findet man diese gleichfalls bei der Detonation; reines Wasserstoffgas giebt nämlich keinen Rückstand, ein mit atmosphärischer Luft verunreinigtes dagegen lässt Stickgas übrig. Nach Döbereiner soll sich aus einem dergestalt verunreinigten Wasserstoffgas der Sauerstoff mittelst Platinschwamm entfernen lassen, wenn man ihn eine Zeit lang mit dem Gase in Berührung lässt; freilich bleibt alsdann das Stickgas immer noch damit verbunden, was auf keine Weise wegzuschaffen ist.

Die ausgedehnteste Anwendung des Wasserstoffgases als Reagens ist:

1. zur Ermittlung des Sauerstoffgehalts in den Gasen, namentlich in der atmosphärischen

Luft (Volta'sches Eudiometer). Zu dem Behuf muss indess dem Gase jede Spur von hygroskopischem Wasser sorgfältig entzogen sein, damit nicht etwa das Wasser, in dessen Entstehung hier die Reaction liegt, durch das Reagens selbst hinzugebracht werde. Dieses lässt sich dadurch bewirken, dass man es durch ein mit geglühtem Chlorcalcium angefülltes Rohr streichen lässt.

2. zur Reduction solcher Metalloxyde, die zum Sauerstoff geringere Verwandschaft haben, als das Eisen, z. B. des Kobaltoxydes.

3. auch zur Reduction von Schwefelmetallen ist es unentbehrlich, z. B. des Schwefelantimons, Schwefelarseniks u. s. w. Berzelius neuestes Verfahren bei medico-legalen Untersuchungen den Arsenik in metallischer Form darzustellen, ist darauf gegründet, und wiewohl etwas umständlich, soll man das Metall doch auf diese Weise sicher und ohne Verlust erhalten können. Das von ihm hiezu vorgeschriebene Verfahren besteht in Folgendem. Man knetet das Schwefelarsenik, wie gewöhnlich bei Löthrohrproben, mit überschüssigem kohlensauren Natron und etwas Wasser zusammen, und legt es in eine, an dem einen Ende zur Dicke einer Stricknadel ausgezogenen, und an beiden Enden offenen Glasröhre. Da es schwer ist, dasselbe auf die richtige Stelle in der Röhre zu legen, so streicht man die feuchte Masse von der Messerspitze, womit man sie gemischt hat, auf ein kleines Stück einer ausgezogenen Glasröhre, und schiebt dieses bis auf einen Zoll Entfernung von dem ausgezogenen Ende in die Röhre hinein. Sie wird nun gelinde erhitzt, so dass der Schwe-

felarsenik mit dem Natronsalz zusammenschmilzt. Hierauf leitet man in die Röhre einen schwachen Strom von Wasserstoffgas, welches zuvor über Chlorcalcium gestrichen ist, und sobald die Luft ausgetrieben ist, erhitzt man die, nun aus arsenikschwefeligem Schwefelsalz bestehende Masse mit der Flamme einer Spirituslampe zum vollen Glühen, was man zuletzt noch mit Hülfe des Löthrohrs verstärken kann. Der Arsenik wird vom Wasserstoffgas (indem sich wasserstoffschwefeliges Schwefelarsenik bildet) reducirt, und setzt sich in dem kalten Theil der Röhre ab, woraus er allmählig unter fortdauernder Gasentwickelung durch die Flamme in den ausgezogenen Theil der Röhre getrieben werden kann, wo er spiegelnd wird. Auf diese Weise lässt sich der Arsenik in metallischer Form aus unwägbaren Spuren von Schwefelarsenik darstellen, und sich seinen Eigenschaften nach erkennen. — Es versteht sich von selbst, dass der Wasserstoffgasstrom nur sehr gemässigt sein darf, und dass sowohl die Schwefelsäure als das Zink, woraus man das Gas entwickelt, arsenikfrei sein müssen. Es ist daher hier, wo es sich oft um ein Menschenleben handelt, am sichersten, destillirte (rectificirte) Schwefelsäure oder reine Salzsäure und Eisen zur Entwicklung des Gases zu nehmen.

Phosphor. Phosphorus. P.

Der Phosphor wird fabrikmässig durch trockne Destillation des sauren phosphorsauren Kalks mit $\frac{1}{5}$ Kohle bereitet; im Kleinen ist die Bereitung desselben keineswegen vortheilhaft. Dieser Umstand, so wie auch der, dass er nicht leicht einer Verunreinigung oder Verfälschung ausgesetzt ist, mithin kein Grund existirt, ihn Behufs seiner Anwendung als Reagens selbst zu bereiten, ist hinreichende Veranlassung, hier die umständliche Beschreibung seiner Bereitungsmethode zu übergehen.

Der Phosphor ist ein blassgelber, durchscheinender, fettglänzender Körper von eigenthümlichem Geruch, bei gewöhnlicher Temperatur von Wachsconsistenz, 1,70 spec. Gewicht.

Das Mischungsgewicht desselben ist (den Sauerstoff = 100 gesetzt) 196,155. Nimmt man den Wasserstoff zur Einheit, so ist das Mischungsgewicht desselben = 31,436.

Man findet hin und wieder angeführt, dass der Phosphor mit Schwefel verfälscht vorkomme; diese Angabe widerlegt sich aber schon dadurch, dass, obgleich beide Körper sich leicht und in allen Verhältnissen verbinden, diese Verbindungen doch von ziemlich weicher Consistenz sind, und mit Leichtigkeit das Wasser zerlegen, welches zu ihrer Aufbewahrung dient. Uebrigens liesse sich ein Schwefelgehalt im Phosphor leicht dadurch finden, dass man ihn mit Salpetersäure oxydirte, die Flüssigkeit mit Wasser verdünnte, und darauf versuchte, ob durch eine salzsaure Barytauflösung ein in Säuren unlöslicher Niederschlag (schwefelsaurer Baryt) hervorgebracht würde.

Als Reagens ist er anzuwenden:

1. für mehrere Metalle, die er aus ihren Auflösungen regulinisch abscheidet. Dahin gehören

Tellur, Osmium, Gold, Platin, Palladium, Silber, Quecksilber und Kupfer. Kupferchlorid wird durch ihn bloss zu Chlorür, aber nicht zu Metall reducirt.

2. zur Abscheidung des Sauerstoffs in Gasgemengen, wie in der atmosphärischen Luft (Reboul'sches Eudiometer).

Chlor. Chlorum. Cl.

Man bereitet es am vortheilhaftesten, wenn man ein Gemenge von 60 Th. Kochsalz und 44 Th. gutem Braunstein mit einem Gemisch von 98 Th. concentrirter Schwefelsäure und 50 Th. Wasser in einer Retorte übergiesst, eine mit Wasser gefüllte Vorlage dergestalt luftdicht anlegt, dass die Mündung des Retortenhalses unter Wasser taucht, in den Tubus der Vorlage ein Gasentbindungsrohr luftdicht befestigt, und dasselbe darauf mit seiner Oeffnung unter den Spiegel einer mit heissem Wasser gefüllten pneumatischen Wanne bringt. Nachdem das Lutum getrocknet, erwärmt man die Retorte mit ihrem Inhalt, und fängt das sich entwickelnde Chlorgas in mit ausgekochtem heissem Wasser gefüllten Gefässen auf.

Das Chlor ist in gewöhnlicher Temperatur und bei gewöhnlichem Luftdruck ein gelbgrünes Gas, von erstickendem Geruch, nicht brennbar, äussert eine zerstörende Einwirkung auf alle Pflanzenfarben, ohne Lackmus zu röthen, besitzt nach Gay-Lussac ein spec. Gewicht von 2,42. Durch einen mächtigen Druck wird es, wie Faraday zuerst gezeigt, tropfbarflüssig.

Das Mischungsgewicht desselben, den Sauerstoff = 100 gesetzt, ist 221,325. Nimmt man den Wasserstoff zur Einheit, so ist das Mischungsgewicht desselben = 35,470.

Das Chlor ist ein Reagens:

1. für das ölbildende Kohlenwasserstoffgas, und ein nicht minder gutes Trennungsmittel für dasselbe von dem in Morästen vorkommenden gewöhnlichen Kohlenwasserstoffgas. Unter Mitwirkung des Lichtes zerlegt es zwar beide, das ölbildende Gas zu einer ätherischen Flüssigkeit (Chloräther), das gewöhnliche unter Abscheidung von Kohle zu Salzsäure. Im Dunkeln bleibt jedoch das gewöhnliche Kohlenwasserstoffgas unverändert, und sollte es auch Monate lang mit dem Chlor in Berührung sein; das ölbildende Gas zersetzt sich indess auf nämliche Weise als unter Einfluss des Lichts. Auf diesen charakteristischen Unterschied beruht die von Henry angegebene Trennung des ölbildenden Gases vom gewöhnlichen Kohlenwasserstoffgas. Zu einem Gemenge von beiden wird nämlich an einem dunkeln Ort ein hinreichendes Volumen Chlorgas gebracht, und nach 24 Stunden die Raumveränderung untersucht, deren Grösse alsdann für das ölbildende Kohlenwasserstoffgas in Rechnung kommt. Der Rückstand zeigt den Betrag des im Gasgemenge befindlichen gewöhnlichen Kohlenwasserstoffgases an, aber wohl zu merken, nachdem der etwanige Ueberschuss an Chlor zuvörderst durch kaustisches Kali entfernt worden.

Welchen Einfluss das Chlor auf die von Faraday neuerlichst entdeckten andern drei Verbindungen des Kohlenstoffs mit dem Wasserstoff äussert, ist noch nicht genau untersucht, und eben so wenig, in wie fern die angeführten Reactionen des Chlors dadurch modifizirt werden könnten.

2. auf Kohlenoxydgas, indem es damit unter Einfluss des Lichtes das sogenannte Phosgengas hervorbringt; wodurch es auch zur Trennung des Kohlenoxydgases vom Wasserstoffgas geeignet ist.

3. auf freie Hydroiodsäure, in sofern es daraus das Iod abscheidet.

Von höchster Wichtigkeit ist endlich noch das Chlorgas bei der Analyse von Schwefel-Selen- und Arsenikmetallen; ferner bei Untersuchung der Legirungen des Antimons mit Kobalt, Nikkel, Blei, Kupfer, Silber, Gold und Platin, so wie bei der genauen quantitativen Bestimmung von Kupfer und Quecksilber in einer Verbindung, nachdem man beide zuvor an Schwefel gebunden hat.

Iod. Iodum. I.

Behufs seiner Anwendung als Reagens möchte sich wohl schwerlich jemand veranlasst finden dasselbe selbst zu bereiten, wesshalb seine Darstellungsweise hier übergangen wird.

Das Iod erscheint gewöhnlich in feinen, schwarzgrauen, Graphit ähnlichen, metallisch glänzenden Blättchen, krystallisirt in spitzen rhombischen Octaödern, ist sehr weich und zerreiblich, besitzt bei 17° ein spec. Gewicht von 4,948. Es riecht Chlor-ähnlich, schmeckt scharf, wirkt giftig, schmilzt bei 107°, und kocht bei 175 — 180°, wobei es sich in schön violette Dämpfe von 8,695 spec. Gewicht verwandelt, die sich an kältere Körper als krystallisirtes Iod absetzen. Es färbt Haut und Papier vorübergehend braungelb, zerstört schwach die Pflanzenfarben, und löst sich in 1000 Theilen Wasser zu einer gelbrothen Flüssigkeit auf, reichlicher in Weingeist.

Das Mischungsgewicht des Iod, den Sauerstoff zur Einheit genommen, ist = 768,781. Den Wasserstoff damit verglichen ist es = 123,206.

Bisweilen ist das im Handel vorkommende Iod verfälscht; am gewöhnlichsten dadurch, dass man es mit einer halben bis zu einer ganzen Drachme Wasser auf die Unze anfeuchtet. Man erkennt diess daran, dass sich das Iod an der innern Seite des Glases anhängt. Ein anderer Betrug ist, es mit Kohlenpulver, Graphit oder dergleichen zu vermischen, was sich durch das Verflüchtigen des Iods in einer unten zugeschmolzenen Glasröhre leicht finden lässt; reines Iod darf dabei keine Spur eines Rückstandes geben.

Das Iod ist eins der sichersten Reagentien für die Stärke (Amylum). Es verräth die Gegenwart derselben nach der ungleichen Menge des Stärkmehls durch eine röthliche, violette oder dunkelblaue Farbenveränderung. Diese Reaction tritt ein, entweder wenn man Iod-Flitterchen mit durch Wasser befeuchteter Stärke zusammenreibt, oder wenn man eine spirituöse Auflösung von Iod mit Kleister zusammenschüttelt; die Verbindung beider Körper ist um so leichter in kaltem Wasser lösbar, je reicher sie an Iod ist. Uebrigens wird die Auflösung durch schwefelige Säure, Schwefelwasserstoff und arsenige Säure, durch

Alkalien und ätzenden Quecksilbersublimat ihrer Farbe beraubt, selbige durch einen Zusatz von Mineralsäuren indess meist wieder hergestellt. Verdünnte Säuren wirken fast gar nicht darauf. Das Stärkmehl ist seinerseits ein eben so empfindliches Reagens für das Iod, worüber das Nähere gehörigen Orts gesagt werden soll.

B. Metallische Stoffe.

Um die Gegenwart eines in Auflösung befindlichen Metalles darzuthun, werden verschiedene Metalle als Reagentien angewendet, welche dadurch, dass sie zum Sauerstoff und zu den Säuren grössere Verwandschaft haben als das aufgelöste Metall, dieses in metallischer Form abscheiden. Ein geringer Ueberschuss von Säure beschleunigt diese Operation in hohem Grade; denn im nämlichen Augenblick, wo sich das reducirende Metall mit einer dünnen Schicht des reducirten bekleidet, nimmt ein elektrischer Prozess zwischen beiden seinen Anfang, bei welchem das reducirende Metall fortwährend positiv, das reducirte hingegen negativ elektrisch erscheint. Doch können auch Metalle, welche aus ihren Auflösungen in Säuren sich schwer reduciren lassen, oft sehr leicht aus ihren Auflösungen in Alkalien regulinisch abgeschieden werden. Die Auflösung des Zinnoxydes in Kali, welche durch Blei metallisch gefällt wird, giebt davon ein Beispiel. Im Allgemeinen ist es besser, bei solchen Reductionen concentrirte Auflösungen verdünnten vorzuziehen, und bewirkt man die Ausscheidung der Metalle am schnellsten, wenn das reducirende

Metall gleichsam von der ganzen Säule der Flüssigkeit umgeben ist, d. h. wenn es als Stab oder Drath in die Auflösung hineingestellt wird·

Es kann hier nicht unsere Absicht sein, eine vollständige Uebersicht vom Verhalten regulinischer Metalle zu Metallauflösungen überhaupt zu geben; es genügt vielmehr für unsern Zweck, nur diejenigen Metalle näher zu betrachten, welche nicht blos als Reductionsmittel von entschiedenem Werthe sind, sondern die auch gleichzeitig solche Erscheinungen hervorbringen, dass sie mit Recht zu den Reagentien zu zählen sind.

Diejenigen Leser, welche noch tiefer auf den Gegenstand eingehen wollen, verweisen wir auf Fischers gehaltreiche Abhandlungen in Poggendorf's Annalen B. 4. 6. 8. 9. 10. 12, welche auch hier benutzt worden sind.

Gold. Aurum. Au.

Wiewohl das Gold selbst in den feinsten Kremnitzer Dukaten nicht chemisch rein ist, so eignet es sich doch in den meisten Fällen zu unserm Zweck. Vollkommen reines Gold kann man übrigens erhalten, wenn man Goldmünzen in Königswasser löst, die filtrirte Auflösung mit einer frisch bereiteten Auflösung von Eisenvitriol fällt, das sich abscheidende dunkle Pulver mit Salzsäurehaltigem Wasser aussüsst, trocknet und mit Borax zu einem Metallkorn zusammenschmilzt. Gewöhnlich bedient man sich des Blattgoldes.

Das Gold besitzt eine röthlich gelbe Farbe, starken Glanz, ist das dehnbarste aller Metalle, und hat im geschmolzenen Zustande ein spec. Gewicht von 19,2.

Das Mischungsgewicht des Goldes, den Sauerstoff als Einheit genommen, ist 1243,013. Nimmt man den Wasserstoff zur Einheit, so beträgt das Mischungsgewicht 199,207.

Die Reinheit des Goldes ergiebt sich einmal daraus, dass Königswasser dasselbe ohne die leiseste Spur eines Rückstandes auflöst (Silber) und zweitens daraus, dass die Auflösung, mit caustischem Ammoniak übersättigt, und mit Schwefelammoniak (geschwefelwasserstofftem Schwefelammonium) digerirt, keine Farbenveränderung erfährt (Kupfer).

Das Gold wird in seinem metallischen Zustande und zwar als Blattgold bloss zur Entdeckung der Salpetersäure gebraucht. Man bringt es in dieser Absicht mit der zu untersuchenden Verbindung zusammen, setzt etwas Salzsäure hinzu, wartet ab, ob eine Auflösung erfolgt, und bestimmt aus der Menge des aufgelösten Goldes die Quantität der Salpetersäure.

Silber. Argentum. Ag.

Der beste Weg, es rein zu erhalten, ist der, dass man Silbermünzen in der erforderlichen Menge Salpetersäure auflöst, die filtrirte Auflösung mit Salzsäure fällt, das Chlorsilber durch ein Filtrum absondert, sorgfältig aussüsst und scharf trocknet. Trägt man dasselbe darauf zu kleinen Portionen in doppelt so vieles, zum glühenden Fluss gebrachtes einfach kohlensaures Kali, und erhält das Ganze eine halbe Stunde lang in starker Rothglühhitze, so findet man nach dem Erkalten auf dem Boden des Tiegels ein Silberkorn, welches von der Schlacke gesondert, das reinste Silber ausmacht, und bloss noch zu Stäbchen oder Platten ausgearbeitet werden muss.

Das Silber hat von allen Metallen die weisseste Farbe, ist sehr glänzend, nimmt die schönste Politur an, und hat ein spec. Gewicht zwischen 10,474 bis 10,542,

Das Mischungsgewicht des Silbers ist, den Sauerstoff gleich 100 genommen, 1351,607; den Wasserstoff damit verglichen = 216,611.

Als Reagens braucht man das Silber:

1. zur Entdeckung des Selens, von dem es nach Fischer noch den 30000sten Theil anzeigt, wenn dasselbe als selenigte Säure vorhanden ist. Das Silber verbindet sich dabei mit dem Selen, und schwärzt sich eben so wie vom Schwefel. Ist Selen im Vitriolöl, wie z. B. im Kreslitzer, so entdeckt man es darin auf diese Weise durch ein Silberstäbchen.

2) um die Gegenwart des Osmiumoxyds ausser Zweifel zu setzen. Es ist dafür so empfindlich, dass in verdünnten Auflösungen desselben, die kaum noch einen Geruch haben, das Silber mit verschiedenen Farben anläuft, und zuletzt schwarz wird, ohne dass die Flüssigkeit indess gefärbt würde. Die Verbindung des Osmiums mit dem Silber ist dabei so innig, dass sie durch blosses Erhitzen keinesweges aufgehoben werden kann.

3. bei Löthrohrversuchen zu Reactionen für Hepar oder lösliche Schwefelmetalle.

Quecksilber. Hydrargyrum. Hg.

Das im Handel vorkommende Quecksilber ist in der Regel mit so vielen fremdartigen Metallen verunreinigt, dass man es in diesem Zustande als Reagens nicht brauchen kann; versucht man es zu reinigen, so gelingt diess vollständig nur schwierig. Es ist daher besser, sich auf die Weise ein reines Quecksilber zu verschaffen, dass man ein Gemenge von künstlichem Zinnober mit halb so viel gebranntem Kalk oder statt dessen Eisenfeile in einer gläsernen Retorte destillirt, wobei man jedoch darauf sehen muss, dass der Retortenhals bis unter den Spiegel des in der Vorlage befindlichen Wassers reicht.

Das so erhaltene, vollkommen reine Quecksilber ist bei der gewöhnlichen Lufttemperatur tropfbarflüssig, zinnweiss, stark glänzend, und fliesst stets in vollkommen runden Kugeln, welche sich bei der leisesten Berührung augenblicklich vereinigen; das spec. Gewicht des Quecksilbers ist bei 17° 13,568.

Das Mischungsgewicht desselben, den Sauerstoff zur Einheit genommen, ist 1265,822; mit dem Wasserstoff verglichen, beträgt es 202,863.

Wenn das Quecksilber unrein ist, so findet man die Kügelchen desselben nach dem einen Ende hin zugespitzt, schwer zu einer grössern Kugel vereinbar, und giesst man es auf eine Tasse, so hinterlässt es auf dieser einen schmutzigen Streif. Diese Merkmale mögen ausreichen, ein unreines Quecksilber zu erkennen; wie man die fremdartigen Metalle, als Zink, Wismuth,

Blei und Zinn darin entdeckt, scheint um so weniger hierher zu gehören, als das auf angeführte Weise bereitete Quecksilber solche nie enthalten kann.

Das Quecksilber wird als Reagens gebraucht:

1. unter Zusatz von Salzsäure zur Reduction des Osmiumoxydes. Aus dem Osmiumamalgam, welches man dadurch erhält, scheidet man das Quecksilber durch Destillation.

2. zur Reduction des Platins aus seinen Auflösungen, wodurch dasselbe metallisch und nur mit wenigem Quecksilber verbunden niederfällt. Sogar quantitativ lässt sich auf diese Weise das Platin bestimmen, versteht sich, dass alsdann das Quecksilber durch Verflüchtigung davon geschieden werden muss.

3. zur Reduction des Silbers, worauf die Entstehung des sogenannten Dianenbaums beruht. Uebrigens wirkt es sehr langsam, und reducirt nur die auflöslichen Salze desselben, die unlöslichen kaum, und die ammoniakalischen Doppelsalze gar nicht.

4. um Salpetersäure und salpetersaure Salze zu finden. Die Reaction gründet sich darauf, dass jene das Quecksilber an und für sich, diese aber es unter Zusatz von Schwefelsäure auflösen. Es entwickelt sich Stickstoffoxydgas, das mit der Luft in Berührung rothe Dämpfe von salpetriger Säure giebt, worin hier die Reaction besteht.

Kupfer. Cuprum. Cu.

Wenn japanisches Kupfer, das als rein anzusehen ist, nicht zu haben wäre, muss das im

Handel vorkommende erst gereinigt werden. Man erreicht diess dadurch, dass man es in einem bedeckten Tiegel schmilzt, $\frac{1}{5}$ Salpeter hinzusetzt, und es darauf eine halbe Stunde in Weissglühhitze erhält. Dadurch werden die dem Kupfer beigemischten fremdartigen Metalle, wie Eisen, Blei u. s. w. oxydirt, und gehen in die Schlacke über, welche das Kupferkorn bedeckt. Man gebraucht es sowohl in Platten geschlagen, als auch im gefeilten Zustande.

Das Kupfer besitzt eine eigenthümlich rothe Farbe, starken Glanz, ist sehr hart und elastisch, stark klingend, beträchtlich zähe, hackig im Bruch, und sehr streng flüssig. Das spec. Gewicht des geschmolzenen Kupfers ist 8,788; das des gewalzten 8,878.

Das Mischungsgewicht desselben, den Sauerstoff zur Einheit genommen, ist 395,695; den Wasserstoff damit verglichen, beträgt das Mischungsgewicht 63,415.

Die Reinheit des Kupfers ergiebt sich daraus, dass concentrirte Salpetersäure es ohne Rückstand aufnimmt; ferner dass die Auflösung, mit concentrirter Schwefelsäure und mit Salzsäure vermischt, klar bleibt (Blei und Silber); endlich darf auch Schwefelammoniak (geschwefelwasserstofftes Schwefelammonium) in der Flüssigkeit keine Farbenveränderung mehr hervorbringen, wenn aus der sauergemachten Kupferauflösung Schwefelwasserstoff nichts mehr ausschied, und das Schwefelmetall abfiltrirt worden ist (Eisen und Nickel). Arsenik und Zinn, die auch wohl darin vorkommen, entdeckt man auf die Weise, dass man die zu untersuchende Kupferauflösung mit einem Ueberschuss von Schwefelammoniak (geschwefelwasserstofften Schwefelammonium) präcipitirt und digerirt. Entsteht alsdann in der von den Schwefelmetallen abfiltrirten Flüssigkeit beim Sättigen mit Salzsäure ein gelblicher Niederschlag, so zeigt dieser die gedachten Metalle an.

Das Kupfer dient als Reagens:

1. für das Quecksilber und seine Salze, indem es davon mit einem weissen, in der Hitze flüchtigen Ueberzug bekleidet wird. Es ist so empfindlich, dass man dadurch noch $\frac{1}{20000}$ Quecksilber-Sublimat in einer Auflösung erkennen kann.

2. für das Silber und seine Salze, ebenfalls dadurch, dass es sich mit einer weissen, in der Hitze *unveränderlichen* Haut überzieht, wodurch sich der Ueberzug von dem des Quecksilbers unterscheiden lässt. Uebrigens reducirt es alle Silbersalze ohne Ausnahme, besonders bei Ammoniakzusatz; nach *Gay-Lussac* ist das zuletzt ausgeschiedene Silber jedoch immer mit Kupfer verbunden, und nur das, was zuerst ausgefällt wurde, ganz rein.

3. für die Salpetersäure und die salpetersauren Salze. Die Reaction gründet sich darauf, dass erste an und für sich, letzte unter Zusatz von Schwefelsäure das Kupfer mit Entwicklung von Stickstoffoxydgas auflösen, welches, mit der Luft in Berührung gebracht, rothe Dämpfe von salpetriger Säure giebt.

Die Wismuthsalze werden übrigens durch metallisches Kupfer nicht gefällt, wie diess fälschlich in vielen Lehrbüchern angeführt wird.

Zinn. Stannum. Sn.

Da das im Handel vorkommende Zinn theils durch die Art der Gewinnung, theils durch Verfälschung mit vielen Metallen verunreinigt ist, so muss es gereinigt werden. Man unternimmt diess auf die Weise, dass man Zinnfeile mit einem Ueberschuss von Salpetersäure digerirt, das erhaltene Oxyd mit Salzsäure haltigem Wasser sorgfältig auswäscht, und es nach dem Trocknen bei schwacher Weissglühhitze in einem bedeckten Tiegel unter Zusatz von Kohlenstaub reducirt. Kann man Malacca-Zinn oder englisches Korn-Zinn bekommen, so ersetzt diess das auf obige Weise gereinigte vollkommen.

Das reine Zinn ist bläulich weiss, stark glänzend, hackig im Bruch, knistert beim Biegen (es schreit), ist schwer zu brechen, und hat geschmolzen ein spec. Gewicht von 7,291; je reiner, je leichter ist es.

Das Mischungsgewicht des Zinns ist, den Sauerstoff als Einheit genommen, 735,294; mit dem Wasserstoff verglichen beträgt dasselbe 117,839.

Eine der leichteren und sicheren Methoden, reines Zinn zu erkennen, besteht darin, es zu schmelzen, und zu einer platten Scheibe in eine Form von Stein oder Metall zu giessen; ist das Zinn rein, so ist seine Oberfläche polirt und gleichsam amalgamirt; enthält es aber Kupfer, Blei oder Eisen, so hat die Oberfläche eine matte, weisse Farbe mit noch mattereren Flecken. Um die Metalle kennen zu lernen, welche das Zinn verunreinigen, muss man es in Salzsäure lösen, und darauf achten, ob die gesättigte Auflösung metallische Flocken fallen lässt, die alsdann einen Arsenikgehalt verrathen. Wird die Zinnauflösung von Blutlauge weiss gefällt, so ist das ein Beweis von der Reinheit des Zinnes; wird sie jedoch blau präcipitirt, so verräth dies einen Eisengehalt; fällt sie purpurroth, so zeigt das einen Kupfergehalt; violett einen Gehalt beider (Kupfer und Eisen); trübt endlich schwefelsaures Natron die Auflösung, so verräth dies Blei.

Das Zinn findet Anwendung:

1. zur Reduction einer grossen Anzahl von Metallen, als Antimon, Tellur, Titan, Osmium, Palladium, Platin, Gold, Silber, Quecksilber, Kupfer, Blei, Wismuth u. a. m. Die Erscheinungen, welche damit verknüpft sind, dürfen bloss characteristisch genannt werden a) beim Titan, dessen Auflösungen dadurch purpurroth gefärbt werden; b) beim Osmium, dessen schwach gesäuerte Auflösung ein röthlich schwarzes Pulver absondert; c) beim Palladium, welches braun niederfällt; d) beim Gold, dessen Auflösung purpurroth (Cassius Purpur) erscheint; e) beim Platin, das braunroth niederfällt; f) beim Silber, dessen Auflösung dunkelpurpurbraun, dem Goldpurpur ähnlich, präcipitirt wird.

2. bei Untersuchungen mit dem Löthrohr. Man wählt dazu am besten in dünne Blättchen gewalztes Zinn (Staniol), entweder in schmale Streifen, oder ½ Zoll lange Scheiben geschnitten. Der Zweck ist, in Glasflüssen dadurch den höchsten Grad

von Reduction hervorzubringen, vorzüglich bei geringem Gehalt von solchen Metalloxyden, die zum Oxydul reducirt werden können, und in diesem Zustand ein mehr überzeugendes Resultat geben. Man berührt in dieser Absicht die noch heisse und vorher im Reductionsfeuer behandelte Kugel mit dem freien Ende des vorher aufgerollten Zinnstreifens, welcher dadurch ein wenig geschmolzenes Zinn auf dem Fluss absetzt, und nun schnell im Reductionsfeuer umgeschmolzen wird. Wenn das Zinn hineingekommen, muss man nicht lange darauf blasen, denn theils ereignet es sich, dass das Zinn das Metall ganz abscheiden kann, welches in Form als Oxydul reagiren soll, und alle Reaction aufhören macht; theils kann auch das Zinn in so grosser Menge und namentlich in Phosphorsalz aufgelöst werden, dass es unklar wird.

Zink. Zincum. Zn.

Das im Handel vorkommende Zink enthält Kohle, Schwefel, Arsenik, Kadmium, Blei, Eisen und Kupfer, und lässt daher beim Auflösen in Schwefelsäure allemal einen schwarzen Rückstand; es muss desshalb ein solches Zink erst gereinigt werden. Durch Destillation ist dies nicht möglich, wie Berzelius und Dülong nachgewiesen haben, es ist desswegen besser, das unreine Zink in einem Tiegel zu schmelzen und mittelst eines Holzstabes Schwefel darunter zu rühren, welcher die fremdartigen Metalle in Schwefelmetalle verwandelt, das Zink jedoch von seinen Unreinigkeiten befreit, unter der Schlacke in metallischer Form zurücklässt. Um es zu brauchen, wird es in kleine Stangen gegossen.

Das Zink ist bläulich weiss, von blättrigem Gefüge, stark glänzend, schwierig zu feilen, lässt sich bei 205° pulvern; das spec. Gewicht des geschmolzenen ist 6,861.

Sein Mischungsgewicht, mit dem Sauerstroff verglichen, ist = 403,226, mit dem Wasserstoff = 64,621.

Die Reinheit des Zinks ist daran zu erkennen, dass verdünnte Schwefelsäure es vollkommen aufnimmt; ferner, dass die Auflösung mit kaustischem Kali übersättigt vom Schwefelwasserstoffgas blendend weiss, mit Schwefelsäure übersättigt, durch Schwefelwasserstoffgas aber gar nicht niedergeschlagen wird.

Das Zink zeichnet sich vor den bisher erwähnten Metallen besonders dadurch aus, dass es nicht bloss eine grosse Reihe Metalle aus ihren Auflösungen regulinisch abscheidet, sondern dies auch vollständiger und schneller bewirkt. Von ihnen merken wir uns vornämlich Selen, Arsenik, Antimon, Tellur, Titan, Osmium, Gold, Platin, Palladium, Silber, Quecksilber, Kupfer, Uran, Wismuth, Zinn, Blei, Kobalt, Eisen und Cadmium; Nickel wird dadurch nicht reducirt.

Von den genannten Metallen verhält sich das Zink insbesondere merkwürdig:

a) zum Titan und zu den Titansalzen. Stellt man in ihre, in einem verschlossenen Glase befindliche, mit Salzsäure versetzte Auflösung ein Zinkstäbchen, so nimmt selbige eine Purpurfarbe an, und lässt nach einiger Zeit einen weissen Satz fallen.

b) zum Eisen und seinen Salzen; in sofern nämlich Zink das einzige Metall ist, wodurch das Eisen reducirt werden kann. Die Reduction gelingt gleich gut mit Eisenchlorür und frisch bereitetem Eisenvitriol.

c) zur selenigen Säure (vor Mitscherlichs Entdeckung als Selensäure bekannt). In der mit Salzsäure gesäuerten Auflösung überzieht sich nämlich ein Zinkstäbchen mit einer kupferfarbenen Haut, oder sondert auch wohl schwarzgraue Flocken ab.

Zinkamalgam.

Von Runge ist in neuester Zeit ein Zinkamalgam (aus 1 Theil Zink mit 5 Theilen Quecksilber bereitet), und zwar in Verbindung mit einem Eisenoxydulsalz als ein sehr genaues und untrügliches Reagens auf Salpetersäure und salpetersaure Salze vorgeschlagen worden. Die auf Salpetersäure zu untersuchende Substanz wird nämlich auf ein solches Amalgam gebracht, welches zuvor mit der Auflösung eines Eisenoxydulsalzes übergossen worden, worauf man abwartet, ob in Folge reducirten Eisens, auf dem Amalgam ein schwarzer Fleck zum Vorschein kommt; unterbleibt die Entstehung desselben, so war Salpetersäure oder eine salpetersaure Verbindung nicht vorhanden.

Will man auf diese Weise Flüssigkeiten untersuchen, so müssen sie erst zur Trockne eingedampft werden; freie Salpetersäure muss zuvor an Basen gebunden werden. Kupfer- und Silbersalze verhindern aus leicht begreiflichen Ursachen die Reaction.

Eisen. Ferrum. Fe.

Obwohl Stabeisen und Schwarzblech kein vollkommen reines Eisen sind, so darf man sich ihrer doch in den meisten Fällen, als für unsern Zweck hinreichend gut geeignet, bedienen; wer ein reineres Eisen haben will, kann sich ein solches dadurch verschaffen, dass er Eisenfeile mit dem vierten Theil Hammerschlag unter einer Decke von pulverisirtem grünen Glase bei heftigem Gebläsefeuer zusammenschmilzt. In vielen Fällen bedient man sich Claviersaiten von verschiedener Feinheit.

Das Eisen ist grauweiss, stark glänzend, faserig im Bruch, das härteste und zusammenhängendste aller Metalle, besitzt im Durchschnitt ein spec. Gewicht von 7,7.

Das auf erwähnte Weise gereinigte Eisen ist etwas weisser, auch weicher und zeigt ein spec. Gewicht von 7,8439, welches beim Verarbeiten eher ab- als zunimmt. Das Eisen wird vom Magnet gezogen, und kann auch leicht attractorisch werden. Von einem geringen Antheil Kohle ist es nicht zu befreien.

Das Eisen findet Anwendung:

1. als Reductionsmittel einer grossen Anzahl Metalle, in welcher Hinsicht es jedoch dem Zink nachsteht, welches noch mehrere Metalle reducirt. Durch Eisen werden gefällt: Selen, Antimon, Tellur, Titan, Osmium, Gold, Platin, Silber, Quecksilber, Kupfer, Wismuth und Nickel. Von den

genannten Metallen ist es von entschiedenem Werthe a) für das Selen, indem es sich in der mit Salzsäure gesäuerten Auflösung sogleich mit einer kupferfarbenen Haut überzieht, oder schwarzgraue Flocken daraus absondert; b) für das Titan, in sofern es die mit Salzsäure vermischte Auflösung der Titansäure zuerst purpurroth färbt, nach einiger Zeit jedoch den ganzen Titangehalt mit dunkler Purpurfarbe ausfällt; c) für das Osmium, welches dadurch als ein bläulich oder röthlich schwarzes Pulver niederfällt, das schwebend in der Flüssigkeit erhalten, ihr eine blaue Farbe mittheilt; d) für das Silber, wenn es mit Chlor verbunden ist, und unter Berührung von Wasser damit in Verbindung kommt; indess auch Eisen und Chlorsilber trocken in Berührung gesetzt, reduciren einander vollständig. e) für das Quecksilber, besonders für das Chlorid, worauf die Bereitung eines reinen Quecksilbers mittelst Kochen einer concentrirten Sublimatauflösung in einem eisernen Kessel beruht; f) für Kupfer, wofür ihm die erste Stelle unter allen Reagentien gebührt. Wie schon erwähnt, zeigt es nicht bloss den Kupferhalt, wenn Kaliumeisencyanür (das bekanntlich noch $\frac{1}{50000}$ eines Kupfersalzes verräth) ohne Wirkung bleibt, sondern es äussert auch seine Wirkung sicher und unzweideutig durch die Entstehung einer rothen Kupferhaut, wenn die Flüssigkeit dunkel und undurchsichtig ist, ferner, wenn sie eine grosse Masse fremdartiger Stoffe enthält, welche die Wirkung der übrigen Reagentien entweder ganz und gar verhindern, oder erschweren. Nur darauf muss man sehen, dass die zu untersuchende

Verbindung mässig erwärmt, und schwach sauer sei. In ammoniakalischen Flüssigkeiten wird nach Fischer Kupfer durch metallisches Eisen nicht angezeigt. g) für das Nickel, in sofern diess durch kein anderes Metall reducirt werden kann. Am besten gelingt die Reduction mit dem Chlornickel, woraus das Metall sogar mit seinem eigenthümlichen Glanz abgeschieden wird.

2. bei Löthrohrversuchen a) zur Entdeckung der Phosphorsäure. Die darauf zu untersuchende Probe wird nämlich in Boraxsäure gelöst, und wenn die Masse recht gut zusammengeschmolzen ist, ein Stükchen Eisendrath von etwas grösserem Durchmesser als die Kugel in diese hineingeschoben, darauf ein gutes Reductionsfeuer gegeben. Das Eisen oxydirt sich dabei auf Kosten der Phosphorsäure, wodurch boraxsaures Eisenoxydul, und Phosphoreisen entstehen. Das letztere schmilzt bei einer guten Hitze, und die Probe, die vorher am Eisendrath sich herunterzog, bekommt ihre runde Gestalt wieder, so bald das Phosphoreisen schmilzt. Bei der Abkühlung der Kugel sieht man gewöhnlich in dem auf der Kohle befestigten Theile ein Aufglühen, das von der Krystallisation des Phosphoreisens herrührt. Die weisse Glaskugel wird von der Kohle genommen, auf den Amboss gelegt, und mit Papier bedeckt, durch einen leichten Hammerschlag zerschlagen. Hierbei sondert sich das Phosphoreisen als ein rundes Metallkorn ab, welches sich an die Spitze des magnetisch gemachten Messers anhängt, unter dem Hammer zerspringt, und im Bruche Eisenfarbe zeigt. Nach dem Eisengehalt ist

dies Korn mehr oder minder spröde, lässt sich hin und wieder sogar ausplatten, und verträgt einen Hammerschlag, ehe es zerspringt. Wenn hingegen die Probe keine Phosphorsäure enthält, so fällt der Eisendrath mit Beibehaltung seiner Drathform und glänzenden Oberfläche aus der Probe heraus, und ist nur an den Enden verbrannt, die aus der Kugel hervorragten. Ein Gehalt von Phosphorsäure, der etwa nur 4 bis 5 Procent beträgt, kann auf diese Weise nicht entdeckt werden, weil dadurch nicht so viel Eisen geschmolzen werden kann, als ein sicheres Resultat erfordert.

b) um Metalle aus den Flüssen auszufällen, oder sie von Schwefel oder beständigen Säuren zu scheiden, wie Gahn und Bergmann zuerst gelehrt haben, und sich dazu Claviersaiten von Nr. 6, 7 und 8 bedienten. Die Metalle, welche auf diese Weise abgeschieden werden können, sind Kupfer, Blei, Nickel und Antimon. Man unternimmt dies auf die Weise, dass man ein kleines, abgekniffenes Stückchen Eisendrath in die zu untersuchende, geschmolzene Probe legt und darauf bläst. Das Eisen überzieht sich alsdann mit dem Metall, das reducirt wird, und das oft an der Kante des Flusses in Form von kleinen Kugeln hervorkommt.

3. zur Reduction des Schwefelarseniks bei medico-legalen Untersuchungen. Man nimmt dazu ebenfalls Clavierdrath, und zwar von Nr. 11.

Das Verfahren hiezu besteht in Folgendem. Man bringt eine geringe Menge Schwefelarsenik auf den Boden einer ausgezogenen Röhre, und legt ein Zoll langes Stück des Clavierdrathes Nr. 11 hinein, so dass es gerade den Schwefelarsenik berührt. Der Stahldrath wird durch Erhitzen der Röhre über einer Spirituslampe glühend gemacht, und die Hitze allmählig so verstärkt und geleitet, dass der Schwefelarsenik in Dampfgestalt langsam über das glühende Eisen hinstreicht. Man erhält Schwefeleisen und sich sublimirenden metallischen Arsenik. Eine Hauptsache dabei ist, dass die Operation langsam gehe. Eisenfeilspähne taugen nicht, weil der Arsenik davon gebunden, und kein metallischer Anflug erhalten wird. Berzelius hat in neuester Zeit dies Reductionsverfahren wieder verworfen und angeführt, dass es von höchst unbedeutenden Umständen abhängig, oft missglücke, und dass namentlich der Arsenik vom Eisen häufig absorbirt werde. Eine häufige Wiederholung dieses Verfahrens, freilich mit einigen Modificationen, hat uns die gerügten Mängel nicht bemerken lassen, und können wir nicht umhin, dieser durch ihre Einfachheit sich besonders empfehlenden Methode vor der Pag. 52 beschriebenen, viel umständlichern den Vorzug zu geben.

II. Zusammengesetzte Körper.

A. Säuren.

Schwefelsäure. Acidum sulphuricum. SO^3.

Von dieser Säure, in Hinsicht ihres starken und mannigfaltigen Verbrauchs der ersten und vorzüglichsten aller Säuren, werden zwei verschiedene Sorten verkauft. Die eine, welche man gewöhnlich die Nordhäuser nennt, erhält man aus dem Eisenvitriol nach vorhergegangnem Erhitzen an der Luft, durch Destillation; daher ihr Name Vitriolsäure, Vitriolöl, auch kurzweg Oleum. Sie ist hellbräunlich von Farbe, stösst an der Luft erstickende Dämpfe aus, ist höchst ätzend, und wegen ihres Gehalts an wasserfreier Schwefelsäure zu verschiedenen Zwecken unentbehrlich. Wenn man sie destillirt, und die Vorlage durch künstliche Mittel stark abkühlt, verdichtet sich in dieser die wasserfreie Schwefelsäure, zu einem Asbestartig strahligen Körper, und die rückständige flüssige Schwefelsäure erscheint weiss. Eine zweite Art von Schwefelsäure ist die sogenannte Englische, welche durch Verbrennung des Schwefels mit Salpeter erhalten wird. Sie ist gewöhnlich ungefärbt, und raucht an der Luft nicht, weil ihr die wasserfreie Schwefelsäure fehlt.

Weder die eine noch die andere Art der Schwefelsäure können so, wie wir sie aus den Fabriken erhalten, zu chemischen Untersuchungen anderer Körper angewendet werden, sondern müssen erst rectificirt, d. h. im reinen Zustande dargestellt werden.

Dies geschieht also: man treibt aus verkäuflicher Schwefelsäure, wenn sie rauchend ist, durch Erhitzung zuvörderst die wasserfreie Schwefelsäure aus. Mit der rückständigen Säure füllt man eine Glasretorte bis zu $\frac{2}{3}$ ihres Inhalts, legt sie einen Zoll hoch auf Sand in die Kapelle, bedeckt sie ganz mit Sand, und legt eine Vorlage ohne Verküttung an. Der Retortenhals sei kurz, und werde bis in die Wölbung der Vorlage geschoben. Man destillire anfangs bei mässigem Feuer, giesse das zuerst erhaltene Destillat weg, verstärke die Hitze allmählig, hüte sich jedoch vor einer übermässigen Hitze, bei welcher die Dämpfe sich zu häufig entwickeln. Indem so die Säure in der Retorte immerfort gelinde kochend erhalten wird, geht sie in Dampfgestalt in die Vorlage über, und condensirt sich hier wieder zu liquider und gereinigter Schwefelsäure; die ihr beigemischten fremden Stoffe bleiben aber in der Retorte zurück. Wählt man zur Rectification englische Schwefelsäure, so ist die Destillation desshalb nicht ganz gefahrlos, weil das darin enthaltene schwefelsaure Bleioxyd sich im Verlauf der Operation allmählig absondert, und vermöge seiner Schwere zu Boden sinkt. Dadurch entsteht nun ein heftiges stossweises Kochen, das entweder die Retorte zertrümmert, oder ihren Hals und die Vorlage sprengt, indem bei jedem Stosse eine Menge heisser Dämpfe mit Heftigkeit übergetrieben werden. Dem lässt sich jedoch sehr leicht vorbeugen, wenn man eine Parthie grüner Glasscherben in die zur Rectifikation der Schwefelsäure bestimmte Retorte bringt, an welche sich nunmehr das schwefelsaure Bleioxyd anlegt, nicht mehr zu Boden fällt, und so das stossweise Kochen verhindert. Auf diese Weise lassen sich Quantitäten von 15 bis 20 Pfund Schwefelsäure auf einmal ohne alle Gefahr rectificiren.

Die rectificirte Schwefelsäure ist eine helle, durchsichtige Flüssigkeit, farben- und geruchlos, von ölartiger Consistenz, völlig frei vom erwähnten rauchenden Wesen (wasserfreier Schwefelsäure). Wegen ihrer bedeutenden Verwandschaft zum Wasser zieht sie dasselbe leicht aus der Luft an, und muss daher wohlverschlossen in, mit eingeriebenen Stöpseln versehenen Flaschen aufbewahrt werden. Wenn man das destillirte Wasser = 1000 setzt, so beträgt das spec. Gewicht der Schwefelsäure 1,850.

Im wasserfreien, festen Zustande besteht sie aus 1 A. Schwefel (S.) mit 3 A. Sauerstoff (O.) oder in 100 Theilen aus 40,14 Schwefel und 59,86 Sauerstoff. Die tropfbarflüssige Schwefelsäure vom erwähnten spec. Gewicht ist eine Verbindung der wasserfreien mit Wasser im bestimmten Verhältniss, nämlich mit 18,8 pCt.

Das Mischungsgewicht der Schwefelsäure, den Sauerstoff = 100 genommen, ist 501,165; den Wasserstoff damit verglichen ist es = 80,317.

Die auf angeführte Weise mit gehöriger Vorsicht rectificirte Schwefelsäure ist als rein anzusehen, und nicht leicht einer Verunreinigung ausgesetzt. Mit kaustischem Ammoniak neutralisirt oder mit der doppelten Menge starken Weingeist vermischt, darf sie nicht trübe werden, und in einer Tasse erhitzt muss sie keinen Rückstand lassen. Worauf eine Säure zu prüfen ist, die man nicht selbst rectificirt hat, soll in der folgenden Abtheilung des Werkchens gezeigt werden. Die Schwefelsäure wird gebraucht:

1. um die alkalischen Erden, als Baryt, Strontian und Kalk von den eigentlichen, Magnesia, Thonerde u. s. w. zu unterscheiden. Ihre Anwendbarkeit gründet sich darauf, dass sie mit den alkalischen Erden mehr oder minder schwerlösliche, mit den eigentlichen hingegen leicht lösliche Verbindungen eingeht, und mit den erstern daher

Niederschläge oder Trübungen bewirkt. Von den angeführten alkalischen Erden ist sie für den Baryt als das empfindlichste Reagens zu betrachten. Einmal, weil sie die Gegenwart desselben noch bei 100,000 facher Verdünnung sogleich durch ein Trübewerden der zuvor klaren Flüssigkeit zu erkennen giebt, und dann, weil die entstehende Verbindung (schwefelsaurer Baryt) in Wasser und allen verdünnten Säuren durchaus unlöslich ist. Aus diesem Grunde eignet sich die Schwefelsäure nicht bloss dazu, den Baryt seiner Natur nach zu erkennen, sondern auch die Menge desselben in einer Verbindung zu bestimmen, und ihn quantitativ von vielen Stoffen zu scheiden. Gewöhnlich bedient man sich in allen diesen Fällen der Schwefelsäure im, mit Wasser verdünnten Zustande, und beseitigt die Eigenschaft des schwefelsauren Baryt beim Filtriren milchig durchs Filtrum zu gehen, dadurch, dass man ihn mit der Flüssigkeit, aus welcher er abgeschieden worden, erwärmt, bis diese vollkommen klar geworden, und der schwefelsaure Baryt zu Boden gefallen ist.

2. für den Strontian, indem es mit ihm, gleich dem Baryt, eine in Wasser und verdünnten Säuren unlösliche Verbindung eingeht. Doch ist diese in Wasser nicht so ganz unlöslich, erfordert auch nur 1536 Theile desselben, während der schwefelsaure Baryt bekanntlich 43,000 Theile Wasser zur Auflösung haben muss. Dessen ungeachtet kann man sich der Schwefelsäure nicht bloss bedienen, um das Strontian zu erkennen,

sondern auch um die Menge desselben in einer Verbindung zu bestimmen. Endlich ist man noch durch die verschiedene Auflöslichkeit des schwefelsauren Baryt und schwefelsauren Strontian in Stand gesetzt, wenn Baryt und Strontian sich zugleich in einer Verbindung finden, sie mittelst Schwefelsäure von einander zu scheiden. Es ist hierzu bloss nöthig, die Auflösung beider mit sehr vielem Wasser zu verdünnen, und Schwefelsäure dazu zu tröpfeln, wodurch sogleich der Baryt im schwefelsauren Zustande zu Boden fällt, und abfiltrirt werden kann, während der schwefelsaure Strontian gelöst bleibt. Concentrirt man darauf die filtrirte Auflösung, so scheidet auch er sich aus.

3. zur Entdeckung des Kalk und der Kalksalze. Die zu untersuchende Flüssigkeit muss jedoch nicht verdünnt, sondern vielmehr concentrirt sein; ferner darf sie auch keine freie Säure enthalten, und endlich muss die Schwefelsäure nicht verdünnt und im Uebermaass zugesetzt werden, widrigenfalls eben so wenig eine Trübung, als ein Niederschlag von schwefelsaurem Kalk (Gyps) zum Vorschein kommt. Dabei ist es charakteristisch, dass, ehe sich die Reaction einstellt, immer einige Zeit verstreicht, und die Schwefelsäure ihre Wirkung nicht, wie beim Baryt, auf der Stelle äussert; überhaupt lässt sich annehmen, dass die Wirkung der Schwefelsäure gegen die drei alkalischen Erden, als Baryt, Strontian und Kalk, der Zeit nach dergestalt erfolgt, dass augenblicklich Baryt, etwas später Strontian, am spätesten aber Kalk dadurch angezeigt wird. Will man Kalk durch Schwefel-

säure seiner Menge nach bestimmen, so ist es, wenn genaue Resultate erhalten werden sollen, nicht anders möglich, als wenn die Verbindung in höchst wenigem Wasser gelöst, mit durch starken Alkohol verdünnter Schwefelsäure niedergeschlagen, und der ausgeschiedene schwefelsaure Kalk mit Weingeist ausgesüsst wird, der nichts davon aufnimmt. Aus dem rückständigen schwefelsauren Kalk wird der Kalkgehalt alsdann nach dem Glühen berechnet.

4. auch zur Trennung des Kalks von der Magnesia. Beide werden dazu in den kohlensauren Zustand versetzt, trocken mit Schwefelsäure übergossen, die schwefelsauren Salze zur Trockne abgeraucht, und die schwefelsaure Magnesia vom schwefelsauren Kalk durch Auswaschen mit concentrirtem Gypswasser getrennt, worauf der schwefelsaure Kalk zurückbleibt, und seine Menge nach dem Trocknen und Glühen bestimmt werden kann.

5. zur Entdeckung des Blei's, indem dadurch ein schwerlösliches Präcipitat von schwefelsaurem Blei entsteht, das indess von Säuren, sogar im verdünnten Zustande, und namentlich von Salpetersäure und Salzsäure aufgenommen wird, am wenigsten noch von der Schwefelsäure selbst. Kaustisches Kali und concentrirte Salpetersäure nehmen ihn vollständig in sich; nach Bischoff lösen auch verschiedene Ammoniaksalze, insbesondere essigsaures Ammoniak, das schwefelsaure Blei. Nach ihm nehmen bei 12° 47 Theile essigsaure Ammoniaklösung von 1,036 spec. Gewicht, 1 Theil geglühtes schwefelsaures

Bleioxyd auf; von salpetersaurem Ammoniak sind gegen 969 Theile erforderlich. Aus allen diesen Lösungen wird jedoch das Blei vollständig durch überschüssig zugesetzte Schwefelsäure abgeschieden, daher ist es unerlässliche Bedingung, wenn Blei durch Schwefelsäure quantitativ bestimmt werden soll, die Auflösung mit einem Ueberschuss von Schwefelsäure versetzt zur Trockne abzudampfen, und mit dem Erhitzen fortzufahren, bis alle überschüssige Säure vollständig entfernt ist.

6. um Kali und Natron, falls sie nicht zugleich in einer Verbindung sind, ihrer Menge nach zu bestimmen. Befinden sie sich noch nicht im schwefelsauren Zustande, so muss man sie darin versetzen, die Auflösung vorsichtig eindampfen, und den Rückstand glühen. Wie alle Salze, die kein Crystallisationswasser enthalten, decrepitirt hierbei das schwefelsaure Kali, das schwefelsaure Natron nicht, wesshalb man bei jenem, um Verlust zu vermeiden, nicht vorsichtig genug sein kann. Ein etwaniger Ueberschuss von Schwefelsäure lässt sich bei beiden Salzen leicht dadurch entfernen, dass man beim Glühen kleine Stückchen kohlensaures Ammoniak zusetzt, wodurch die Säure an Ammoniak gebunden davon geht, und sich das rückständige Salz vollkommen neutral erhalten lässt.

7. endlich zur Abscheidung von vielen Säuren aus ihrer Verbindung mit Basen, und in sofern dabei hin und wieder ganz eigne Erscheinungen eintreten, auch zur Ermittlung oder Entdeckung von Säuren, wie z. B. der

Kohlensäure durch das bei ihrer Abscheidung eintretende Brausen, der Essigsäure durch ihren bekannten Geruch u. s. w. Auch zur Erkennung von Schwefel- und Iodverbindungen ist sie zu brauchen, in sofern Schwefel oder Iod abgeschieden, öfters auch nur Schwefelwasserstoff entwickelt wird. Es versteht sich übrigens wohl von selbst, dass hier, wo es nur auf die Stärke der Verwandschaft ankommt, sich noch manche Säuren der Schwefelsäure gleich verhalten, und dass man im Vergleich zu diesen der Schwefelsäure nur desshalb den Vorzug geben dürfte, weil sie als Repräsentant aller starken Säuren anzusehen ist. Unter solchen Umständen möchte eine weitere Aufzählung der Säuren, welche sie aus ihrer Verbindung abscheidet, überflüssig sein.

Schwefelige Säure. Acidum sulphurosum. SO^2.

Behufs ihrer Anwendung als Reagens braucht man sie nicht anders, als mit Wasser verbunden in tropfbarflüssiger Gestalt, nie als Gas. Zu ihrer Bereitung erhitzt man entweder in einem Kolben einen Theil Kupferfeile mit drei Theilen Vitriolöl, oder man kocht in einem verschlossenen Gefässe gleiche Theile metallisches Quecksilber und Schwefelsäure, bis die Masse ziemlich trocken geworden, wäscht das Gas zuerst in einer kleinen, bis zur Hälfte mit Wasser gefüllten Flasche, und leitet es darauf zur Absorption in ein zweites, mit recht kaltem, ausgekochten destillirtem Wasser angefülltes Gefäss.

Das so mit schwefeliger Säure gesättigte Wasser muss vollkommen klar und farbenlos sein, vom Geruch des brennenden Schwefels, im Geschmack sauer, dem Geruch des Gases nicht unähnlich. Das spec. Gewicht desselben ist nach Fourcroy 1,04, und der Gehalt desselben an schwefeliger Säure dem Gewicht nach etwa vier Procent.

Das Mischungsgewicht der gasförmigen schwefeligen Säure, den Sauerstoff = 100 genommen, ist 401,165; den Wasserstoff damit verglichen = 64,291.

Die Reinheit der mit Wasser verbundenen schwefeligen Säure geht daraus hervor, dass Bleizucker und essigsaure Barytauflösung damit einen in verdünnter Essigsäure vollständig und klar lösbaren Niederschlag geben.

Die schwefelige Säure findet Anwendung:

1. zur Reduction der selenigen Säure. Selensäure kann dadurch nicht reducirt werden, es sei denn, man habe sie durch Kochen mit Salzsäure zuvor zur selenigen Säure desoxydirt. Das Selen scheidet sich hierbei als ein zinnoberrother Niederschlag ab, der in der Flüssigkeit suspendirt bleibt, sich aber beim Kochen zusammenzieht und schwarz wird.

2. zur Reduction des Tellurs, wobei jedoch die Auflösung immer freie Säure (mit Ausnahme von Salpetersäure) enthalten muss. Das Tellur fällt dabei als ein schwarzes Pulver zu Boden, indem, wie beim Selen, aus der schwefeligen Säure Schwefelsäure wird.

Salpetersäure. Acidum nitricum. NO^5.

Sie wird am besten auf folgende Weise dargestellt. Man bringt in eine geräumige Glasretorte 10 Theile gereinigten crystallisirten Salpeter, giesst, damit nichts davon in den Hals der Retorte, und von da in die Vorlage komme, mittelst einer langen, umgebognen, oben trichterförmigen Glasröhre auf die Salpetermasse 9 Theile Vitriolöl, bringt die Retorte in eine gewöhnliche Sandkapelle, legt eine Vorlage an, und erhitzt die Retorte mit ihrem Inhalt nach und nach, bis der Rückstand ruhig fliesst. Je vorsichtiger bei der Destillation verfahren, und je weniger Hitze dabei angewendet wird, desto reiner fällt die Säure aus. Wechselt man die Vorlage, sobald das Uebergehende die salpetersaure Silberauflösung nicht mehr trübt, so ist die erhaltene Salpetersäure chlorfrei; entgegengesetzten Falls muss man sie davon reinigen, welches dadurch geschieht, dass man zur unreinen Säure so lange salpetersaure Silbersolution hinzutröpfelt, als noch eine Trübung und ein weisser Niederschlag von Chlorsilber erfolgt. Nachdem das Präcipitat sich völlig gesetzt, und die Salpetersäure sich geklärt hat, entfernt man sie vorsichtig vom Niederschlag, und unterwirft die Säure aus einer Glasretorte einer zweiten Destillation, wodurch sie vollkommen rein ausfällt. Mit Schwefelsäure kann sie nicht anders als durch Unachtsamkeit verunreinigt sein, nämlich entweder durch Beschmutzen des Retortenhalses beim Eingiessen der Schwefelsäure, oder durch Ueberspritzen bei einer schlecht geleiteten Destillation.

Durch Hinzutröpfeln einer reichlich mit Wasser verdünnten salpetersauren Barytauflösung lässt sich die Schwefelsäure auf nämliche Weise wegschaffen, wie das Chlor. Auch kann man eine Chlor und Schwefelsäure haltige Salpetersäure durch einfache Rectification über etwas Salpeter reinigen; zuerst geht Chlor über, dann reine, in einer frischen Vorlage zu sammelnde Salpetersäure. Salpetrige Säure, die fast immer in geringerer oder grösserer Menge in der Salpetersäure vorhanden ist, und welche durch Zersetzung der Salpetersäure bei der Destillation entsteht, entfernt man entweder durch rasches Aufkochen der damit verunreinigten Salpetersäure, oder durch längeres Hinstellen in offnen, weiten Flaschen an der Luft.

Die so erhaltene Säure ist eine wasserhelle Flüssigkeit, von schwach eigenthümlichem Geruch, sehr saurem Geschmack, und zerstörender Einwirkung auf organische Stoffe, wobei sie die Stickstoff haltigen gelb färbt. Ihr spec. Gewicht nimmt mit dem Wassergehalt ab, die stärkste Säure hat nach Proust ein spec. Gewicht von 1,620.

In vielen Fällen braucht man ausser dieser reinen, concentrirten Salpetersäure rauchende, d. i. ein Gemisch von Salpetriger Säure mit Salpetersäure. Man bereitet sie auf nämliche Weise als die nicht rauchende, nur dass man den Salpeter vorher durch Trocknen recht sorgfältig von dem ihm mechanisch anhängenden Wassergehalt befreit, und auf 100 Theile desselben zur Zerlegung nicht mehr als 48,5 concentrirte Schwefelsäure anwendet. Hat man den Salpeter vorher vollständig gereinigt, so fällt auch die daraus bereitete Säure vollkommen rein aus; ist das nicht geschehen, so kann man sie unter Anwendung des oben angeführten Verfahrens, nämlich des Wechselns der Vorlage, rein erhalten.

Nach Verschiedenheit ihres Gehalts an salpetriger Säure ist die Farbe der rauchenden Salpetersäure gelb oder röthlichbraun, und weil die salpetrige Säure fortwährend aus der Verbindung zu entweichen strebt, so ist die über der Säure befindliche Luftschicht immer von gasförmiger salpetriger Säure roth gefärbt. Vermischt man eine solche rauchende Salpetersäure mit Wasser, so wird sie zum Theil zerlegt; je mehr Wasser nach und nach hinzukommt, verändert sich ihre Farbe aus dem Rothen ins Gelbe, aus diesem ins Grüne, darauf ins Blaue, bis sie endlich farbenlos wird; dabei entwickelt sich fortwährend Stickstoffoxydgas. Ueberall, wo Körper schnell und vollständig oxydirt werden sollen, verdient die rauchende Salpetersäure den Vorzug.

Die reine Salpetersäure ist in ihrem wasserfreien Zustande (in welchem sie nicht isolirt erhalten werden kann) zusammengesetzt aus 1 A. Stickstoff und 5 A. Sauerstoff, oder in 100 Theilen aus 26,17 Stickstoff und 73,83 Sauerstoff. Eine Salpetersäure von 1,42 spec. Gewicht, die bei 120° kocht, enthält 5 A. Wasser gegen 1 A. wasserfreie Säure, so dass darin der Sauerstoffgehalt der Säure dem des Wassers gleich ist.

Das Mischungsgewicht der Salpetersäure ist, mit dem Sauerstoff verglichen = 677,036; mit dem Wasserstoff 108,503.

Die Reinheit der Salpetersäure ergiebt sich daraus, dass sie mit einer sehr verdünnten Auflösung von salpetersaurem Baryt vollkommen klar bleibt (Schwefelsäure); ferner, dass sie mit salpetersaurer Silberauflösung sich nicht trübt (Salzsäure). Auch darf sie beim Verdampfen keinen Rückstand lassen.

Die Salpetersäure findet Anwendung:

1. zur Entdeckung der Harnsäure in Harnsteinen und andern Concretionen durch Entstehung einer schönen Purpurfarbe. Die Salpetersäure ist dafür so empfindlich, dass sich der Versuch recht gut mit dem zehnten Theil eines Grans anstellen lässt. Man verfährt dabei folgendermassen. Die auf Harnsäure zu untersuchende Substanz wird nämlich auf einen kleinen Glasstreifen oder auf ein Platinblech gelegt, ein Tropfen Salpetersäure darauf gebracht, und die Stelle, worauf sich das Ganze befindet, sodann über der Lampenflamme erwärmt. Die Harnsäure löst sich mit Brausen auf, worauf der Tropfen bei sehr gelinder Wärme eingetrocknet wird, so dass er nicht verbrennt, und einige Augenblicke der Hitze ausgesetzt bleibt, die ihn schön roth färbt. Ist der Harnsäuregehalt in der Probe nur geringe, so wird die Masse in der Wärme manchmal schwarz, ohne roth zu werden. Dann muss der Versuch noch einmal gemacht werden, und sobald die Lösung in Salpetersäure beinahe trocken ist, dieselbe aus dem Feuer genommen und hingestellt werden, um beim Abkühlen vollkommen einzutrocknen, worauf das umgekehrte Glas nach der Bemerkung von Jacobsen über ein wenig kaustischen Ammoniaks

gehalten werden muss, das erhitzt wird. Sobald die Ammoniakdämpfe die eingetrocknete Masse erreichen, wird diese schön roth. Dasselbe zeigt sich auch, jedoch minder schön, wenn der getrocknete Fleck mit etwas schwachem Ammoniak erweicht wird.

2. zur Entdeckung des Brucin, welches durch einen Ueberschuss von Salpetersäure sich roth färbt, welche Farbe indess durch Schwefelwasserstoff, schwefelige Säure u. s. w. wieder verschwindet. Erwärmt man die Verbindung, so wird sie gelb. Diess Verhalten des Brucins gegen Salpetersäure giebt ein leichtes Mittel ab, dasselbe im Strychnin zu finden, indem beide Alkaloide in der Natur gewöhnlich zusammen vorkommen. Das Morphin und die Morphinsalze werden zwar durch Salpetersäure ebenfalls roth gefärbt, sind jedoch vom Strychnin und den Strychninverbindungen leicht durch ihr Verhalten gegen die Eisenoxydauflösungen zu unterscheiden, gegen welche sich jene ganz indifferent verhalten, diese aber blau präcipirt werden. Der Harnsäure, und allen übrigen organischen Stoffe, welche sich dem Strychnin in sofern analog verhalten, als auch sie durch Salpetersäure unter gewissen Umständen roth gefärbt werden, fehlt die den Alkaloiden eigenthümliche alkalische Reaction, auf welche man Rücksicht zu nehmen nicht vergessen darf, ehe man zu den Versuchen mit Salpetersäure schreitet.

3. zur Oxydation verschiedener regulinischer Metalle und vieler Schwefelverbindungen. Je nachdem man bei letztern die Absicht hat, den Schwefel als solchen davon zu trennen, oder ihn

in Schwefelsäure zu verwandeln, wählt man die Säure rauchend oder nicht rauchend, concentrirt oder verdünnt.

4. als Auflösungsmittel, um die Natur gewisser schwerlöslicher Niederschläge zu erkennen, und die in der Salpetersäure lösbaren von den darin unlösbaren zu trennen, z. B. um Chlorsilber von andern schwerlöslichen Verbindungen des Silbers zu unterscheiden, und es vom phosphorsauren, arseniksauren Silber u. s. w. zu trennen.

Die Wirkungen der Salpetersäure, welche ihr als Säure zukommen, und welche sie daher auch mit allen übrigen zu dieser Klasse gehörigen Körpern theilt, hier weitläufig anzuführen, erscheint um so mehr für überflüssig, als diese bei der Schwefelsäure, dem Repräsentanten aller starken Säuren, bereits erwähnt worden sind.

Phosphorige Säure. Acidum phosphorosum. PO^3.

Die phosphorige Säure wird als Reagens nicht anders als in flüssiger Form gebraucht. Die gebräuchliche Darstellungsweise derselben besteht darin, dass man erst Chlorphosphor im Minimum bereitet, und diesen dann in Wasser bringt, wobei durch doppelte Zersetzung Chlorwasserstoffsäure und phosphorige Säure gebildet werden. Das nachstehende Verfahren von Droquet*) vereinigt beide Operationen in eine, und lassen sich

*) Journ. de chimie med. Anneé IV. p. 220.

danach grössere Mengen der Säure mit verhältnissmässig geringen Kosten bereiten; es besteht in Folgendem. Ein 12 bis 15 Zoll langes, und 9 bis 12 Linien im Durchmesser haltendes Glasrohr wird bis zum vierten oder fünften Theil mit Phosphor gefüllt, der übrige Raum mit destillirtem Wasser, worauf man das Ganze so weit erwärmt, dass der Phosphor schmilzt. Hierauf leitet man Chlorgas in den Apparat, und zwar durch ein Rohr, welches bis zum Boden des flüssigen Phosphors reicht. Diese Bedingung ist unumgänglich nöthig, damit das Chlor nicht mit zu wenig Phosphor in Berührung komme, und dadurch Chlorphosphor im Maximo bilde; denn alsdann entsteht durch dessen Zersetzung Phosphorsäure. Auch muss man sorgfältig alle Luft aus dem Gefässe entfernen, damit der erhitzte Phosphor mit dieser keine Phosphorsäure bilde. Mit Beachtung dieser Vorsichtsmassregeln lässt man nun das Chlorgas in einem mässigen Strom so lange hineinstreichen, bis die Gasblasen aufhören, sich in der Flüssigkeit zu lösen. Dies beweis't, dass das Wasser mit der Säure gesättigt ist, und es sich nicht mehr zersetzen kann, folglich, dass auch keine phosphorige Säure mehr gebildet wird. Man hebt alsdann die Säure mit einem Stechheber ab, muss aber darauf sehen, dass der flüssige Phosphor nicht mit der Luft in Berührung kommt, weil er sich sonst entzündet. Das Einströmen des Chlorgases in den Phosphor ist übrigens mit Entwicklung von Licht und so vieler Wärme verbunden, dass der Phosphor flüssig bleibt. Um die erhaltene phosphorige Säure von der beigemischten Chlorwasserstoffsäure zu befreien, kann man sie entweder abdampfen, oder auch im Vacuo der Luftpumpe über einer concentrirten kaustischen Kalilauge stehen lassen, bis sie die Lösung vom salpetersauren Silber nicht mehr trübt. Da sich die phosphorige Säure im verdünnten Zustande schneller oxydirt als im concentrirten, so muss man sie in Gestalt eines dicken Syrups in verschlossenen Gefässen aufbewahren.

Die phosphorige Säure ist eine farben- und geruchlose Flüssigkeit, von saurem, eigenthümlich stechenden Geschmack, nach Berzelius zusammengesetzt aus 2 A. Phosphor auf 3 A. Sauerstoff, oder in 100 Theilen aus 56,524 Phosphor und 43,476 Sauerstoff.

Ihr Mischungsgewicht, den Sauerstoff zur Einheit genommen, ist 692,310; den Wasserstoff damit verglichen beträgt es 110,950.

Die Reinheit der phosphorigen Säure ergiebt sich daraus, dass sie mit salpetersaurer Silberauflösung durchaus unverändert bleibt.

Die einzige Anwendung, welche man von der phosphorigen Säure als Reagens macht, besteht darin, dass man sich ihrer zur Reduction solcher Metalloxyde und Metallsalze bedient, welche ihren Sauerstoff leicht abgeben; sie oxydirt sich dabei auf Kosten des Oxyds oder Salzes zu Phosphorsäure, und die Metalle werden regulinisch abgeschieden. In dieser Beziehung ist sie das beste Reagens zur quantitativen Bestimmung des Quecksilbers in den Quecksilbersalzen, selbst für die schwer- oder unlöslichen, das Schwefelquecksilber ausgenommen. Man bringt die Quecksilberverbindung mit der Säure in Berührung, und bemerkt, bei einer Sublimatauflösung z. B., wie diese erst weiss, dann grau wird, und endlich das Metall in grossen Kugeln regulinisch gefällt wird. Allenfalls kann man sich auch zu diesem Behuf der durch Zerfliessen des Phosphors an feuchter Luft bereiteten Säure bedienen, und braucht auf ihren Gehalt an Phosphorsäure nicht zu achten.

Borsäure. Acidum boracicum BO^6.

Man erhält sie aus dem Borax, den man zu diesem Behuf in 4 Theilen kochenden Wassers löst, die Lösung filtrirt, und mit $\frac{3}{4}$ vom Gewicht des Borax concentrirter Schwefelsäure mengt. Die beim Abkühlen crystallisirende Borsäure wird aus der Flüssigkeit genommen, zum Abtrocknen auf Löschpapier gelegt, von neuem in kochendem Wasser gelöst, und wieder crystallisirt. Dessen ungeachtet ist die so erhaltene Borsäure nicht rein, sie enthält im Gegentheil jederzeit Schwefelsäure, und einen eignen fettigen Stoff, der ihr noch vom Borax her anhängt, und von welchem derselbe durch die Raffination nicht vollständig zu befreien ist. Beide fremdartigen Stoffe sind nicht anders davon zu trennen, als dass man die Borsäure im Platintiegel bei starker Glühhitze schmilzt, sie ausgiesst, und als verglaste Borsäure in wohl verschlossenen Gefässen aufbewahrt.

In diesem Zustande ist sie ein farbenloses, durchsichtiges, sehr hartes, zusammenhaltendes, sprödes Glas, ohne Geruch, schmeckt wenig säuerlich und bitter, röthet schwach das Lackmus, färbt Curcume braun, wie ein Alkali; bei 4°

hat dieselbe nach Royer und Dumas ein spec. Gewicht von 1,83. Für sich ist die Borsäure vollkommen feuerbeständig. Sie besteht aus 1 A. Bor mit 6 A. Sauerstoff, oder in 100 Theilen aus 31,19 Bor und 70,81 Sauerstoff.

Das Mischungsgewicht derselben ist, den Sauerstoff zur Einheit genommen, 871,966; den Wasserstoff damit verglichen 139,743.

Die Reinheit der Borsäure ergiebt sich daraus, dass eine Auflösung derselben von Chlorbarytium nicht getrübt wird, und dass sie sich vor dem Löthrohr, in der äussern Flamme erhitzt, nicht schwärzt.

Die Anwendung der Borsäure als Reagens ist sehr eingeschränkt, man braucht sie bloss im verglasten Zustande als ein gröbliches Pulver zur Entdeckung der Phosphorsäure auf trocknem Wege, wie diess Pag. 74 angeführt worden, wozu sie aber als unentbehrlich anzusehen ist.

Früher bediente man sich ihrer nach V. Rose's Vorschlag auch zur Reduction des arseniksauren Kalks mittelst Kohle. Wie Berzelius gezeigt hat, ist es aber besser, sie hierbei ganz wegzulassen, weil es schwer hält, die Borsäure so aufzubewahren, dass sie nicht das ihr durch Glühen entzogene Wasser wieder aus der Luft anzieht. Bei einer solchen Reduction ist aber nichts nachtheiliger, als Feuchtigkeit, welche die Bildung eines Metallspiegels ganz und gar verhindert, und den Erfolg des Versuchs vereitelt. Es ist daher besser, die Reduction des arseniksauren Kalks bloss durch einen Kohlensplitter zu bewirken, worüber an seinem Orte ein Mehreres gesagt werden soll.

Chlorwasserstoffsäure. (Salzsäure). Acidum muriaticum. ClH^2.

Die im Handel vorkommende Chlorwasserstoffsäure ist jederzeit mit einer solchen Menge fremdartiger Stoffe verunreinigt, dass ihre vollständige Reinigung nur unter gewissen Bedingungen und nicht ohne viele Mühe erreicht werden kann. Es ist daher nicht bloss besser, sondern auch unter allen Umständen viel sicherer, diese Säure, welche für den Analytiker die unentbehrlichste ist, sich lieber selbst zu bereiten, um sich dergestalt die genaueste Ueberzeugung von ihrer Reinheit zu verschaffen. Nach Geiger gelingt diess am besten auf die Weise, dass man in einem Glaskolben 6 Theile Kochsalz mit einem kaltgewordenen Gemisch aus 5 bis 6,4 Vitriolöl und 1 Theil Wasser übergiesst, das Gefäss ins Sandbad stellt, das salzsaure Gas durch Erhitzen bis zur Trockne und bis zum anfangenden Glühen entwickelt, und mittelst Verbindungsröhren in mit kaltem Wasser umgebene Woulfe'sche Flaschen leitet, von denen die erste nur wenig Wasser enthält, während sich in den zwei andern zusammengenommen so viel Wasser befindet, als das Gewicht vom angewandten Kochsalz beträgt, und wodurch sie etwa bis zur Hälfte angefüllt sein müssen. Die in der ersten Flasche gesammelte Salzsäure ist, als mit Eisen u. s. w. verunreinigt, nicht zu analytischen Zwecken geeignet, die zwei andern Flaschen enthalten indess höchst reine, mit Wasser verbundene Salzsäure.

Die reine Salzsäure ist farblos, riecht und schmeckt rein sauer, raucht, wenn sie mit der Luft in Berührung kommt, kocht um so leichter, je concentrirter sie ist, indem sie salzsaures Gas entwickelt. Das spec. Gewicht einer solchen, die bei gewöhnlicher Temperatur mit dem Gase gesättigt worden, ist 1,2109, das Wasser = 1000 gesetzt.

Im wasserfreien Zustande ist die Salzsäure zusammengesetzt aus gleichen Antheilen Chlor und Wasserstoff, oder in 100 Theilen aus 97,25 Chlor und aus 2,75 Wasserstoff.

Das Mischungsgewicht der Salzsäure, den Sauerstoff zur Einheit genommen, ist = 455,129, und den Wasserstoff damit verglichen = 72,940.

Die auf angeführte Art dargestellte Salzsäure ist nicht leicht einer Verunreinigung ausgesetzt; wie man aber eine Säure zu prüfen hat, welche man nicht selbst bereitet, soll späterhin (in der folgenden Abtheilung) gezeigt werden.

Als Reagens findet die Salzsäure Anwendung:

1. zur Entdeckung des Silbers und seiner Salze, wie auch zur quantitativen Bestimmung des Silbergehalts in letzten. Unstreitig giebt es dafür kein empfindlicheres Reagens, wenigstens soll in einer 100,000 fach verdünnten Silberauflösung sich die Gegenwart des Metalls nach Pfaff noch deutlich und zuverlässig finden lassen. Die Wirkung der Salzsäure offenbart sich durch eine Trübung bei einer nur geringen, durch einen weissen, käsigen

Niederschlag von Chlorsilber bei grössern Silbermengen. Durch Einwirkung des Lichts schwärzt sich das Chlorsilber, und zwar nach Wetzlar dadurch, dass Chlor entweicht, und ein Silbersubchlorid von schwarzer Farbe gebildet wird; diese Zersetzung ist indess so unbedeutend, dass man bei Analysen diesen Umstand ohne Gefahr für ihre Genauigkeit ganz übersehen kann.

Verdünnte Säuren lösen das Chlorsilber nicht, von concentrirter Salpetersäure und Salzsäure wird es jedoch aufgenommen; beim Verdünnen der Auflösungen mit Wasser scheidet es sich aber wieder aus. Leicht und vollständig ist das Chlorsilber in kaustischem Ammoniak lösbar; stumpft man dasselbe aber mit Salpetersäure ab, so wird es wieder gefällt. Concentrirte Auflösungen von Chlorkalium, Chlornatrium und Chlorcalcium nehmen es, wie Wetzlar gezeigt hat, ebenfalls auf, besonders reichlich jedoch Chlorammonium (Salmiak); verdünnt man aber diese Auflösungen, so fällt es aus ihnen wieder nieder. Es ist daher bei genauen quantitativen Untersuchungen nöthig, zur Fällung des Silbers niemals salzsaure Salze, sondern jederzeit freie Salzsäure zu nehmen, und da, wo sich die Entstehung von salzsauren Salzen nicht vermeiden lässt, die Flüssigkeit, worin sie sich befinden, zur Trockne abzurauchen, den Rückstand mit Salpetersäure zu übergiessen, und darauf zu erhitzen. Dadurch entstehen salpetersaure Salze, die keine Spur von Chlorsilber aufnehmen. Ferner ist es nöthig, darauf zu sehen, dass vor der Fällung des Silbers durch Salzsäure die Flüssigkeit mit etwas Salpetersäure gesäuert werde, weil sich das Chlorsilber aus neutralen Auflösungen nicht gut absondert; auch muss die zu fällende Flüssigkeit verdünnt und erwärmt werden, damit das Chlorsilber leicht zu Boden falle. Endlich muss auch das zum Aussüssen des Chlorsilbers bestimmte Wasser mit wenigen Tropfen Salpetersäure gesäuert werden, auf 6 bis 8 Unzen etwa 10 Tropfen, wodurch verhütet wird, dass das Chlorsilber nicht mit durch das Filtrum geht, und das abfliessende Wasser milchig erscheint.

2. zur Entdeckung des Quecksilberoxyduls, wozu sie sich selbst bei einer 100,000 fach verdünnten Auflösung desselben noch qualifizirt. Bei der Gegenwart von sehr geringen Mengen entsteht bloss eine Trübung, bei grössern ein an der Luft unveränderlicher weisser Niederschlag von Quecksilberchlorür (Calomel). Verdünnte Säuren nehmen diesen nicht auf, eben so wenig kaustisches Ammoniak, welches ihn überdem zersetzt und schwarz färbt.

3. für das Bleioxyd und die Bleisalze, durch Entstehung eines weissen Niederschlags von Chlorblei. Sind die Bleiauflösungen sehr verdünnt, so erfolgt die Reaction nicht, indem sich das entstehende Chlorblei in vielem Wasser wieder auflöst, wodurch man den Niederschlag zugleich vom Chlorsilber unterscheiden kann. Ausserdem fällt kaustisches Ammoniak aus einer verdünnten wässrigen Auflösung des Chlorblei's ein basisches Salz, welches Verhalten ebenfalls zur Unterscheidung vom Chlorsilber dienen kann. Auch freie Salzsäure, Salpeter-

säure u. s. w. verhindern die Reaction. Uebrigens ist die Reaction der Salzsäure gegen Blei keinesweges von entscheidendem, vielmehr nur von bestätigendem Werthe, und bedient man sich ihrer bloss der Vollständigkeit wegen bei qualitativen Untersuchungen dieses Metalles.

4. für die Benzoesäure und die benzoesauren Salze, in sofern sie dieselben selbst bei grosser Verdünnung noch durch einen weissen Niederschlag (Benzoesäure) anzeigt; auch benzoesaure Alkalien werden im höchst verdünnten Zustande noch von ihr zersetzt, worauf die Bereitung der Benzoesäure aus Urin beruht. Von der Bernsteinsäure, mit welcher sonst die Benzoesäure viel Aehnlichkeit hat, kann man sie dadurch leicht und sicher unterscheiden.

5. zur Entdeckung des freien Ammoniaks durch entstehende Nebel von Salmiak. Will man dadurch das Ammoniak in Salzen finden, so müssen diese erst mit kaustischem Kalk zusammengerieben, und sodann ein mit Salzsäure befeuchtetes Glasstäbchen über die Mischung gehalten werden. Dazu darf indess die Salzsäure nicht rauchend sein, weil sonst die Dämpfe derselben leicht für Salmiaknebel angesehen werden und eine Täuschung herbeiführen könnten.

6. endlich in vielen Fällen zur Auflösung verschiedenartiger Stoffe, und deren Umwandlung in Chlormetalle, in welcher Verbindung dieselben öfters sicherer ihrer Natur nach zu erkennen und von einander zu scheiden sind, z. B. Kalk von Baryt, u. s. w.

Schwefelwasserstoffsäure. (Hydrothionsäure). Acidum hydrothionicum. H^2S.

Diese gewöhnlich unter dem Namen des Schwefelwasserstoffgases bekannte Säure ist ein so überaus wichtiges Reagens, namentlich für Metalle, dass eine etwas ausführlichere Betrachtung derselben nicht überflüssig sein dürfte.

Zur Darstellung derselben giebt es sehr verschiedene Methoden, welche aber alle darauf hinausgehen, ein Schwefelmetall, welches das Wasser zu zersetzen im Stande ist, in einer wasserhaltigen Säure aufzulösen. Dabei ist es jedoch für die Reinheit des Gases keineswegs gleichgiltig, ob man Schwefelantimon, Schwefelkalium, Schwefelkalcium, Schwefeleisen oder Schwefelmangan zur Entwicklung anwendet; auch wie und auf welche Weise diese Verbindungen erhalten wurden, kommt dabei in Betracht. Schwefelantimon ist am wenigsten zur Bereitung reiner Schwefelwasserstoffsäure geeignet, weil nämlich gewöhnlich Spuren desselben mechanisch mit übergerissen werden, und auch, wenn Salzsäure zur Bereitung genommen wurde, ein geringer Antheil derselben jederzeit im Gase zu finden ist. Schwefelkalium, wie es gewöhnlich als Schwefelleber vorkommt, taugt eben so wenig, denn es ist in diesem Zustande immer noch mit kohlensaurem Kali verbunden, das daraus bereitete Gas daher Kohlensäure haltig. Dasselbe gilt vom Schwefelkalcium, falls es nicht durch Glühen des schwefelsauren Kalkes mit Kohle erhalten wurde. Dazu kommt noch, dass beide, sowohl das Schwefelkalium, als auch das Schwefelkalcium von Säuren mit solcher Heftigkeit zersetzt werden, dass bei Anwendung derselben ein langsamer, gleichförmig anhaltender Strom des Gases, wie man ihn wünscht, nicht zu erlangen ist. Viel lieber bedient man sich des Schwefeleisens, bei welchem es jedoch mehr noch als bei den übrigen Verbindungen darauf ankommt, dass es mit Sorgfalt bereitet wurde. Enthält es einen Ueberschuss von Schwefel, so wird es von Säuren nur unvollständig zerlegt, enthält es überschüssiges Eisen, so erhält man das daraus bereitete Gas mit Wasserstoffgas verunreinigt. Letztes ist auch der Fall, wenn man, um sich die Sache leicht zu machen, das Verfahren von Gay-Lussac befolgt, nach welchem ein Brei von 1 Theil Schwefelblumen, 2 Theilen Eifenfeile und etwas Wasser bloss erwärmt zu werden braucht. Ein so bereitetes Schwefeleisen ist schlecht und unbrauchbar. Das beste Verfahren, ein Schwefeleisen herzustellen, welches allen Anforderungen Genüge leistet, ist das von Berzelius. Nach ihm bringt man Eisen in einem Tiegel zum Weissglühen, fügt Schwefel hinzu, und entfernt durch fortgesetztes Glühen den überschüssigen Schwefel. Dasselbe ist so zusammengesetzt, dass, wenn es von Säuren aufgelöst wird, kein Schwefel zurückbleibt, und das daraus entwickelte Schwefelwasserstoffgas vom kaustischen Kali ohne Rückstand aufgenommen wird. Eisen und Schwefel befinden sich darin also im nämlichen Verhältniss, wie im schwefelsauren Eisenoxydul. Noch vortheilhafter ist die Darstellung der Säure aus

Schwefelmangan, welches man zu diesem Behuf entweder durch Glühen von 5 Theilen Braunstein (Mangansuperoxyd), 2 Th. Schwefel und 1 Th. Kohle bereitet, oder das man als Rückstand bei der Darstellung der schwefeligen Säure (aus Braunstein und Schwefel) erhält. Die Vorzüge dieses Schwefelmetalls bestehen darin, dass die Entwicklung des Gases aus demselben nicht bloss sehr gleichförmig von Statten geht, sondern auch ohne jede Spur beigemengter Wasserstoffgase.

Zur Zersetzung der Schwefelverbindung eignet sich von den Säuren keine besser als die Schwefelsäure, im mit Wasser verdünnten Zustande. Je schwächer sie ist, um so langsamer erfolgt die Entwicklung. Eine mit 4 Theilen Wasser verdünnte Säure bewirkt schon eine sehr rasche Gasentwicklung, vorausgesetzt, dass die Schwefelverbindung fein zerrieben damit in Berührung kommt. Die mit 9 Theilen Wasser verdünnte Schwefelsäure ist zum gewöhnlichen Gebrauch, wo ein langsamer, gleichförmiger Gasstrom erforderlich ist, am besten. Salzsäure muss man, da sie sich gern mit verflüchtigt, lieber vermeiden, obgleich die Entwicklung des Gases bei ihr leicht und vollständig schon in der Kälte eintritt.

Was die Wahl des Gefässes zur Entwicklung betrifft, so ist dazu eine Gasentbindungsflasche von der Fig. 16 gegebenen Form und Einrichtung am zweckmässigsten. Die innerhalb der Flasche befindliche Oeffnung des Trichters b muss stets einige Linien unter der Oberfläche der in der Flasche befindlichen Flüssigkeit sich münden, und das Rohr c aus zwei Theilen bestehen, welche durch einen zusammengelegten Kautschukstreifen mit einander verbunden sind, wodurch das Rohr zugleich beweglich ist. Bei Anwendung eines solchen Apparats ist man im Stande, die Schwefelwasserstoffsäure als Reagens in Gasform anzuwenden, was unbedingt besser ist, als wenn man sie vom Wasser verschlucken lässt, und sie in Verbindung mit diesem gebraucht. Hierdurch wird nicht bloss das Schwefelwasserstoff haltige Wasser, sondern auch die sogenannte Hahnemann'sche Weinprobe (Schwefelwasserstoff haltiges Wasser mit Weinsteinsäure) vollkommen entbehrlich, zumal da beide Präparate sich leicht zersetzen, ganz unwirksam werden, und desshalb frisch bereitet sein müssen, wenn man sich auf ihre Wirkung verlassen soll.

Die Schwefelwasserstoffsäure ist bei gewöhnlicher Temperatur ein farbenloses Gas, welches aber nach Faraday durch einen heftigen Druck seinen Aggregatzustand ändern, und tropfbar flüssig werden kann. Ihr Geruch ist höchst unangenehm, faulen Eiern nicht unähnlich; der Geschmack schwach sauer, etwas bitter, an den Geruch erinnernd. Die Schwefelwasserstoffsäure ist entzündlich, brennt an der Luft mit blauer Flamme, ist nicht athembar, vielmehr der Gesundheit nachtheilig, selbst tödtlich. Gegen Lackmus wirkt sie wie jede Säure. Körper, die ihren Sauerstoff leicht abgeben, z. B. salpetrige Säure, schwefelige Säure u. s. w. zersetzen das Schwefelwasserstoffgas unter Abscheidung von Schwefel und Bildung von Wasser. Noch mächtiger aber ist der Einfluss, den die Metalle, deren Oxyde und Salze darauf ausüben, indem sie, sowohl in fester als flüssiger Form damit in Berührung gebracht, sich in verschiedenartig gefärbte Schwefelmetalle verwandeln, worauf eben die wichtigste Anwendung des Schwefelwasserstoffs als Reagens basirt ist. Vom Wasser wird die Schwefelwasserstoffsäure langsam verschluckt, nach den Versuchen von Thenard und Gay-Lussac bei 11° bis zum dreifachen Volumen. Die daraus hervorgegangene Verbindung ist frisch bereitet vollkommen klar und farbenlos, hat den Geruch und Geschmack des Gases, röthet Lackmus, erleidet jedoch bald, oft schon nach einigen Stunden, durch den Gehalt des Wassers an atmosphärischer Luft eine Zersetzung, wird nämlich milchig und unklar durch sich absondernden Schwefel. Rascher erfolgt dasselbe, wenn man das mit dem Gase gesättigte Wasser an offener Luft stehen lässt, oder wenn man es erhitzt; durch Kochen lässt sich das Gas vollständig austreiben.

Die Schwefelwasserstoffsäure im wasserfreien Zustande ist zusammengesetzt aus 1 A. Schwefel und 2 A. Wasserstoff, oder in 100 Theilen aus 94,17 Schwefel und 5,83 Wasserstoff.

Das Mischungsgewicht derselben, den Sauerstoff zur Einheit genommen, ist 213,644; den Wasserstoff damit verglichen, beträgt es 34,239.

Die Reinheit der Schwefelwasserstoffsäure ergiebt sich daraus, dass sie von einer Auflösung des kaustischen Kali vollständig verschluckt wird (Wasserstoffgas), und dass sie mit Kalkwasser geschüttelt, dasselbe nicht trübt (Kohlensäure).

Die wichtigste Anwendung des Schwefelwasserstoffgases ist unstreitig zur Entdeckung von Metallen, da es die Gegenwart derselben, mit Ausnahme von vier nach kürzerer oder längerer Zeit durch Entstehung einer verschiedenartig gefärbten Schwefelverbindung zu erkennen giebt. Von allen Reagentien, die man für Metalle hat, besitzt es ohne Zweifel den meisten Werth, und sicher darf man auf deren Abwesenheit in einer Verbindung schliessen, falls eine Auflösung, versteht sich mit Berücksichtigung gewisser Bedingungen, vom Schwefelwasserstoff nicht afficirt wird. Nur Chrom, Titan, Tantal und Cer können dadurch nicht entdeckt werden. Die grüne Farbenveränderung, welche chromsaure Salze durch Schwefelwasserstoff erfahren, kann zwar als ein Mittel zu ihrer Erkennung benutzt werden, ist aber nicht in der Entstehung einer Schwefelverbindung, sondern vielmehr in der Reduction der Chromsäure zu Oxydul zu suchen. Pfaff, (vergleiche dessen Handbuch der analytischen Chemie Theil I, pag. 155), der ausser diesen Metallen noch Uran als ein solches anführt, welches auf nassem Wege vom Schwefelwasserstoff nicht angezeigt wird, ist im Irrthum, wie sich das aus dem Folgenden ergeben wird.

Nicht minder wichtig ist indess auch der Gebrauch, welchen man vom Schwefelwasserstoffgas macht, um gemeinschaftlich in einer Auflösung befindliche, verschiedenartige Metalle von einander zu trennen, so wie auch die respective Menge von manchen zu bestimmen. Die Niederschläge, welche in allen diesen Fällen durch das Schwefelwasserstoffgas hervorgebracht werden, sind weiter nichts als Schwefelmetalle (Sulphureta), vorausgesetzt, dass die Einwirkung des Schwefelwasserstoffs vollständig geschah. Im entgegengesetzten Fall entstehen natürlich bald Verbindungen des Schwefelmetalls mit unzersetzten Antheilen des Metallsalzes (wie beim Quecksilber), bald reducirt sich das in Auflösung befindliche Metalloxyd nur zu einer niedrigern Oxydationsstufe u. s. w., was sowohl von Chlorverbindungen, als auch von Oxyden gilt. Geschwefelwasserstoffte Schwefelmetalle, also eine Gattung Schwefelsalze bleiben immer aufgelöst, und scheiden sich nicht als Präcipitate bei der Einwirkung des Schwefelwasserstoffs auf diejenigen in Auflösung befindlichen Metalle aus, welche überhaupt solche Salze bilden können.

Wenn aber die Wirkungen des Schwefelwasserstoffs auf Metallauflösungen einen sichern Maasstab geben, und nicht trüglich sein sollen, so muss man auf die Beschaffenheit der Metallauflösungen wohl achten. Man muss nämlich nicht bloss berücksichtigen, auf welcher Oxydationsstufe das in der Auflösung befindliche Metall stehe, sondern auch darauf sehen, ob die Auflösung neutral oder sauer sei, ob die Basis darin vorherrsche, ferner an welche Säure diese gebunden, und endlich ob die Auflösung concentrirt oder verdünnt sei. Alles dieses ist von bedeutendem Einfluss auf die Wirkung des Schwefelwasserstoffs, und bestimmt nicht selten ausschliesslich den Erfolg. Von den angeführten Umständen aber hat besonders der den meisten Einfluss, ob sich die Auflösung sauer, basisch oder neutral verhält. Aus neutralen Auflösungen werden im ersten Augenblick beinahe alle Metalle angezeigt. Aber nicht jedes Metall, auf dessen neutrale Auflösungen das Schwefelwasserstoffgas seine Wirkung äussert, kann dadurch vollständig als Schwefelmetall gefällt werden; im Gegentheil lehrt die Erfahrung, dass auf verschiedene von ihnen das Schwefelwasserstoffgas nur eine vorübergehende Wirkung hat, und dass, in dem Maasse das Schwefelmetall niederfällt, in demselben Verhältniss die früher an das Metall gebundene Säure frei wird, zerlegend auf das erst neu entstandene Schwefelmetall einwirkt, und dergestallt alle weitere Einwirkung des Schwefelwasserstoffgases hemmt. Solche Metalle lassen sich daher nur vollständig durch Schwefelwasserstoff aus ihren Auflösungen abscheiden, wenn man zu denselben irgend eine Base, am besten ein Alkali hinzusetzt, und sie dann erst dem Schwefelwasserstoffgase aussetzt. Noch besser ist es, wenn das nicht thunlich sein sollte, die Fällung durch ein Wasserstoffgeschwefeltes Schwefelsalz zu bewirken, wozu sich das Schwefelammoniak (geschwefelwasserstofftes Schwefelammonium) am besten eignet. Welche von diesen beiden Methoden man aber auch wählen mag, so kann auf keine Weise die mit der Entstehung des Schwefelmetalls sich gleichzeitig abscheidende Säure die vollständige Abtrennung des Metalls verhindern, sondern wird immer durch die gegenwärtige Base gebunden werden.

Es giebt indess noch eine zweite Reihe Metalle, auf deren neutrale Auflösungen das Schwefelwasserstoffgas gleichfalls nur eine vorübergehende Wirkung äussert, jedoch nicht aus dem nämlichen Grunde, sondern deshalb, weil die vollständige Abtrennung durch die frei werdende Base verhindert, durch einen Ueberschuss von Säure dagegen begünstigt wird. Die Metalle, welche vorzugsweise ein solches Verhalten zeigen, sind die electronegativen, deren Schwefelmetalle den Charakter der Oxyde theilen, sich nämlich gegen electropositivere als Säuren verhalten. Leitet man durch die neutrale Auflösung eines solchen metallsauren Salzes Schwefelwasserstoff, so tritt kaum eine Reaction ein, und wenn eine solche bemerkbar wird, verschwindet sie allmählig beinah vollkommen. Macht man aber gar die Auflösung eines solchen Salzes alkalisch, so wird man vergebens auf die Abscheidung des Schwefelmetalls warten. Der Grund eines solchen Verhaltens liegt sehr nahe; in dem Grade der Schwefelwasserstoff das Metalloxyd reducirt und in ein Schwefelmetall verwandelt, wird die Base, gegen welche das Metalloxyd sich als Säure verhielt, abgeschieden, und wird ebenfalls zu einer Schwefelverbindung. Aber auch als solche noch übernimmt sie wieder ihre Rolle als Base gegen das aus dem electronegativeren Metalloxyd entstandene Schwefelmetall, und verbindet sich mit diesem zu einem Schwefelsalz, bestehend aus zweien Schwefelmetallen, einem electronegativen und einem electropositiven, das in der Flüssigkeit gelöst bleibt. Aus allen diesem geht genügend hervor, dass sich die Metallauflösungen gegen das Schwefelwasserstoff auf sehr verschiedene Weise verhalten, was uns in den Stand setzt, die Metalle in dieser Beziehung in drei Klassen zu bringen. Wir theilen sie nämlich ein:

1. in solche, deren Auflösungen unter allen Umständen vom Schwefelwasserstoffgas vollständig gefällt werden, deren Schwefelmetalle daher in verdünnten Säuren und alkalischen Lösungen sich unveränderlich zeigen. Dahin gehören Osmium, Silber, Quecksilber, Kupfer, Wismuth, Blei, Cadmium, Zinnoxydul.

2. in solche, deren vollständige Abtrennung aus ihren Auflösungen durch freie Säuren verhindert wird, und welche durch Schwefelwasserstoff nicht anders als aus alkalisch gemachten Lösungen vollkommen abgeschieden werden können. Ihre Schwefelmetalle sind daher in alkalischen Lösungen meist unveränderlich, werden aber durch freie Säuren leicht und vollständig zerlegt. Wie schon angeführt, unternimmt man die Fällung der hieher gehörigen Metalle am zweckmässigsten durch Schwefelammoniak, da ein Ueberschuss desselben auf die Schwefelverbindungen der meisten keinen Einfluss hat. Hierher gehören Uran, Zink, Nikkel, Kobalt, Eisen, Mangan.

3. in solche, deren vollständige Abtrennung aus ihren Auflösungen von freien Alkalien gehindert wird, in sofern das entstandene Schwefelmetall in diesen löslich ist, dagegen unlöslich in freien Säuren, welche letztere ihre Ab-

scheidung vielmehr befördern. Wie leicht zu erachten, muss man bei ihrer Fällung Schwefelammoniak, besonders im Ueberschuss, vermeiden, da ihre Schwefelmetalle darin eben so, wie in reinen Alkalien leicht löslich sind. Zu dieser Reihe zählen wir Selen, Arsenik, Molybdän, Wolfram, Antimon, Gold, Platin, Iridium, Rhodium, Palladium, Zinnoxyd.

Will man die Abscheidung eines der sub Nr. 2. aufgeführten Metalle durch Zusatz einer Säure verhüten, welches bei Trennungen verschiedener, in einer Auflösung vorhandener Metalle häufig vorkommt, so ist es nicht gleichgiltig, welcher Säuren man sich bedient. Am liebsten wählt man mineralische Säuren (organische Säuren sind nicht kräftig genug), und unter diesen Salzsäure. Salpetersäure ist nur in wenigen Fällen der Salzsäure vorzuziehen, da sie so leicht das Schwefelwasserstoffgas selbst zersetzt, und dadurch zu einem Irrthum Veranlassung geben kann. Was die Masse und den Concentrationsgrad der Säure betrifft, so versteht es sich von selbst, dass diese nicht zu gross sein dürfen, weil sonst sogar die Schwefelverbindungen derjenigen Metalle eine Zersetzung erfahren würden, welche von verdünnten Säuren und von einer nicht allzu grossen Menge derselben sonst unverändert bleiben. Uebung und Erfahrung leiten in dieser Rücksicht am sichersten.

Von den alkalischen Basen, welche zur Abscheidung solcher Metalle aus ihren Auflösungen erforderlich sind, deren Schwefelmetalle in Säuren leicht löslich sind, hat kaustisches Ammoniak den Vorzug, wenn es in einzelnen Fällen allerdings besser ist, statt dessen kaustisches Kali zu nehmen. Kohlensaure Alkalien können öfters, jedoch nicht immer, die Stelle der kaustischen vertreten. Wie schon gesagt, ist es jedoch im Allgemeinen sicherer, die Metalle, welche einer solchen Behandlung bedürfen, aus ihren Auflösungen durch Schwefelammonik zu fällen, weil man dadurch wenigstens leichter der Gefahr entgeht, gleichzeitig in der Verbindung vorhandene Erden mit abzuscheiden. Wo noch besondere Vorsichtsmaassregeln nöthig sind, sollen diese bei den einzelnen Metallen, deren Verhalten zum Schwefelwasserstoffgas jetzt speciell durchgegangen werden soll, angeführt werden.

I. Metalle, welche aus ihren Auflösungen unter allen Umständen gleich gut abgeschieden werden können.

Osmium. Alle Auflösungen desselben werden nach Berzelius vom Schwefelwasserstoffgas gefällt, die rosenrothen indess schwerer als die andern; denn Schwefelwasserstoffgas kann lange hindurchströmen, ehe sich ein Niederschlag zeigt. Wenn man aber die mit Schwefelwasserstoffgas gesättigte Flüssigkeit in eine Flasche verschliesst und stehen lässt, so fällt endlich doch Schwefelosmium nieder, wozu bei sehr verdünnten Auflösungen indess oft mehrere Wochen gehören. Die Auflösungen vom Bioxyd (so nennt Berzelius das flüchtige Osmiumoxyd, welches doppelt so viel Sauerstoff als das Oxyd enthält) werden vom Schwefelwasserstoffgas sogleich und vollständig mit schwarzer, in das Braune sich hinneigender Farbe gefällt, wobei indess zu bemerken ist, dass das Präcipitat sich nicht eher zu Boden setzt, als bis man zur Flüssigkeit eine freie Säure (Salpetersäure ausgenommen) hinzugesetzt hat. Die Chlordoppelsalze, mit Schwefelwasserstoffgas gefällt, geben gelbbraune Niederschläge, die etwas im Wasser löslich sind, wesshalb man aus solchen Salzen das Osmium durch Schwefelwasserstoff nicht vollständig ausscheiden kann. Kaustische und kohlensaure Alkalien lösen trocknes Schwefelosmium nicht im geringsten, und im feuchten Zustande ist es in ihnen nicht löslicher, als im Wasser. Salpetersäure löst Schwefelosmium eben so leicht, wie Schwefeliridium, und verwandelt es in ein leicht lösliches schwefelsaures Salz. Salzsäure und andere Säuren verändern das Schwefelosmium nicht.

Silber. Der Niederschlag aus neutralen, sauren und alkalischen Auflösungen ist braunschwarz und, mit Ausnahme von concentrirter Salpetersäure, in jeder freien Säure unlöslich; auch vom kaustischen Ammoniak wird er nicht aufgenommen, eben so wenig als vom Schwefelammoniak.

Quecksilber. Die Erscheinungen, welche das Schwefelwasserstoffgas in den Auflösungen desselben hervorbringt, sind sehr verschieden, je nachdem das Metall darin als Oxyd oder Oxydul, vorhanden oder auf entsprechende Weise mit Chlor, Iod, Brom oder Fluor verbunden ist. Die Auflösungen der Oxydul- und der ihnen correspondirenden Haloidsalze werden nämlich durch Schwefelwasserstoffgas auf der Stelle schwarz gefällt, während die Auflösungen der Oxydsalze und der ihnen entsprechenden Verbindungen des Quecksilbers mit Chlor, Iod, Brom und Fluor anfangs weiss, dann gelb, hierauf braun, und erst sehr spät, wenn sich in der Flüssigkeit ein Ueberschuss von Schwefelwasserstoffgas befindet, schwarz niedergeschlagen werden. Nur die Auflösungen vom Quecksilbercyanid machen hiervon eine Ausnahme, in sofern sie schon von den ersten Blasen des Schwefelwasserstoffgases schwarz gefällt werden. Dieses Verhalten der erwähnten Auflösungen ist so charakteristisch, dass, wenn eine Metallauflösung sich auf angeführte Weise gegen Schwefelwasserstoffgas verhält, man sogleich einen Schluss auf Quecksilberoxyd machen darf. Was die Natur der Veränderung anbelangt, welche das Schwefelwasserstoffgas zu Anfang in den Quecksilberoxydauflösungen hervorbringt, so verdankt man die nähere Kenntniss derselben erst den neuerlich angestellten Untersuchungen von H. Rose. Die Erscheinung selbst war zwar schon geraume Zeit hindurch allgemein bekannt, aber man suchte ihren Grund in der Entstehung einer Verbindung eines Quecksilberoxydulsalzes mit Schwefel, oder wenn ein Quecksilberchloridsalz mit Schwefelwasserstoffgas behandelt wurde, in der Bildung eines Gemenges von Quecksilberchlorür (Calomel) mit Schwefel. Guibourt dagegen glaubte, dass im letzten Fall eine Verbindung von Quecksilber mit Chlorschwefel, im ersten aber eine Verbindung von Quecksilber mit Sauerstoffschwefel entstehe, indem er sich diese Verbindungen als analog mit den von Gay-Lussac entdeckten

Cyanverbindungen vorstellte. Durch Rose's Versuche ist jedoch nunmehr entschieden, dass die weisse Verbindung, welche man mittelst Schwefelwasserstoffgas aus Quecksilberchloridauflösungen erhält, zusammengesetzt ist aus 1 A. Quecksilberchlorid mit 2 A. Schwefelquecksilber; ferner, dass die weisse Verbindung, welche man aus den Auflösungen von Sauerstoffsalzen des Quecksilberoxyds erhält, ebenfalls aus 2 A. Schwefelquecksilber mit 1 A. vom unzersetzten Quecksilbersalz bestehen, dass also überhaupt alle diese weissen Niederschläge anzusehen sind als Verbindungen unzersetzter Quecksilbersalze mit Schwefelquecksilber in einem bestimmten Verhältniss. Rose hat seine Angaben dadurch noch mehr bestätigt, dass er gleiche Verbindungen durch Kochen von feuchtem Schwefelquecksilber mit Quecksilberchloridauflösungen hervorbrachte, wobei die schwarze Farbe des Schwefelquecksilbers nach kurzer Zeit verschwand; mit getrocknetem Schwefelquecksilber liess sich dagegen die Erscheinung auf keine Weise hervorbringen. Alkalische Auflösungen zersetzen übrigens diese Verbindungen, es entsteht eine Mengung von Quecksilberoxyd mit Schwefelquecksilber, welche, da letztes vorwaltet, schwarz erscheint. Hierdurch war man früher vermuthlich veranlasst zu glauben, dass in dem aus dem Chlorid erhaltenen weissen Präcipitat Quecksilber-Chlorür (Calomel) vorhanden sei. Säuren, sogar im concentrirten Zustande, sind ohne alle Wirkung auf diese Verbindungen, ein Verhalten, welches letzte also mit dem (dem Oxyd entsprechenden) Schwefelquecksilber gemein haben. Goldscheidewasser zersetzt diese Verbindungen, ohne dass sich Schwefel abscheidet.

In Beziehung auf das Schwefelquecksilber, welches aus Oxydul- und Oxydauflösungen erhalten wird, ist noch zu bemerken, dass, so übereinstimmend auch beide in ihrem Aeussern sein mögen, doch ein bedeutender Unterschied in ihren übrigen Eigenschaften obwaltet. Trocknet man beide gelinde, so lassen sie sich schon dadurch unterscheiden, dass die dem Oxyd entsprechende Verbindung einen rothen Strich besitzt, die andere nicht; ferner, erhitzt man die dem Oxydul gleich kommende in einem verschlossenen Gefässe, so zerfällt sie unter Abscheidung von metallischem Quecksilber in die, dem Oxyd proportionale (Zinnober), woraus hervorgeht, dass, so gut sich der Quecksilbergehalt in den Oxydsalzen durch Schwefelwasserstoffgas quantitativ bestimmen lässt, diess doch immer nur unsichere Resultate bei den Oxydulsalzen geben kann, falls man das daraus erhaltene Schwefelquecksilber nicht im feuchten Zustande einer neuen Analyse unterwirft. Schwefelalkalien endlich, namentlich Schwefelkalium, lösen das dem Oxyd proportionale Schwefelquecksilber in der Wärme auf, lassen es jedoch beim Erkalten wieder fallen, worauf sich die Bereitung des Zinnobers auf nassem Wege gründet. Uebrigens lässt sich das Quecksilber durch Schwefelwasserstoffgas quantitativ von solchen Metallen trennen, die nur aus alkalisch gemachten Auflösungen vollständig mittelst Schwefelwasserstoff gefällt werden können, und zwar, nachdem die Auflösung zuvor mit Salzsäure gesäuert worden.

Kupfer. Saure Auflösungen desselben werden bei einem geringen Kupfergehalt durch Schwefelwasserstoffgas braun, bei einem grössern mehr schwarz gefällt; eben so verhalten sich die mit kaustischem Ammoniak alkalisch gemachten Auflösungen. Das aus beiden Flüssigkeiten erhaltene Schwefelkupfer ist in allen Säuren, Salpetersäure ausgenommen, unlöslich; diese nimmt es aber leicht auf, man muss daher Auflösungen, worin selbige vorhanden ist, stark verdünnen, und noch ausserdem das aus einer solchen Flüssigkeit geschiedene Schwefelkupfer rasch abfiltriren, weil nach längerem Stehen die Salpetersäure dennoch auf die Schwefelverbindung zerlegend einwirkt. Das aus alkalisch gemachten Auflösungen abgeschiedene Schwefelkupfer zeigt die Eigenthümlichkeit, dass es sich um vieles leichter an der Luft oxydirt, als dasjenige, welches man aus sauer gemachten Auflösungen gefällt hat, wesshalb es bei quantitativen Untersuchungen nöthig ist, ein solches Schwefelkupfer nicht bloss möglichst rasch auszusüssen, sondern auch das zum Aussüssen bestimmte Wasser entweder mit etwas Schwefelammoniak zu vermischen, oder Schwefelwasserstoff haltiges Wasser dazu anzuwenden. In Schwefelammoniak ist das Schwefelkupfer vollkommen unlöslich. Endlich bedient man sich noch des Schwefelwasserstoffgases am zweckmässigsten, um Kupfer von Eisen und allen übrigen, zur nämlichen Klasse gehörigen Metallen zu trennen, weil diese durch Schwefelwasserstoff aus sauer gemachten Auflösungen nicht abgeschieden werden können.

Wismuth. Es wird sowohl aus sauren als alkalisch gemachten Flüssigkeiten gefällt, und zwar mit dunkelbrauner, fast schwarzer Farbe. Dazu ist es aber nöthig, dass man die zu fällende Flüssigkeit vorher mit etwas Essigsäure vermische, worauf sie, ohne sich in ein basisches und saures Salz zu zersetzen, mit Wasser verdünnt und vollständig niedergeschlagen werden kann. Befindet sich in der Flüssigkeit ein basisches Salz, so erfolgt die Zerlegung mittelst Schwefelwasserstoff vollkommen nur schwer. Obgleich das Schwefelwismuth in den meisten Säuren unlöslich ist, so wird es doch von recht concentrirter, an der Luft rauchender Salzsäure gelöst; Salpetersäure nimmt es, wie die meisten der zu dieser Reihe gehörigen Schwefelmetalle, vollständig auf. Schwefelalkalien, namentlich Schwefelammnoiak sind, auch selbst im Ueberschuss darauf angewendet, ohne Wirkung.

Blei. Schwefelwasserstoffgas schlägt es aus neutralen, alkalischen und sauren Auflösungen mit schwarzer Farbe als Schwefelblei nieder, vorausgesetzt, dass die Auflösung mit sehr verdünnter Salpetersäure gesäuert worden. Hat man Salzsäure dazu angewendet, so zeigt das Schwefelmetall hin und wieder eine täuschend rothe Farbe, so dass man es für Schwefelantimon halten könnte, wenn es nicht durch länger hindurch geleitetes Schwefelwasserstoffgas sehr bald dunkelbraunroth, und zuletzt vollkommen schwarz würde. Durch Aufkochen erfährt es die nämliche Veränderung. Auch wenn man grosse Quantitäten von Blei auf einmal der

Einwirkung des Schwefelwasserstoffgases aussetzt, sieht man diese rothe Farbe hin und wieder zu Anfang der Fällung entstehen. Bei quantitativen Bestimmungen des Bleies durch Schwefelwasserstoff darf man das Gas nicht viel länger durch die Auflösung hindurchleiten, als eben zur völligen Präcipitation erforderlich ist, damit nicht zu viel Schwefel aus dem Schwefelwasserstoffgas mit niederfalle, und das Gewicht des Schwefelbleies vermehre, in welchem Fall das Blei in dem Niederschlage noch durch einen eigenen Versuch seiner Menge nach bestimmt werden muss. Concentrirte Salzsäure verwandelt übrigens das Schwefelblei in Chlorblei, so wie rauchende Salpetersäure dasselbe in schwefelsaures Bleioxyd zerlegt; verdünnte Säuren und Schwefelalkalien sind ohne Wirkung darauf.

Cadmium. Man kann es sowohl aus neutralen, alkalischen, als aus den mit Salzsäure gesäuerten Auflösungen durch Schwefelwasserstoffgas fällen; nur muss man nicht unberücksichtigt lassen, dass im letzten Fall die Flüssigkeit stark verdünnt sein muss. Die Farbe des Niederschlags differirt nach der Quantität des in der Auflösung befindlichen Metallgehalts, und nach dem Grade der Verdünnung; ferner ist die Farbennüance verschieden, je nachdem die Flüssigkeit sauer, alkalisch oder neutral war. Man erhält daher das Schwefelcadmium bald von einer gelben, bald von feuerrother Farbe, so dass man es für Antimon halten könnte, wenn dasselbe nicht so leicht von Salzsäure gelöst, dagegen vom Schwefelammoniak gar nicht aufgenommen würde, wodurch man es zugleich vom Schwefelarsenik unterscheiden kann. Auch ist es charakteristisch für das Schwefelcadmium, dass es sich nicht in Flocken, wie die beiden, eben angeführten Metalle abscheidet, sondern in der Flüssigkeit, woraus man es gefällt hat, leicht zu Boden fällt. Bei quantitativen Untersuchungen ist es von Wichtigkeit, dass das erhaltene Schwefelcadmium nicht mit freiem Schwefel verbunden sei, welches besonders dann leicht der Fall sein kann, wenn die im Ueberschuss mit Schwefelwasserstoff behandelte Flüssigkeit längere Zeit an freier Luft gestanden hat. Unter solchen Umständen muss man die Schwefelverbindung mit concentrirter Salzsäure digeriren, die Auflösung filtriren, und den Cadmiumgehalt darin mittelst kohlensauren Kalis bestimmen. Das nämliche gilt von dem Schwefelcadmium, welches man aus alkalisch gemachten Auflösungen gefällt hat.

Zinnoxydul. Dasselbe wird vom Schwefelwasserstoffgas aus der mit Salzsäure gesäuerten Auflösung vollständig, und zwar mit kaffeebrauner Farbe als Schwefelzinn im Minimo niedergeschlagen. Derselbe Niederschlag erfolgt auch aus den mit kaustischem Ammoniak oder Kali alkalisch gemachten Flüssigkeiten, eben so wie aus neutralen Auflösungen. Verdünnte Säuren lösen denselben nicht auf, wohl aber wird er von einer grossen Masse concentrirter, rauchender Salzsäure unter Entwickelung von Schwefelwasserstoffgas gelöst. Frisch bereitete geschwefelwasserstoffte Schwefelalkalien, namentlich gut und sorgfältig bereitetes Schwefelammoniak, nehmen ihn nicht auf; falls aber diese Verbindungen freien Schwefel enthalten, wie es nicht selten der Fall ist, so wird durch diesen das Schwefelzinn im Minimo zu Schwefelzinn im Maximo, welches letzte, wie späterhin gezeigt werden soll, leicht vom Schwefelammoniak gelöst wird. Dass sich die Sache so und nicht anders verhalte, geht daraus hervor, dass, wenn man frisch gefälltes Schwefelzinn im Minimo mit frisch und sorgfältig bereitetem Schwefelammoniak in der Kälte übergiesst, und die Mischung wohl bedeckt, gegen den Zutritt der Luft geschützt, einige Zeit stehen lässt, darauf die Flüssigkeit von den nicht gelösten Antheilen rasch abfiltrirt, und das Filtrat mit Salzsäure sättigt, dann nur Schwefelwasserstoffgas entwickelt wird, die Flüssigkeit aber eben so wenig einen kaffeebraunen als gelben Niederschlag (Schwefelzinn im Minimo oder Schwefelzinn im Maximo) fallen lässt. Wenn aber Schwefelzinn im Minimo, mit Schwefelammoniak digerirt, und die filtrirte Flüssigkeit mit Salzsäure neutralisirt, einen Niederschlag geben sollte, so darf man versichert sein, dass derselbe immer gelblich oder gelblich braun erscheinen wird, zum Beweise, dass aus der niedrigeren Schwefelungsstufe eine höhere geworden, keinesweges aber ein Gemenge von Schwefelzinn im Minimo mit freiem Schwefel entstanden ist.

2. Metalle, welche aus sauren Auflösungen gar nicht, aus neutralen theilweise, aus alkalischen hingegen vollständig gefällt werden.

Uran. Saure Auflösungen des Uranoxyd geben

mit Schwefelwasserstoff nur einen weissen Niederschlag von Schwefel, indem nämlich, das Uranoxyd dadurch in Oxydul verwandelt wird, dass der Wasserstoff vom Schwefelwasserstoff ihm einen Theil seines Sauerstoffs entzog, sich damit zu Wasser verband, der Schwefel des zerlegten Schwefelwasserstoffs aber abgeschieden wurde. Neutrale, und eben so mit kaustischem oder kohlensäurem Ammoniak alkalisch gemachte Auflösungen werden vom Schwefelwasserstoff schwarz gefällt. Das entstandene Schwefeluran ist jedoch im Wasser nicht ganz unlöslich, wesshalb auch die beim Filtriren des Schwefelmetalls abfliessende Flüssigkeit jederzeit schwarz erscheint. Vollständig lässt sich daher das Uran nicht aus seinen Auflösungen mittelst Schwefelwasserstoff scheiden.

Zink. Die sauren Auflösungen desselben werden vom Schwefelwasserstoff nicht im geringsten afficirt; in neutralen und eben so in den mit kaustischem Kali oder Ammoniak alkalisch gemachten Auflösungen entsteht aber sogleich ein weisser voluminöser Niederschlag von Schwefelzink, der sich jedoch überaus leicht an der atmosphärischen Luft oxydirt, wesshalb man ihn bei genauen Analysen stets mit Schwefelwasserstoff haltigem Wasser aussüssen muss. Concentrirte Salzsäure löst Schwefelzink mit Rücklassung von Schwefel; kaustische Alkalien, Schwefelalkalien und geschwefelwasserstoffte Schwefelsalze lassen dagegen dasselbe unverändert. Thonerde wird zwar unter gewissen Umständen vom Schwefelwasserstoffgas ebenfalls weiss niedergeschlagen; der Niederschlag (reine Thonerde) löst sich jedoch leicht und vollständig in kaustischem Kali und Natron wieder auf, wodurch er sich vom Schwefelzink unterscheiden lässt. Die Reaction des Schwefelwasserstoffs ist für das Zink entscheidend, da kein anderes Metall dadurch weiss niedergeschlagen wird.

Nikkel. Saure Auflösungen desselben werden vom Schwefelwasserstoffgas nicht verändert; aus neutralen und alkalischen schlägt es jedoch Schwefelnikkel mit schwarzer Farbe nieder. Weil aber das Schwefelmetall schon im blossen Wasser, so wie auch im kaustischen und geschwefelwasserstofften Schwefelammonium nicht ganz unlöslich ist, so erscheint die über dem Präcipitat befindliche Flüssigkeit jederzeit gefärbt, woher es auch kommt, dass man das Nikkel auf diese Weise nicht quantitativ scheiden kann. Will man das noch im Filtrat gelöste Schwefelnikkel erhalten, so muss Essigsäure hinzugesetzt werden. Salzsäure löst Schwefelnikkel vollständig auf.

Kobalt. Saure Auflösungen desselben werden vom Schwefelwasserstoff nicht verändert; aus neutralen und alkalischen Auflösungen wird dagegen ein schwarzes Präcipitat von Schwefelkobalt abgesondert, das sich leicht und vollständig aus der Flüssigkeit absetzt, so dass diese über ihm stehend, vollkommen hell und klar, nicht aber gefärbt wie beim Nikkel, erscheint. Da es sich an der Luft leicht zersetzt, muss man es mit Schwefelwasserstoff haltigem Wasser aussüssen. Sehr bemerkenswerth ist es, dass Schwefelkobalt, durch Salzsäure fast nicht zu zersetzen ist; wenigstens ist ein lange anhaltendes Digeriren erforderlich, bevor es sich bis auf gelben Schwefel zerlegt hat. Man muss daher das Schwefelkobalt, um es zu oxydiren, noch feucht mit Königswasser behandeln, und doch ist es nicht möglich, wie schon erwähnt, Kobalt aus sauren Auflösungen zu fällen.

Eisen. Das Verhalten des Schwefelwasserstoffs zum Eisen ist verschieden, je nachdem dasselbe in den Auflösungen als Oxydul oder Oxyd vorhanden ist.

Eisenoxydul wird eben so wenig aus sauer gemachten, wie aus neutralen Auflösungen angezeigt, und wenn ja eine Reaction aus neutralen Auflösungen erfolgt, so darf man versichert sein, dass in der Auflösung neben dem Oxydul ein geringer Oxydgehalt vorhanden war, was um so leichter der Fall sein kann, als es schwer hält, Eisenoxydulsalze in dem Grade gegen den Einfluss der atmosphärischen Luft zu schützen, dass sie nicht theilweis oxydirt werden sollten. Aus alkalisch gemachten Auflösungen fällt mittelst Schwefelwasserstoff sogleich ein voluminöses Präcipitat von Schwefeleisen, welches im frisch gefällten Zustande schwarz aussieht, dadurch aber, dass es sich mit grösster Schnelligkeit an der Luft oxydirt, erst röthlich, dann hellbraun wird. Man muss selbiges daher nicht bloss mit Schwefelwasserstoff haltigem Wasser aussüssen, sondern dabei auch möglichst rasch zu Werke gehen. Damit in der vom Schwefeleisen abfiltrirten Flüssigkeit nicht etwa ein wenig Schwefeleisen zurückbleibe, in welchem Fall sie anstatt gelb, grau oder grünlich erscheint, ist es rathsam, die mittelst Schwefelwasserstoff gefällte Flüssigkeit anhaltend zu erwärmen, und sie darauf einige Zeit lang zur vollständigen Absonderung des Niederschlags hinzustellen. Quantitativ lässt sich das Eisen, wie leicht zu erachten, als Schwefeleisen nicht bestimmen. Wenn es aber nicht anders zu scheiden ist, muss man das Schwefeleisen so lange mit Salzsäure digeriren, bis die erhaltene milchige Auflösung nicht mehr nach Schwefelwasserstoff riecht, selbige darauf filtriren, mit Salpetersäure oxydiren, und das Oxyd durch kaustisches Ammoniak fällen.

Eisenoxydauflösungen verhalten sich in sofern von den Oxydulauflösungen verschieden als ihre neutralen Auflösungen mit Schwefelwasserstoff keinen Niederschlag von Schwefeleisen, wohl aber ein in Säuren unlösliches, weisses Präcipitat von Schwefel geben, der offenbar dadurch aus dem Schwefelwasserstoff abgeschieden wurde, dass das in der Auflösung enthaltene Oxyd zu Oxydul reducirt ward. Dieses Verhalten des Schwefelwasserstoffs ist so charakteristisch, dass man sich desselben nicht bloss bedienen kann, um dadurch in Oxydulauflösungen einen Oxydgehalt zu entdecken, sondern auch um dadurch die Menge des vorhandenen Eisenoxyds zu bestimmen. In letzter Beziehung hat man nichts weiter nöthig, als zur Auflösung von beiden eine frisch bereitete, vollkommen klare Verbindung von Schwefelwasserstoff mit Wasser zu bringen, wenn sich nach längerm Stehen der Mischung in einem verschlossenen Gefäss kein Schwefel mehr abscheidet, diesen abzufiltriren, bei gelinder Wärme zu trocknen und zu wiegen. Sein Gewicht zeigt an, wie gross die

Menge des Sauerstoffs ist, welche sich mit dem Wasserstoff des Schwefelwasserstoffs zu Wasser verbunden hat. Nach den Beobachtungen von Wittstock (vergl. dessen Versuche in Bremer's Zusätzen und Verbesserungen zur Preuss. Pharmacopoe pag. 246) wird indess Eisenoxyd, sobald in der Auflösung zugleich organische Stoffe vorhanden sind, durch Schwefelwasserstoff auch aus sauren Auflösungen als Schwefeleisen mit schwarzer Farbe gefällt, eine Erfahrung, welche auch wir bei wiederholten Untersuchungen von Blut bestätigt zu finden Gelegenheit hatten. Die alkalisch gemachten Auflösungen der Eisenoxydsalze verhalten sich übrigens gegen Schwefelwasserstoff wie die der Oxydulsalze, und es gilt von dem aus ihnen erhaltenen Schwefeleisen das nämliche, was von dem aus den Oxydulauflösungen erhaltene angeführt wurde. Endlich ist noch zu erwähnen, dass ein bedeutender Unterschied in der Wirkung des Schwefelwasserstoffs gegen die Eisensalze danach statt findet, ob das Metall an eine organische oder unorganische Säure gebunden ist. Schon Gay-Lussac hat bewiesen, dass sowohl Eisenoxyd als Eisenoxydul, wenn sie an Essigsäure, Weinsteinsäure u. s. w. gebunden sind, jederzeit vom Schwefelwasserstoffgas gefällt werden, vorausgesetzt, dass nicht zu viel Säure vorwaltet. Bei den Versuchen von Grischow und auch bei denen von Döbereiner, welche fanden, dass eine Auflösung von Eisenvitriol durch Schwefelwasserstoffgas gefällt wurde, sobald ihr die freie (?) Säure durch einen Zusatz von kaustischem Ammoniak oder

Weingeist, oder endlich auch durch Auflösen des Salzes in Brunnenwasser entzogen worden, bleibt immer noch zu entscheiden, ob durch alle diese Verfahrungsarten nicht zum Theil basische Salze gebildet wurden, die etwa bloss in flüssiger Form, aber nicht im krystallisirten Zustande darstellbar wären. Wenn bis diesen Augenblick die Existenz solcher Verbindungen beim Eisenoxydul auch noch nicht nachgewiesen ist, so dürfte man nach den Versuchen von Maus doch wohl auf ihr Dasein schliessen.

Mangan. Es fällt nur aus neutralen und alkalischen Auflösungen, nicht aus sauren. Der Niederschlag erscheint fleischroth, röthlich braun oder ziegelroth; wenn er einen Stich ins Graue hat, so verräth diess Eisengehalt. Das Schwefelmangan zersetzt sich an der Luft mit grosser Leichtigkeit, man muss es daher mit Schwefelwasserstoff haltigem Wasser aussüssen, und darf es auch nicht als Schwefelmangan seiner Menge nach bestimmen, sondern muss es vielmehr entweder glühen, damit es in Oxyd verwandelt werde, oder in Salzsäure lösen, die filtrirte Lösung zur Trockne eindampfen, und seine Gewichtsmenge als Chlormangan bestimmen.

3. Metalle, welche gar nicht aus alkalischen, theilweis aus neutralen, vollständig aber aus sauer gemachten Auflösungen gefällt werden.

Selen. Auflösungen der Selensäure werden vom Schwefelwasserstoffgas nicht verändert, wohl aber die der selenigen Säure, welche, besonders bei einem Zusatz von Salzsäure, nach längerer Einwirkung trübe werden, und allmählig einen citronengelben Niederschlag fallen lassen, der sich, wenn das Gemenge erwärmt wird, zusammenzieht, und eine feuerrothe Farbe erhält. Säuren, mit Ausnahme von Königswasser, wirken nicht darauf, letzteres zersetzt ihn jedoch mit Leichtigkeit. Aetzende Alkalien und Wasserstoffgeschwefelte Schwefelsalze nehmen ihn zu einer dunkelgelben Flüssigkeit auf, aus der sich das Selen durch Säuren, jedoch mit vielem Schwefel gemengt, wieder abscheiden lässt. Diese Auflöslichkeit des Schwefelselen benutzt man in der analytischen Chemie, um es von solchen Metallen zu trennen, die in Schwefelammoniak unlöslich sind.

Arsenik. Das Verhalten des Schwefelwasserstoffs zu den Auflösungen desselben ist verschieden, je nachdem darin das Metall als arsenige Säure oder Arseniksäure enthalten ist. Welches aber auch der Fall sein mag, so bewirkt es doch jederzeit in sauren und neutralen Auflösungen ein gelbes Präcipitat von Schwefelarsenik, welches unlöslich in Säuren, mit Ausnahme von Goldscheidewasser, vollkommen auflösbar aber in kaustischen und Wasserstoffgeschwefelten Schwefelalkalien, so wie auch im Schwefelwasserstoffgas selbst ist. In alkalisch reagirenden Auflösungen entsteht durch Schwefelwasserstoff kein Niederschlag. Der Unterschied, den arsenige und Arseniksäure gegen Schwefelwasserstoffgas zeigen, besteht vornämlich darin, dass, während die Fällung des Schwefelarsenik aus einer arsenigsauren Auflösung beim Hindurchleiten des Gases ohne

Verzögerung eintritt, bei arseniksauren Auflösungen hierzu eine geraume Zeit erforderlich ist, so, dass die Fällung auf eine weiter unten, beim geschwefelwasserstofften Schwefelammonium näher zu beschreibende Weise um vieles rascher zu erlangen ist. Ferner unterscheiden sich beide Schwefelverbindungen dadurch, dass die der arsenigen Säure entsprechende mit 3 A. Schwefel lebhaft citronengelb, die der Arseniksäure proportionale aber mit 5 A. Schwefel mattgelb von Farbe erscheint. Beide Arten von Schwefelarsenik, und zwar der der Arseniksäure proportionale in noch höherem Grade, sind in Schwefelwasserstoffgas in so reichlichem Maasse lösbar, dass man bei einem geringen Arsenikgehalt in irgend einer Flüssigkeit leicht Gefahr laufen dürfte ihn zu übersehen, wenn man die Auflösung nicht erwärmt, und sie darauf so lange an der Luft stehen lässt, bis sie ihren Geruch nach Schwefelwasserstoff verloren hat. Uebrigens lässt sich der Arsenikgehalt in einer Verbindung mittelst Schwefelwasserstoff nur dann quantitativ bestimmen, wenn man sich versichert halten darf, dass entweder arsenige oder Arseniksäure allein, nicht aber beide mit einander verbunden vorhanden sind. Den aus seiner Auflösung in Schwefelammoniak oder ähnlichen Verbindungen durch Säuren gefällten Schwefelarsenik muss man bei genauen Arbeiten jederzeit nochmals in Königswasser auflösen, und nicht vor dieser Vorsichtsmassregel sein Gewicht nehmen, weil derselbe immer eine ziemliche Quantität freien Schwefel enthält.

Molybdän. Die Auflösung der Molybdänsäure in Chlorwasserstoffsäure färbt sich beim Hindurchleiten des Schwefelwasserstoffgases unter Abscheidung von Schwefel erst blau, dann grün, bis sich endlich Schwefelmolybdän von dunkelbrauner, fast schwarzer Farbe absondert. Kaustische Alkalien nehmen das Schwefelmolybdän schwierig auf, Schwefelalkalien und wasserstoffgeschwefelte Schwefelsalze indess leichter, besonders mit Unterstützung der Wärme; auch im reinen Wasser ist es nicht ganz unlöslich. Säuren scheiden dasselbe jedoch, mit freiem Schwefel verbunden, wieder daraus ab, weshalb man den Molybdänsäuregehalt in einer Verbindung auf diese Weise nicht bestimmen darf, nicht zu gedenken, dass sich das Schwefelmolybdän beim Trocknen auf Kosten der atmosphärischen Luft oxydirt. Man muss es daher über Schwefelsäure im luftleeren Raum trocknen, durch Glühen in einer kleinen Retorte in die dem Oxyd proportionale Schwefelungsstufe verwandeln, und aus deren Gewicht seine Menge bestimmen.

Wolfram. Auflösungen der Wolframsäure in kaustischem Kali werden durch Schwefelwasserstoffgas nicht im geringsten afficirt; durch Salzsäure in Wasser löslich gemacht, bewirkt Schwefelwasserstoff jedoch in ihren Auflösungen die Entstehung eines schmutzighellgelben Niederschlags von Schwefelwolfram, welches mit einem durch Salpetersäure gesäuerten Wasser ausgesüsst werden muss, weil es im reinen Wasser nicht ganz unlöslich ist. Es gehört zu den Metallen, deren Schwefelverbindungen im überflüssigen Schwefelammoniak, nächst dem Schwefelarsenik, am leichtesten löslich sind.

Charakteristisch ist es für das Wolfram, dass eine Flüssigkeit, in welcher noch etwas von der Schwefelverbindung sich gelöst befindet, beim Vermischen mit Schwefelammoniak sich indigblau färbt, ohne übrigens präcipitirt zu werden. Abgedampft nimmt sie unter Abscheidung von Schwefel ihre frühere gelbe Farbe wieder an.

Antimon. Schwefelwasserstoffgas präcipitirt dasselbe aus sauren Auflösungen, mag dasselbe darin als Oxyd, als antimonige oder Antimon-Säure enthalten sein; in alkalischen Auflösungen tritt dagegen keine Veränderung ein. Weil aber die meisten Antimonsalze die Eigenschaft haben, mit Wasser verdünnt sich unter einer milchigen Trübung in saure und basische Salze zu zerlegen, und es dabei gar leicht geschieht, dass ein Theil von dem in der Auflösung herumschwimmenden basischen Salze der Einwirkung des Schwefelwasserstoffs entgehet, so muss man in solchen Fällen die Auflösung erst durch eine Säure klären, wozu Weinsteinsäure besonders geeignet ist, wenn man es nicht vorziehen sollte, die concentrirte Lösung der zu untersuchenden Verbindung mit Salzsäure haltigem Wasser zu verdünnen. Ueberhaupt ist es beim Antimon Regel, zur Zersetzung lieber verdünnte Auflösungen anzuwenden; wenigstens entgeht man dadurch sicherer der Zerlegung des Schwefelwasserstoffgases selbst, die bei concentrirten Auflösungen, namentlich der Antimonsäure, jederzeit erfolgt. Was die Farbennüance der verschiedenen Arten des Schwefelantimons betrifft, so ist anzunehmen, dass selbige um so tiefer orangefarben ist, je niedriger die Oxydationsstufe des Antimon war; die dem

Oxyd proportionale Schwefelungsstufe ist daher lebhaft und feuerroth, die den beiden Säuren entsprechende neigt sich schon mehr ins gelbe. Um genauer zu erfahren, welche Schwefelungsstufe man vor sich habe, darf man die zu untersuchende Verbindung nur in concentrirter Salzsäure auflösen, die dem Oxyd entsprechende löst sich dabei unter Entwickelung von Schwefelwasserstoffgas vollständig, die beiden übrigen lassen dagegen einen Rückstand von Schwefel. Königswasser nimmt alle drei Schwefelungsstufen vollständig auf, weshalb man sich desselben auch bedient, um bei quantitativen Bestimmungen des Antimons die Schwefelverbindungen dadurch zu oxydiren, und aus der entstandenen Schwefelsäure-Menge den Antimongehalt zu berechnen. Vom Schwefelwasserstoffgas werden ebenfalls alle drei Schwefelungsstufen aufgenommen, jedoch die den Säuren correspondirenden reichlicher als die dem Oxyd entsprechende; aus diesem Grunde ist es auch Gesetz, wenn man Antimon durch Schwefelwasserstoff gefällt hat, die Auflösung bei gelinder Wärme hinzustellen, bis sich der Schwefelwasserstoffgeruch vollkommen verloren hat. Wie leicht zu erachten, lösen sich alle drei Schwefelungsstufen auch im Schwefelammoniak, fallen jedoch, durch Säuren daraus geschieden, immer mit viel gelberer Farbe nieder; kocht man ihre Auflösungen im Schwefelammoniak, so scheiden sie sich vollständig daraus ab. Uebrigens darf man den Antimongehalt bei genauen Untersuchungen niemals aus der Menge des Schwefelantimons berechnen, weil dasselbe erstens immer etwas freien

Schwefel enthält, und dann, weil man versichert sein müsste, dass in der analysirten Verbindung weder verschiedene Oxydationsstufen vorhanden waren, noch sich im Verlauf der Analyse bilden konnten. Es ist daher, wie schon erwähnt, sicherer, den Antimongehalt durch Oxydation der Schwefelverbindung zu finden, oder auch, was indess nicht so genaue Resultate gibt, das Schwefelantimon mittelst Wasserstoffgas in einem eigenen Apparat zu reduciren.

Tellur. Es scheidet sich aus sauren Auflösungen mit schwarzer Farbe ab. Weil indess das Schwefeltellur, wie die meisten zu derselben Reihe gehörigen Metalle, in Schwefelwasserstoff etwas lösbar ist, muss die Auflösung bis zur Geruchlosigkeit erwärmt werden, ehe man das Schwefelmetall abfiltrirt. Ist man überzeugt, dass das Tellur in der Auflösung im reinen Zustande vorhanden war, so kann man es als Schwefeltellur berechnen; falls aber Eisenoxyd, oder irgend eine andere, den Schwefelwasserstoff zersetzende Substanz darin war, erhält man es mit Schwefel verunreinigt, und muss es in diesem Fall durch Königswasser oxydiren, und nachdem ein etwaniger Gehalt von Salpetersäure zerstört worden, mittelst eines schwefeligsauren Salzes reduciren. In Schwefelammoniak ist das Schwefeltellur, wie leicht einzusehen, vollkommen lösbar; daher wird auch durch Schwefelwasserstoff eine Auflösung des Telluroxyds in kaustischem Kali nicht afficirt.

Gold. Um dasselbe mittelst Schwefelwasserstoff zu fällen, muss die saure Auflösung kalt zur Präcipitation angewendet werden, auch muss diese rasch vorgenommen, und der dadurch erhaltene Niederschlag von Schwefelgold ebenfalls möglichst schnell mittelst eines Filtrum geschieden werden, weil sich das Schwefelgold noch viel leichter als Schwefelkupfer auf Kosten des Sauerstoffs der Luft oxydirt, der Schwefel in Schwefelsäure verwandelt, und das Gold regulinisch abgeschieden wird. Glüht man das Schwefelgold, so entweicht der Schwefel, und metallisches Gold bleibt übrig; in Schwefelammoniak ist das Schwefelgold, wenn gleich etwas schwer, löslich.

Platin. Aus seiner Auflösung in Königswasser schlägt Schwefelwasserstoffgas eine Verbindung von Platinchlorür mit Schwefelplatin nieder, die vom Schwefelammoniak vollständig zerlegt und alsdann davon aufgenommen wird; Säuren schlagen daraus Schwefelplatin von schwarzer Farbe nieder, das sich an der Luft eben so leicht unter Bildung von Schwefelsäure zersetzt, als das Schwefelgold. Schwefelwasserstoffgas nimmt Schwefelplatin zu einer hellbraunen Verbindung auf, die indess beim Stehen an der Luft sich wieder zersetzt, und unverändertes Schwefelplatin fallen lässt. In Salpetersäure ist das Schwefelplatin etwas auflöslich, aber nur in der Wärme.

Iridium. Alle Chlorverbindungen desselben werden durch Schwefelwasserstoffgas zersetzt, wobei aber zu merken ist, dass die zu fällende Flüssigkeit einen grossen Ueberschuss von Säure (Salpetersäure ausgenommen) enthalten muss, wenn eine vollständige Trennung gelingen soll. Der Niederschlag erscheint dunkelbraun, fast schwarz, dem Schwefelplatin nicht unähnlich, löst sich indess leichter in Schwefelkalium und wasserstoffgeschwefeltem Schwefelammonium, als dieses, unterscheidet sich jedoch von ihm dadurch, dass es sich zwar ein wenig an der Luft oxydirt, aber nicht in dem Maasse, dass es wie das Schwefelplatin sauer wird, ferner wird es von der Salpetersäure mit grosser Leichtigkeit aufgenommen, und in schwefelsaures Iridiumoxyd verwandelt, während Schwefelplatin, wenigstens in der Kälte, davon fast gar nicht afficirt wird.

Rhodium. Es verhält sich dem Platin analog, wenigstens oxydirt sich das Schwefelrhodium in Berührung mit der Luft auf nämliche Weise; die Farbe des Schwefelrhodium ist dunkelbraun. Oxydirt man dasselbe, so ist es eine Eigenthümlichkeit des neu gebildeten schwefelsauren Salzes, dass es sich erst dann löst, wenn man die darüber stehende saure Flüssigkeit abgiesst, und frisches Wasser darauf bringt.

Palladium. Es verhält sich dem Platin gleich; das Schwefelpalladium sieht dunkelbraun aus.

Zinnoxyd. Schwefelwasserstoffgas schlägt es nur aus verdünnten sauergemachten Auflösungen, wenn gleich etwas langsam, aber doch vollständig mit schmutzig gelber Farbe nieder; in alkalischen Auflösungen erfolgt keine, in neutralen nur zu Anfang eine Reaction. Das dem Oxyd entsprechende Schwefelzinn ist im Schwefelwasserstoffgas etwas löslich, daher stellt sich die Reaction auch besser ein, wenn die mit dem Gase behandelte Flüssigkeit aufgekocht wird. Im Schwefelammoniak ist es leicht und vollständig lösbar, beim

Kochen so wie durch Säurezusatz scheidet es sich jedoch wieder ab. Concentrirte, an der Luft rauchende Salzsäure löst es unter Abscheidung von Schwefel auf, wodurch man es vom Schwefelarsenik unterscheiden kann. Bei quantitativen Untersuchungen ist es am besten den Zinngehalt auf die Art daraus zu berechnen, dass man es durch rauchende Salpetersäure in Oxyd verwandelt, von dem man die Schwefelsäure und überschüssige Salpetersäure durch fortgesetztes Erhitzen entfernt.

Auch zur Entdeckung der schwefeligen Säure, wenn sie in Flüssigkeiten enthalten ist, bedient man sich des Schwefelwasserstoffgases. Die Reaction beruht darauf, dass sich der Wasserstoff des letzten mit dem Sauerstoff der schwefeligen Säure verbindet, und Schwefel abgeschieden wird, welcher eine Trübung der zuvor klaren Flüssigkeit bewirkt. So kann man z. B. den Gehalt an schwefeliger Säure in der Essigsäure, im Aether und anderen Flüssigkeiten auffinden. Indess ist der Schwefelwasserstoff in dieser Rücksicht ein trügliches Reagens, da es ausserdem viele Körper gibt, welche auf ähnliche Weise zerlegend auf denselben wirken, und dabei auch keine andere Erscheinungen, als die angeführten, hervorbringen.

Ehe wir dieses wichtigste aller Reagentien für Metalle verlassen, müssen wir noch einer Verbindung gedenken, die in früherer Zeit, als die chemische Analyse noch nicht zu einem solchen Grad von Vollkommenheit als heutigen Tages gediehen war, so zu sagen einige Berühmtheit erlangt hatte. Es ist dies die sogenannte Hahnemannsche Weinprobe, oder Liquor probatorius Hahnemanni, Aqua hydrosulphurata acidula der Preuss. Pharmacopoe, eine Flüssigkeit, ursprünglich bloss dazu bestimmt, den Bleigehalt im Wein zu finden. Ihr Erfinder, der bekannte Dr. Hahnemann liess sie an die Stelle der frühern sogenannten Würtembergschen Weinprobe treten, welche durch Kochen von Operment mit gebranntem Kalk bereitet, fast zu ähnlichen Zwecken gebraucht wurde. Die von Hahnemann ursprünglich gegebene Vorschrift bestand darin, Schwefelcalcium mit gereinigtem Weinstein und Wasser zusammenzureiben, und die Flüssigkeit nach einiger Zeit durchzuseihen. Späterhin wurde sie dadurch verbessert, dass anstatt des sauren weinsteinsauren Kali Weinsteinsäure genommen wurde. Die Preussische Pharmacopoe gibt dazu folgende Vorschrift. Aus einer beliebigen Menge Schwefelcalcium wird mittelst durch 6 Theile Wasser verdünnter Schwefelsäure Schwefelwasserstoffgas entwickelt, welches man von destillirtem Wasser verschlucken lässt, und nachdem dies geschehen, in vier Unzen eines solchen Wassers ein Quentchen Weinsteinsäure löst. Es ist aus dem früher Angeführten leicht zu entnehmen, dass man dadurch nichts anderes erlangt, als ein mit Schwefelwasserstoffgas geschwängertes Wasser, welches durch seinen Gehalt an freier Weinsteinsäure noch mehr als die blosse Verbindung des Gases mit Wasser, zur Zersetzung geneigt ist. Soll also die Wirkung dieses Reagens zuverlässig sein, so ist es nöthig, dasselbe beim jedesmaligen Gebrauch frisch zu bereiten; dann gewährt es aber im Vergleich zum Gase natürlicherweise keinen Zeitgewinn. Ausserdem ist aber auch der Weinsteinsäuregehalt dieses Mittels zu tadeln, denn einerseits ist es nach dem Angeführten keinesweges überall gleichgültig, ob die zu untersuchende Flüssigkeit sauer sei, wie das bei Anwendung der Hahnemannschen Weinprobe immer der Fall sein wird, anderseits aber ist gerade die Weinsteinsäure unter den Säuren diejenige, welche sich wegen ihres merkwürdigen Einflusses auf Metalle und Erden am wenigsten zum Säuren einer zu untersuchenden Flüssigkeit eignet; es wäre daher gewiss viel besser, wenn man einmal ein solches Reagens wie die nach der Preuss. Pharmacopoe bereitete Hahnemannsche Probeflüssigkeit, vorräthig haben wollte, sich dazu statt der Weinsteinsäure einer unorganischen Säure, besonders Salzsäure zu bedienen. Was endlich den viel und hoch gepriesenen Vorzug der Aqua hydrosulphurata acidula betrifft, dass sie die Fällung von Eisen verhindere, und dass namentlich bei ihrer Anwendung zur Untersuchung von Weinen, keine Verwechselung mit Blei und anderen der Gesundheit schädlichen Metallen möglich sei, so fällt dieser völlig weg, nachdem Wittstock gezeigt hat, dass Eisen ebenfalls durch Schwefelwasserstoffgas aus sauren Flüssigkeiten niederfällt, wenn darin zugleich organische Stoffe enthalten sind.

Aus diesen Gründen möchte man sich im Allgemeinen bewogen fühlen, der Hahnemannschen Probeflüssigkeit gar keinen Vorzug vor dem Schwefelwasserstoffgas selbst einzuräumen, da sie ihn keinesweges hat. Am wenigsten dürfte sie einen solchen bei gerichtlichen Untersuchungen verdienen, denn empfindlicher ist sie für Arseniksäure, arsenige Säure, Antimon u. s. w. durchaus nicht, wie man dies gewöhnlich glaubt, vorausgesetzt, dass man bei Anwendung des Gases dasjenige berücksichtigt, was in Betreff der gedachten Metalle gehörigen Orts gesagt worden. Im Gegentheil ist nicht ohne Grund zu fürchten, dass früherhin bei solchen Untersuchungen öfters Schwefeleisen für Schwefelblei angesehen worden, da man bei einem so gerühmten Reagens als die Hahnemann-sche Weinprobe jede weitere Untersuchung des durch sie bewirkten Niederschlags für überflüssig gehalten haben mag.

Kieselflusssäure. (Kieselfluorwasserstoffsäure.)

Nach Berzelius erhält man sie folgendermassen. Gleiche Theile fein zerriebener Flussspath und grob zerstossenes Glas oder Sand werden wohl mit einander vermischt, in einem geräumigen Gasentbindungsapparat mit 6 Theilen concentrirter Schwefelsäure übergossen und gut umgerührt. Die Gasentwicklung beginnt sogleich unter heftigem Aufblähen der Masse, wesshalb erst dann, wenn das Steigen nachgelassen, die Operation durch gelinde Wärme unterstützt werden darf. Das sich entwickelnde Fluorkieselgas leitet man dergestalt unter Wasser, dass die Gasleitungsröhre unter Quecksilber mündet, welches sich einige Zoll hoch auf dem Boden des Gefässes befindet, in welchem das Wasser enthalten ist. Das Gas strömt dann aus der Röhre durch das Quecksilber in das Wasser, und verhindert dadurch, dass die bei der Zersetzung des Gases sich abscheidende Kieselsäure das Gasentwicklungsrohr verstopft. Während der Operation geschieht es sehr leicht, dass das Gas in dem Wasser Röhren von Kieselsäure bildet, durch welche es endlich unzersetzt aufsteigt, wesshalb diese von Zeit zu Zeit zerbrochen werden müssen. Hat die Flüssigkeit etwa das $1\frac{1}{2}$ fache Volumen vom Gase aufgenommen, und sich in eine halb durchsichtige, an der Luft rauchende Gallerte verwandelt, so trennt man den flüssigen Antheil derselben dadurch, dass man die Masse auf ein Filtrum von starkem Leinen bringt, und den Rückstand auspresst, ohne ihn jedoch auszusüssen. Das Filtrat stellt die Kieselflusssäure dar, was übrig bleibt, ist Kieselsäure.

Die so erhaltene Säure schmeckt rein sauer, der wässrigen Salzsäure ähnlich, röthet stark das Lackmus; versucht man es, sie durch Abdunsten zu concentriren, so kann diess nur bis zu einem gewissen Grade geschehen, nachher geht Fluorkieselgas davon, und die Flüssigkeit wird immer reicher an Fluorwasserstoffsäure. Daher findet man auch gläserne Gefässe nach dem Verdunsten angegriffen, obgleich tropfbarflüssige Kieselflusssäure sonst Glas nicht angreift. Uebrigens muss man sie in wohl verschlossenen Gefässen aufbewahren, falls sie nicht Feuchtigkeit aus der Luft einsaugen und verdünnt werden soll. Die Kiefelflusssäure ist nur in Verbindung mit Wasser bekannt, und enthält nach Berzelius im concentrirten Zustande auf 2 bis 3 A. Wasser 3 A. Fluorwasserstoffsäure und 2 A. Kieselerde.

Die Kieselflusssäure wird nicht bloss gebraucht, um Baryt von Strontian und Kalk zu unterscheiden, sondern auch um die Menge des Baryts in einer Verbindung zu bestimmen, und gehört in dieser Rücksicht zu den besten Reagentien. Mit einer Baryt haltigen Flüssigkeit vermischt, bewirkt sie nach einiger Zeit einen weissen Niederschlag von Kieselflusssaurem Baryt, welcher sich erst nach einiger Zeit zu Boden senkt, unlöslich in jeder freien Säure ist, selbst beim Kochen mit Salpetersäure. Kalk- und Strontian-Salze mit Kieselflusssäure vermischt, bleiben unverändert. Auf diesem Verhalten beruht die von Berzelius angegebene Scheidung des Baryt vom Strontian; diesem zufolge wird die zu trennende Verbindung in Salzsäure gelöst, Kieselflusssäure hinzugetröpfelt, das nach einiger Zeit sich abscheidende Präcipitat von Kieselfluorbarytium abfiltrirt, ausgesüsst, getrocknet und geglüht. Aus der Menge des rückständigen Doppelsalzes wird alsdann der Barytgehalt berechnet. Eine geringe Menge Baryt bleibt hierbei jedoch immer in der Auflösung zurück, und kann von dem darin befindlichen Kieselfluorstrontium nicht anders als durch Schwefelsäure abgeschieden werden. Es muss alsdann der Barytgehalt im schwefelsaurem Baryt zu dem auf erste Weise gefundenen hinzugerechnet werden.

Kleesäure. Oxalsäure. Acidum oxalicum. C^2O^3.

Das beste Verfahren der Darstellung besteht darin, dass man Kleesalz (saures kleesaures Kali) in der erforderlichen Menge warmen destillirten Wassers löst, und zur Auflösung so lange einfach kohlensaures Kali hinzufügt, bis die freie Säure abgestumpft ist. Die neutrale Flüssigkeit versetzt man dann so lange mit einer Bleizuckerauflösung, als diese noch einen Niederschlag von oxalsaurem Bleioxyd hervorbringt, der, wenn er sich abgesetzt hat, durch ein Filtrum geschieden, ausgesüsst und getrocknet werden muss. Hundert Theile desselben werden darauf mit $\frac{1}{3}$ concentrirter Schwefelsäure von 1,85 spec. Gewicht, die man mit 10mal so vielem Wasser verdünnen muss, übergossen, und damit unter fortwährendem Rühren 24 Stunden hindurch digerirt. Das dadurch entstandene schwefelsaure Blei trennt man von der in der Flüssigkeit gelösten Kleesäure, spült es mit wenigem Wasser ab, und entfernt einen etwanigen Bleigehalt der Säure durch Schwefelwasserstoffgas, filtrirt das Schwefelblei ab, und krystallisirt endlich die Kleesäure durch gelindes Abdampfen und ruhiges Hinstellen. Ein zweites Verfahren, welches häufig Anwendung findet, besteht darin, dass man Zucker oder andere organische Stoffe mit Salpetersäure behandelt. Eine auf diese Weise bereitete Säure lässt sich jedoch von einem Salpetersäuregehalt nicht vollständig befreien, welcher Reinigungsmethoden man sich auch dazu bedienen mag; überdiess ist das Verfahren durch die grosse Menge Salpetersäure, welche dazu gehört, gerade nicht billig.

Die Kleesäure erscheint in farben- und geruchlosen nadelförmigen Krystallen von scharf saurem Geschmack, die bei gewöhnlicher Temperatur unveränderlich sind, in warmer Luft aber verwittern. Die Kleesäure erfordert gegen 9 Theile kalten, aber nur gleiche Theile kochenden Wassers zur Lösung; eine unreine, Salpetersäure haltige (wie die aus Zucker bereitete) löst sich schon in ihrem doppelten Gewicht Wasser. Die wässrige Auflösung zersetzt sich beim Aufbewahren, wie die der meisten organischen Säuren; aus diesem Grunde muss man sie beim jedesmaligen Gebrauch frisch auflösen.

Die Kleesäure besteht aus 2 A. Kohlenstoff und 3 A. Sauerstoff, oder in 100 Th. aus 66,57 Sauerstoff und 33,40 Kohlenstoff; in der krystallisirten sind auf 1 A. wasserfreier Säure 3 A. Wasser oder 42 pr. Cent; von diesen sind $\frac{2}{3}$ (also 28%) Krystallwasser, das andere $\frac{1}{3}$ (oder 14%) ist, wie in den übrigen organischen Säuren, so innig gebunden, dass es nicht anders als durch Vereinigung mit einem andern Körper davon zu trennen ist; die verwitterte Kleesäure enthält 20% Wasser. Das Mischungsgewicht der Kleesäure, den Sauerstoff zur Einheit genommen, ist = 452,875; den Wasserstoff damit verglichen = 72,578.

Die Reinheit der aus dem Kleesalz bereiteten Säure ergibt sich daraus, dass sie mit kaustischem Ammoniak neutralisirt, und darauf mit einer Auflösung von Chlorbarytium vermischt einen in Säuren vollständig und klar lösbaren Niederschlag liefert; wird das Präcipitat von Salpetersäure nicht vollkommen gelöst, so zeigt dieses einen Gehalt von Schwefelsäure. Die aus Zucker bereitete Säure verräth ihren Salpetersäuregehalt dadurch, dass sie die blaue Farbe einer Indigoauflösung zerstört, welches Vermögen der reinen Säure fehlt.

Die Anwendung der Oxalsäure ist überaus mannichfaltig. Man braucht sie:

1. zur Entdeckung des Kalks und der Kalksalze. Die Reaction gründet sich darauf, dass die zu untersuchende Flüssigkeit von dem sich bildenden kleesauren Kalk trübe wird, und wenn der Kalkgehalt grösser ist, auch einen Niederschlag absetzt. Das Präcipitat ist indess in allen freien Säuren, sogar in der Oxalsäure selbst löslich, weshalb man nicht blos darauf sehen muss, dass kein Ueberschuss von Kleesäure angewendet, sondern auch dass die etwanige freie Säure der zu untersuchenden Flüssigkeit vorher durch Zusatz eines Alkalis, am besten kaustischen Ammoniaks, sorgfältig entfernt werde. Unter Berücksichtigung dieser Vorsichtsmassregeln bewirkt die Kleesäure in den Auflösungen der Kalksalze s o g l e i c h, in denen der Barytsalze dagegen erst nach längerer Zeit (bei verdünnten Flüssigkeiten oft erst nach mehreren Stunden) einen Niederschlag. Der kleesaure Kalk theilt mit dem schwefelsauren Baryt die Eigenschaft, beim Filtriren durch das Filtrum zu dringen; man muss daher, ehe eine Flüssigkeit, in der kleesaurer Kalk vorhanden ist, filtrirt werden kann, selbige so lange hinstellen und erwärmen, bis das Präcipitat sich ab-

gelagert hat, und die darüber stehende Flüssigkeit klar geworden ist. Will man sich der Kleesäure bei quantitativen Untersuchungen bedienen, so muss man die zu fällende Flüssigkeit vorher mit kaustischem Ammoniak übersättigen, und den oxalsauren Kalk nach dem Aussüssen und Trocknen durch Glühen in kohlensauren verwandeln, denn der oxalsaure Kalk enthält Krystallwasser, dessen vollständige Entfernung ein langes Trocknen in mässiger Wärme erfordert, wodurch die Bestimmung nicht bloss langwierig, sondern auch unsicher wird. Man zieht es deshalb vor, den oxalsauren Kalk nicht als solchen zu bestimmen, sondern ihn vielmehr in kohlensauren zu verwandeln. Will man aber auf die Weise ein zuverlässiges Resultat erhalten, so muss man den kleesauren Kalk nach dem Glühen im Platintiegel mit einigen Tropfen möglichst concentrirt aufgelösten kohlensauren Ammoniaks besprengen, und die Masse darauf wiederum so lange gelinde erwärmen (am besten auf einem geheizten Stubenofen), bis kein Gewichtsverlust mehr stattfindet, worauf man das Gewicht vom kohlensauren Kalk ohne Weiteres nehmen kann. Es ist diess deshalb nöthig, weil, wenn die Hitze beim Glühen zu stark ist, was sich nicht ganz genau bestimmen lässt, der aus dem oxalsauren Kalk entstehende kohlensaure Kalk leicht etwas kaustisch werden, und dergestalt zu einem unrichtigen Resultat Veranlassung geben könnte. Dem hilft man aber dadurch ab, dass man den geglühten Rückstand mit kohlensaurem Ammoniak eintrocknen lässt, welches in Folge einer näheren Verwandschaft seine

Kohlensäure dem kaustischen Kalk überlässt, und ihn in den kohlensauren Zustand zurückführt.

Die Kleesäure gibt auch ein sicheres und bequemes Mittel ab, Kalk und Magnesia, die oft zusammen vorkommen, von einander zu trennen; denn freie Oxalsäure fällt die Magnesia aus ihren Auflösungen nicht, besonders wenn die zur Fällung angewandte Säuremenge verhältnissmässig gross war; man kann daher beide von einander trennen, wenn man zur Auflösung recht viel freie Oxalsäure bringt, und diese darauf mit kaustischem Ammoniak übersättigt. Die oxalsaure Magnesia bleibt alsdann durch die in der Flüssigkeit entstandenen Ammoniaksalze gelöst, während sich der kleesaure Kalk abscheidet und zu Boden fällt. Es ist also hier der nämliche Grund als in dem Fall, wenn man zur Flüssigkeit, aus welcher beide Erden von einander geschieden werden sollen, recht viele Salzsäure in Ueberschuss bringt, und die Säure nachher wieder durch kaustisches Ammoniak sättigt, oder aber wenn man geradezu Salmiak darin auflöst. Es ist daher einleuchtend, dass wenn man zu einer Kalk und Magnesia haltigen Flüssigkeit wenig freie Oxalsäure setzt, und nur so viel kaustisches Ammoniak, als gerade nöthig ist, die freie Säure abzustumpfen, beide, der Kalk und die Magnesia, als oxalsaure Salze zugleich niederfallen werden.

2. Die Oxalsäure ist ein nicht minder gutes Reagens für das Blei und seine Salze, indem es mit ihnen einen weissen, in Säuren lösbaren Niederschlag von oxalsaurem Bleioxyd hervorbringt. Zur quantitativen Bestimmung desselben *ist die*

Kleesäure unbedingt allen übrigen Mitteln vorzuziehen, man muss dabei aber alles berücksichtigen, was über die Beschaffenheit der Flüssigkeit beim Kalk angeführt worden, sie nämlich mit kaustischem Ammoniak neutral, oder noch besser ein wenig alkalisch machen. Das oxalsaure Bleioxyd muss übrigens, wenn man nach dem Aussüssen und Trocknen die Gewichtsmenge bestimmen will, in einem offenen Tiegel, nicht aber in einem bedeckten geglüht werden, weil sonst leicht anstatt reinen Bleioxyds ein Gemenge desselben mit Superoxyd zurück bleibt.

3. Die Kleesäure ist auch ein gutes Reagens, um Eisenoxydul von Eisenoxyd zu unterscheiden. Die Eisenoxydulauflösungen färben sich nämlich anfangs damit gelb, und lassen nach kurzer Zeit ein Präcipitat von oxalsaurem Eisenoxydul fallen, das sich jedoch in einem Ueberschuss von Oxalsäure, Salzsäure oder andern Säuren wieder löst. Daher sind auch die neutralen oxalsauren Salze in dieser Beziehung um vieles empfindlicher. Eisenoxydauflösungen verhalten sich gegen freie Oxalsäure unverändert, worauf Berzelius Methode beruht, Kobalt und Eisen zu scheiden.

4. Zur Entdeckung, mehr aber noch zur quantitativen Bestimmung des Goldes ist die Kleesäure auch geeignet, obgleich sie andern Reductionmitteln, wie dem Eisenvitriol, in so fern nachsteht, als mehr Zeit dazu gehört. Ferner muss die Goldauflösung bis zum Kochen erwärmt, und auch nicht zu viel Salpetersäure in der Auflösung vorhanden sein. Anfangs entsteht eine violette Farbenveränderung, und erst später fällt das reducirte Gold in Lamellen

nieder, welches, um die Menge desselben zu bestimmen, sammt dem Filtrum in einem Platintiegel geglüht werden muss.

Endlich bringt die Oxalsäure noch in den Auflösungen verschiedener Metalle Niederschläge hervor, ohne dass ihre Wirkung in dieser Beziehung von besonderem Werth wäre; von den gewöhnlichern Metallen schlägt sie bloss die Auflösungen der Zinnoxydsalze nicht nieder. Pfaff, welcher in den Kupfer-, Zink- und Cadmiumauflösungen kein Präcipitat erhielt, muss die Auflösungen entweder zu verdünnt angewendet, oder einen andern Umstand dabei übersehen haben; denn alle drei Metalle werden von der Oxalsäure affizirt.

Der Vollständigkeit halber mag das Verhalten der Oxalsäure gegen folgende Metallauflösungen hier noch Platz finden.

Zinnoxydul. Die Auflösungen desselben geben mit Oxalsäure einen weissen, in freier Salzsäure löslichen Niederschlag.

Silber. Oxalsäure fällt die Auflösungen desselben ebenfalls weiss.

Quecksilber. Die Oxydulauflösungen fallen weiss, eben so die Oxydauflösungen.

Wismuth wird ebenfalls weiss niedergeschlagen, sogar bei schwach vorwaltender Salpetersäure; gewöhnlich vergeht eine kurze Zeit ehe die Reaction eintritt.

Kupfer wird aus neutraler Auflösung grünlich weiss gefällt; das Präcipitat ist in kaustischem Ammoniak löslich.

Cadmium. Die Auflösungen desselben werden sogleich weiss gefällt.

Zink. Kleesäure bewirkt darin sogleich einen krystallinischen Niederschlag, welcher sich beim längeren Stehen noch vermehrt; in Ammoniaksalzen ist er unlöslich, was besonders desshalb bemerkenswerth ist, weil die Zinksalze, welche sonst mit den Magnesiasalzen viel Uebereinstimmung zeigen, dadurch wesentlich unterschieden sind.

Kobalt. Die neutralen Auflösungen werden dadurch zwar nicht auf der Stelle, doch nach längerer Zeit röthlich weiss gefällt, und alles oxalsaure Kobaltoxyd setzt sich ab.

Nikkel. Es verhält sich wie die Kobaltsalze, der Niederschlag zeigt sich bei ihnen auch erst nach einiger Zeit; er ist von weisser ins grünliche spielender Farbe, die darüber stehende Flüssigkeit erscheint wasserhell.

Mangan. Sehr verdünnte Oxydulauflösungen werden nicht verändert, stumpft man indess die freie Säure mit einem Alkali ab, so kommt das Präcipitat zum Vorschein; bei etwas concentrirteren entsteht aber sogleich, selbst wenn die Säure schwach praedominirt, ein weisser Niederschlag. Chlorammonium, oder Ammoniaksalze überhaupt, verhindern, wenn sie in grosser Menge da sind, die Reaction; beim Luftzutritt sondert sich indess aus einer solchen Flüssigkeit nach einiger Zeit schwarzbraunes Manganoxyd ab.

Essigsäure. Acidum aceticum.

Zum analytischen Bedarf hinreichend concentrirt erhält man sie auf die Weise, dass man in einem niedrigen, mit weiter Oeffnung versehenen

Kolben 64 Th. Bleizucker mit 18¾ Th. englischer Schwefelsäure, welche man zuvor mit 30 Theilen Wasser verdünnt hat, übergiesst, einen Helm auflutirt, und wenn das Lutum zwischen Kolben und Helm trocken geworden, am Helmschnabel eine Vorlage befestigt, und darauf 64 Th. Flüssigkeit abdestillirt. Den brenzlichen Geruch des Destillats, so wie den Gehalt desselben an schwefeliger und Schwefel-Säure entfernt man durch nochmalige Rectification über zwei Theile höchst fein zerriebenen Braunstein und einem Theil pulverisirten Bleizucker.

Die so erhaltene, mit vielem Wasser verdünnte Essigsäure ist eine vollkommen farblose, wasserhelle Flüssigkeit, von angenehm saurem Geruch und Geschmack, 1,040 spec. Gewicht.

Nach Berzelius ist die wasserfreie Essigsäure (in welchem Zustande sie gleich den meisten übrigen organischen Säuren nicht darstellbar ist) zusammengesetzt aus 4 A. Kohlenstoff, 6 A. Wasserstoff, 3 A. Sauerstoff, oder in 100 Th. aus 47,16 Kohlenstoff, 5,85 Wasserstoff, 46,99 Sauerstoff.

Das Mischungsgewicht der Essigsäure, den Sauerstoff zur Einheit genommen, ist = 643,186; den Wasserstoff damit verglichen 103,078.

Die Reinheit der auf obige Weise bereiteten Essigsäure geht daraus hervor, dass sie mit vielem Wasser verdünnt und zwischen den Händen gerieben keinen brenzlichen Geruch merken lässt; ferner, dass sie mit einer Auflösung von essigsaurem Baryt vermischt sich klar erhält, und mit Schwefelwasserstoffgas eben so wenig trübe wird, als davon eine dunkle Farbe annimmt. Im ersten

Fall würde sie schwefelige Säure, im letzten einen Metallgehalt zu erkennen geben.

Die Anwendung der Essigsäure als Reagens ist sehr eingeschränkt. Man bedient sich derselben wie der Salzsäure:

1. zur Entdeckung des freien Ammoniaks, oder auch des gebundenen, nach dem Zusammenreiben der Verbindung mit gebranntem Kalk. Die Reaction gründet sich auf die Entstehung weisser Nebel, wenn ein mit der Säure befeuchtetes Glasstäbchen mit der zu untersuchenden Substanz in Berührung kommt; übrigens steht die Essigsäure in dieser Beziehung der Salzsäure an Empfindlichkeit nach.

2. bedient man sich der Essigsäure, um der Zersetzung verschiedener Metallauflösungen in basische und saure Salze, wie des Wismuths u. a. m. vorzubeugen. Aehnliche untergeordnete Anwendung findet sie noch mehrfach.

Weinsteinsäure. Acidum tartaricum. $H^5 O^5 C^4$.

In einem zinnernen Kessel kocht man 2 Th. reine, eisenfreie, gepulverte Kreide mit 9 Theilen Wasser ungefähr eine Stunde lang, giesst das Wasser ab, und wäscht den Bodensatz noch einigemal mit reinem Wasser aus; darauf rührt man ihn mit der sechsfachen Wassermenge an, bringt das Ganze zum Kochen, trägt nach und nach in kleinen Portionen fein gepulverten gereinigten Weinstein in die kochende Flüssigkeit, und setzt diess unter beständigem Umrühren so lange fort, bis kein Aufbrausen mehr bemerkt wird; insgemein rechnet man hierbei 7 — 8 Theile Weinstein auf zwei Theile kohlensauren Kalk. Der in der Flüssigkeit entstandene schwerauflösliche Bodensatz besteht aus weinsteinsaurem Kalk, die darüberstehende Flüssigkeit enthält weinsteinsaures Kali. Man giesst die Flüssigkeit behutsam ab, und wäscht den Bodensatz mehrere Male mit Wasser aus, bis das abgegossene Wasser keinen Geschmack mehr zeigt. Die so gereinigte weinsteinsaure Kalkerde bringt man in einen gläsernen Kolben, giesst eine 10 — 15fache Wassermenge darauf, und setzt fast eben so viel concentrirte Schwefelsäure hinzu, als Kreide verbraucht worden (auf zwei Theile Kreide 1,95 Schwefelsäure). Die Mischung lässt man darauf 24 Stunden lang an einem warmen Ort unter öfterm Umrühren stehen, oder digerirt sie auch im Sandbade. Nachher filtrirt man die dickliche Flüssigkeit durch ein Colatorium von reiner Leinwand, lässt das Flüssige abfliessen, presst den auf dem Filtrum bleibenden Rückstand von schwefelsaurem Kalk stark aus, und filtrirt darauf die zusammengemischten Flüssigkeiten nochmals durch ungeleimtes Druckpapier. Das Durchgeseihete lässt man sodann in flachen Porzellangefässen, die gegen Staub wohl verwahrt sind, in einem geheizten Zimmer allmählig verdunsten, sondert den, von Zeit zu Zeit sich ausscheidenden schwefelsauren Kalk ab, und erhält auf diesem Wege regelmässige Krystalle der Säure, in Form von sechsseitigen Säulen.

Eine so, auch mit der grössten Sorgfalt bereitete Säure enthält indess jederzeit eine verschiedene Menge Kalk, von dem auch niemals die im Handel vorkommende Säure rein ist, wiewohl es eine bekannte Sache ist, dass man im Grossen die Weinsteinsäure viel sicherer und leichter rein, weiss, trocken und in grossen Krystallen erhalten kann. Will man daher eine absolut reine Säure haben, die zu den genauesten analytischen Arbeiten geeignet ist, so ist das nicht anders möglich als auf die Weise, dass man die Säure, wie man sie gewöhnlich erhält, in der erforderlichen Wassermenge löst, sie mit kohlensaurem Ammoniak sättigt, die aufgekochte Flüssigkeit filtrirt, und selbige darauf so lange mit reiner Bleizuckerauflösung niederschlägt, als dadurch noch ein Präcipitat erhalten wird. Diesen Niederschlag sondert man durch ein Filtrum, süsst ihn sorgfältig mit destillirtem Wasser aus, und rührt ihn darauf mit Wasser zu einer dünnen milchartigen Flüssigkeit an. In diese leitet man so lange Schwefelwasserstoffgas, bis sich alles weinsteinsaure Bleioxyd in Schwefelblei und Weinsteinsäure zerlegt hat. Ist dieser Zeitpunkt eingetreten, dann wird das Schwefelmetall abfiltrirt, das Filtrat bis zur Geruchlosigkeit erwärmt, und auf nämliche Weise krystallisirt, wie früher angeführt. Nur eine so bereitete Weinsteinsäure ist als chemisch rein anzusehen, und wird das Verfahren auch etwas kostspielig, so ist es doch unerlässlich, wo es auf absolute Reinheit der Säure ankommt.

Die Weinsteinsäure krystallisirt in farblosen, durchsichtigen, luftbeständigen, sechsseitigen, mit drei Flächen zugespitzten Säulen, die 12,94 pro

Cent. Wasser enthalten, das ohne Zersetzung nicht davon zu trennen ist; sie bedarf 2 Theile kaltes, und gleiche Theile kochendes Wasser zur Lösung, wird auch vom Alkohol aufgenommen. Nach Berzelius ist sie im wasserfreien Zustande zusammengesetzt aus 4 A. Kohlenstoff, 5 A. Wasserstoff, 5 A. Sauerstoff; oder in 100 Theilen aus 36,19 Kohlenstoff, 3,75 Wasserstoff, 60,06 Sauerstoff.

Das Mischungsgewicht derselben, den Sauerstoff zur Einheit genommen, ist 837,447; den Wasserstoff damit verglichen 134,530.

Die Reinheit der auf obige Weise bereiteten Säure geht daraus hervor, dass sie vollkommen weiss, nicht braun gefärbt, erscheint, und sich an der Luft trocken erhält; ferner, dass ihre Auflösung, mit kohlensaurem Ammoniak gesättigt, darauf kleesaures Ammoniak hinzugemischt, klar und ungetrübt bleibt, widrigenfalls sie Kalk enthält, eine Verunreinigung, von der, wie schon angeführt, die im Handel vorkommende Säure nie frei ist. Auch mit salzsaurem Baryt vermischt darf sich ihre Auflösung nicht trüben, nachdem man zuvor die Auflösung mit etwas reiner Salpetersäure versetzt hat, sonst enthält sie Schwefelsäure oder ein schwefelsaures Salz (schwefelsauren Kalk).

Die wichtigste Anwendung der Weinsteinsäure ist die zur Entdeckung des Kali, in sofern sie damit schwerlösliches saures weinsteinsaures Kali (Cremor Tartari) hervorbringt. Dabei ist es jedoch Bedingung, dass nicht bloss eine möglichst concentrirte, gesättigte Auflösung der Weinsteinsäure angewendet werde, sondern dass auch die auf Kali zu prüfende Flüssigkeit in der möglichst geringsten Wassermenge gelöst sei; ein Ueberschuss von Weinsteinsäure verhindert die Reaction nicht, wohl aber wenn andere freie Säuren, als Salzsäure, Salpetersäure u. s. w. vorhanden sind, in sofern in diesen das entstehende saure weinsteinsaure Kali leichter lösbar ist als im reinen Wasser. Der Niederschlag fällt übrigens um so mehr krystallinisch aus, je schwerer das Kalisalz in Wasser lösbar war. Auch darf man nicht vergessen, dass, ehe sich der Niederschlag bildet, oft längere Zeit verstreicht, und diess besonders bei solchen Verbindungen, deren Schwerlöslichkeit im Wasser die Bereitung concentrirter Auflösungen erschwert.

Nicht minder interessant ist der Gebrauch, den man von der Weinsteinsäure bei der Trennung verschiedener Metalloxyde von einander, oder von manchen Erden macht, auf H. Rose's merkwürdige Entdeckung gegründet, dass die Auflösungen vieler Metalle selbst durch einen Ueberschuss von kaustischem oder kohlensaurem Ammoniak nicht niedergeschlagen werden, sobald Weinsteinsäure vorhanden ist. So ist sie z. B. unentbehrlich bei der Trennung des Eisens von der Titansäure, der Zirkonerde u. s. w. Kalkfrei muss die Weinsteinsäure in solchen Fällen natürlich sein.

Ausserdem bedient man sich noch der Weinsteinsäure in der nämlichen Absicht wie der Essigsäure, um nämlich dem Zerfallen verschiedener

Metallauflösungen in saure und basische Salze vorzubeugen, wie der des Antimon u. s. w.

B. Alkalien, Erden und Metalloxyde.

Kalihydrat. Aetzkali. Aetzkalilauge. Hydras kalicus. Kali causticum. Liquor Kali caustici.

In einem reinen blanken eisernen Kessel löst man 2 Theile chemisch reines einfach kohlensaures Kali in 24 Th. Wasser auf, bringt die klare Auflösung darin zum Kochen, trägt in die kochende Flüssigkeit, unter beständigem Rühren mit einem blanken eisernen Spatel, allmählig und in kleinen Portionen 3 Theile zum lebendigen Kalk gebrannten carrarischen Marmor, den man zuvor durch Besprengen mit der nöthigen Wassermenge in ein zartes Pulver verwandelt hat, kocht das Ganze fast eine halbe Stunde lang, bis eine herausgenommene abfiltrirte klare Probe sich mit vollkommen klarem Kalkwasser nicht trübt, oder eine andere Quantität der klaren Lauge mit einem reichlichen Ueberschuss von Salpetersäure gemischt kein Brausen von Kohlensäure bemerken lässt. Sollte sich auf diese Weise noch ein Gehalt von etwas kohlensaurem Kali zeigen (was indess bei der vorgeschriebenen Menge Kalk wohl schwerlich der Fall sein dürfte), so muss man mit dem Eintragen kleiner Kalkmengen fortfahren, bis der verlangte Punkt erreicht ist, worauf man die Lauge in ein hohes, wohl zu verschliessendes Porzellangefäss giesst, und sich darin vollkommen klären lässt; wenn das geschehen, wird die Flüssigkeit in einer Flasche mit eingeriebenem Stöpsel aufbewahrt.

Bei dieser Operation ist mehreres zu merken, welches hier um so weniger übergangen werden darf, als es von wesentlichem Einfluss auf die Reinheit der Lauge und auf das Gelingen der Arbeit selbst ist. Erstlich muss man das Kochen fortwährend unterhalten, theils weil der sich während des Kochens bildende kohlensaure Kalk dadurch körnig und schwer wird, in diesem Zustande aber leichter zu Boden sinkt, theils weil die Masse zusammenbackt, wenn das Kochen, d. h. die dadurch verursachte Bewegung, nachlässt, und ein stossweises Aufwallen stattfindet. Setzt man allen Kalk auf einmal zu, und erhitzt die Masse dann zum Kochen, so erhält man den kohlensauren Kalk in Form einer aufgequollenen Masse, welche die Lauge einsaugt, und sie nur schwer wieder von sich lässt. Mehr Kalk anzuwenden als zum Kausticiren des Kali nothwendig ist, gibt leicht zu einer Verunreinigung des Präparats mit Kalk Veranlassung, in welchem Fall man sich dadurch helfen kann, dass man zur kalkhaltigen Lauge vorsichtig und tropfenweise kohlensaures Kali zufügt, so lange noch ein Niederschlag entsteht, worauf die Flüssigkeit zum Kochen erhitzt, und durch Hinstellen geklärt werden kann; überdiess ist es besser, dass in dem kaustischen Kali eher kohlensaures Kali in geringer Menge enthalten sei, welches nur in wenigen Fällen schaden kann, als etwas Kalk. Das Durchseihen der kaustischen

Lauge durch Spitzbeutel von Leinwand ist, wenn es auf Darstellung einer durchaus reinen Lauge ankommt, jederzeit zu vermeiden, theils weil sie dadurch immer mit organischem Stoff verunreinigt und davon gelb gefärbt wird, theils weil während des Durchlaufens der Lauge es kaum zu vermeiden ist, dass die Lauge nicht wieder Kohlensäure aus der Atmosphäre einsauge, und dadurch zum Theil von ihrer Kausticität verliere. Aus diesem Grunde hat das Absetzen der Lauge in einem verschlossenen Gefässe, und das Abziehen derselben mit einem Heber allemal Vorzüge, ja man kann sie ohne allen Nachtheil über dem zu ihrem Kausticiren angewandten Kalk aufbewahren. Beabsichtigt man aus einer reinen kaustischen Lauge das Alkali in trockner, fester Form darzustellen, was gleichwohl nicht häufig vorkommen dürfte, da das kaustische Kali meistentheils im Zustande seiner Auflösung gebraucht wird, so unternimmt man das Einkochen und nachherige Schmelzen am zweckmässigsten in einem Silbertiegel, worauf dasselbe, sobald es ruhig wie Oel fliesst, auf eine Marmorplatte zum Erstarren ausgegossen wird. Eiserne Gefässe sind dazu weniger geeignet, weil es dabei schwer zu vermeiden ist, dass nicht ein Theil vom Eisen auf Kosten des Wassers im kaustischen Kali sich oxydire, welches sich darauf mit dem Kali verbindet, während Wasserstoffgas entwickelt wird; ein Umstand, der besonders leicht eintritt, wenn man das Schmelzen zu lange fortsetzt; daher hat auch öfters ein in solchen Gefässen bereitetes kaustisches Kali nach dem Glühen eine rothbraune Farbe. Platintiegel sind hier auch nicht zu empfehlen, denn sie werden im Schmelzen vom kaustischen Kali gleichfalls stark angegriffen.

Ausser dem hier angeführten Verfahren zur Darstellung einer vollkommen reinen kaustischen Kalilauge gibt es noch verschiedene andere, unter diesen eins, bei dem man sich des alkoholisirten Weingeistes bedient, und welches ziemlich häufig im Gebrauch ist. Aber diese Methode ist viel kostspieliger, und ein absolut kohlensäurefreies kaustisches Kali erhält man dadurch doch nicht; es wird daher hier übergangen.

Eine reine kaustische Kalilauge muss durchaus ungefärbt, vollkommen klar, geruchlos und höchst brennend und ätzend von Geschmack sein; ihr spec. Gewicht richtet sich nach der Menge des trockenen kaustischen Kali, das sie gelöst hält. Man muss sie wohl geschützt gegen den Zutritt der Luft aufbewahren, wenn sie nicht Kohlensäure einsaugen und unbrauchbar werden soll. Dasselbe gilt vom trocknen kaustischen Kali, das noch ausserdem durch die Feuchtigkeit der Luft gern zerfliesst, und sich mit einer Kruste von kohlensaurem Kali bedeckt. Von gehöriger Beschaffenheit ist dasselbe weiss, hart und spröde, hat ein spec. Gewicht von 1,708, ist sehr ätzend, schmilzt unter der Rothglühhitze, und verdampft bei grösserer Hitze in weissen ätzenden Dämpfen; in Wasser und Alkohol löst es sich leicht, thierische Stoffe nimmt es mit grösster Leichtigkeit auf.

Das trockene kaustische Kali ist ein Hydrat, oder eine Verbindung von 1 A. Kali mit 2 A. Wasser, in 100 Th. zusammengesetzt aus 84 Kali und 16 Wasser.

Das Mischungsgewicht, den Sauerstoff zur Einheit genommen, ist 814,874; den Wasserstoff damit verglichen beträgt es 130,573.

Die Reinheit der kaustischen Lauge und des trockenen kaustischen Kali geht daraus hervor, dass beide in überschüssige Salpetersäure eingetragen, sich damit ruhig, ohne das mindeste Brausen, verbinden, widrigenfalls sie Kohlensäure haltig sind. Die mit Salpetersäure übersättigte Auflösung darf auch mit salzsaurem Baryt wie mit salpetersaurem Silber keine Trübung geben, sonst sind Schwefelsäure und Salzsäure darin vorhanden; eben so darf kleesaures Ammoniak in der neutralen salpetersauren Auflösung durch eine Trübung keinen Kalkgehalt erkennen lassen. Ob etwa Thon- oder Kieselerde das Präparat verunreinigen, findet man nach der Neutralisation mit Salzsäure und Abdampfen der Saturation zur staubigen Trockne, worauf der Rückstand sich nicht bloss vollständig und klar im Wasser lösen muss, sondern auch die Auflösung desselben durch kohlensaures Kali nicht getrübt werden darf. Eisen findet man in der salzsauren Auflösung durch Galläpfeltinktur, die alsdann eine dintenartige Färbung geben wird.

Die Anwendung des kaustischen Kali ist ausserordentlich ausgedehnt und höchst mannichfaltig. Man bedient sich desselben

1. zur Entdeckung des Ammoniaks in den Ammoniaksalzen, wobei sich dies einmal durch seinen stechenden Geruch so wie auch durch die

weissen Nebel zu erkennen gibt, wenn man ein mit Salz- oder Essigsäure befeuchtetes Glasstäbchen über die Mischung bringt.

2. zur quantitativen Bestimmung des Kupfers. In der Kälte ist das Präcipitat (Kupferoxydhydrat) schön himmelblau, wird aber beim Kochen braunschwarz, indem es sein Hydratwasser verliert; in einem Ueberschuss des Fällungsmittels ist es unveränderlich, wird aber vom kaustischen Ammoniak aufgelöst. Etwas Kali hängt dem Präcipitat immer an, was auch selbst durch Waschen mit heissem Wasser nicht vollständig davon entfernt werden kann. Uebrigens muss die zur Fällung bestimmte Auflösung verdünnt sein; aus concentrirten Flüssigkeiten ist die Abscheidung nicht vollständig zu erlangen, Spuren von Kupferoxyd bleiben darin immer noch zurück. Auch Salpetersäure darf nicht vorhanden sein, weil sonst leicht ein basisches Salz entsteht, von dem jederzeit Spuren in der Auflösung zurückbleiben, die nicht vollständig abgeschieden werden können; es ist daher nothwendig, dass man vor der Fällung alle Salpetersäure aus der Auflösung durch Erhitzen mit Schwefelsäure entferne. Auch muss man dahin sehen, dass bei der Fällung ein Ueberschuss von kaustischem Kali angewendet werde, weil sonst ein basisches Salz erhalten wird, was man schon daran erkennen kann, dass es beim Kochen seine Farbe nicht ändert, während das Kupferoxydhydrat, wie angeführt, schwarz wird.

3. zur Entdeckung von Quecksilberoxyd, in sofern es in den Auflösungen desselben, falls

keine Ammoniaksalze vorhanden sind, bei vorwaltender Kali-Menge einen citronengelben, im Ueberschuss des Fällungsmittels unlöslichen Niederschlag hervorbringt. Wird nicht genug kaustisches Kali angewendet, so ist das Präcipitat in Folge eines entstehenden basischen Salzes braunroth; war Ammoniak vorhanden, so sind alle Niederschläge weiss. Quecksilberoxydulsalze geben mit kaustischem Kali einen im Ueberschuss des Fällungsmittels unlöslichen schwarzen Niederschlag.

4. um Mangan zu erkennen, in sofern dessen Auflösungen weiss niedergeschlagen werden, das Präcipitat aber erst gelblich, dann braun und zuletzt schwarz wird. Dabei ist zu bemerken, dass schon sehr viel Salmiak in einer Auflösung vorhanden sein muss, wenn dadurch die Reaction verhindert werden soll. Auch von Thonerde lässt sich Mangan durch kaustisches Kali trennen, sie ist bekanntlich darin löslich; dasselbe gilt vom Zinkoxyd, wenn es mit Mangan verbunden vorkommt.

5. um Kobalt quantitativ zu bestimmen und es von Zink und Thonerde zu trennen, welche beide leicht im kaustischen Kali löslich sind. Bei der quantitativen Bestimmung des Kobalt ist es nöthig, dass man die Flüssigkeit erhitze, wodurch der anfangs blaue, voluminöse Niederschlag bald eine schmutzig grüne Farbe annimmt, beim Kochen aber unrein rosenroth wird, ein Umstand, der noch nicht gehörig erklärt ist. Uebrigens muss man das Aussüssen mit heissem Wasser vornehmen, und falls genaue Resultate erhalten werden

sollen, das Oxyd nach dem Trocknen durch Wasserstoffgas reduciren, denn es verwandelt sich beim Glühen zum Theil in Superoxyd.

6. um Nikkel seiner Menge nach zu bestimmen. Der Niederschlag ist apfelgrün, an der Luft unveränderlich, und in einem Ueberschuss des Fällungsmittels unlöslich; auch Zink und Thonerde lassen sich vermittelst kaustischen Kalis vom Nikkel trennen.

7. um Eisenoxydul- und Eisenoxydsalze von einander zu unterscheiden. Eisenoxydulsalze werden dadurch nämlich in weissen Flocken gefällt, der Niederschlag wird aber bald grün (auf der Stelle grün fällt er nur bei Eisenoxydulauflösungen aus, die an der Luft gestanden haben) und nach längerem Stehen an der Luft braun. Eisenoxydauflösungen geben sogleich einen voluminösen rothbraunen Niederschlag, der in einem Ueberschuss von kaustischem Kali zwar unlöslich ist, sich aber auch so hartnäckig mit einem gewissen Antheil desselben verbindet, dass die Menge bei quantitativen Untersuchungen schon in Betracht kommt. Auch um Eisen von Thon-, Beryllerde und Zinkoxyd zu trennen, bedient man sich mit Erfolg des kaustischen Kalis.

8. zur Trennung der Thon- und Beryllerde von Magnesia, in sofern die beiden ersten im kaustischen Kali löslich sind, letzte damit aber bloss einen voluminösen unlöslichen Niederschlag gibt, der nicht zum Vorschein kommt, wenn Salmiak oder andere Ammoniaksalze zugegen sind.

9. auch um Yttererde quantitativ zu be-

stimmen, und sie ebenfalls von Thon- und Beryllerde zu scheiden.

Von den Metallen und ihren Salzen, welche ebenfalls vom kaustischen Kali angezeigt werden, ohne dass jedoch die Reaction besondern Werth hätte, sind noch die Silbersalze anzuführen. Sie werden vom kaustischen Kali hellbraun gefällt, das Präcipitat ist in einem Ueberschuss unlöslich, wird aber leicht und vollständig vom kaustischen Ammoniak aufgenommen. Ferner die Wismuth-, Antimon-, Cadmium-, Blei- und Zinnsalze. Alle fallen weiss, die Niederschläge der drei ersten Metalle sind in einem Ueberschuss des Fällungsmittels fast unlöslich, die der beiden übrigen werden hingegen vollständig aufgenommen.

Auch zur Trennung verschiedener Gasarten von einander, und in mancherlei Fällen zur quantitativen Bestimmung derselben wird das kaustische Kali gebraucht; z. B. zur Trennung der Kohlensäure, des Chlors, der schwefeligen Säure, des Schwefelwasserstoffs u. a. m. Da wo Chlorcalcium zur Entwässerung der Gase nicht anwendbar ist (wie beim Ammoniak), macht man in dieser Absicht vom kaustischen Kali Gebrauch.

Endlich bedient man sich des Aetzkali zum Aufschliessen verschiedener Fossilien, bei denen diess durch kohlensaures Kali nicht zu erlangen ist, wie z. B. beim Spinell, Gahnit, Corund, Cyanit u. s. w. Man verfährt dabei folgendermassen. Das fein zerriebene und geschlämmte Fossil wird mit seiner dreifachen Menge kohlensauren Kalis gemengt, eine halbe Stunde lang geglüht, darauf in der Mitte der zusammengesinterten Masse ein Loch gemacht, in welches man das kaustische Kali legt und wiederum glüht. Dabei dringt das kaustische Kali in die Masse ein, ohne dass ein Spritzen eintritt, das Fossil wird vollkommen aufgeschlossen, und darauf behandelt wie gewöhnlich. Es hat diess den Vortheil, dass man einen Platintiegel nehmen kann, ohne befürchten zu müssen, dass er angegriffen würde.

Reines Ammoniak. Aetzammoniak. (Salmiakgeist.) Ammoniacum. Liquor Ammonii caustici. NH^3.

Zum Gebrauch als Reagens stellt man liquides Ammoniak, d. i. von reinem Wasser absorbirt, folgendermassen dar. In eine Tubulatretorte von Glas, Steingut oder Eisen bringt man ein Gemenge von 1 Th. Salmiak mit 2 Th. Kalk, den man zuvor durch Besprengen mit Wasser in ein zartes Pulver verwandelt hat, versieht die Retorte mit einer kleinen tubulirten Vorlage, aus der ein langes, niederwärts gebogenes Glasrohr fast bis auf den Boden einer Flasche taucht, in welcher einige Zoll hoch Wasser enthalten ist. Diese Flasche ist, wie es auch mit der Vorlage der Fall sein muss, luftdicht verschlossen, etwa durch einen Kork, in welchem alsdann ein zweites Glasrohr dergestalt befestigt ist, dass der kürzere Schenkel desselben oberhalb der Flüssigkeit in der ersten Flasche steht, der längere hingegen in eine andere Glasflasche taucht, die zur Hälfte mit reinem destillirten Wasser angefüllt ist. Auch dieses zweite Gefäss muss luftdicht verschlossen sein, durch ein auf ähnliche Weise, wie bei der ersten Flasche befestigtes Glasröhrchen aber für die im Apparat enthaltene atmosphärische Luft einen Ausweg besitzen. So vorgerichtet wird die Retorte bei anfangs gelinder, allmählig bis zum Glühen steigender Temperatur erhitzt, und wenn keine Gasblasen mehr entwickelt werden, die Operation als beendigt geschlossen. Hierbei ist besonders darauf zu sehen, dass die zur Hälfte mit Wasser gefüllte Flasche während der Operation beständig durch Eis, Schnee, oder in Ermangelung dessen durch oft zu wechselndes frisches Quellwasser kalt gehalten werde; denn je kälter das in der zweiten Flasche vorhandene Wasser erhalten wird, desto mehr Ammoniakgas kann es aufnehmen; die Verbindung wird übrigens hinreichend stark, wenn man auf jedes Pfund Salmiak eben so viel Wasser in Anwendung bringt.

Das auf diesem Wege erhaltene, mit Wasser verbundene Ammoniak ist eine farblose Flüssigkeit, von durchdringend starkem, eigenthümlichem Geruch, brennendem Geschmack, alkalischer Reaction gegen Pflanzenfarben; sie friert bei — 40°, kocht, wenn sie beim Frostpunkt mit dem Gase gesättigt worden, bei + 10°. Je leichter sie ist, desto mehr enthält sie Ammoniakgas; nach H. Davy besitzt die concentrirteste Flüssigkeit ein spec. Gewicht von 0,875, und enthält in diesem Zustande 32,5 Gewichtstheile Ammoniakgas. Man muss den Salmiakgeist in wohlverschlossenen Gefässen, gegen den Zutritt der Luft sorgfältig geschützt, aufbewahren.

Das Ammoniakgas besteht aus 1 A. Stickstoff und 2 A. Wasserstoff; in 100 Th. aus 82,35 Stickstoff und 17,65 Wasserstoff.

Das Mischungsgewicht vom Ammoniakgas, den Sauerstoff zur Einheit genommen, ist 214,474; den Wasserstoff damit verglichen 34,372.

Das liquide Ammoniak hat man zu prüfen auf Kohlensäure, wenn es Gelegenheit fand, diese aus der Atmosphäre einzusaugen. Man entdeckt sie auf die Weise, dass man den Salmiakgeist mit einer Auflösung von Chlorcalcium vermischt, welche in diesem Fall eine Trübung von kohlensaurem Kalk hervorbringt; durch Zusatz von Kalkwasser zu dem zu prüfenden liquiden Ammoniak erreicht man dasselbe. Ist gegen Ende der Operation der Rückstand in der Retorte übergestiegen, was besonders leicht kommen kann, wenn man den Kalk mit Wasser zu einer breiartigen Masse angerührt in Anwendung brachte, so findet man in dem Destillat Kalk und Salzsäure; ersten findet man nach der Neutralisation des Salmiakgeistes mit Salpetersäure durch Zusatz von kleesaurem Ammoniak, letzte verräth sich in dem mit Salpetersäure übersättigten Präparat durch die Trübung mit einer Silberauflösung. Wählt man, wie es angeführt worden, eine Glasretorte, so ist das Aetzammoniak metallfrei, unternimmt man aber, wie es häufig und besonders im Grossen geschieht, die Bereitung aus einer kupfernen Destillirblase mit zinnernem Helm und Kühlrohr, so ist es zinnhaltig. Man überzeugt sich davon, wenn man das zu prüfende Präparat mit Salzsäure sättigt, und durch die Saturation Schwefelwasserstoffgas leitet; hatte sich, wie es nach längerem Stehen an der Luft immer der Fall ist, Zinnoxyd gebildet, so erscheint der Schwefelniederschlag schmutzig braungelb, war aber das Zinn noch als Oxydul vorhanden, in welchem Fall dasselbe sich darin gelöst befindet, so fällt der Niederschlag kaffeebraun aus.

Das kaustische Ammoniak gehört zu den Reagentien, oder denjenigen Mitteln, welche bei chemischen Analysen ihres häufigen Gebrauchs wegen als unentbehrlich angesehen werden können. Man braucht es:

1. zur Entdeckung des Kupferoxyds, indem es in den kalten Auflösungen desselben einen hellblauen Niederschlag hervorbringt, welcher sich im Uebermaass des Fällungsmittels zu einer intensiv blauen Flüssigkeit löst; bedient man sich heisser Auflösungen, so fällt das Präcipitat schwarz aus, und auch der aus kalten Auflösungen erhaltene blaue Niederschlag nimmt beim Kochen diese Farbe an. Uebrigens ist das auf beiden Wegen erhaltene schwarze Kupferoxyd, eben so wie das blaue Hydrat in einem Ueberschuss von kaustischem Ammoniak zu einer blauen Flüssigkeit löslich. Setzt man kaustiches Kali zur ammoniakalischen Flüssigkeit, so bleibt diese zwar in der Kälte unverändert, erhitzt man sie damit aber zum Kochen, so entsteht ein schwarzes Präcipitat von Kupferoxyd. Rücksichtlich seiner Empfindlichkeit steht das kaustische Ammoniak anderen Kupfer-Reagentien, wie metallischem Eisen, Kaliumeisencyanür u. s. w. bedeutend nach, und bei dunkelgefärbten Flüssigkeiten kann man sich

seiner gar nicht bedienen, weil man da, die an und für sich nur noch bei 3000facher Verdünnung so eben bemerkliche blaue Farbennüance nicht mehr unterscheiden kann. Reines Kupferoxyd wird übrigens bei vollkommenem Ausschluss der atmosphärischen Luft vom kaustischen Ammoniak nicht aufgenommen.

2. zur Entdeckung des Nikkeloxyds. Es ist dafür unstreitig eins der ausgezeichnetesten Reagentien, und bewirkt in den Auflösungen desselben einen apfelgrünen Niederschlag, der sich durch einen Ueberschuss vom Fällungsmittel zu einer blauen Flüssigkeit mit einem Stich ins Violette löst. Die Farbennüance hat zwar etwas Aehnlichkeit mit der, welche geringe Kupfermengen durch Ammoniak erfahren, aber sie ist nicht in demselben Grade sichtbar, nicht so intensiv, und eine 20fach verdünnte Nikkelauflösung erscheint durch Ammoniak kaum in dem Maasse gefärbt, als eine 500fach verdünnte Kupferauflösung. Die ammoniakalische Nikkelauflösung ist aber von einer ammoniakalischen Kupferauflösung leicht dadurch zu unterscheiden, dass kaustisches Kali die Nikkelauflösung vollständig mit apfelgrüner Farbe präcipitirt, und wenn gleichzeitig Kobalt darin vorhanden war, dasselbe nicht niederschlägt. Auf dieses Verhalten gründet sich eine recht gute Scheidungsmethode des Kobalt vom Nikkel; beide Metalle werden nämlich in einem Ueberschuss von kaustischem Ammoniak gelöst, die Auflösung mit um so mehr Salmiak vermischt, je mehr Kobalt vorhanden ist, die Flüssigkeit darauf mit, durch Kochen von aller Luft befreitem Wasser verdünnt,

und darauf so lange mit kaustischem Kali versetzt, bis die darüber stehende Flüssigkeit rosenroth erscheint. Zeigt sie eine blaue Farbe, so ist darin noch Nikkel vorhanden. Die ganze Operation, vom Auflösen der Oxyde an, muss übrigens in einem wohl zu verschliessenden Stöpselglase unternommen werden.

3. zur Entdeckung des Kobaltoxydes. Die Auflösungen desselben werden nämlich davon schmutzig blau gefällt, der Niederschlag färbt sich jedoch durch einen geringen Ammoniakzusatz grün, und durch einen grösseren löst er sich zu einer grünlichen Flüssigkeit, wobei eine Spur auf dem Boden liegen bleibt; durch Stehen an der Luft wird die Flüssigkeit dunkelbraun. Enthielt die Kobaltsolution Salzsäure, so behält sie beim Ammoniakzusatz ihre rosenrothe Farbe, und es entsteht alsdann eben so wenig ein Niederschlag, als wenn man zu einer Kobaltauflösung Salmiak hinzugesetzt hat; die einzige Veränderung ist die, dass sich die Flüssigkeit braun färbt. Kaustisches Kali bringt in solchen Ammoniak haltigen Kobaltsolutionen keinen Niederschlag hervor, was mit reinen Auflösungen immer geschieht.

4. für die Quecksilberoxydulsalze, deren Auflösungen es bei geringem Zusatz sammetschwarz, bei grösseren aber grau niederschlägt. Unstreitig ist es dafür nächst Salzsäure das empfindlichste Reagens. Quecksilberoxydsalze werden vom kaustischen Ammoniak weiss niedergeschlagen, das Präcipitat ist in einem Ueberschuss des Fällungsmittels unlöslich.

5. zur Entdeckung und quantitativen Bestim-

mung des Eisenoxyds. Eisenoxydulsalze schlägt es grünlich nieder (eigentlich sollten sie weiss gefällt werden); allmählig, und in ammoniakalischen Auflösungen um vieles rascher, wird der Niederschlag dunkler, darauf braun. Salmiak verhindert im ersten Augenblick die Entstehung des Präcipitates, in dem Maasse sich aber das Eisen auf Kosten des Sauerstoffs der Luft vollkommen oxydirt, stellt sich derselbe doch ein. Vollständig lässt sich übrigens das Eisenoxydul durch kaustisches Ammoniak nicht abscheiden, denn es löst sich darin ein wenig auf; daher muss man es bei quantitativen Bestimmungen jederzeit erst in Oxyd verwandeln, welches alsdann rothbraun gefällt wird, und eben so wenig in kaustischem Ammoniak als in Salmiak löslich ist. Geschieht die Fällung kalt, so ist das Präcipitat viel voluminöser, als wenn man sie heiss verrichtet. Beim Glühen des ausgewaschenen und getrockneten Oxyds muss man insbesondere darauf sehen, dass wenn das Filtrum mit dazu genommen wurde, es nicht an gehörigem Luftzutritt fehle, weil sonst durch die Kohle des Papiers leicht eine Reduction des Eisenoxyds stattfinden könnte. Diese Fällung des Eisens ist der durch feuerbeständige Alkalien unter allen Umständen vorzuziehen, weil es bei diesen nicht zu vermeiden ist, dass nicht ein geringer Antheil von ihnen mit dem Eisenoxyd verbunden bleibe, welcher selbst durch ein lange fortgesetztes sorgfältiges Aussüssen nicht davon zu trennen ist, und nicht anders davon geschieden werden kann, als dass man ein so gefälltes Oxyd in Salzsäure löst, und es aus dieser Auflösung nochmals durch kaustisches Ammoniak präcipitirt. Um Zink von Eisen zu scheiden, wird das kaustische Ammoniak ebenfalls gebraucht.

6. zur quantitativen Bestimmung des Uran, wenn es die einzige Base in einer Flüssigkeit ist; gut ist es, wenn es in der Auflösung zugleich als Oxyd vorhanden ist. Der Niederschlag (uransaures Ammoniak) muss indess mit Salmiak haltigem Wasser ausgesüsst werden; denn blosses Wasser bewirkt, dass das Präcipitat durchs Filtrum dringt, und das Filtrat trübe und gelb erscheint. Nach dem Trocknen verwandelt man den Niederschlag durch Glühen (wobei Sauerstoff, Ammoniak und Wasser davon gehen) in Uranoxydul, und bestimmt es als solches seiner Menge nach. Dasselbe gilt von den Oxydulauflösungen. Sind Erden, wie Baryt, gleichzeitig mit dem Uran in der Auflösung, so kann es auf angeführte Weise nicht bestimmt werden, weil sich die Baryterde mit niederschlägt.

7. zur quantitativen Bestimmung des Chrom, wenn es die einzige Base in einer Flüssigkeit ist. Eine Spur entgeht dabei zwar immer der Fällung, aber durch Abdampfen der Flüssigkeit scheidet auch sie sich ab. Der dadurch erhaltene Niederschlag ist Oxydulhydrat, sieht grün aus, und muss nach dem Auswaschen und Trocknen geglüht werden. Dabei muss man indess, um Verlust zu vermeiden, recht vorsichtig zu Werke gehen, weil es sich mit einer solchen Heftigkeit entzündet, dass leicht etwas verloren gehen kann, wenn nicht das Glühen in einem wohl verschlossenen Platintiegel geschah. Chromsäure lässt sich auf nämliche Weise quantitativ bestimmen, nachdem man

sie zuvor auf schickliche Weise in Oxydul verwandelt hat.

8. zur Entdeckung des **Mangans**, welches weiss präcipitirt wird. Der Niederschlag färbt sich an der Luft erst braun, dann schwarz, und kommt nicht zum Vorschein, wenn Salmiak, oder Ammoniaksalze überhaupt, in grosser Menge da sind, wie denn das Präcipitat auch in diesen leicht löslich ist; durch längeres Stehen an der Luft sondert sich indess aus solchen, reichlich Ammoniaksalze haltenden Flüssigkeiten, doch allmählig schwarzbraunes Manganoxyd ab, was daher kommt, dass dieses in Ammoniaksalzen unlöslich ist.

9. auch zur Unterscheidung der eigentlichen Erden von den alkalischen. Die Auflösungen der alkalischen Erden, wie Kalk, Baryt und Strontian werden davon nämlich nicht getrübt, erhalten sich im Gegentheil ganz unverändert; die der eigentlichen aber, wie Magnesia und Thonerde, geben damit einen voluminösen, farblosen Niederschlag.

10. ferner zur quantitativen Bestimmung der Thonerde, wobei man sich indess vor einem Ueberschuss des Fällungsmittels zu hüten hat, weil es eine Spur der Erde aufnimmt. Salmiak und Ammoniaksalze überhaupt, mag ihre Menge auch noch so gross sein, verhindern die Fällung nicht. Man bedient sich daher mit Sicherheit des kaustischen Ammoniaks zur Trennung der Thonerde von Kalk, Baryt und Strontian, wie auch von Manganoxydul; um indess kein unrichtiges Resultat zu erhalten, muss bei Abscheidung der gedachten Erden die atmosphärische Luft sorgfältig abgehalten werden, damit das etwanige überschüssige Ammo-

niak nicht kohlensauer werde, und alsdann die Erden im kohlensauren Zustand fälle.

11. zur Erkennung der im Wasser schwer oder unlöslichen Silbersalze, in sofern die meisten von ihnen in kaustischem Ammoniak löslich sind. In dieser Beziehung braucht man es namentlich um Chlorsilber von andern Chlormetallen zu unterscheiden. Doch darf man nicht vergessen, dass Umstände eintreten können, welche das völlige Klarwerden einer von Chlorsilber trüben Flüssigkeit durch Aetzammoniak verhindern können, wie es z. B. mit einer Auflösung von Quecksilberchlorid, die man durch Silbersolution gefällt hat, der Fall ist.

12. zur Entdeckung freier Säuren, wie der Salzsäure, Essigsäure u. s. w., und zwar in demselben Grade, als diese Säuren umgekehrt zur Auffindung des Ammoniaks gebraucht werden.

Magnesiasalze werden, wie schon angeführt, auch durch kaustisches Ammoniak gefällt, indess nicht vollständig. Das weisse voluminöse Präcipitat ist im kaustischen Kali unlöslich, und kommt nicht zum Vorschein, wenn die Flüssigkeit sehr sauer war, und die freie Säure durch Ammoniak abgestumpft worden; dasselbe ist der Fall, wenn in der Flüssigkeit eine grosse Menge Salmiak enthalten ist.

Endlich mag der Vollständigkeit halber hier noch das Verhalten des Aetzammoniak zu einigen Metallauflösungen Erwähnung finden, obgleich dasselbe keineswegs als charakteristisch anzusehen ist. Es werden dadurch nämlich weiss niedergeschlagen Cadmium, Zink, Zinnoxyd, Antimon, Zinnoxydul, Blei*) und Wismuth; wobei bemerkenswerth ist, dass die Niederschläge der drei zuerst genannten Metalle in einem Ueberschuss des Fällungsmittels löslich sind, die der letzten aber nicht davon aufgenommen werden. Eine Silberauflösung mit wenigem kaustischen Ammoniak versetzt, giebt einen hellbraunen, im Ueberschuss des Fällungsmittels vollkommen löslichen Niederschlag.

Kalciumoxyd. (Kalk.) Oxydum calcicum.

a. Trockner Kalk.

Der im gemeinen Leben vorkommende gebrannte Kalk ist zu analytischen Versuchen nicht rein genug; man verschafft ihn sich daher reiner und besser, wenn man Marmor in einem Tiegel anhaltend glüht. Weil es aber schwer hält, die Kohlensäure auf einmal vollständig zu entfernen, so nimmt man den einige Zeit hindurch geglühten Kalk aus dem Tiegel heraus, besprengt ihn mit so viel Wasser, dass er zu Pulver zerfällt, und glüht ihn von neuem, bis sich eine herausgenommene Probe in verdünnter Salpeter- oder Salzsäure ohne Brausen löst.

Der so erhaltene gebrannte Kalk ist weiss, schmeckt brennend, reagirt alkalisch, und besitzt eine so bedeutende Verwandschaft zum Wasser, dass er sich beim Uebergiessen damit stark er-

*) Bleizuckerauflösung macht hiervon eine Ausnahme, indem sie selbst bei grosser Concentration vom Salmiakgeist nicht getrübt wird.

hitzt. Hat man das rechte Verhältniss des Wassers genommen, so erhält man ihn als ein trocknes zartes Pulver, Kalkhydrat (zusammengesetzt aus 75 Kalciumoxyd und 25 Wasser); zum Unterschied vom wasserfreien (ungelöschten) heisst dasselbe gewöhnlich gelöschter Kalk. An der Luft zerfällt der gebrannte Kalk unter Absorbtion von Kohlensäure und Wasser, und heisst dann zerfallener Kalk.

Der wasserfreie Kalk ist zusammengesetzt aus 1 A. Calcium und 2 A. Sauerstoff, in 100 Th. aus 71,91 Kalkmetall und 28,09 Sauerstoff.

Das Mischungsgewicht des Kalks, den Sauerstoff zur Einheit genommen, ist 356,019; den Wasstoff damit verglichen 57,056.

Die Reinheit und gehörige Beschaffenheit des gebrannten Kalks geht daraus hervor, dass er sich in Salzsäure ohne das mindeste Brausen auflöst, die Auflösung vom kaustischen Ammoniak nicht getrübt wird (Magnesia), und durch Hydrothionammoniak keine Farbenveränderung (Eisen) erfolgt.

Der Kalk wird im trocknen Zustande weiter nicht gebraucht, als zur Entdeckung des Ammoniaks in den Ammoniaksalzen, indem er dasselbe beim Zusammenreiben damit entbindet, so dass es alsdann durch seinen eigenthümlich stechenden Geruch erkannt werden kann.

b. Kalkwasser. Aqua calcis.

Zur Bereitung desselben macht man aus dem auf obige Weise dargestellten kaustischen Kalk zuvörderst ein Hydrat, welches sodann mit der 30—40fachen Menge Regenwasser zu einer milchigen Flüssigkeit angerührt wird, die man durch Stehen in einem bedeckten Gefässe sich absetzen lässt, und das Klare endlich zur Aufbewahrung in ein wohl zu verschliessendes Stöpselglas abgiesst.

Das Kalkwasser ist farben- und geruchlos, klar, besitzt einen herben, schrumpfenden Geschmack, reagirt auf Pflanzenfarben alkalisch, zieht die Kohlensäure der Luft an und bedeckt sich dabei mit einer weissen Haut von kohlensaurem Kalk, die zu Boden fällt, und sich so lange erneuert, als noch Kalk in dem Wasser vorhanden ist. Aus diesem Grunde muss das Kalkwasser sorgfältig gegen den Zutritt der Luft geschützt aufbewahrt werden. Die Menge des darin befindlichen Kalks ist von der Temperatur abhängig, bei welcher die Auflösung geschah; je wärmer das zur Bereitung angewandte Wasser war, um so geringer ist die Menge des aufgelösten Kalks; kaltes Wasser nimmt also mehr auf als warmes. So auffallend diess scheint, so ist das Faktum doch richtig und durch die Versuche von Philipps bestätigt. Nach Dalton, der diese Bemerkung zuerst machte, erfordert 1 Th. wasserfreie Kalkerde 1270 Th. kochendes, 778 Th. Wasser von 15° und 650 Th. Wasser von 0° zur Auflösung; nach Davy bedarf 1 Th. wasserfreier Kalk 450 — 520 Th. Wasser von mittlerer Temperatur.

Das Kalkwasser findet verschiedene Anwendung, vorzugsweise aber zur Entdeckung mehrerer Säuren, sowohl unorganischer als organischer. So bedient man sich desselben:

1. zur Entdeckung der Kohlensäure im gas-

förmigen, wie auch in dem an Wasser gebundenen Zustande; auch kohlensaure Salze lassen sich dadurch finden. In allen Fällen entsteht eine Trübung oder ein Niederschlag von kohlensaurem Kalk, welche beide durch einen Ueberschuss von Kohlensäure wieder verschwinden. Aus diesem Grunde ist es Regel, wenn man mittelst Kalkwasser Kohlensäure finden will, selbiges im bedeutenden Uebermaass zu der zu untersuchenden Flüssigkeit zu bringen. Endlich ist noch zu bemerken, dass der kohlensaure Kalk von Säuren mit Brausen aufgenommen wird, ein Verhalten, wodurch er sich von den übrigen Verbindungen des Kalks mit Säuren unterscheidet.

2. zur Ermittlung von verschiedenen organischen Säuren. Das Verhalten des Kalkwassers ist in dieser Beziehung jedoch so wenig charakteristisch, dass von einem entscheidenden Werthe desselben für diese Körper gar keine Rede sein kann. Denn eben so gut als Citronensäure davon weiss niedergeschlagen wird, eben so präcipitiren sich auch Aepfelsäure, Kleesäure und noch viele andere Säuren mehr unter denselben Erscheinungen. Zwar besteht rücksichtlich der Empfindlichkeit des Kalkwassers gegen die angeführten Stoffe ein bedeutender Unterschied, doch ist das anderweitige Verhalten so wenig geeignet, ein wesentlich unterscheidendes Merkmal abzugeben, dass eine weitere Untersuchung der erhaltenen Verbindungen unerlässlich ist. Das Wenige, was für die genannten Säuren in ihrem Verhalten zum Kalkwasser als unterscheidend gelten kann, besteht darin, dass die Aepfelsäure erst bei ihrer Uebersätti-

gung mit Kalkwasser in weissen Flocken niedergeschlagen wird; dass die Citronensäure in der Kälte nur langsam und schwach, sogleich aber in der Hitze, Kleesäure endlich, fast unter allen Umständen, selbst noch bei 100,000facher Verdünnung der Auflösung affizirt wird. Die Niederschläge des Kalkwassers mit allen diesen Säuren sind in freien Säuren löslich.

3. um verschiedene Metalle, z. B. Quecksilber aufzufinden. Die Farbe der Niederschläge ist abweichend, je nachdem die Oxydationsstufe verschieden war. So fällt das Oxyd durch einen geringen Zusatz von Kalkwasser, oder wenn die zu untersuchende Flüssigkeit sehr verdünnt ist, weiss, durch einen etwas grösseren braunroth, wenn aber ein Ueberschuss von Kalkwasser vorhanden ist, citronengelb als Oxydhydrat. Das Quecksilberoxydul wird dagegen aus seinen Auflösungen sogleich schwarz niedergeschlagen, die Farbe wird aber bloss grau, wenn der Kalkwasserzusatz beträchtlich ist.

4. zur Fällung der arsenigen und Arsenik-Säure. In beiden Fällen ist der Niederschlag weiss, erfolgt jedoch bloss aus neutralen Auflösungen, oder wenn das Kalkwasser vorwaltet. Freie Säuren verhindern die Entstehung des Niederschlags, eben so wie ein Gehalt von Ammoniaksalzen, namentlich von Salmiak; aber auch Kochsalz und Salpeter thun das nämliche, besonders beim arsenichtsauren Kalk, wenn die Menge desselben nur gering ist. Wie Gieseke gezeigt hat, wird einmal gefällter arsenichtsaurer Kalk sogar vollständig vom salpetersauren und schwe-

felsauren Ammoniak aufgenommen; kohlensaures und phosphorsaures Ammoniak zerlegen ihn jedoch, ohne dass sie ihn auflösen. Bei medicolegalen Untersuchungen ist die Darstellung des Arseniks im metallischen Zustande aus der zu untersuchenden Flüssigkeit Hauptsache, und hat dabei ein blosser Niederschlag mit Kalkwasser keinen sonderlichen Einfluss auf das Ergebniss der Untersuchung überhaupt, und zwar aus dem Grunde, weil es noch eine grosse Anzahl Säuren, z. B. Phosphorsäure giebt, die sich gegen Kalkwasser eben so verhalten. Aber die Darstellung des metallischen Arseniks gelingt aus keiner Verbindung schneller und leichter, als aus der mit Kalk; darum bedient man sich bei Arsenikuntersuchungen so häufig des Kalkwassers. Der Niederschlag wird zur Abscheidung des Metalls nach dem Aussüssen scharf getrocknet, zum Glühen erhitzt, darauf mit Kohlenpulver oder auch mit einem Kohlensplitter in einer kleinen Glasröhre, die eigends dazu eingerichtet ist, geglüht, bis sich ein Spiegel von metallischem Arsenik in dem kältern Theil der Röhre angelegt hat.

Hin und wieder wird auch wohl das Kalkwasser zur Fällung der Magnesia, sogar bei quantitativen Bestimmungen empfohlen; es eignet sich aber eben so wenig dazu, als das Kalkhydrat; denn in beiden Fällen ist es durchaus unmöglich, das abgeschiedene Talkerdehydrat ohne Verlust auszusüssen, wie das erst neuerlichst die Versuche von Henry d. j. gezeigt haben.

Barytiumoxydhydrat. (Baryt.) Barytwasser. Hydras baryticus. Aqua Barytae.
$BaO^2 + Aqu.$

Die Baryterde, welche in der Natur nie rein, sondern mit Kohlensäure verbunden als Witherit, und mit Schwefelsäure als Schwerspath vorkommt, wird als Reagens vornämlich im Zustande ihrer Auflösung, als Barytwasser, gebraucht. Man erhält dasselbe am besten auf folgende Weise: 8 Theile fein geschlämmter Schwerspath und 1 Theil Kohlenpulver werden genau mit einander gemengt, und darauf mit 2 Th. pulverisirtem Colophonium, oder statt dessen mit eben so vielem Roggenmehl zusammengerieben. Das Gemenge stampft man hierauf in einen hessischen Tiegel fest ein, und setzt diesen wohl bedeckt $\frac{3}{4}$ Stunden lang im Windofen einer dem Weissglühen nahe kommenden Hitze aus. Wenn der Tiegel mit seinem Inhalt erkaltet ist, wird die erhaltene Masse mit 20 Th. kochendem Wasser übergossen, damit in einem verschlossenen Gefässe unter öfterm Umschütteln einige Stunden lang digerirt, die Auflösung abfiltrirt, und der Rückstand von neuem ausgelaugt, wenn man bemerkt, dass er noch etwas Schwefelbarytium enthält. Die dadurch erhaltenen Auflösungen von Schwefelbarytium werden in einem wohl zu verschliessenden Stöpselglase mit zwei Unzen schwarzen Kupferoxydes in Berührung gesetzt, fleissig damit geschüttelt, und so lange hingestellt, bis eine abfiltrirte Probe eine mit Essigsäure gesäuerte Bleizuckerauflösung nicht mehr färbt, oder damit einen gefärbten Niederschlag hervorbringt. Ist dieser Zeitpunkt eingetreten, so giesst man die über dem schwarzen Bodensatz befindliche klare Flüssigkeit behutsam ab, und bewahrt sie wohl verschlossen, sorgfältig gegen den Luftzutritt geschützt, zum Gebrauch auf.

Das Barytwasser ist eine farblose, vollkommen klare Flüssigkeit, von schrumpfendem Geschmack und alkalischer Reaction gegen Pflanzenfarben. An freier Luft überzieht es sich schneller als das Kalkwasser mit einer Haut von kohlensaurem Baryt, uud wird zuletzt zu reinem Wasser, wesshalb man dasselbe auch sorgfältig gegen den Zutritt der Luft verwahren muss. Unterwirft man das Barytwasser einer Destillation, zieht $\frac{1}{3}$ Flüssigkeit ab, so findet man nach dem Abkühlen in der Retorte Krystalle in Form von 4 und 6seitigen Säulen, welche als das Hydrat der Baryterde mit Krystallwasser anzusehen sind. Schmilzt man diese Krystalle in einem Tiegel, so verlieren sie die Hälfte ihres Gewichts, das Krystallwasser entweicht, und das Hydrat ohne Krystallwasser bleibt übrig. Das Wasser, wodurch es zum Hydrat wird, kann durch Feuer nicht ausgetrieben werden. Das Barythydrat besteht aus gleichen A. Baryterde und Wasser, in 100 Theilen aus 89,47 Baryterde und 10,53 Wasser.

Das Mischungsgewicht desselben, den Sauerstoff zur Einheit genommen, ist 1069,350, den Wasserstoff damit verglichen 171,377.

Das auf obige Weise bereitete Barytwasser kann nur mit etwas Schwefelbarytium, oder mit Kupferoxyd verunreinigt sein, wenn vom letzten mehr angewendet wurde, als zur Zerlegung erforderlich war. Wie man sich von einem Gehalt an unzersetztem Schwefelbarytium überzeugen kann, ist bei der Bereitung schon erwähnt worden; ein Kupfergehalt würde sich zu erkennen geben, wenn man das Präparat mit Salzsäure sättigt, und durch Zusatz von Kaliumeisencyanür eine rothbraune Farbenveränderung entstehen sieht.

Das Barytiumoxydhydrat und die Auflösung desselben, das Barytwasser, werden gebraucht:

1. zur Entdeckung und quantitativen Bestimmung der Schwefelsäure. Der dadurch entstehende weisse Niederschlag von schwefelsaurem Baryt ist in allen Säuren unlöslich.

2. zur quantitativen Bestimmung der Salpetersäure, wenn sie allein, oder an einem Alkali gebunden in einer Flüssigkeit enthalten ist. Im erstern Fall übersättigt man die Säure geradezu mit kaustischem Baryt, im letztern scheidet man sie zuvor vom Alkali durch Destillation mit Schwefelsäure, und lässt sie von dem in der Vorlage befindlichen, mehr als hinreichendem Barytwasser sogleich verschlucken. Die so erhaltene Auflösung von salpetersaurem Baryt dampft man zur Trockne ein, wobei der überschüssige Baryt durch den Kohlensäuregehalt der Luft abgeschieden, beim nachherigen Auflösen zurückbleibt. Aus der Auflösung schlägt man darauf den Baryt durch Schwefelsäure nieder, und berechnet aus der Menge des schwefelsauren Baryt, wie gross die Quantität der früher mit dem Baryt verbundenen Salpetersäure war.

3. zur Entdeckung der Kohlensäure, wie auch zu ihrer Abscheidung; der entstehende Nie-

derschlag von kohlensaurem Baryt ist in Säuren leicht lösbar.

Kieselerde. (Kieselsäure.) Silicia.

Am besten ist es allerdings die bei der Analyse kieselsaurer Verbindungen erhaltene Kieselerde als Reagens zu brauchen; kann man eine solche indess nicht haben, so lässt sie sich auch recht gut durch fein pulverisirten und geschlämmten Bergkrystall ersetzen.

Die Kieselerde ist ein farben-, geruch- und geschmackloses Pulver, ohne alle Wirkung auf Pflanzenfarben, besteht aus 1 A. Silicium (Kiesel) und 3 A. Sauerstoff, ist nach Berzelius in 100 Theilen zusammengesetzt aus 48,08 Silicum und 51,92 Sauerstoff.

Von der Reinheit der Kieselsäure überzeugt man sich dadurch, dass man eine kleine Quantität derselben vor dem Löthrohr mit Soda zusammenschmilzt, und Acht giebt, ob dadurch ein klares, farbenloses Glas erhalten wird.

Das Mischungsgewicht der Kieselsäure, den Sauerstoff zur Einheit genommen, ist 577,478; den Wasserstoff damit verglichen 92,548.

Die wichtigste Anwendung macht man von der Kieselerde zur Entdeckung von Schwefel und Schwefelsäure auf trocknem Wege. Man verfährt dazu entweder so, dass man sich aus Soda und Kieselerde eine kleine Kugel bläst, und zu dieser eine äusserst geringe Menge von dem zu untersuchenden Salze bringt, oder dass man die Kieselerde mit der Soda bloss mengt, ohne sie vorher zusammen zu schmelzen, und das Gemenge mit dem zu prüfenden Salz vermischt. Das letzte geht leichter, aber das erste giebt ein zuverlässigeres Resultat. Die Schwefelsäure wird dabei reducirt, und Schwefelnatrium gebildet, welches in der Schmelzung die Perle nach dem verschiedenen Zusatz entweder farblos oder dunkelbraun macht, aber bei der Abkühlung ihr eine dunkelgelbe oder rothe Farbe erheilt.

Unentbehrlich ist die Kieselsäure noch zur Analyse der phosphorsauren Thonerde, wozu sich Berzelius ihrer zuerst bediente. Die zu analysirende Verbindung wird dazu fein pulverisirt, mit reiner Kieselerde und kohlensaurem Natron gemengt, und in der Rothglühhitze zusammengeschmolzen. Löst man die Masse darauf in Wasser, so bleiben Kieselerde und Thonerde grösstentheils zurück, und werden auf bekannte Art von einander geschieden, die Phosphorsäure mit dem Natron gehen aber in Auflösung, und können nunmehr durch Bleizucker getrennt werden.

Kupferoxyd. Oxydum cupricum.

Nach Ficinus bereitet man es am besten auf die Weise, dass man ein Gemenge von 1 Th. Kupferfeile mit 2 Th. an der Luft zerflossenem salpetersaurem Kupferoxyd der Luft aussetzt, bis Alles in ein festes grünes Salz verwandelt worden, welches man hierauf durch Glühen zersetzt.

Das so bereitete Kupferoxyd ist ein bräunlichschwarzes Pulver, dessen Farbe bei stärkerm Erhitzen vorübergehend reiner schwarz erscheint;

es ist zusammengesetzt aus gleichen A. Kupfer und Sauerstoff, nach Berzelius in 100 Th. aus 79,825 Kupfer und 20,175 Sauerstoff.

Das Mischungsgewicht desselben, den Sauerstoff zur Einheit genommen, beträgt 495,695; den Wasserstoff damit verglichen 79,441.

Einer Verunreinigung ist das auf obige Weise bereitete Kupferoxyd nicht leicht ausgesetzt.

Das Kupferoxyd dient als ein Reagens für Chlor auf trocknem Wege. In dieser Absicht löst man Kupferoxyd in Phosphorsalz auf, so dass man eine tief dunkelgrüne Perle bekommt. Darauf setzt man den Stoff hinzu, der auf Chlor geprüft werden soll, und bläst darauf. Enthält die Probe Chlor, so umgiebt sich die Perle mit einer schönen blauen, ins Purpurfarbne sich hinneigenden Flamme, und diess währt so lange, als noch etwas Chlor vorhanden ist. Dass das Phosphorsalz zu diesem Versuch vollkommen rein, und nicht mit Kochsalz verunreinigt sein darf, versteht sich von selbst. Brommetalle geben mit Phosphorsalz und Kupferoxyd dieselbe Reaktion, wie die Chlormetalle; die blaue Farbe aber, welche die Flamme annimmt, zieht sich nicht ins Purpurfarbene, sondern ins Grüne, vorzüglich an den Kanten. Auch Iodmetalle geben auf nämliche Art wie die Chlorverbindungen behandelt, der Flamme eine äusserst schöne und stark grüne Farbe. Man muss indess dabei bedenken, dass manchmal das Phosphorsalz im Anfang der Schmelzung schwache grünliche Flämmchen von verbrennendem Ammoniak ausstösst, und im starken Reductionsfeuer einen grünlichen Schein giebt; dieser kann aber nicht mit dem Glanz des grünen Feuers verwechselt werden, das von einem Iodmetall herrührt. Beide, Brom- und Iodmetalle, lassen sich von den Chlormetallen noch sicherer durch ihr Verhalten zum sauren schwefelsauren Kali unterscheiden, worüber weiter unten ein mehreres.

Von grosser Wichtigkeit ist endlich noch das Kupferoxyd bei der Analyse der organischen Körper, wie auch derjenigen überhaupt, welche Kohlenstoff enthalten, z. B. der Cyanverbindungen.

Mangansuperoxyd. (Braunstein.) Superoxydum manganicum.

Das in der Natur vorkommende Graubraunsteinerz ist zum analytischen Bedarf rein genug; die fremden Stoffe mit denen es gemengt ist, bringen bei der Anwendung, welche man davon macht, keinen Nachtheil.

Es ist stahlgrau, metallisch glänzend, und von dem Manganoxydhydrat, mit dem es täuschende Aehnlichkeit hat, dadurch unterschieden, dass es zerrieben ein schwarzes Pulver liefert, das Oxydhydrat hingegen ein leberbraunes. Um so weniger Wasser das Superoxyd beim Erhitzen in einer Glasröhre absetzt, um so besser ist es, denn um so weniger Oxydhydrat ist darin enthalten. In 100 Th. ist es zusammengesetzt aus 64,01 Metall und 35,99 Sauerstoff.

Das Mischungsgewicht des Mangansuperoxyd, den Sauerstoff = 100 gesetzt, ist 555,787; den Wasserstoff damit verglichen 89,071.

Das Mangansuperoxyd wird bloss als Reagens

für die salzsauren Salze gebraucht. Die Anwendbarkeit gründet sich darauf, dass es mit ihnen vermischt, und unter Zusatz von concentrirter Schwefelsäure erhitzt, Chlor entwickelt, welches an seinem eigenthümlichen Geruche leicht zu erkennen ist.

C. Salze.

Einfach schwefelsaures Kali. Schwefelsaures Kali. Sulphas kalicus. Kali sulphuricum.

Um es als Reagens anzuwenden, ist es das sicherste, dieses Salz auf direktem Wege durch Neutralisation des einfach kohlensauren Kali mit verdünnter Schwefeläure, Abrauchen bis zum Krystallisationspunkt, und ruhiges Hinstellen zu bereiten.

Das einfach schwefelsaure Kali erscheint in farb- und geruchlosen, an der Luft unveränderlichen 4 und 6seitigen Säulen, häufig auch in rindenartigen Stücken, schmeckt bitter, erfordert 16 Th. kaltes und 5 Th. heisses Wasser zur Lösung, besteht aus gleichen A. Kali und Schwefelsäure; in 100 Th. aus 54,05 Kali und 45,93 Schwefelsäure.

Das Mischungsgewicht desselben, mit dem Sauerstoff verglichen, ist 1091,081, mit dem Wasserstoff 174,859.

Das einfach schwefelsaure Kali findet Anwendung:

1. zur Unterscheidung des Baryt vom Kalk. Es hat in dieser Rücksicht desshalb vor den übrigen schwefelsauren Alkalien Vorzüge, weil es bei seiner Schwerlöslichkeit nur Auflösungen geben

kann, in denen der Gehalt an festem Stoff verhältnissmässig gering ist. Das ist es aber gerade, worauf es hier ankommt. Eine gesättigte Auflösung von schwefelsaurem Natron verhält sich gegen die Auflösungen der Kalk- und Barytsalze gleich, beide schlägt es als schwefelsaure Salze sogleich nieder. Das schwefelsaure Kali hingegen bewirkt nur in den Barytauflösungen auf der Stelle Trübung oder Niederschlag, lässt aber die Auflösungen der Kalksalze unverändert, oder bewirkt in ihnen erst nach langer Zeit dieselbe Veränderung.

2. zur Abscheidung des Ceriumoxydes von der Yttererde. Es geschieht diess auf die Weise, dass man in die Auflösung beider eine Kruste von schwefelsaurem Kali legt, damit sie sich mit demselben sättige. Es scheidet sich alsdann ein unlösliches Doppelsalz des Ceroxyds aus, welches mit einer Auflösung von schwefelsaurem Kali ausgesüsst werden muss, weil es im Wasser ein wenig löslich, in jenem aber unlöslich ist. Sowohl das Ceroxyd als auch das Oxydul geben mit dem schwefelsauren Kali ein solches Doppelsalz; beide Salze unterscheiden sich jedoch dadurch, dass das Doppelsalz des Oxydes gelb, das des Oxyduls aber weiss ist. Die Yttererde, welche in der Auflösung des schwelsauren Kali nach der Abscheidung des Cers noch vorhanden ist, lässt sich durch kaustisches Ammoniak daraus niederschlagen.

Auf nämliche Weise lässt sich auch Cer von Eisen trennen.

Doppelt schwefelsaures Kali. Saures schwefelsaures Kali. Bisulphas kalicus. Kali sulphuricum acidulum.

Man bereitet es auf die Weise, dass man einfach schwefelsaures Kali mit der Hälfte seines Gewichts concentrirter Schwefelsäure und mit einer gleichen Wassermenge übergiesst, die Verbindung zur Trockne abdampft, und den Rückstand darauf im Platintiegel erhitzt, bis bei anfangendem Glühen keine Schwefelsäure mehr entweicht. Das Salz wird dann in Wasser gelöst und krystallisirt.

Es erscheint in seidenartig glänzenden Nadeln von sauer beissendem Geschmack, verwittert etwas an der Luft, löst sich in 2 Th. kalten und in weniger als einem Theil kochenden Wassers. Erhitzt schmilzt es leicht, wird flüssig wie Oel, verliert durch lange fortgesetztes Glühen seinen Ueberschuss an Säure, und geht so in einfach schwefelsaures Kali zurück, welches bekanntlich durchaus feuerbeständig ist. Es besteht aus 1 A. Kali und 4 A. Schwefelsäure, in 100 Th. aus 37 Kali und 63 Schwefelsäure.

Das Mischungsgewicht vom sauren schwefelsauren Kali, den Sauerstoff zur Einheit genommen, ist 2594,576; den Wasserstoff damit verglichen, beträgt es 415,800.

Das saure schwefelsaure Kali findet Anwendung:

1. nach Berzelius zur Entdeckung des Rhodium zur Unterscheidung vom Iridium, so wie

auch zur Trennung von Platin, Iridium und Osmium. Man schmilzt dazu die Probe in einem zugeblasenen Glasröhrchen mit dem sauren schwefelsauren Kali zusammen, und sieht, ob Rhodium sich löst und die Salzmasse färbt. Iridium dagegen löst sich eben so wenig, als dass es eine Färbung hervorbringt. Will man Rhodium vermittelst sauren schwefelsauren Kalis von den erwähnten Metallen trennen, so reibt man die Legirung mit dem Salz zusammen, bringt sie in einen Platintiegel, welcher mit einem gut schliessenden Deckel versehen ist, und erhitzt ihn zum Glühen. Sobald bei Abnahme des Dekkels die Salzmasse an der Oberfläche gesteht und krystallisirt, wird der Tiegel vom Feuer genommen, abgekühlt, und das Salz mit kochendem Wasser ausgezogen, das Ungelöste aber mit einer neuen Menge Salz behandelt. Wenn man auf diese Weise Rhodium von Platin oder Iridium scheiden will, so muss die Umschmelzung so oft wiederholt werden, als noch das Salz bei erneuter Operation Farbe annimmt; erhält sich die geschmolzene Masse farblos, so ist kein Rhodium mehr vorhanden, welches vom Salz aufgenommen werden könnte. Das geschmolzene Doppelsalz ist, wenn es wenig Rhodium enthält, roth und durchsichtig, wenn es hingegen damit gesättigt ist, sieht es dunkel und schwarz aus. Nach dem Erkalten ist es dunkel oder hellgelb, je nachdem die Menge des Metalls variirt. Es löst sich langsam in kaltem, leicht in siedendem Wasser zu einer gelben Flüssigkeit. Das Metall kann daraus eben so wenig durch ein

Alkali als durch Schwefelwasserstoffgas vollständig gefällt werden. Man muss dazu die Lösung mit kohlensaurem Kali oder Natron übersättigen, in einem Platintiegel zur Trockne verdunsten, bis zum Glühen erhitzen, und darauf das Salz mit Wasser ausziehen. Das rückständige Rhodiumoxyd wird zuerst mit Salzsäure, dann mit Wasser ausgesüsst, und darauf als Metall dem Gewichte nach bestimmt. Wenn eine Platinlegirung zugleich Palladium enthält, so wird diess nebst dem Rhodium vom sauren schwefelsauren Kali gelöst, und erhält man dasselbe in diesem Fall nach der Reduction durch Wasserstoffgas mit Rhodium verbunden. Man trennt alsdann das Palladium davon durch Digestion des Metallgemisches mit Königswasser, und Fällen des Palladiums durch Quecksilbercyanid.

2. zur Trennung des Tantaloxyds von verschiedenen andern Substanzen, in deren Verbindung es vorkommt. Die Masse wird mit saurem schwefelsaurem Kali zusammengeschmolzen, wodurch sich die meisten fremdartigen Substanzen auflösen, das Tantaloxyd aber zurückbleibt.

3. zu Löthrohrversuchen, wozu es als grobes Pulver in gut gegen die Feuchtigkeit geschützten Gefässen aufbewahrt wird. Man entdeckt dadurch:

a. Brom, wenn es in Verbindung mit Metallen vorkommt. Die Probe wird dazu in einem kleinen Glaskolben mit langem Halse mit dem sauren schwefelsauren Kali zusammengeschmolzen. Es entwickelt sich dann Brom und schwefelichte Säure, und das Gefäss füllt sich mit einem gelben Gase an, welches deutlich am Geruch erkannt werden kann, ungeachtet es mit schwefelichter Säure gemengt ist. Die Farbe des Gases erscheint nicht recht deutlich beim Kerzenlicht, wesshalb der Versuch bei Tage angestellt werden muss.

b. Jod. Jodmetalle mit saurem schwefelsaurem Kali in einem Glaskolben zusammengeschmolzen geben ein violettes Gas, und es sublimirt sich Jod, während schwefelichte Säure entwickelt wird.

c. Borsäure in den boraxsauren Salzen nach Turner auf folgende Art. Man mengt 1 Theil fein zerriebenen Flussspath mit $4\frac{1}{2}$ Theilen sauren schwefelsauren Kali, mengt einen Theil dieses Flusses mit einem Theil der Probe und etwas Wasser zu einer Grütze, die auf einen Platindrath genommen, und nach dem Trocknen der Flamme des Löthrohrs etwas innerhalb vor der blauen Flamme, das heisst näher dem Dochte als der Spitze, ausgesetzt wird. Nachdem die Masse geschmolzen ist, erscheint während eines Augenblicks eine reine grüne Farbe rund um die Flamme, welche sogleich verschwindet, nicht mehr wiederkommt, und daher im Schmelzungsmoment beobachtet werden muss. Die Flamme färbt sich dadurch, dass Fluorborsäure gebildet wird, welche, indem sie ausgetrieben wird, sich verflüchtigt und färbend wirkt.

d. Lithion, besonders wenn es als Silicat da ist. Die Probe wird dazu mit 1 Th. feingeriebenen Flussspath und $1\frac{1}{2}$ Th. sauren schwefelsauren Kali gemengt, und vor dem Löthrohr zusammengeschmolzen; dabei bemerkt man, dass die

Löthrohrflamme von der Berührungsstelle der Probe an bis gegen die Spitze zu einen rothen Rand hat; war in der Probe kein Lithion enthalten, so ist die Flamme schwach violett. Die Entdeckung ist ebenfalls von Turner.

Salpetersaures Kali. (Salpeter.) Kali nitricum. Nitras kalicus.

Das einfachste Verfahren, den Salpeter so rein zu bekommen, als er Behufs seiner Anwendung zu analytischen Arbeiten sein muss, besteht darin, dass man solchen Salpeter, der als gereinigter in den Apotheken verbraucht wird, in der Hälfte seines Gewichts heissem destillirten Wassers löst, und wenn die filtrirte Flüssigkeit krystallisiren will, sie beständig mit einem Stabe rührt. Dadurch fällt der Salpeter als ein zartes Mehl zu Boden, welches man von der darüber stehenden Flüssigkeit durch Abklären trennt, darauf wiederholt mit Wasser abspült. Will man ihn in diesem pulverigen Zustande nicht verbrauchen, so löst man ihn in seinem 5fachen Gewicht reinen Wassers nochmals auf, und lässt ihn durch Abkühlen krystallisiren.

Der Salpeter erscheint in durchsichtigen, farbenlosen, luftbeständigen, 6seitigen Säulen, die kühlend bitter schmecken, von 7 Theilen kalten und der Hälfte ihres Gewichts heissen Wassers gelöst werden; der unreine Salpeter löst sich in reichlicherem Maasse auf. Bringt man den Salpeter in der Hitze zum Schmelzen, so zeigt er nach dem Erkalten einen grobstrahligen Bruch, was als Beweis seiner Reinheit anzusehen ist. Der Salpeter besteht aus 1 A. Kali und 2 A. Salpetersäure; in 100 Th. aus 46,55 Kali und 53,45 Salpetersäure.

Das Mischungsgewicht des Salpeters, den Sauerstoff damit verglichen, ist 1943,988; den Wasserstoff zur Einheit angenommen, ist es 311,547.

Der Gebrauch des Salpeters ist sehr eingeschränkt. Bei Löthrohrversuchen braucht man ihn, solche Proben zu oxydiren, welche durch Blasen mit der äussern Flamme nicht gehörig oxydirt werden können. Man bewirkt diess so, dass man den noch glühenden Fluss mit dem Ende eines Salpeterkrystalls berührt; aber da die Kugel früher kalt werden würde, ehe man den Salpeter daran bringen könnte, so muss dieser vorher mit einer Zange gehalten werden, die zwischen dem dritten und vierten Finger der rechten Hand befindlich ist, während man das Löthrohr wie gewöhnlich in der Hand hat. In demselben Augenblick, wo man aufhört zu blasen, führt man den Salpeter zur Kugel, und hält ihn kurze Zeit daran. Die geschmolzene Masse schwillt dadurch auf, wird schaumig, färbt sich entweder gleich, und wird heller unter der Abkühlung, oder sie nimmt im Anfang keine Farbe an, wird aber nach dem Abkühlen farbig. Man bläst nicht weiter darauf, weil sich die Reaction am besten in diesem schaumigen Zustande zeigt. Diese Reaction wird zunächst nur zur Auffindung eines so geringen Mangangehaltes gebraucht, dass ohne Salpeter sich das Glas nicht färben würde. Es giebt indess für Mangan noch bessere Proben, so dass man die mit Salpeter beinahe als entbehrlich betrachten könnte.

Ferner bedarf man des Salpeters bei der Analyse des Schiesspulvers, um den Gehalt des Schwefels und der Kohle darin zu finden. Nachdem die löslichen Theile daraus geschieden worden, schmilzt man nämlich das Ungelöste in einer Retorte mit Salpeter zusammen, löst die geschmolzene Masse in Wasser, und erfährt die Menge der entstandenen Schwefelsäure durch Präcipitation der zuvor neutralisirten Flüssigkeit mit einem Barytsalz. Aus dem dadurch erhaltenen schwefelsauren Baryt berechnet man nach dem Aussüssen, Trocknen und Glühen den Schwefelgehalt des Pulvers, der zur erhaltenen Salpetermenge hinzu addirt, als Rest den Gehalt an Kohle giebt.

Einfach kohlensaures Kali. (Weinsteinsalz.) Carbonas kalicus. (Sal Tartari.) Kali carbonicum.

Vollkommen rein und zu den feinsten chemischen Untersuchungen geeignet erhält man das kohlensaure Kali durch Ausglühen des reinen essigsauren Kali im Silbertiegel, Auslaugen der rückständigen kohligen Masse mit destillirtem Wasser, und Abdampfen der erhaltenen Lauge in einem silbernen Gefäss bis zur staubigen Trockne. In vielen Fällen bedarf man ein so absolut reines und kostbares Präparat nicht, und kann recht gut mit einem solchen auskommen, welches aus Weinstein bereitet worden. Roher Weinstein taugt dazu nicht, auch darf man ihn keineswegs, wie diess wohl öfter geschieht, gröblich gepülvert in mit Bindfaden umwickelten Papierdüten zwischen Kohlen ausglühen, weil sich in dem Fall die Kieselerde der Kohle mit einem Antheil Kali zu einem Silicat verbindet, welches schwer oder gar nicht davon getrennt werden kann. Am besten wählt man zur Verkohlung eiserne Geschirre; denn sowohl bei der Anwendung irdener Retorten als hessischer Schmelztiegel ist man gegen Verunreinigung mit Kieselerde und Thonerde nicht gesichert. Die nach dem Ausglühen des Weinsteins rückständige kohlige Masse behandelt man auf nämliche Weise, wie es so eben von der aus dem essigsauren Kali erhaltenen angeführt worden; nur muss man die durchs Auslaugen erhaltene Flüssigkeit längere Zeit offen an der Luft stehen lassen, damit sich der jederzeit in der Auflösung enthaltene Kalk im kohlensauren Zustande abscheide. Auch wenn man ein Gemenge von 1 Th. gereinigten Salpeter mit 2 Th. gereinigten Weinstein in einem eisernen Kessel durch ein glühend gemachtes Eisen entzündet, die rückständige Masse nach dem Erkalten mit destillirtem Wasser auslaugt, die Lauge zur Trockne bringt, erhält man ein kohlensaures Kali, das in den meisten Fällen zu analytischen Arbeiten geeignet ist; endlich noch erlangt man dasselbe, wenn man doppelt kohlensaures Kali in einem Silbertiegel einer nicht bis zum Glühen steigenden Temperatur so lange aussetzt, bis mit dem Krystallwasser die Hälfte der Kohlensäure entfernt ist. Darauf löst man den Rückstand in Wasser, wobei die Kieselsäure aus dem doppelt kohlensauren Kali in Form eines grauen Pulvers zurückbleibt, dampft die Flüssigkeit, nachdem sie filtrirt worden, ein, und erhält ein kohlensaures Kali, das zum analytischen Behuf vorzugsweise geeignet ist. Ein durch Reinigen der Pottasche dargestelltes kohlensaures Kali ist zu analytischen Versuchen unbrauchbar.

Das kohlensaure Kali erscheint gewöhnlich als ein trocknes, blendend weisses Pulver, welches begierig Feuchtigkeit aus der Luft einsaugt, und zu einem ölartigen Liquidum zerfliesst, das früher unter der Benennung Oleum Tartari per deliquium bekannt war. Es schmeckt alkalisch (aber nicht ätzend), reagirt stark auf Pflanzenfarben, ist leicht im Wasser löslich, und krystallisirt, wenn man die Auflösung bis zu einem bestimmten Grade abdampft. Die Krystalle enthalten 20 pr. Ct. Krystallwasser, das zur Trockne eingedampfte Salz ist wasserfrei. In alkoholisirtem Weingeist ist das einfach kohlensaure Kali total unlöslich, was in sofern bemerkenswerth ist, als sonst die meisten im Wasser leicht löslichen Salze auch mehr oder minder leicht vom Weingeist aufgenommen werden.

Das einfach kohlensaure Salz besteht aus 1 A. Kali und 2 A. Kohlensäure, in 100 Th. aus 68,18 Kali und 31,82 Kohlensäure.

Das Mischungsgewicht desselben, mit dem Sauerstoff verglichen, ist 1142,790, und den Wasserstoff zur Einheit genommen 183,145.

Die Reinheit des kohlensauren Kali ersieht man daraus, dass wenn es mit reiner Salzsäure gesättigt, die Saturation zur Trockne abgedampft, die rückständige Masse in 3 Th. destillirten Wasser gelöst ist, keine Abscheidung weisser Flocken (Kieselsäure) erfolgt; ferner, dass diese Auflösung durch kaustisches Ammoniak nicht getrübt wird (Thonerde); drittens, dass neutrales kleesaures Kali darin keinen Kalkgehalt anzeigt, wie es bei dem aus Weinstein bereiteten öfters vorzukommen pflegt; und endlich viertens, dass Barytsalze keinen Schwefelsäuregehalt erkennen lassen. Salzsaure Salze, die in einem mit Salpeter bereiteten kohlensauren Kali hin und wieder anzutreffen sind, entdeckt man durch Silbersolution, versteht sich, dass alsdann das zu untersuchende Präparat vorher mit Salpetersäure übersättigt werden muss. — Als Reagens von entscheidendem Werthe findet das kohlensaure Kali bei qualitativen Untersuchungen selten Anwendung, und obwohl es die meisten Erden und Metalle präcipitirt, so ist ihm dieses Verhalten doch so wenig ausschliesslich eigen, und zeigt dabei so wenig charakteristisches, als dass man sonderlichen Werth darauf legen könnte. Bei quantitativen Untersuchungen ist es im Allgemeinen eben so wenig zu empfehlen; denn es verbindet sich jederzeit mit dem Präcipitat so innig, das man dieses selbst durch langes Auswaschen nicht vollständig davon befreien kann. Man muss aus diesem Grunde das kohlensaure Kali bei Analysen, welche auf Schärfe Anspruch machen sollen, lieber vermeiden, und sich statt dessen des kohlensauren Ammoniaks bedienen. In Fällen, wo es unentbehrlich ist, muss man den dadurch erhaltenen Niederschlag nochmals in einer Säure lösen, und die Auflösung mit einem flüchtigen Alkali von neuem niederschlagen.

Das koklensaure Kali ist unentbehrlich oder von entschiedenem Werthe:

1. zur quantitativen Bestimmung der Magnesia, wenn sie die einzige erdige Base in einer Flüssigkeit ausmacht. Es ist dazu aber nöthig, dass man die Flüssigkeit mit einem Ueberschuss von kohlensaurem Kali versetze, das Ganze darauf zur Trockne abdampfe, den Rückstand mit heissem Wasser aufweiche, und die rückständige kohlensaure Magnesia mit siedendem Wasser aussüsse. Das Aussüssen darf indess nicht zu lange fortgesetzt werden, weil siedendes Wasser auch sogar etwas kohlensaure Magnesia aufnimmt. Die so erhaltene Erde glüht man darauf im Platintiegel, bis sie alle Säure abgegeben hat, und bestimmt ihr Gewicht im reinen Zustande. Das Eindampfen der mit Kali versetzten Flüssigkeit ist desshalb von Wichtigkeit, weil sich die kohlensaure Magnesia bei der Fällung zerlegt, und in der über dem Niederschlag befindlichen Flüssigkeit jederzeit doppelt kohlensaure Magnesia gelöst bleibt, welche man nothwendig verlieren würde, wenn man sie nicht durchs Abdampfen vollständig in einfach kohlensaure Magnesia zerlegte. Um aber auch noch den geringen Antheil der Magnesia zu erhalten, welcher sich in den abfiltrirten alkalischen Flüssigkeiten befindet, versetzt man diese mit einem phosphorsauren Alkali, filtrirt den Niederschlag ab, und berechnet nach dem Aussüssen, Trocknen und Glühen daraus den Magnesiagehalt. Wenn sich in der Flüssigkeit Salmiak

oder andere ammoniakalische Salze befinden, so erhält man bei der Fällung mit kohlensaurem Kali in der Kälte, besonders wenn diese Stoffe in reichlichem Maasse vorhanden sind, keinen Niederschlag, selbst wenn man das Kali im Ueberschuss anwendet. Um die Abscheidung zu bewirken, muss man daher die mit überschüssigem kohlensauren Kali versetzte Flüssigkeit erhitzen, damit die Ammoniaksalze zersetzt und verflüchtigt werden; diess erreicht man aber vollständig nicht anders, als wenn man die Flüssigkeit zur Trockne eindampft, den Rückstand in einer concentrirten Auflösung von kohlensaurem Kali auflöst, und sich überzeugt, ob beim nochmaligen Verdampfen kein Ammoniak entwickelt werde. Ist das der Fall, so darf ein mit Salzsäure befeuchtetes Glasstäbchen, über der eingetrockneten Masse gehalten, keine Entwicklung weisser Dämpfe bewirken. Die salzige Masse wird hierauf in Wasser gelöst, die Magnesia abfiltrirt, und weiter behandelt, wie schon angeführt.

2. in verschiedenen Fällen zur Präcipitation der Thonerde, besonders wo kohlensaures Ammoniak nicht anwendbar ist. Der Niederschlag ist voluminös, gallertartig, und senkt sich schwer zu Boden; waren die Auflösungen beider mit einander in Berührung gesetzter Körper neutral, so bemerkt man ein Brausen; denn die Thonerde kann sich mit der Kohlensäure nicht verbinden. Wo man diess nicht bemerkt, liegt es darin, dass entweder das Wasser oder der etwanige Ueberschuss des Alkali sie verschluckt. Es gilt hier übrigens ganz insbesondere das, was schon zuvor in Betreff

der Präcipitation der Erden durch kohlensaures Kali im Allgemeinen angeführt worden, dass man nämlich die mittelst Kali gefällte Thonerde von neuem in Salzsäure lösen, und sie aus dieser Auflösung nochmals durch kaustisches Ammoniak niederschlagen muss.

3. zur Bestimmung des Mangans. Der Niederschlag ist weiss, bekommt aber an der Luft einen Stich ins Amethystrothe. Sonst ist bei der Fällung dasselbe zu beobachten, als bei der Präcipitation der Magnesiasalze. Auch verfährt man, wenn grosse Quantitäten ammoniakalischer Salze in der zu fällenden Flüssigkeit enthalten sein sollten, hier eben so als bei der Abscheidung der Magnesia; übrigens ist das kohlensaure Manganoxydul leichter auszusüssen als die kohlensaure Magnesia, daher auch in der vom Niederschlag abfiltrirten Flüssigkeit keine Spur Mangan mehr vorhanden ist. Das Glühen des kohlensauren Manganoxyduls muss bei möglichst hoher Temperatur unternommen werden, wobei noch zu bemerken ist, dass aus dem kohlensauren Manganoxydul anfangs Manganoxyd gebildet wird, welches jedoch, indem es einen Antheil seines Sauerstoffs wieder fahren lässt, zum Manganoxydoxydul (Oxydum manganoso-manganicum) verändert wird.

4. um Zinkoyd seiner Menge nach zu ermitteln. Der Niederschlag ist farbenlos, und stellt eine Verbindung von Zinkoxydhydrat mit kohlensaurem Zinkoxyd dar. Wenn man bei quantitativen Untersuchungen das Zink durch kohlensaures Kali bestimmen will, muss es die einzige Base in der zu fällenden Flüssigkeit sein, ein Ueberschuss

des Alkali genommen, mit diesem das Ganze zur Trockne eingedampft, und der Rückstand mit kochendem Wasser ausgewaschem werden. Das kohlensaure Zinkoxyd muss nach dem Aussüssen und Trocknen durch Glühen in einem Porzellantiegel in reines Oxyd verwandelt werden, damit aber durch eine etwanige Reduction kein unrichtiges Resultat erhalten werde, sorgfältig jede Spur organischen Stoffs vermieden werden. Aus demselben Grunde darf auch das Filtrum, worauf das kohlensaure Oxyd vorhanden war, nicht mit verkohlt werden, sondern es ist nöthig, das Zinkoxyd rein davon abzunehmen, und für sich zu glühen.

5. zur Ermittlung des Cadmiums. Der Niederschlag ist weiss und in einem Ueberschuss des Fällungsmittels total unlöslich. Nach dem Trocknen muss beim Glühen dieselbe Vorsicht als beim Zinkoxyd beobachtet werden, weil es eben so wie dieses durch organische Stoffe leicht reducirt wird.

6. zur quantitativen Bestimmung des Bleis. Der dadurch erhaltene weisse Niederschlag ist in einem Ueberschuss des Fällungsmittels unlöslich, muss sorgfältig ausgewaschen und so lange getrocknet werden, bis er bei ein und derselben Temperatur keinen Gewichtsverlust mehr erfährt. Durch Rechnung findet man alsdann daraus den Bleigehalt, welcher als Oxyd bestimmt wird.

Ausser den angeführten Erden und Metalloxyden werden noch viele andere vom kohlensauren Kali afficirt, und ist das Verhalten gleichwohl nicht von grossem Werth, so soll es der Vollständigkeit halber doch hier kurze Erwähnung finden.

Kalk, Baryt und Strontian schlägt das kohlensaure Kali mit weisser Farbe nieder; in den Kalkauflösungen kommt das Präcipitat nicht auf der Stelle zum Vorschein, wenn sie verdünnt sind, und die Kalkmenge darin nur gering war.

Von den Metallen werden durch kohlensaures Kali weiss gefällt die Auflösungen vom Eisenoxydul, Wismuth, Silber, Zinnoxydul und Oxyd, wie auch vom Antimonoxyd. Der Niederschlag aus den Eisenoxydulauflösungen ist bloss kurze Zeit weiss, wird durch Absorbtion des Sauerstoffs der Luft bald grünlich, färbt sich allmählich immer dunkler, bis er braun wird. Der Wismuthniederschlag ist desshalb zu erwähnen, weil derselbe sogar nach anhaltendem, sorgfältigem Aussüssen immer noch Kali enthält, wodurch er beim Glühen die Eigenschaft besitzt, zu schmelzen, was bei dem mit Ammoniak erhaltenen Präcipitat nicht so leicht eintritt. Der Silberniederschlag ist in kaustischem Ammoniak löslich. Bei der Fällung von Zinnoxydul ist zu erwähnen, dass dabei allemal ein schwaches Brausen stattfindet, weil sich die Kohlensäure mit dem Zinnoxydul nicht verbinden kann. Das Verhalten des Zinnoxyds ist desshalb anzuführen, weil das kohlensaure Oxyd in einem Ueberschuss des kohlensauren Alkali löslich ist, sich aber nach längerem Stehen an der Luft wieder daraus abscheidet. Aus Antimonauflösungen erfolgt die Fällung nicht vollständig, wiewohl das Präcipitat in einem Ueberschuss des Fällungsmittels unlöslich ist.

Gefärbt werden vom kohlensauren Kali die

Auflösungen der nachstehenden Metalle gefällt. Eisenoxydauflösungen braun, und zwar etwas lichter als vom kaustischen Kali. Der Niederschlag enthält immer eine beträchtliche Menge Alkali, und muss daher bei quantitativen Untersuchungen nach dem Aussüssen nochmals in Salzsäure gelöst, und durch kaustisches Ammoniak daraus niedergeschlagen werden. Kobalt wird rosenroth gefällt, das Präcipitat wird beim Kochen blau. Nikkel fällt apfelgrün, etwas lichter in der Farbe als vom kaustischen Kali. Kupfer wird blau gefällt, aber nicht vollständig, gegen 1 pro Cent bleibt davon immer noch in der Flüssigkeit gelöst, und kann man die vollständige Trennung nicht anders bewirken, als dadurch, dass man die mit einem Ueberschuss vom Alkali versetzte Flüssigkeit zur Trockne eindampft, und den Rückstand mit kochendem Wasser auslaugt. Dadurch wird das aufgelöste Bicarbonat des Kupfers wie auch das niedergefallene basische Salz zersetzt, gleichzeitig das Wasser der Verbindung abgeschieden, welches ihr die blaue Farbe gab, und sie erscheint nunmehr schwarz. War das Kupfer an Schwefelsäure gebunden, so kann man es auf angeführte Weise quantitativ bestimmen. Quecksilberoxyd wird vom kohlensauren Kali rostfarben, Quecksilberoxydul grauweiss niedergeschlagen; das Präcipitat vom letzten wird beim Kochen schwarz.

Sehr ausgebreitet und wichtig ist endlich noch der Gebrauch, den man vom trocknen kohlensauren Kali zum Aufschliessen solcher Kieselfossilien macht, welche von Säuren nicht angegriffen werden, durch sie also auch keiner Zerlegung fähig sind. Dabei ist jedoch zu bemerken, dass die Fossilien keine feuerbeständige Alkalien, wie Kali, Natron und Lithion enthalten dürfen, in welchem Fall die Vorbereitung (das Aufschliessen) zur Analyse durch andere schickliche Mittel bewerkstelligt werden muss. Wie man dabei verfährt, gehört um so weniger hierher, als das Verfahren sich fast bei allen Mineralanalysen wiederholt, und schon allgemein bekannt ist.

Zweifach (doppelt) kohlensaures Kali. Saures kohlensaures Kali. Bicarbonas kalicus. Kali carbonicum acidulum.

Man erhält diese Verbindung, wenn man einfach kohlensaures Kali so viel Kohlensäure aufnehmen lässt, als dieses vermag. Es lässt sich diess auf verschiedene Weise erreichen, am wenigsten umständlich und langweilig dergestalt, dass man ein von Kieselerde freies Kali in seinem dreifachen Gewicht destillirten Wassers löst, und durch die Lösung langsam Kohlensäure hindurchleitet, bis die Auflösung durch Zusatz aufgelöster schwefelsaurer Magnesia keine Trübung mehr erfährt, und ein Streifchen Curcumäpapier in der Flüssigkeit auch keine Farbenveränderung erleidet. Die dadurch erhaltene Flüssigkeit stellt man wohl bedeckt an einen staubfreien Ort, und überlässt sie der freiwilligen Verdunstung. Haben sich Krystalle in hinreichender Menge gebildet, so giesst man die darüberstehende Lauge ab, stellt sie zum weitern Anschiessen bei Seite, löst die Krystalle, um sie recht rein zu erhalten, nochmals in möglichst wenigem Wasser von + 50° Temperatur, und lässt die Auflösung nach dem Filtriren krystallisiren.

Das doppelt kohlensaure Kali erscheint in grossen, wasserhellen, geschobenen, vierseitigen Säulen, die an der Luft unveränderlich sind, schwach alkalisch schmecken, auf Pflanzenfarben nicht mehr reagiren. Es erfordert 4 Theile kalten und $\frac{5}{6}$ seines Gewichts kochenden Wassers zur Lösung, wird auch unbedeutend vom Alkohol aufgenommen; löst man das Salz in kochendem Wasser, oder erhitzt man eine kalt bereitete Auflösung zum Sieden, so wird es zerlegt, es gibt einen Theil seiner Kohlensäure ab, und geht in anderthalb kohlensaures Kali über. Auch wenn man die Verbindung glüht, verliert sie einen Theil Säure und ihr Krystallwasser, welches 8,97 pro Cent. beträgt. Es besteht aus 1 A. Kali und 4 A. Kohlensäure, in 100 Th. aus 47,08 Kali und 43,95 Säure; das fehlende ist Krystallwasser.

Das Mischungsgewicht des doppelt kohlensauren Kali, den Sauerstoff zur Einheit genommen, ist 1595,664, den Wasserstoff damit verglichen 271,749.

Das doppelt kohlensaure Kali wird in der analytischen Chemie mit Vortheil zur Trennung der Thonerde von Bittererde, wie auch der Thonerde von Bittererde und Kalk angewendet; besonders genaue Resultate gibt es für die Scheidung der beiden ersten Erden. Man setzt nämlich zur Auflösung der Thonerde und Bittererde doppelt kohlensaures Kali etwas im Ueberschuss hinzu, wodurch sich unter starkem Brausen die Thonerde niederschlägt, indem sie bekanntlich mit der Kohlensäure keine Verbindung eingehen kann, süsst sie sorgfältig aus, löst sie nochmals in Salzsäure, fällt sie aus der salzsauren Auflösung mit kaustischem Ammoniak, und entfernt dadurch den geringen Kaligehalt, welcher der Genauigkeit des Resultats Nachtheil bringen könnte. Die Magnesia wird aus der vom Niederschlag abfiltrirten Flüssigkeit durch Abdampfen geschieden, indem sich das doppelt kohlensaure Salz zersetzt, und die Erde niederschlägt. Wenn in der Verbindung ausser Magnesia noch Kalk vorhanden war, verfährt man eben so, und scheidet die beim Kochen sich auscheidende Magnesia von dem gleichzeitig niederfallenden Kalk durch ein oxalsaures Salz. Diese Methode ist aber nur bei geringen Kalkmengen sicher ausführbar, denn bei grösseren erhält sich das Bicarbonat des Kalks nicht vollständig gelöst.

Manche Chemiker bedienen sich auch des doppelt kohlensauren Kali zur Fällung des Eisens und Mangans, ohne dass es in dieser Beziehung aber wirkliche Vorzüge vor dem einfach kohlensauren Kali hätte. Man muss vielmehr das dadurch erhaltene Präcipitat, um genaue Resultate zu bekommen, ebenfalls noch einmal in Säure lösen, und es aus seiner Lösung durch kaustisches Ammoniak wieder niederschlagen. Mangan und Eisen durch das Bicarbonat des Kali zu trennen, giebt kein genaues Resultat.

Uebrigens verhält sich das doppelt kohlensaure Kali gegen Erden und Metalloxyde wenig ausgezeichnet.

Kleesaures (oxalsaures) Kali. Kali oxalicum.

a. Einfach kleesaures Kali. Oxalas kalicus.

Das einfach oder neutrale kleesaure Kali wird durch Sättigen einer wässrigen Auflösung des Kleesalzes (doppelt kleesaures Kali) mit kohlensaurem Kali und Hinstellen der neutralen Flüssigkeit zur Krystallisation bereitet.

Das neutrale kleesaure Kali erscheint in farbenlosen säulenförmigen Krystallen, die an warmer Luft verwittern, und sich in der dreifachen Menge kalten Wassers lösen. Es besteht aus gleichen A. Kali, Kleesäure und Wasser, in 100 Th. aus 31,18 Kali, 39,09 Kleesäure und 9,75 Wasser.

Das Mischungsgewicht des neutralen kleesauren Kali, den Sauerstoff zur Einheit genommen, ist 1155,270; den Wasserstoff damit verglichen 185,145.

Das neutrale kleesaure Kali zeigt zu den meisten Körpern fast dasselbe Verhalten als die Kleesäure selbst, versteht sich modificirt durch die Veränderungen, welche daraus hervorgehen, dass die Säure in dem Salze vollständig gebunden ist. Rücksichtlich seiner Empfindlichkeit wird es aber vom kleesauren Ammoniak übertroffen, letztes ist daher auch fast in allen Fällen besser anzuwenden, wesshalb eine nähere Auseinandersetzung vom Verhalten des neutralen kleesauren Kali zu Erden, Metalloxyden u. s. w. hier übergangen, und auf das kleesaure Ammoniak verwiesen wird.

b. Doppelt kleesaures Kali. Bioxalas kalicus.

Diese Verbindung welche unter dem Namen des Kleesalzes in den Handel kommt, ist zu analytischen Versuchen hinreichend rein, wenn man das käufliche Salz in Wasser löst, die Auflösung filtrirt, und krystallisiren lässt.

Das Sauerkleesalz erscheint in kurzen, undurchsichtigen, vierseitigen Prismen, welche sehr sauer schmecken, wenig in kaltem, vollständig aber in 14 Theilen heissem Wasser gelöst werden. Es besteht aus 1 A. Kali, 2 A. Kleesäure und 2 A. Wasser, in 100 Theilen aus 34,28 Kali, 52,64 Kleesäure und 13,08 Wasser.

Das Mischungsgewicht desselben, den Sauerstoff zur Einheit genommen, ist 1720,624; den Wasserstoff damit verglichen 275,749.

Die Reinheit desselben ist daraus zu ersehen, dass es beim Glühen vollständig in kohlensaures Kali verwandelt wird, ohne aber durch sich abscheidende Kohle schwarz zu werden.

Das Kleesalz lässt sich in allen Fällen mit Erfolg anwenden, wo man sich der Kleesäure bedient, und die Veränderungen, welche es zeigt, sind, weil in dem Salze die Säure praedominirt, fast ganz dieselben.

Kieselsaures Kali. Kieselfeuchtigkeit. Kali silicicum. Liquor silicum.

Man erhält diese Verbindung auf die Weise, dass man 1 Theil fein zerriebenen Quarz (oder auch Bergkrystall) mit 4 Th. kohlensauren Kali zusammenreibt, das Gemenge in einem geräumigen Tiegel zwischen glühende Kohlen zum Schmelzen bringt, und nachdem es flüssig geworden, ausgiesst. Nach dem Erkalten wird die geschmolzene Masse, welche begierig die Feuchtigkeit aus der Luft einsaugt, mit vier Theilen kalten, destillirten Wassers übergossen, und wenn sie sich gelöst und klar geworden, in gut verschlossenen Gefässen aufbewahrt.

Die Zusammensetzung dieser Verbindung ist nicht genau bekannt; dass sich in derselben neben dem kieselsauren Kali noch unzersetztes kohlensaures Kali befindet, ist als entschieden anzusehen.

Die Kieselfeuchtigkeit ist das empfindlichste Reagens für das arabische Gummi (Acacien-Gummi). Vermischt man eine Auflösung beider mit einander, so stellt sich sogleich ein Niederschlag ein, der eine Verbindung von Gummi, Kali und Kieselsäure ist, während eine zweite von Gummi mit Kali sich gelöst erhält.

Auch um Phosphorsäure von Thonerde zu trennen, kann man sie, wie Fuchs gezeigt hat, brauchen. Die zu analysirende Verbindung wird desshalb in kaustischer Kalilauge gelöst, die Kieselfeuchtigkeit zugesetzt, und wenn sich das Präcipitat von kieselsaurem Thonerdekali abgesetzt hat, die darüber stehende, die ganze Menge der Phosphorsäure enthaltende Flüssigkeit abfiltrirt, der Niederschlag aber mit Salzsäure vermischt, zur Trockne verdampft, und aus dem Rückstand die Thonerde wie gewöhnlich geschieden. Der Verlust zeigt den Gehalt an Phosphorsäure.

Chromsaures Kali. Kali chromicum. Chromas kalicus.

Am vortheilhaftesten bereitet man dies Salz durch starkes und anhaltendes Glühen von recht fein pulverisirtem und geschlämmtem Chromeisenstein mit der Hälfte Salpeter, und Auskochen der geglühten Masse mit Wasser, bis diess ungefärbt abfliesst. Was hierbei ungelöst bleibt, wird nach dem Trocknen nochmals mit einem Viertel Salpeter geglüht, das Geglühte ebenfalls mit Wasser ausgezogen, die sämmtlichen Flüssigkeiten mit einander vermischt, und zur Fällung der Erden genau mit Salpetersäure neutralisirt. Das Filtrat dampft man hierauf zur Trockne ein, löst den Rückstand in der erforderlichen Menge kalten Wassers, und scheidet den Salpeter vom chromsauren Kali durch Krystallisation.

Das so erhaltene neutrale chromsaure Kali erscheint in luftbeständigen, durchsichtigen, citronengelben Prismen, die beim Erhitzen morgenroth werden, schmeckt anhaltend bitter und metallisch, löst sich in der doppelten Menge kalten Wassers, zu jedem Verhältniss im heissen, nicht im Alkohol. Es besteht aus gleichen A. Kali und Chromsäure, in 100 Theilen aus 47,51 Kali und 52,49 Chromsäure.

Das Mischungsgewicht des chromsauren Kali, den Sauerstoff zur Einheit genommen, ist 1241,735; den Wasserstoff damit verglichen 199,003.

Die Reinheit des chromsauren Kali ergiebt sich daraus, dass die Auflösung desselben durch kohlensaures Kali nicht getrübt wird (Thonerde);

ferner, dass die Krystalle sich im Wasser ohne allen Rückstand auflösen (Kieselerde); endlich drittens, dass sie auf glühende Kohlen gebracht nicht verpuffen (Salpeter).

Das chromsaure Kali wird als Reagens für verschiedene Metalle gebraucht, in sofern es mit den meisten von ihnen gefärbte Niederschläge giebt, ohne dass man jedoch das Verhalten desselben in dieser Rücksicht als von besonderem Werthe betrachten dürfte; denn es bringt mit verschiedenen Stoffen öfters Niederschläge von einer und derselben Farbe hervor, hat daher selbst als bestätigendes Reagens nur geringen Werth; rücksichtlich seiner Empfindlichkeit wird es ebenfalls von vielen andern Reagentien übertroffen.

Man bedient sich des chromsauren Kalis gewöhnlich:

1. zur Entdeckung des Bleis. Der Niederschlag ist gelb, und variirt in seiner Nüance bis zum Zinnoberrothen, was theils von der Concentration der Auflösungen, mehr aber noch von ihrem Neutralitätszustand abhängig ist; verdünnte Säuren nehmen ihn unbedeutend, Alkalien dagegen vollständig auf. Ebenso werden aber auch Wismuth, Zink und andere Metalle mehr niedergeschlagen, sogar Baryt fällt damit gelb nieder, aus welchem allen hervorgeht, dass chromsaures Kali für Blei kein sicheres Reagens ist.

2. zur Entdeckung des Silbers; der Niederschlag ist schön roth, und wird von Salpetersäure und kaustischem Ammoniak vollständig gelöst.

3. zur Ermittlung des Quecksilbers. Das Präcipitat aus den Oxydulauflösungen ist eben-

falls roth, wie das vom Silber, das aus den Oxydauflösungen mehr gelb, als roth und setzt sich schwer ab.

4. zur Entdeckung des Zinns. Oxydauflösungen werden gelb, ins Orange übergehend niedergeschlagen; Oxydulauflösungen geben mit überschüssigem chromsauren Kali gallertartige, braungelbe Flocken, welche aber von einem Ueberschuss der Zinnauflösung, unter Zersetzung der Chromsäure zu Oxydul, zu einer grünen Flüssigkeit gelöst werden; dieselbe Färbung tritt ein, wenn das Zinnoxydulsalz mit chromsaurem Kali im verdünnten Zustande zusammenkommt.

5. zur Entdeckung des Kupfers. Der Niederschlag ist rothbraun, wird aber vom kaustischen Ammoniak zu einer smaragdgrünen Flüssigkeit gelöst.

Chlorkalium. Salzsaures Kali. Kalium chloratum. Kali muriaticum.

Um es als Reagens zu brauchen, stellt man es am besten auf direktem Wege dar, durch Neutralisation des kohlensauren Kali mit Salzsäure, und Hinstellen der gesättigten Flüssigkeit zur Krystallisation.

Das Chlorkalium erscheint in weissen luftbeständigen Würfeln oder vierseitigen Säulen, die wie Kochsalz schmecken, im Feuer verknistern, sich in 3 Theilen kalten, in weniger als gleichen Theilen kochenden Wassers, auch in Alkohol lösen. Es besteht aus 1 A. Kalium und 2 A. Chlor, in 100 Th. aus 53 Kalium und 47 Chlor. Im krystallirten Zustande enthält es kein Krystallwasser.

Das Mischungsgewicht desselben, den Sauerstoff zur Einheit genommen, ist 711,241; den Wasserstoff damit verglichen 113,985.

Das Chlorkalium findet Anwendung:

1. zur Trennung des Platins von den dasselbe begleitenden Metallen (Iridium, Rhodium und Palladium), so wie auch zur quantitativen Bestimmung desselben. Nach Berzelius *) bewirkt man die Trennung der fremdartigen Metalle folgendermassen. Die filtrirte Platinlösung wird mit dem Doppelten ihres Volumens an Alkohol von 0,833 spec. Gewicht vermischt, wodurch sie ungefähr auf einen Alkoholgehalt von 60 pr. Ct. ihres Volumens kommt. Darauf setzt man eine concentrirte Lösung von Chlorkalium in Wasser hinzu, so lange als dadurch noch etwas gefällt wird. Der Niederschlag, den man dadurch erhält, ist zusammengesetzt aus Kalium-Chlorid-Salzen von Platin und Iridium, verunreinigt mit denen von Rhodium, und ein wenig mit denen von Palladium, welche ungefähr auf gleiche Weise gefällt werden, wie alle Krystalle etwas von den Salzen der Mutterlauge mitnehmen. Der Niederschlag ist schön citronengelb, wenn er vom Iridium frei ist, besitzt aber alle Nüancen des Roth, vom Brandgelb bis zur Zinnoberfarbe, wenn er Iridium enthält. Er wird auf ein Filtrum gebracht, und mit 60 procentigem Weingeist, dem eine geringe Menge von

*) Poggendorf's Annalen. XIII. B. P. 556.

concentrirter Chlorkaliumlösung zugesetzt worden, ausgewaschen. Man wäscht ihn so lange, bis das Durchgehende nicht mehr von Schwefelwasserstoffgas verändert wird. Das gewaschene Doppelsalz wird sodann getrocknet, und höchst genau mit einem gleichen Gewicht kohlensauren Natrons gemengt. Das Filtrum mit dem, was nicht davon abgesondert werden kann, wird verbrannt, und die Asche, nachdem sie mit etwas kohlensaurem Natron vermischt worden, dem Uebrigen zugelegt. Das Ganze erhitzt man darauf sehr gelinde in einem Porzellantiegel, bis die Masse durch und durch schwarz ist. Bei dieser Behandlung werden die Doppelsalze des Alkalis zerlegt, und das Platin (dessen Sauerstoff mit der Kohlensäure des Natrons entweicht) reducirt, während Rhodium und Iridium oxydirt zurückbleiben, und zwar in einem Zustande, welcher gestattet, das Platin von ihnen durch Auflösen abzusondern. Wenn man statt dessen wie gewöhnlich die Fällung mit Salmiak bewirkt, so werden bei Erhitzung des Niederschlags im Tiegel, sowohl das Rhodium als auch das Iridium neben dem Platin reducirt, und bei nachheriger Behandlung mit Königswasser wieder gelöst. Die erhitzte Salzmasse wird nunmehr mit Wasser extrahirt, und wenn das meiste Salz fortgeschafft ist, verdünnte Salzsäure hinzugesetzt, um aus dem Rhodium- und Iridiumoxyd das darin enthaltene Alkali wegzunehmen, worauf diese ausgewaschen, getrocknet und geglüht werden. Man kann das Filtrum verbrennen, und die Asche desselben abrechnen; allein es ist dabei zu bemerken, dass man dasselbe besonders verbrennen muss, damit die Oxyde nicht von den aus dem Papier entwickelten brennbaren Gasen reducirt werden. Darauf wiegt man die Masse. Nachdem diess geschehen, schmilzt man sie im Platintiegel auf die beim sauren schwefelsauren Kali (Pag. 191) angegebene Weise mit der 5 — 6fachen Menge ihres Gewichts an saurem schwefelsaurem Kali zusammen, und wiederholt das so oft, als sich der Fluss noch färbt. Die Menge des Rhodium erfährt man aus dem Verlust, den das nicht gelöste Platin nach dem Waschen und Glühen bemerken lässt. Nachdem auf diese Weise aus der Metallmasse das Rhodium ausgezogen worden, behandelt man diese zunächst mit sehr verdünntem Königswasser, welches reines Platin auflöst. Die Lösung, welche von aufgeschlämmtem Iridiumoxyd sehr dunkel aussieht, durch Stehen sich aber klärt und rein gelb erscheint, wird darauf vom Rückstand abgeklärt; dieser aber mit starkem Königswasser, welches man mit Kochsalz versetzt hat, übergossen, und zur Trockne eingedampft. Löst man die eingetrocknete Masse darauf in Wasser, so bleibt das Iridiumoxyd zurück, welches darauf mit einer Kochsalzlösung, und um diese wegzuschaffen, mit einer Salmiakauflösung ausgesüsst wird. Das so übrigbleibende Iridiumoxyd wird mit dem Filtrum verbrannt, durch Wasserstoffgas reducirt, und gewogen. Um das Gewicht des Platins zu erhalten, hat man von dem gemeinschaftlichen Gewicht des Platins, Rhodiumoxyds und Iridiumoxyds das Gewicht des Rhodiumoxyds abzuziehen. Dann muss man zu dem erhaltenen Iridiummetall 12 pro Cent. seines Gewichts addiren, um das Gewicht vom Iridiumoxyd zu bekommen, welches man nun von dem noch übrigen Gewicht des Platins abzieht. Will man das Platin aus seinen Lösungen reduciren, und sein Gewicht also unmittelbar bestimmen, so werden diese durch Abdampfen stark concentrirt, damit alle Salpetersäure weggeht, darauf mit einem gleichen Volumen Alkohol vom eben angeführten spec. Gewicht vermischt, eine concentrirte Auflösung von Chlorammonium hinzugesetzt, der Niederschlag mit Alkohol ausgesüsst, getrocknet und vorsichtig geglüht. Wendet man eine zu starke Hitze an, so könnte leicht etwas Platin oder Platinsalmiak mechanisch mit fortgerissen werden; man unternimmt diese Operation daher am besten in einer kleinen gewogenen Retorte. Den Salmiak, welcher sich im Retortenhalse angelegt, kann man leicht mittelst einer Spirituslampe forttreiben, eben so das Wasser.

Wie sich die angeführten Metalle vom Platin scheiden lassen, eben so kann man durch Chlorkalium vom Platin alle die Metalle scheiden, deren Chlorverbindungen in Alkohol löslich sind. Man schlägt nämlich zuerst das Platin nieder, aus dem Filtrat das andere Metall, und wenn auch vom letztern ein geringer Antheil mit dem Platinsalmiak verbunden bleibt, so gelingt doch die Trennung, indem sich der Platinsalmiak im Feuer reducirt, nicht aber die andern Chlormetalle, z. B. Chlorblei. Man braucht in solchen Fällen nur das rückständige Platin auszuwaschen, und wenn unlösliche Oxyde vorhanden sein sollten, das Wasser mit ein wenig Säure zu versetzen.

2. zur quantitativen Bestimmung des Palladiums. Es bildet das Chlorkalium nämlich damit ebenfalls ein in Alkohol von 0,833 spec. Gew. unlösliches Doppelsalz, das nach Berzelius 28,84 pro Cent. Palladium enthält. Unter gewissen Umständen ist diese Bestimmungsweise des Palladium sogar der durch Quecksilbercyanid vorzuziehen.

Iodkalium. Hydriodsaures Kali. Kalium iodatum. Kali hydroiodicum.

Die gewöhnliche Methode zur Bereitung desselben besteht darin, dass man in kaustischer Kalilauge so lange Jod auflöst, bis sich die Flüssigkeit zu färben beginnt. Aus der auf diesem Wege erhaltenen Verbindung von Jodkalium mit jodsaurem Kali lässt sich letztes auf verschiedene Weise entfernen und in Jodkalium verwandeln. Entweder trennt man beide Salze durch Krystallisation, indem man die mit Jod gesättigte Lauge zur dünnen Syrupsconsistenz verdampft und ruhig hinstellt, wo nach 24 Stunden das jodsaure Kali heraus krystallisirt; oder man raucht die mit Jod gesättigte Flüssigkeit zur Trockne ab, und glüht den Rückstand in einer geräumigen Glas- oder Porzellanretorte, bis sich kein Sauerstoffgas mehr entwickelt. Das Salzgemisch in einem Porzellantiegel zu glühen, ist insbesondere bei grösseren Quantitäten nicht zu empfehlen, weil sich dabei mehr Jodkalium verflüchtigt, als man glauben sollte. Metallne Tiegel (silberne) sind nicht zu brauchen, weil sie durch das sich verflüchtigende überschüssige Jod stark angegriffen werden. Alle diese Unbequemlichkeiten zu beseitigen, hat Turner vorgeschlagen, das jodsaure Kali in der durch Auflösen von Jod in kaustischer Lauge erhaltenen gelbbraunen Flüssigkeit durch einen Strom von Schwefelwasserstoffgas zu zersetzen und in Jodkalium zu verwandeln, den Ueberschuss vom Schwefelwasserstoff durch Aufkochen zu entfernen, und darauf die filtrirte Flüssigkeit zur Krystallisation zu befördern. Um vieles praktischer, besonders bei Darstellung grösserer Quantitäten, auch in pecuniärer Hinsicht nicht minder vortheilhaft ist es indess, Jod mit granulirtem Zink und Wasser in Berührung zu setzen, und diess so lange auf einander wirken zu lassen, bis die Wasserstoffgasentwickelung nachgelassen hat. Das erhaltene Jodzink wird darauf filtrirt, heiss mit kohlensaurem Kali zerlegt, das niedergefallene Zinkoxyd abfiltrirt und ausgesüsst, das Filtrat aber zur Trockne abgedampft, von neuem aufgelöst, und krystallisirt.

Das Jodkalium erscheint in weissen, bald durchsichtigen bald trüben Würfeln, die geschmolzen eine perlmutterartig glänzende Masse darstellen, an der Luft feucht werden, scharf schmecken, und schon in $\frac{3}{4}$ ihres Gewichts kaltem Wasser löslich sind; auch vom Alkohol wird es aufgenommen. Das Jodkalium besteht aus 2 A. Jod und 1 A. Kalium, in 100 Theilen aus 23,80 Kalium und 76,20 Jod. Chemisch gebundenes Wasser befindet sich in den Krystallen nicht.

Das Mischungsgewicht des Jodkalium, den

Sauerstoff zur Einheit genommen, ist 2027,478; den Wasserstoff damit verglichen 324,927.

Das Jodkalium wird zur Entdeckung mehrerer Metalle gebraucht, in sofern es mit ihnen verschiedenartig gefärbte Niederschläge giebt. So bedient man sich desselben:

1. zur Entdeckung des Quecksilberoxyds; der Niederschlag ist feurig roth, und sowohl in einem Ueberschuss vom Fällungsmittel als auch in Säuren und kaustischen Alkalien löslich. Quecksilberoxydulsalze werden davon gelblichgrün niedergeschlagen.

2. zur Entdeckung der Silbersalze; der Niederschlag ist bleich gelb, und dadurch von andern Silbersalzen auffallend unterschieden, dass kaustisches Ammoniak ihn wenig oder gar nicht aufnimmt, so dass man sich dieses Verhaltens sogar bedienen kann, um in dem Jodkalium einen Gehalt von Chlorkalium oder Chlornatrium zu finden. Nach Pfaff (vergl. dessen Handbuch der analyt. Chemie 1 B. Pag. 269) ist der Niederschlag im Ammoniak auflöslich!

3. zur Entdeckung der Bleisalze; der Niederschlag ist lebhaft citrongelb, in einem Ueberschuss vom Fällungsmittel, wie auch im kaustischen Kali lösbar.

4. um Wismuth zu finden; eine concentrirte Auflösung von Chlorwismuth, wie auch vom salpetersauren Salze giebt mit einer ebenfalls gesättigten Jodkaliumlösung einen kastanienbraunen, fast schwarzen, im Ueberschuss des Jodkalium in und Säuren löslichen Niederschlag, der vom kaustischen Kali milchweiss wird, ohne sich je-

doch darin aufzulösen. Tröpfelt man zu einer ebenfalls neutralen, aber verdünnten Metallauflösung aufgelöstes Jodkalium, so färbt sich die Auflösung beinahe eben so feurig gelb, als die der Bleisalze; der nach längerm Stehen sich daraus absondernde Niederschlag ist jedoch mehr weiss als gelb; Säuren machen auch hier wieder alles klar, und kaustisches Kali nimmt ebenfalls die Farbe fort, und die Flüssigkeit wird milchweiss und trübe.

5. zur Ermittlung des Kupfers; der Niederschlag, Kupferjodür, ist schmutzig gelbweiss, die darüberstehende Flüssigkeit durch das darin aufgelöste freie Jod braun gefärbt.

Schwefelcyankalium. Schwefelblausaures Kali. (Anthrazothionsaures Kali.) Kalium sulphurato-cyanogenatum. Kali sulphurato-hydrocyanicum. (Kali anthrazothionicum.)

Nach Berzelius bereitet man diese Verbindung durch gelindes Erhitzen eines innigen Gemenges von 2 Th. Kaliumeisencyanür und 1 Th. Schwefel im Sandbade oder über der Weingeistlampe mit doppeltem Luftzuge, und zwar bis die Masse ruhig fliesst, keine Blasen mehr wirft, und eine herausgenommene Probe, in Wasser gelöst, mit Eisenoxydsalzen kein Berliner Blau mehr erzeugt. Die dadurch erhaltene schwarze Masse wird zerrieben, mit Wasser ausgezogen, das Schwefelcyaneisen aus den erhaltenen Auflösungen durch kohlensaures Kali gefällt, abfiltrirt, das Filtrat zur Trockne eingedampft, der Rückstand mit Alkohol extrahirt, die spirituösen Flüssigkeiten aber durch Verdampfen und ruhiges Hinstellen zur Krystallisation befördert.

Das Schwefelcyankalium erscheint in farbenlosen, langen, gereiften Säulen und Nadeln von salpeterähnlichem Geschmack, die in der Wärme zerfliessen, beim Abkühlen jedoch wieder krystallinisch erstarren; an der Luft wird das Salz feucht, zerfliesst, und zerlegt sich unter Bildung von kohlensaurem Ammoniak und Schwefelkalium, in welchem Fall die Auflösung desselben hepatisch schmeckt und reagirt. Das Schwefelcyankalium besteht aus 1 A. Kalium und 2 A. Schwefelcyan, in 100 Th. aus 40,33 Kalium und 59,67 Schwefelcyan.

Das Mischungsgewicht desselben, den Sauerstoff zur Einheit genommen, ist 1954,398; den Wasserstoff damit verglichen 313,215.

Das Schwefelcyankalium ist vom Erfinder desselben, Porret, und nach ihm von Grotthuss als ein Reagens auf Eisen empfohlen worden; es zeigt die Gegenwart desselben durch eine blutrothe Färbung an, wesshalb Porret der Schwefelblausäure auch den Namen rothfärbende Säure beilegte. Eisenoxydulauflösungen verändert es nicht im mindesten, sondern äussert seine Wirkung bloss in dem Maasse, als diese sich beim Stehen an der Luft erst in Oxydul-Oxyd (oxydum ferroso-ferricum) und darauf in Oxyd verwandeln.

Als Reagens auf andere Metalle hat es keinen sonderlichen Werth, wesshalb das Verhalten desselben in dieser Rücksicht füglich übergangen werden kann.

Ausser den angeführten Kalisalzen findet man zuweilen noch basisch mangansaures Kali (mineralisches Chamäleon) und arseniksaures Kali als Reagentien erwähnt.

Das mineralische Chamäleon wurde von Fischer zur Entdeckung des weissen Arseniks bei toxikologischen Untersuchungen empfohlen, ist aber nicht bloss entbehrlich, sondern so unsicher und trüglich in seiner Wirkung, dass, wenn man es zur Fleischbrühe (thierische Gallerte) bringt, die nämlichen Erscheinungen eintreten, als bei arsenikhaltigen Flüssigkeiten.

Einen nicht grössern Werth hat das doppelt (saure) arseniksaure Kali, dem Pfaff vor allen übrigen, zur Trennung des Mangans vom Eisen vorgeschlagenen Mitteln, auch vor den bernsteinsauren Salzen (!), den Vorzug giebt (vergl. dessen Handb. d. analyt. Chemie 1 B. Pag. 221). Es kann hier nicht unsere Absicht sein, diesen Chemiker, welcher die Arbeiten Anderer nicht immer mit gebührender Schonung beurtheilt, in gleicher Art zu behandeln; es mag vielmehr ausreichen hier auf Berzelius Urtheil über Quesneville's Verfahren zur Scheidung von Mangan und Eisen (Journ. de Pharm. XII. Pag. 474), welches letzter vielleicht von Pfaff entlehnt hat, zu verweisen. Es findet sich dies Urtheil in Berzelius siebenten Jahresbericht Pag. 143 abgedruckt, und lautet wörtlich folgendermassen: „Quesneville, welcher versichert, dass er Eisenoxyd von Manganoxydul vermittelst bernsteinsaurer Salze nicht mit Genauigkeit habe trennen können, giebt eine neue Methode an, die darin besteht, dass er sie bei Bestimmung ihrer relativen Menge bei Analysen durch arseniksaures Kali trennt. Diese Methode ist gänzlich untauglich, weil beide Salze von neutralen arseniksaurem Kali gefällt werden, und zweifach arseniksaures Salz keins derselben oder nur einen Theil des Eisens fällt, wenn vorher die Flüssigkeit das Eisen mit der geringsten Menge Säure, womit es sich aufgelöst erhalten kann, enthielt. Die Gegenwart der Arseniksäure macht überdem jede genaue Gewichts-Bestimmung des Oxyds nach seiner Ausfällung unmöglich.“

Einfach schwefelsaures Natron. (Glaubersalz.) Natrum sulphuricum. Sulphas natricus.

Es wird hinreichend rein erhalten, wenn man das in den Apotheken als gereinigtes Glaubersalz vorräthige schwefelsaure Natron durch Auflösen und Krystallisiren reinigt.

Es erscheint in vier und sechsseitigen durchsichtigen Prismen, die kühlend bitter schmecken, an der Luft verwittern, und dabei gegen 56 pro Cent Wasser verlieren; es bedarf 6 Theile kalten und 2 Th. kochenden Wassers, um gelöst zu werden, vom Alkohol wird es nicht aufgenommen.

Das schwefelsaure Natron besteht aus 1 A. Natron, 2 A. Schwefelsäure und 10 A. Wasser, in 100 Th. aus 19,24 Natron, 24,76 Schwefelsäure, 56,00 Wasser.

Das Mischungsgewicht desselben, den Sauerstoff zur Einheit genommen, ist 2518,017; den Wasserstoff damit verglichen 403,506.

Das schwefelsaure Natron findet hier bloss als ein Reagens zur Entdeckung des Bleis Erwähnung, nicht etwa weil es dafür empfindlicher wäre als Schwefelsäure selbst, sondern weil das sich bildende schwefelsaure Blei in freien Säuren (Schwefelsäure ausgenommen) nicht ganz unlöslich ist, und daher in Flüssigkeiten, welche neben Blei z. B. salpetersaure Salze in reichlichem Maasse enthalten, durch schwefelsaures Natron eine deutlichere Reaction eintritt, als wenn man Schwefelsäure nimmt, welche nothwendig zerlegend auf die salpetersauren Salze wirken, und die Säure aus ihnen frei machen muss, ein Umstand, der im erwähnten Fall bei der Anwendung vom schwefelsauren Natron nicht zu befürchten ist. Zu quantitativen Bestimmungen des Bleis hat die Schwefelsäure unbedingt den Vorzug, und verweisen wir in Betreff der Entdeckung des Bleis durch Schwefelsäure und schwefelsaure Salze auf das Pag. 83 Angeführte.

Phosphorsaures Natron. Natrum phosphoricum. Phosphas natricus.

Rein erhält man dieses Salz am besten auf direktem Wege, nämlich durch Sättigen reiner Phosphorsäure mit reinem kohlensaurem Natron, wobei jedoch das Alkali etwas vorherrschen muss, wenn die Flüssigkeit leicht krystallisiren soll. Nimmt man aus Knochen bereitete Phosphorsäure, so fällt das daraus bereitete Salz gewöhnlich so unrein aus, dass man es als Reagens nicht brauchen kann.

Das phosphorsaure Natron erscheint in farbenlosen, wasserhellen, geschoben vierseitigen Säulen, die an der Luft schnell verwittern und undurchsichtig werden; erwärmt man sie, so schmelzen sie in ihrem Krystallwasser, bei stärkerer Hitze aber geben sie ein durchsichtiges Glas, das beim Erkalten undurchsichtig wird. Das phosphorsaure Natron löst sich in 4 Th. kalten und 2 Th. heissen Wassers, gar nicht in Weingeist. Es besteht aus gleichen A. Phosphorsäure und Natron mit 24 A. Wasser; in 100 Th. ist es zusammengesetzt aus 17,80 Natron, 20,31 Phosphorsäure und 61,89 Wasser.

Das Mischungsgewicht des phosphorsauren Natron, den Sauerstoff zur Einheit genommen, ist 3982,727; den Wasserstoff damit verglichen 838,273.

Die Reinheit des phosphorsauren Natrons geht daraus hervor, dass eine mit Wasser verdünnte, durch Salpetersäure stark übersättigte Auflösung eben so wenig von einer Barytauflösung, als von der eines Silbersalzes verändert wird. Eine Trübung zeigt einen Gehalt von Schwefelsäure oder Salzsäure an.

Das phosphorsaure Natron ist ein treffliches Reagens zur Entdeckung der M a g n e s i a; auch zu ihrer quantitativen Bestimmung lässt es sich brauchen. Versetzt man die neutrale verdünnte Auflösung eines Magnesiasalzes mit der Auflösung des Reagens, so erfolgt keine Veränderung, kocht man jedoch die Flüssigkeit, so zeigt sich sogleich ein voluminöser Niederschlag; dasselbe bewirkt auch der Zusatz von einigen Tropfen kaustischen Ammoniaks. Salmiak oder andre Ammoniaksalze verhindern die Reaction nicht, sollten sie auch in noch so grosser Menge vorhanden sein. Mehrere andere Erden werden dadurch zwar ebenfalls niedergeschlagen, bei allen erfolgt aber der Niederschlag sogleich, nachdem man das Reagens hinzusetzt. Kalk-, Baryt- und Strontiansalze unterscheiden sich noch dadurch, dass Ammoniak die Reaction nicht beschleunigt, also keine Vermehrung des Präcipitats zu bemerken ist, wie diess bei den Magnesiasalzen der Fall ist; der Niederschlag aus den Thonerdesalzen ist daran zu erkennen, dass er vom kaustischen Kali vollständig aufgelöst wird, während der aus den Magnesiasalzen davon nicht verändert wird. Soll die Magnesia durch phosphorsaures Natron quantitativ bestimmt werden, so versetzt man die Auflösung des phosphorsauren Natrons sogleich mit einigen Tropfen kaustischen Ammoniaks, unternimmt die Fällung in der Wärme und mit einem beträchtlichen Ueberschuss vom Fällungsmittel, damit nicht etwa ein geringer Antheil der phosphorsauren Ammoniakmagnesia in der Auflösung gelöst bleibe. Nach dem Aussüssen des Präcipitats mit heissem Wasser wird es getrocknet und geglüht. Ammoniak und Wasser entweichen, und neutrale phosphorsaure Magnesia, die nach Berzelius 36,37 pro Cent Magnesia enthält, bleibt zurück. Ganz zuverlässig ist diese Bestimmungsweise der Magnesia aber nicht, weil die phosphorsaure Magnesia im Wasser nicht ganz unlöslich ist; daher ist diese Methode der Pag. 200 angeführten unbedingt an Genauigkeit nachzusetzen.

Ein nicht minder gutes Reagens ist das phosphorsaure Natron zur Entdeckung des Lithions, und ist auch wohl bei quantitativen Bestimmungen desselben zu gebrauchen. Es setzt diess aber voraus, dass in der zu prüfenden Flüssigkeit keine Erden mehr vorhanden sind. Will man daher Lithion z. B. in Mineralwässern entdecken, so ist es nöthig, diese zuvörderst mit einem Ueberschuss von kohlensaurem Natron zu vermischen, sie damit zur Trockne einzudampfen, und den Rückstand nach dem Glühen in reinem Wasser zu lösen. Erfolgt in dem dadurch erhaltenen Filtrat nach dem Zusatz des phosphorsauren Natrons beim Abdampfen eine Trübung, und bleibt beim Auflösen des zur staubigen Trockne gebrachten Gemisches ein leichtes, weisses Pulver im Rückstand, so ist die Gegenwart vom Lithion ausser Zweifel. Arbeitet man quantitativ, so braucht man dieses Pulver bloss mit kaltem Wasser auszusüssen, und nach dem Trocknen zu glühen. 100 Th. desselben enthalten 15,08 pro Cent Lithion. In einem Wasser, das phosphorsaure Salze enthält, ist dieses Doppelsalz (neutrales phosphorsaures Natron und neutrales phosphorsaures Lithion) total unlöslich, schwer im kalten, etwas mehr wird es aber vom heissen Wasser aufgenommen. In sofern diess Doppelsalz mit den unlöslichen Verbindungen der

Phosphorsäure mit Kalk und Magnesia im Aeussern viel Aehnlichkeit hat, ist es gut, sie von einander unterscheiden zu können. Dazu braucht man weiter nichts, als dass man es mit kohlensaurem Natron vermischt auf einem Platinblech zum Schmelzen bringt; das Lithionsalz fliesst hierbei mit Leichtigkeit zu einer klaren Masse, die beim Erkalten unklar wird, während die phosphorsauren Erdsalze nicht schmelzen, sondern unverändert bleiben.

Ausser den angeführten Erden schlägt das phosphorsaure Natron auch die meisten Metallauflösungen nieder, ohne dass sein Verhalten in dieser Beziehung jedoch einen besondern Werth hätte; die Niederschläge von allen sind in Salpetersäure löslich. Weiss werden dadurch gefällt die Auflösungen vom Antimon, Zinnoxyd, Zinnoxydul und Cadmium. Eben so schlägt es die Auflösungen der Quecksilberoxyd- und Quecksilberoxydulsalze nieder, in den salzsauren Oxydauflösungen (Quecksilbersublimat) erfolgt jedoch kein Präcipitat; das aus den Oxydulauflösungen erhaltene wird durch Kochen schwarz. Weiss fällt ebenfalls das Blei, der Niederschlag ist in kaustischem Kali löslich; auch der Wismuthniederschlag hat dieselbe Farbe, ist aber in einem Ueberschuss vom Fällungsmittel unlöslich. Zink fällt ebenfalls weiss nieder, und der Niederschlag wird von Säuren und kaustischen Alkalien aufgenommen; Mangan präcipitirt sich gleichfalls mit weisser, an der Luft unveränderlicher Farbe, und was im Vergleich zu den Magnesiasalzen Erwähnung verdient, der

Niederschlag stellt sich in der Kälte sogleich ein. Eisenoxydul und Eisenoxydsalze fallen ebenfalls weiss nieder, und der Niederschlag aus den Oxydulsalzen wird erst nach längerer Zeit grünlich, der aus den Oxydsalzen bleibt hingegen weiss, wird aber durch Zusatz von kaustischem Ammoniak braun, indem sich ein basisches Salz bildet, das in kaustischem Ammoniak löslich ist. Gefärbt werden vom phosphorsauren Natron niedergeschlagen die Kupfer-, Nikkel-, Kobalt- und Silbersalze. Blau präcipirt sich das Kobalt, apfelgrün das Nikkel, grünlichweiss, zu einer im kaustischen Ammoniak mit blauer Farbe löslichen Flüssigkeit, das Kupfer, gelblichweiss das Silber. Dieser gelblichweisse Niederschlag vom Silber ist ein basisches, oder genauer genommen, zwei Drittel phosphorsaures Silberoxyd, dadurch gebildet, dass in der darüber stehenden Flüssigkeit die Säure vorherrscht; eine Zersetzung, welche desshalb bemerkenswerth ist, weil sie auch dann eintritt, wenn die Silberauflösung vor der Fällung auf Lackmus vollkommen neutral reagirte. Der Niederschlag verändert sich am Lichte nicht, und ist das einzige Silbersalz, welches auf diese Weise keine Zersetzung erfährt; kaustisches Ammoniak löst den Niederschlag vollständig auf, auch verdünnte Säuren, mit Ausnahme von Salzsäure. Dampft man die Auflösung des Niederschlags in Phosphorsäure ein, so erhält man ein weisses Salz, vermuthlich die neutrale Verbindung; sie bildet sich auch aller Wahrscheinlichkeit nach, wenn man das phosphorsaure Natron glüht, und mit der Auflösung dieses frisch geglühten Salzes eine Silberauflösung niederschlägt, wenigstens erhält man in dem Fall statt eines gelblichen Präcipitates immer ein weisses.

Kohlensaures Natron (Soda). Natrum carbonicum. Carbonas natricus.

Das einfach kohlensaure Natron, auch Soda genannt, ist eins der wichtigsten Reagentien zu Untersuchungen auf trocknem Wege, d. i. mit Hilfe des Löthrohrs. Bei Untersuchungen auf nassem Wege ist es vollkommen entbehrlich, und wird hier durch das einfach kohlensaure Kali genügend ersetzt. Zum Aufschliessen der Kieselverbindungen ist es dem kohlensauren Kali vorzuziehen, versteht sich, dass man es dazu in vollkommen trocknem Zustande anwenden muss.

Ein zu Versuchen auf trocknem Wege geeignetes kohlensaures Natron verschafft man sich dadurch, dass man das in den Apotheken als gereinigte Soda vorkommende Salz in Wasser löst, die gesättigte Auflösung mit kohlensaurem Gase schwängert, das als ein feines Krystallmehl sich absondernde Bicarbonat mit kaltem Wasser abspült, dann trocknet und glüht. Das nicht geglühte Salz ist desshalb besser, weil, wenn man es beim Gebrauch mit dem befeuchteten Messer aus dem zur Aufbewahrung bestimmten Behälter herausnimmt, es nicht so leicht klümprig wird, wie das geglühte, welches gern das ihm entzogene Wasser wieder aufnimmt.

Das so bereitete einfach kohlensaure Natron erscheint als ein farben- und geruchloses Pulver, welches in verschlossenen Gefässen aufbewahrt werden muss, wenn es nicht das ihm entzogene Wasser aus der Atmosphäre wieder aufnehmen und zusammenbacken soll; im Feuer schmilzt es leichter als das Kalisalz.

Das wasserfreie Salz besteht aus 1 A. Natron und 2 A. Kohlensäure, in 100 Th. aus 58,7 Natron und 41,3 Kohlensäure.

Das Mischungsgewicht desselben (des wasserfreien), den Sauerstoff zur Einheit genommen, ist 943,771; den Wasserstoff damit verglichen 151,350.

Die Reinheit des einfach kohlensauren Natrons ergiebt sich daraus, dass in der mit Salpetersäure übersättigten, reichlich mit Wasser verdünnten Auflösung, Barytsalze keine Trübung bewirken. Im entgegengesetzten Fall findet sich Schwefelsäure darin, welche das Salz besonders zu Löthrohrversuchen untauglich macht. Salzsäure könnte man in der mit Salpetersäure gesäuerten Auflösung durch Silbersalze finden.

Der Zweck der Soda bei Löthrohrversuchen ist hauptsächlich zwiefach: a. zu bestimmen, ob Körper beim Schmelzen darin löslich sind oder nicht, und b. um die Reduction der Metalle zu befördern. Beide sind von der äussersten Wichtigkeit, und machen die Soda zu einem der unentbehrlichsten Flüsse.

a. Die Schmelzbarkeit der Körper mit Soda. Eine grosse Anzahl von Körpern hat wohl die Eigenschaft in einer höhern Temperatur sich mit Soda zu verbinden, aber die meisten dieser Verbindungen lassen sich nicht schmelzen. Bloss mit Säuren und mit wenigen Metalloxyden, die Kieselerde inbegriffen, bringt sie schmelzbare Verbindungen hervor, welche sich dabei meistens in die Kohle einziehen. Diejenige von diesen Verbindungen, die bei den Löthrohrversuchen am meisten vorkommt, ist das Glas, welches mit Kieselerde oder mit kieselhaltigen Fossilien gebildet wird, worüber das Nähere bei der Reaction der Kieselerde und der Silikate angeführt werden wird. Wenn die Soda angewandt werden soll, hat man mehrere kleine Umstände zu berücksichtigen. Aus dem zur Aufbewahrung bestimmten kleinen Behältniss nimmt man sie mit der durch Speichel befeuchteten Spitze eines Federmessers heraus, so dass sich das Sodapulver daran befestigt. Darauf streicht man die Spitze an die innere Seite der linken Hand ab, und bearbeitet die Soda, wenn es nöthig ist, mit noch etwas Speichel zu einer mehr zusammenhängenden Masse. Ist der zur Untersuchung bestimmte Körper von pulverförmiger Beschaffenheit, so muss er in der Hand mit der Soda durchgeknetet werden, stellt er ein dünnes Blättchen oder Korn dar, so wird die Soda auf diese abgestrichen, und auf der Kohle erst zur Trockne, dann bis zum Schmelzen erhitzt. Gewöhnlich geschieht es, dass die Soda einen Augenblick nachher, wenn sie geschmolzen ist, von der Kohle eingesogen wird; diess hindert indessen nicht ihre Wirkung auf die Probe, denn wenn diese darin löslich ist, so wird sie wieder herausgezogen; man sieht auf der Oeffnung der Probe ein fortwährendes Brausen, die Kanten runden sich ab, und sie wird darauf in eine geschmolzene Glaskugel verwandelt. Ist die Probe dagegen in Soda unauflöslich, wird aber von ihr zersetzt, so sieht man, wie sie nach und nach anschwellt, und ihr Ansehen verändert ohne zu schmelzen. Indessen ehe man darüber urtheilt, ob ein solcher Stoff in Soda unlöslich ist, muss man eine Mischung des Pulvers mit dem Fluss versucht haben. Wenn man zu der Probe zu wenig Soda setzt, so bleibt ein Theil der Probe unaufgelöst, umgeben von einem klaren Glase; setzt man aber zu viele Soda hinzu, so wird das Glas beim Abkühlen unklar. Um nun in beiden Fällen nicht von einem Bestandtheil der Probe getäuscht zu werden, der im Glase unlöslich ist, und dadurch die Unklarheit des Glases bewirken kann, muss man mehr von dem Stoffe hinzuzusetzen, von dem man glaubt, dass er in zu geringer Menge angewendet worden, und so versuchen, ob man dadurch nicht vielleicht ein klares Glas erhalten kann. Im Allgemeinen ist es rathsam, immer Soda in kleinen Portionen hinzuzusetzen, und die Veränderungen zu bemerken, die eine ungleiche Menge des Flusses hervorbringt. Manchmal ereignet es sich, dass bei dieser Probe das Glas während des Abkühlens sich färbt, und zuletzt eine Farbe annimmt, die vom Gelben bis zum tiefen Hyacinthroth variiren kann, und selbst undurchsichtig und gelbbraun wird. Diess trifft ein, wenn die Probe oder die Soda Schwefelsäure oder selbst Schwefel enthält, indem die Farbe durch die von Seiten der Kohle sich bildende Schwefelleber entsteht (vergl. Pag. 184). Wenn es immer mit der nämlichen Soda eintritt, so enthält diese schwefelsaures Natron, und ist, wie schon angeführt, unbrauchbar; wenn aber die Soda gewöhnlich ein farbenloses Glas giebt, so hat die Probe einen Gehalt von Schwefel oder Schwefelsäure.

b. Die Reduction der Metalloxyde. Diese Probe, durch welche man oft so kleine Mengen reducirbarer Metalle entdeckt, als es unmöglich auf nassem Wege mit gleicher Sicherheit geschehen kann, wenn man nicht mit sehr grossen Quantitäten arbeiten will, ist unstreitig eine von Gahn's wichtigsten Entdeckungen beim Gebrauch des Löthrohrs. Legt man eine geringe Menge Zinnoxyd auf eine Kohle, so kann ein geübter Arbeiter mit einiger Anstrengung daraus ein Zinnkorn hervorbringen; aber setzt man ein wenig Soda hinzu, so geschieht die Reduction so schnell, so leicht, und so vollkommen, dass wenn das Oxyd rein war, es vollständig in ein Zinnkorn verwandelt wird. Die Soda trägt daher auf eine durchaus positive Art zur Reduction bei; das Wie ist aber nicht bekannt. Da die Soda das umschliesst, was reducirt werden soll, und in Berührung mit der Kohle befindlich ist, so muss sie selbst beim Blasen einen Grad von Reduction erfahren, wodurch das eingeschlossene Oxyd von dem Radical der Soda oder von deren Suboxyd wieder zur Metallform zurückgeführt wird. Enthält das Metalloxyd einen fremden Körper, der nicht reducirbar ist, so ist es oft schwieriger, die Reduction zu bewirken; wenn aber etwas Borax zugesetzt wird, der mit der Soda zusammen dazu beiträgt, den fremden Körper aufzulösen, so geht die Reduetion vor sich, und das Metall ist gewöhnlich viel leichter zu erkennen, da man oft im Voraus aus andern Proben geschlossen hat, welches Metalloxyd man vor sich hat, und die Reduction in solch einem Falle nur zu zeigen dient, ob man richtig vermuthet hat. Diese Art der Reductionsversuche ist schon von Bergman beschrieben. Aber stellen wir uns vor, dass das Metalloxyd in geringer Menge mit andern nicht reducirbaren Stoffen gemengt, und seine Gegenwart nicht bekannt, oder durch andere Reactionsproben mit Sicherheit zu entdecken ist, wie soll man dann finden, ob die Probe ein Metall enthält, das reducirt werden kann, und wie soll man es in diesem Fall herausziehen? Diess ist es, was Gahn sehr einfach auf folgende Weise anzustellen gelehrt hat. Die Probe wird nämlich gepulvert, auf der innern Seite der linken Hand mit feuchter Soda zu einem Teige gemengt, dieser auf die Kohle gelegt, und alsdann einem guten Reductionsfeuer ausgesetzt. Die ersten kleinen Portionen Soda dienen, den ausgebreiteten Metallgehalt zu sammeln, und die endliche Einsaugung der Masse in die Kohle vollendet die Reduction dessen, was bis dahin nicht reducirt worden. Die Kohle wird darauf mit einigen Wassertropfen befeuchtet, und mit dem Messer alles das losgebrochen, was mit Soda getränkt ist, worauf es in einem kleinen Mörser zu einem recht feinen Pulver zerrieben wird. Mehr Wasser, welches man am besten durch die Pag. 42 erwähnte Spritzflasche darauf bringt, dient zum Abschlämmen des feinen Kohlenstaubes. Das Reiben und Abschlämmen muss so lange wiederholt werden, bis alle Kohle entfernt ist. Hielt die Probe kein Metall, so ist der Mörser leer; aber hielt sie eine noch so geringe Menge eines reducirbaren Metalls, so findet sich diese auf dem Boden des Mörsers in Form plattgedrückter, metallisch glänzender Blättchen, in dem Fall, dass das Metall geschmolzen und geschmeidig ist, oder als ein metallisches Pulver, wenn das Metall nicht geschmeidig ist, oder nicht geschmolzen werden kann. In allen Fällen sieht man metallische Ränder im Mörser, welche durch die Ausplattung des Metalles oder durch die Friction beim Reiben erzeugt worden. Bei sehr kleinen Metallgehalten fehlen indess mitunter diese metallischen Striche. Die Ausplattung der geschmeidigen Metalle macht, dass ein an und für sich selbst nicht bemerkbares Körnchen von runder Form einen sichtbaren Durchmesser und eine glänzende Oberfläche bekommt. Auf diese Weise kann man bei Löthrohrproben von gewöhnlicher Grösse z.B. einen Gehalt von einem halben pro Cent Zinn entdecken, und vom Kupfer die geringste Spur sichtbar machen. Bei diesem Versuche muss man Sorge tragen, während des Blasens eine so starke Hitze als nur möglich zu unterhalten, dabei die Oberfläche des Flusses so viel es angeht, mit der reducirenden Flamme bedeckt zu halten, bei der Herausnahme der Kohle nicht etwas noch in der Kohle zurück zu lassen, oder etwas davon wegspritzen zu lassen, weil, wenn das Metall sich zu einem Korn sammelt, man nicht wissen kann, in welchem Theile der Masse es sich befindet; ferner nicht so schnell beim Reiben der kohligen Masse zu ermüden, sehr genau abzugiessen, so dass nur das Leichteste und das am feinsten Vertheilte mit dem Wasser fortgeführt werde; nicht zu versuchen, das Resultat eher zu beurtheilen, bevor nicht alle Kohle entfernt ist, weil theils kleine Metallblättchen von der Kohle bedeckt werden, theils diese in einer gewissen Direktion mit metallischem Glanze schimmern, und ein ungeübtes Auge betrügen, und endlich nie die Probe, wenn sie auch mit blossen Augen gesehen werden kann, ohne Mikroskop zu betrachten, um sich zu überzeugen, dass man sich nicht getäuscht habe. Manchmal geschieht es, dass bei lange gebrauchten Mörsern, welche Vertiefungen im Boden erhalten haben, eine solche mit Luft gefüllt ist, sich eine Blase von der Form der Grube bildet, und dass diese nun als eine polirte metallische Fläche erscheint, wenn die gegen die Luft gekehrte Seite des Wassers das Licht zurückwirft. Diess entdeckt man indess leicht daran, dass die Stelle, wo eine solche kleine Luftblase befindlich ist, gegen das Tageslicht durchscheint, da sie hingegen von einem Metallflitter undurchsichtig wird. Die Metalle, welche auf diese Weise reducirt werden können, sind ausser den edlen: Molybdän, Wolfram, Antimon, Tellur, Wismuth, Zinn, Blei, Kupfer, Nikkel, Kobalt, Eisen. Unter diesen rauchen Antimon, Wismuth und Tellur leicht fort, besonders, wenn bei der Reduction ein strenges Feuer angewendet wird. Selen, Arsenik, Cadmium, Zink und Quecksilber verflüchtigen sich aber so vollkommen, dass sie nicht auf andere Art als durch einen kleinen Sublimationsapparat gesammelt werden können. Ein solcher Reductionsversuch gelingt einem jeden, der ihn zum ersten Male versucht, wenn die Probe 8 bis 10 pro Cent Metall enthält. Wenn indessen der Metallgehalt geringer ist, so wird mehr Sorgfalt und mehr Uebung erfordert, um das, was man reducirt hat, im Mörser zu behalten, und zu finden. Um sich darin einzuüben, wählt man am liebsten einen kupferhaltigen Stoff, und macht mehrere Reactionsproben damit auf die Art, dass man jedesmal eine hinlängliche Quantität eines kupferfreien Körpers dazu mischt, so dass der Kupfergehalt vermindert wird, und wenn man endlich ein Verhältniss findet, in welchem der Kupfergehalt nicht mehr aufgefunden werden kann, so wiederholt man die Probe mehrere Mal, bis es gelingt, den Kupfergehalt sichtbar zu machen. Wenn man auf diese Weise mehrere Proben zur Uebung angestellt, so wird man in Kurzem Meister in der Sache, die bloss einige Handgriffe und eine gewisse Uebung im Blick erfordert.

Wenn mehrere Metalle in derselben Probe enthalten sind, so bekommt man sie gewöhnlich zusammen reducirt zu einer Legirung; einige erhält man aber auch einzeln als besondere Reguli, wie Kupfer und Eisen, während noch andere Metalle, wie Zink verflüchtigt werden. Bekommt man ein Gemisch mehrerer Metalle, so erfordert diess besondere Reactionsversuche mit andern Flüssen, um zu erforschen, aus welchem Metalle das Reducirte bestehet.

Statt der Soda kann man sich zu allen diesen Versuchen auch des Kalis bedienen; aber man giebt der Soda immer den Vorzug, weil ihr Carbonat sich trocken erhält, das vom Kali aber

Feuchtigkeit aus der Luft anzieht, und auch weil das Auflösungsvermögen des Natron zu dem des Kalis (versteht sich bei gleichem Gewicht und gleicher Beschaffenheit) sich verhält wie 25,58 : 16,95; das heisst, wie ihr Sauerstoffgehalt.

Nach dieser Betrachtung über das Verhalten des kohlensauren Natrons im Allgemeinen soll das Verhalten desselben zu Erden und Metalloxyden speziell erörtert werden.

Mit Baryt schmilzt es zusammen, und wird von der Kohle eingesogen.

Kaustisches Strontian wird davon nicht gelöst. Kohlensaures Strontian mit einem gleichen Volumen Soda gemengt schmilzt zu einem klaren Glase, das beim Abkühlen milchweiss wird. Im stärkern Feuer kommt die Masse zum Kochen, wird kausticirt und geht in die Kohle. Ein grösserer Zusatz von kohlensaurer Strontianerde wird nicht gelöst, aber bei stärkerem Feuer kausticirt, und geht in die Kohle.

Kalk wird von der Soda nicht besonders aufgelöst, weder der kaustische noch der kohlensaure. Die Soda geht in die Kohle, und lässt eine halbrunde Kalkmasse zurück.

Talkerde wird von der Soda nicht angegriffen.

Thonerde schwillt damit etwas auf, giebt eine ungeschmolzene Verbindung, und der Sodaüberschuss geht in die Kohle.

Beryllerde wird von der Soda nicht angegriffen. Eben so Ytter- und Zirkonerde.

Kieselerde wird unter starkem Brausen zu einem klaren Glase gelöst, welches beim Abkühlen unverändert bleibt, ein Verhalten, das so eigenthümlich ist, dass jeder erd- oder steinartige Stoff, welcher sich auf angeführte Weise verhält, entweder Kieselerde selbst, oder ein Silicat ist, worin der Sauerstoff der Kieselerde gewöhnlich mindestens doppelt so gross ist, als der der Base. Das Glas, welches hierbei gebildet wird, hat das Vermögen die Basis auch aufzulösen, welche die Soda aus der Verbindung mit Kieselerde abgeschieden hat. Wenn hingegen die Probe eine geringere Menge Kieselerde enthält, so dass z. B. der Sauerstoff der Kieselerde dem der Base gleich ist, so wird das Silicat wohl zersetzt, und ein Glas gebildet, aber die Menge reicht nicht hin, die abgeschiedene Base aufzulösen, in deren Zwischenräumen das Glas eingesogen wird. Hierbei tritt oft eine Erscheinung ein, die sehr paradox aussieht, dass nämlich ein Fossil mit einer geringen Menge Soda zu einem klaren Glase schmelzen kann, das aber von etwas mehr Soda unklar, und von noch mehr unschmelzbar wird. Diess ereignet sich gewöhnlich bei schmelzbaren Silicaten, deren Basen, obgleich sie für sich selbst nicht schmelzbar sind, mit der Kieselerde ein Glas wie mit Soda geben. Ein kleiner Sodazusatz scheidet wohl etwas von den unschmelzbaren Basen ab; erhalten sich aber noch aufgelöst. Je mehr Soda zugesetzt wird, desto mehr scheidet sie von der Basis ab, und die Masse gesteht endlich zu einem aufgeschwollenen Klumpen. Dieses relative Verhalten, nach dem ungleichen Kieselgehalt bei derselben Basis, gilt ohne Ausnahme, ungleiche Basen aber verhalten sich in dieser Hinsicht ungleich. Da die Silicate gewöhnlich Doppelsalze und die Basen oft in ungleichen Proportionen vereinigt sind, so kommt es oft, dass zwei Basen, die in einem gewissen gegenseitigen Verhältniss leicht ein Glas mit Soda geben, es oft schwerer in einem andern thun. Sind z. B. die Basen C+3A, so bekommt man ein Glas vom Silicat eben so wohl, wie von einem Bi- oder Trisilicat. Sind sie hingegen C+2A, so giebt das Silicat kein Glas mit Soda. Sind die Basen C+M, so giebt das Silicat sehr schwer ein Glas mit Soda, und sind sie C+2M, so bekommt man ein nicht recht gut fliessendes Glas von Bisilicat. Sind sie C+F oder C+Mg, so geben sie wiederum ein Glas mit Leichtigkeit. Da man bei einem grossen Theile der am häufigsten vorkommenden Silicate angefangen hat von den Proportionen der Kieselerde auf die krystallinische Gestalt zu schliessen, so wird die Schmelzbarkeit mit Soda eine gute Art, um in einigen Fällen näher die relativen Quantitäten der Basen zu bestimmen.

Molybdänsäure schmilzt mit Soda auf Platindrath unter Brausen zu einem klaren Glase, das beim Abkühlen milchweiss wird. Wenn das Glas wenig Molybdänsäure enthält, und im Reductionsfeuer erhitzt wird, so bekommt es ungefähr die nämliche Farbe, wie das Boraxglas unter denselben Umständen, wird aber beim Abkühlen unklar. Ist es hingegen mit Molybdänsäure übersättigt, und wird gutes Reductionsfeuer gegeben, so wird das Molybdän theils zu Oxyd, theils zu Metall reducirt, und wenn die Salzmasse in Wasser gelöst wird, so bleibt ein graubrauner schwerer Stoff zurück, der unter dem Polirstahl Metallglanz, und eine eisengraue Farbe annimmt. Mit Soda auf Kohle wird die zusammengeschmolzene Masse eingesogen, und wenn nachher die Masse im Mörser mit Wasser behandelt wird, so bekommt man sehr viel reducirtes Molybdän in Form eines stahlgrauen Metallpulvers. Wenn man auf die Stelle, wo die Masse in die Kohle gegangen ist, eine neue Portion Molybdänsäure mit einer sehr geringen Sodamenge legt, und ein gutes Reductionsfeuer giebt, so geht das zuletzt ausgesetzte nicht mehr in die Kohle, und man bekommt ein Korn, das aus reducirtem Molybdän, gemengt mit molybdänsaurem Natron, besteht, und von dem man blos das Salz abzuscheiden braucht, um das Molybdänmetall allein zu bekommen. Das Molybdän gehört daher ganz gegen die bisher angenommene Meinung zu den leicht reducirbaren Metallen, obgleich es sich nicht zu einem Korn zusammenschmelzen lässt.

Wolframsäure wird von der Soda auf dem Platindrath zu einem klaren dunkelgelben Glase aufgelöst, das unter der Abkühlung krystallisirt, undurchsichtig, weiss oder gelblich wird. Diess Glas bildet auch auf der Kohle ziemlich gut eine Probe. Im Reductionsfeuer bekommt es eine dunklere Farbe, so lange es noch heiss ist, aber das gestandene Glas wird wiederum weiss. Wenn Wolframsäure auf der Kohle mit einer sehr geringen Menge Soda im Reductionsfeuer behandelt wird, so bekommt man eine stahlgraue metallisch glänzende Schlacke. Wird diese im Mörser auf gewöhnliche Weise bearbeitet, so bekommt man eine grosse Menge metallischen Wolframs in Form eines stahlgrauen Pulvers, das an den Stellen, wo es von dem Pistill gedrückt worden, vollkommenen Metallglanz zeigt. Schmilzt man Wolframsäure mit so vielem Natron zusammen, dass die Verbindung von der Kohle eingesogen wird, so bekommt man wenige metallische Flitterchen, die bald goldgelb, bald tombakbraun sind, und die von Wöhler entdeckte Verbindung des Wolframoxyd mit Natron darstellen.

Chromoxyd wird von der Soda auf Platindrath in der äussern Flamme zu einem dunkelbraungelben Glase aufgelöst, das bei der Abkühlung undurchsichtig und gelb wird. Im Reductionsfeuer wird das Glas undurchsichtig und nach der Abkühlung grün. Von der Kohle wird es absorbirt, ohne dass sich reducirtes Chrom entdecken liesse.

Antimonsäure wird von der Soda auf Platindrath zu einem klaren farblosen Glase gelöst, das beim Abkühlen weiss wird. Auf der Kohle wird sie reducirt.

Telluroxyd giebt mit Soda auf Platindrath ein klares, farbenloses, beim Abkühlen weiss werdendes Glas; auf der Kohle erfolgt eine Reduction.

Tantalsäure verbindet sich mit der Soda unter Brausen, ohne dass sie jedoch schmilzt oder reducirt würde.

Titansäure wird von der Soda mit Brausen und Spritzen zu einem klaren, dunkelgelben Glase gelöst, das nicht von der Kohle eingesogen wird, und das bei der Abkühlung weiss oder weissgrau wird. Diess Glas hat die Eigenschaft, gerade in dem Augenblick zu krystallisiren, wenn es zu glühen aufhört, und dabei entwickelt sich so viel Wärme, dass die Kugel von neuem zu glühen anfängt. Diese Erscheinung tritt bei allen krystallisirenden Körpern ein, welche bei einer hohen Temperatur anschiessen, wie z. B. beim phosphorsauren Bleioxyd. Hier ist indess die Hitze, welche bis zum Weissglühen reicht, nicht bloss intensiver, sondern auch viel länger anhaltend, versteht sich, dass man auch das proportionale Verhältniss berücksichtigt. Nimmt man mehr Titansäure, als die Soda aufzulösen vermag, so dass die nicht gelösten Theile im Glase herumschwimmen, so trifft es niemals ein; aber setzt man dann allmählig noch etwas Soda hinzu, so dass gerade die erforderliche Menge hinzukommt, so stellt sich das Phänomen aufs schönste wieder ein. Bei jeder Portion Soda, die darüber zugesetzt wird, nimmt die Erscheinung ab, und endlich geht alles in die Kohle. Eine Reduction der Titansäure ist auf der Kohle mit Soda nicht möglich.

Uranoxyd wird von der Soda nicht aufgelöst; ein sehr geringer Sodazusatz giebt Zeichen von Schmelzung. Von mehr Soda wird die Masse auch im Reductionsfeuer gelblich, weil Oxyd gebildet wird, das gleich einer Säure das Alkali sättigt. Durch einen grössern Zusatz von Soda kann man es dahin bringen, dass es in die Kohle geht, aber es wird nicht reducirt. Gewöhnlich bekommt man einige Spuren vom Zinn, mit denen das Uran häufig verunreinigt erscheint.

Ceroxyd wird von der Soda nicht aufgelöst; die Soda geht in die Kohle, und das Ceroxydul bleibt mit einer weissen oder lichtgrauen Farbe zurück.

Manganoxyd wird von der Soda auf Platinblech oder Drath in sehr geringer Menge zu einer klaren, durchsichtigen, grünen Masse gelöst, die bei der Abkühlung gesteht und blaugrün wird. Am besten unternimmt man den Versuch auf Platinblech. Die Auflösung von Manganoxyd in Soda fliesst um das Nichtgelöste, so dass die Farbe der Salzmasse nach der Abkühlung deutlich sichtbar wird. Ein Tausendtheil Manganoxyd in einer zu untersuchenden Probe färbt die Soda deutlich grün, und man kann auf diese Art die kleinste Menge von Mangan entdecken. In der Kohle lässt sich das Mangan nicht mit Soda reduciren; aber wenn es nur eine höchst unbedeutende Spur von Eisen enthält, so wird diess reducirt, und kann auf gewöhnliche Weise abgeschieden werden.

Zinkoxyd wird von Soda nicht gelöst; aber auf der Kohle mit Soda behandelt wird es reducirt, und beschlägt die Kohle rund umher mit Zinkrauch, und bei gutem Feuer kann selbst eine Zinkflamme hervorgebracht werden. Diese Reaction ist das vorzüglichste Kennzeichen des Zinkoxydes, und man erkennt bei zinkhaltigen Fossilien, wie beim Gahnit, den Zinkgehalt bloss durch den Rauch, mit welchem sich die Kohle bei Behandlung der Verbindung mit Soda beschlägt.

Cadmiumoxyd wird von der Soda nicht

aufgelöst; auf der Kohle wird es reducirt, verflüchtigt sich, und setzt einen dunkelgelben Cadmiumbeschlag rund umher an.

Eisenoxyd wird von der Soda nicht aufgelöst, aber es geht mit ihr in die Kohle, wird leicht reducirt, und giebt nach der Abschlämmung ein graues, magnetisches Metallpulver.

Kobaltoxyd wird von der Soda auf Platindrath in sehr geringer Menge aufgelöst; die geschmolzene Masse erscheint beim Durchsehen schwach roth, und wird beim Abkühlen grau. Auf dem Platinblech schmilzt es mit Soda, das Aufgelöste rinnt von den Seiten ab, und das Platin bekommt rund um das Unaufgelöste einen dünnen, dunkelrothen Ueberzug. Auf der Kohle reducirt sich das Kobaltoxyd mit dem Alkali in der innern Flamme ganz leicht, wenn man auch so wenig Soda nimmt, dass die Masse nicht in die Kohle geht; aber schmelzen lässt es sich nicht. Nach dem Wegwaschen des Alkalis bleibt ein graues, magnetisches Metallpulver übrig, welches auf dem Polirstahl Metallglanz bekommt.

Nikkeloxyd wird von Soda nicht aufgelöst. Mit vieler Soda geht es in die Kohle, wird leicht reducirt, und giebt nach dem Abschlämmen kleine, weisse, glänzende, metallische Theile, die dem Magnete fast noch mit grösserer Schnelligkeit als das Eisen folgen. Mit einer geringen Menge Soda bleibt die Masse auf der Kohle, aber das Nikkel wird auch dann reducirt, und mittelst Abscheidung der Soda durch Wasser erhalten. Dieses reine Nikkel kann nicht vor dem Löthrohr geschmolzen werden. Das Nikkel, welches noch eine Spur

Arsenik enthält, schmilzt wohl nicht mit Soda; aber wenn Borax zugesetzt wird, schmilzt es zu einer Kugel, die geschmeidig ist und sich ausplatten lässt, aber gewöhnlich ein wenig an den Kanten springt, und dem Magnete im hohen Grade folgt.

Zinnoxyd verbindet sich mit Soda auf dem Platindrath unter Brausen zu einer aufgeschwollenen ungeschmolzenen Masse, die sich in mehr Soda nicht mehr löst. Auf Kohle wird es leicht zu einem Zinnkorn reducirt. Gewisse, besonders tantalhaltige Zinnoxyde werden mit Schwierigkeit von Soda reducirt, so dass man es leicht übersehen kann, dass sie Zinn enthalten; aber durch Zusatz einer geringen Menge Borax geschieht die Reduction augenblicklich. Das Zinn kommt in der Natur sehr oft als ein zufälliger Bestandtheil, und als ein in sehr geringer Menge eingemischter Bestandtheil von tantal-, titan- und uranhaltigen Fossilien und vielleicht auch noch mehreren andern vor, wo man es bei einem Versuch auf nassem Wege kaum ahnet; aber wenn man sie im Reductionsfeuer behandelt, besonders nachdem der Eisengehalt abgeschieden worden, so bekommt man immer metallisches Zinn, und wenn es auch nur $\frac{1}{2}$ pro Cent von dem Gewichte des zu untersuchenden Stoffes ausmacht. Wenn der Gehalt des Eisens nicht sehr bedeutend ist, kann man durch einen Zusatz von Borax zur Reactionsprobe mit Soda die Reaction desselben verhindern.

Bleioxyd wird auf Platindrath leicht von der Soda zu einem klaren Glase gelöst, das beim

Abkühlen gelb und undurchsichtig ist; auf Kohle reducirt sich das Bleioxyd im Augenblick.

Kupferoxyd löst sich in der Soda auf dem Platindrath zu einer klaren, grünen Perle, die beim Abkühlen ihre Farbe verliert und undurchsichtig wird. Auf der Kohle wird die Masse eingesogen, und das Metall reducirt. Es giebt vielleicht keine Art, einen geringen Kupfergehalt so sicher zu entdecken, als durch die Reductionsprobe, in den Fällen, wenn das Kupfer nicht mit andern Metallen verbunden ist, die zugleich reducirt werden können, und seine Eigenschaften verdecken. In diesem Falle muss man sich des Borax mit Zinn bedienen. Wenn Kupfer und Eisen zusammen vorkommen, so bekommt man durch die Reductionsprobe beide Metalle für sich in besondere Theilchen reducirt, welche durch Farbe und Magnet unterschieden werden können.

Boraxsaures Natron (Borax). Natrum boracicum. Boras natricus.

Der im Handel vorkommende Borax ist, besonders zu Untersuchungen auf trocknem Wege, nicht rein genug, sondern muss nochmals in Wasser gelöst, und durch Krystallisiren gereinigt werden.

Der Borax erscheint in durchsichtigen, farbenlosen, halbdurchsichtigen, vier- und sechsseitigen Säulen, die an der Luft verwittern, unscheinbar werden, süsslicht laugenhaft schmecken, sich in 12 Theilen kalten und 2 Th. kochenden Wassers lösen; einer gelinden Wärme ausgesetzt zerfliesst er in seinem Krystallwasser, bläht sich auf, und verwandelt sich in eine schwammige Masse, welche bei stärkerem Feuer zu einem hellen, halbdurchsichtigen Glase (wasserfreier Borax) schmilzt. Er besteht aus 1 A. Natrium, 2 A. Boraxsäure und 20 A. Wasser, in 100 Th. aus 16,37 Natron, 36,52 Boraxsäure und 47,11 Wasser.

Das Mischungsgewicht des Borax, den Sauerstoff zur Einheit genommen, ist 3512,463; den Wasserstoff damit verglichen 562,911.

Die Reinheit des Borax ersieht man daraus, dass mit Soda zusammengeschmolzen, die Verbindung in die Kohle eingezogen, sich kein reducirtes Metall bemerken lässt, wie diess mit käuflichem Borax öfters geschieht. Auch darf die mit Salpetersäure übersättigte Auflösung vom Borax durch Baryt und Silbersolution keine Veränderung erfahren.

Die Anwendung des Borax ist mannichfaltig; er saugt verschiedene Gase, wie Salzsäure, Hydrothionsäure, Flusssäure und Flussborsäure, begierig ein; man bedient sich desselben daher um die erwähnten Gase von anderen zu trennen.

Auch zum Aufschliessen gewisser in der Natur vorkommenden Kieselverbindungen hat ihn Chenevix vorgeschlagen; dazu ist er aber durchaus unbrauchbar, weil man bis diesen Augenblick keinen Körper kennt, durch welchen eine vollständige Abscheidung der Boraxsäure zu erlangen ist.

Wichtiger und ausgedehnter ist jedoch der

Gebrauch des Borax zu Löthrohrversuchen. Man nimmt ihn dazu entweder in kleinen Körnern von der Grösse, wie es zu diesen Proben nöthig ist, oder in Pulverform, wo er dann auf einer feuchten Messerspitze in gleicher Art wie die Soda gebraucht wird. Einige gebrauchen ihn in dem von seinem Krystallwasser befreiten Zustande, um dem Aufblähen vorzubeugen, welches er sonst beim Schmelzen auf der Kohle erfährt. Das ist zwar sehr bequem, aber der Borax zieht allmählig das Krystallwasser wieder an, und bläht sich dann von neuem auf, wenn auch nicht so stark, wie sonst.

Der Borax dient zur Auflösung einer grossen Anzahl Körper. Dazu legt man das, was aufgelöst werden soll, mag es ein Pulver sein, oder in Stücken bestehen, in die aufgeschwollene Masse, oder befeuchtet es auf der geschmolzenen Boraxkugel. Im Allgemeinen versucht man zuerst ein Stück von der Probe aufzulösen, weil, wenn Pulver angewandt wird, man nicht gut das nicht angegriffene Pulver von dem abgeschiedenen unlöslichen Stoffe unterscheiden kann, welcher Unterschied doch oft wesentlich ist. Man untersucht, ob Körper sich leicht oder träge lösen, ohne Bewegung oder mit Brausen; man sieht nach, ob das erhaltene Glas Farbe bekommt, und ob diese ungleich im Oxydations- und Reductionsfeuer ist, und man merkt an, ob die Farbe unter der Abkühlung vermehrt oder vermindert wird, so wie auch, ob das Glas unter dem Erkalten klar bleibt oder seine Durchsichtigkeit verliert.

Gewisse Körper haben die Eigenschaft, mit Borax ein klares Glas zu geben, welches beim

Abkühlen klar bleibt; aber wenn es gelinde in der äussern Flamme erwärmt wird, vorzüglich durch abwechselndes hastiges Anblasen oder durch Flattern mit der äussersten Flamme, so wird es undurchsichtig, milchweiss und in einigen Fällen auch gefärbt. Diess ist z. B. der Fall bei den alkalischen Erden, bei Ytter-, Beryll-, Zirkonerde, den Ceroxyden, dem Tantal- und Titanoxyd u. s. w., wenn nämlich das Glas bis zu einem gewissen Grade mit der Erde oder dem Oxyd gesättigt ist. Es trifft nicht mit Kieselerde, Thonerde, den Eisen- und Manganoxyden u. s. w. ein, und die Gegenwart der Kieselerde hindert, dass das Phänomen sich bei den Erden zeigt, die es an und für sich selbst mit Boraxglas geben, so dass es bei den Silicaten entweder gar nicht eintrifft, oder erst dann, wenn das Glas damit übersättigt worden ist. Die Hervorbringung dieses Phänomens heisst bei einem Glase gewöhnlich unklar geflattert werden. Die Anwendung des Borax gründet sich auf die Geneigtheit seiner Bestandtheile, saure und basische Verbindungen zu bilden, die alle bis zu einem gewissen Grade leicht flüssig sind. Desswegen löst er Basen auf, und giebt mit ihnen ein schmelzbares Doppelsalz, und Säuren, zu denen auch die Kieselsäure zu zählen ist, so wie auch gewissermassen die Thonerde, geben schmelzbare saure Doppelsalze. Da alle diese Salze ihre Klarheit bei der Abkühlung behalten, so sieht man um so sicherer die Farbe, welche durch Verbindung mit dem aufgelösten Körper hervorgebracht wird. Nach diesen allgemeinen Bemerkungen über den Gebrauch des Borax gehen wir zur genauen Betrachtung seines Verhaltens zu Erden, Metalloxyden u. s. w. über.

Baryterde löst sich im Borax zu einem klaren Glase; ein grösserer Zusatz giebt ebenfalls eine helle Perle, die während des Abkühlens einen warzenförmigen Auswuchs von einem milchweissen Stoffe bekommt. Ein noch grösserer Zusatz giebt ein klares Glas, das vom Boden an milchig und endlich ganz und gar emailleweiss wird. Das Glas, welches nicht unklar beim Abkühlen wird, kann unklar geflattert werden.

Strontianerde verhält sich dem Baryt gleich.

Kalk löst sich im Borax leicht zu einem klaren Glase, das geflattert unklar wird. Kohlensaurer Kalk löst sich unter Brausen. Ein grösserer Zusatz von Kalk giebt ein klares Glas, das bei der Abkühlung krystallinisch und kantig wird, obgleich es nicht so bestimmte Facetten annimmt, wie das phosphorsaure Bleioxyd. Das Glas wird aber niemals so milchweiss, wie von Baryt oder Strontian.

Talkerde verhält sich dem Kalk analog, nur dass sie nicht so stark krystallinisch wird.

Thonerde wird langsam zu einem klaren Glase gelöst, dass weder durch Abkühlen noch durch Flattern in der äussern Flamme unklar wird. Wenn viel und als ein freies Pulver zugesetzt wird, so bekommt man ein unklares Glas, dessen Oberfläche bei der Abkühlung krystallinisch wird, und das kaum mehr schmilzt. Diess Glas ist sowohl kalt als heiss unklar, wenn aber das Glas im

Flusse klar ist, so erhält es sich auch beim Abkühlen klar.

Beryllerde wird vom Borax in grosser Menge zu einem klaren Glase gelöst, das durch Flattern milchweiss wird. Von einem noch grössern Zusatz wird es unter der Abkühlung von selbst milchweiss.

Yttererde und Zirconerde verhalten sich eben so.

Kieselerde wird vom Borax sehr träge aufgelöst, und giebt ein klares, schwer schmelzendes Glas, das geflattert nicht unklar wird.

Molybdänsäure wird vom Borax auf Platindrath und in der äussern Flamme zu einem klaren, farbenlosen Glase aufgelöst. Auf der Kohle und im Reductionsfeuer wird das Glas schmutzig braun, durchsichtig, nicht unähnlich dem, welches man durch Mischung von Eisenoxyd mit Eisenoxydul erhält. Setzt man mehr Molybdänsäure hinzu, so verliert das Glas im Reductionsfeuer ganz seine Durchsichtigkeit, und man sieht darin eine Menge brauner Flocken von Molybdänoxyd, dem Ansehn nach umgeben von einem klaren, etwas bräunlichen Glase.

Wolframsäure wird auf Platindrath vom Borax leicht in der äussern Flamme zu einem klaren, farbenlosen Glase aufgelöst, das geflattert nicht unklar wird. Im Reductionsfeuer wird das Glas von einem geringen Zusatz gelblich, und diese Farbe nimmt beim Abkühlen zu, so dass es hierauf deutlich gelb erscheint. Setzt man mehr hinzu, so wird das Glas dunkelgelb, und beim Abkühlen klar blutroth. Auf der Kohle wird diese

Reaction auch mit einer geringen Menge Wolframsäure hervorgebracht. Wird Zinn hinzugesetzt, so wird das Glas beim Abkühlen milchweiss.

Chromoxyd löst sich im Borax träge auf, färbt es auch in geringer Quantität mit schön smaragdgrüner Farbe, die sich besonders zeigt, wenn das Glas kalt geworden ist. Auf Platindrath kann die grüne Farbe zum grössern Theil in der Flamme fortgeblasen werden. Das Glas erscheint dann gelbbraun, so lange es heiss ist, und bekommt unter der Abkühlung bloss einen Stich ins grüne.

Antimonichte Säure wird vom Borax in grosser Menge gelöst, ohne dass die Masse unklar würde. Das Glas leuchtet gelblich, wenn es warm ist, aber wenig nach dem Abkühlen. Wenn es gesättigt ist, so fängt ein Theil des Antimons an sich in Metallform zu verflüchtigen, und beschlägt die Kohle rund umher, und wenn das Glas im Reductionsfeuer stark erhitzt wird, so wird es unklar, und spielt von reducirten Metallpartikeln ins graue.

Telluroxyd giebt mit Borax auf Platindrath ein klares, farbenloses Glas, welches auf der Kohle grau und unklar von reducirtem, fein vertheiltem Metalle wird.

Tantalsäure wird vom Borax zu einem klaren farbenlosen Glase aufgelöst, das geflattert unklar werden kann, und das bei einem grössern Zusatze bei der Abkühlung emailleweiss wird.

Titansäure wird vom Borax leicht zu einem farbenlosen Glase aufgelöst, das geflattert milchweiss wird. Durch einen grössern Zusatz wird sie bei der Abkühlung von selbst weiss. Wird das Glas im Reductionsfeuer behandelt, so wird es von einem geringen Zusatz erst gelb, und nachher, wenn die Reduction vollständig ist, bekommt das Glas eine dunkle Amethystfarbe, die besonders bei der Abkühlung sichtbar wird. Das Glas ist durchsichtig, und hat Aehnlichkeit mit dem, welches durch Manganoxyd im Oxydationsfeuer hervorgebracht wird, geht aber etwas mehr ins blaue. Setzt man noch mehr Titansäure hinzu und wird das Glas auf Kohle mit gutem Reductionsfeuer behandelt, so wird es dunkelgelb, und beim Kaltwerden nimmt es eine so dunkelblaue Farbe an, dass es schwarz und undurchsichtig aussieht. Wird es nachher mit Flattern erhitzt, so wird es lichtblau, aber undurchsichtig und emailleähnlich. Die Farbe ist mehr oder minder schön blau, und in verschiedenen Versuchen von verschiedener Nüanee, weil nämlich das Glas sowohl Titansäure als Titanoxyd enthält; letztes macht das Glas dunkelblau, und erste, welche nichts zu dieser Farbe beiträgt, macht es durch Flattern emailleweiss. Wenn nun Weiss und Dunkelblau sich mengen, so erhält man ein Hellblau, dessen Grad ganz von den relativen Quantitäten der Säure und des Oxydes im Glase abhängig ist, so dass, wenn wenig Säure darin ist, die Farbe schwarz, und wenn sich sehr wenig Oxyd darin befindet, die Farbe weiss von der flatternden Flamme erscheint.

Uranoxyd löst sich im Borax zu einem dunkelgelben Glase, welches im Reductionsfeuer schmutzig grün wird. Im Oxydationsfeuer kann die gelbe Farbe auf Platindrath wieder hergestellt werden; auf Kohle hält diess aber sehr schwer. Das grüne, bis zu einem gewissen Grade gesättigte Glas kann schwarz geflattert werden, wird aber dann weder emailleähnlich noch krystallinisch.

Ceroxyd wird vom Borax zu einem schönen rothen oder dunkelgelben Glase gelöst, dessen Farbe bei der Abkühlung abnimmt, so dass sie endlich blass gelb wird. Geflattert kann das Glas emailleartig werden. Im Reductionsfeuer verliert sich die Farbe. Setzt man mehr Oxyd hinzu, so bekommt das Glas nach der Reduction desselben die Eigenschaft von selbst emailleweiss und krystallinisch bei der Abkühlung zu werden.

Manganoxyd wird vom Borax leicht zu einem klaren amethystfarbenen Glase gelöst, das im Reductionsfeuer ungefärbt wird. Ist der Mangangehalt gross, so muss das reducirte Glas in dem Augenblick, wo das Blasen aufhört, abgestossen werden, so dass es auf einen kalten Körper fällt, sonst färbt es sich unter der langsamen Abkühlung wieder. In der äussern Flamme wird durch einen reichlichen Oxydgehalt das Glas endlich so tief gefärbt, dass es schwarz aussieht, in dünnen Fäden aber ist es durchsichtig.

Zinkoxyd wird vom Borax leicht zu einem klaren Glase gelöst, welches durch Flattern milchweiss und von einem noch grössern Zusatz bei der Abkühlung emailleweiss wird. Im Reductionsfeuer verflüchtigt sich das Metall, und die Kohle wird eine Linie von der Probe entfernt mit einem weissen Zinkrauch beschlagen.

Cadmiumoxyd wird vom Borax in sehr

grosser Menge zu einem klaren gelblichen Glase aufgelöst, dessen Farbe grösstentheils bei der Abkühlung verschwindet. Wenn das Glas beinahe gesättigt ist, so wird es durch Flattern milchweiss, und wenn es vollkommen gesättigt ist, so wird es, wenn es gesteht, von selbst emailleweiss. Auf der Kohle kocht das Cadmium haltige Boraxglas beständig. Cadmium wird reducirt, verflüchtigt sich, und die Kohle beschlägt rund umher mit dunkelgelbem Cadmiumoxyd.

Eisenoxyd wird vom Borax im Oxydationsfeuer zu einem dunkelrothen Glase gelöst, das bei der Abkühlung heller und endlich blass gelblich und selbst farblos wird. Von einem grossen Zusatz wird es in der Schmelzung undurchsichtig, und bekommt nach dem Abkühlen eine unreine, dunkelgelbe Farbe. Im Reductionsfeuer wird es bouteillengrün, und wenn die Reduction so vollkommen geschicht, wie sie nur geschehen kann, so bekommt es eine klare blaugrüne Farbe, ähnlich der des reinen, frisch bereiteten Eisenvitriols. Ein Zusatz von Zinn befördert die Reduction zu Oxydul. Eigentlich gehört die bouteillengrüne Farbe dem Oxyd-Oxydul (Oxydum ferroso-ferricum) an, und wird manchmal so dunkel, dass sie schwarz aussieht. So lange die Probe bloss Eisenoxyd enthält, ist sie bei der Schmelzung klar, aber so bald sie dem Reductionsfeuer ausgesetzt, und Oxyd-Oxydul gebildet wird, erscheint sie undurchsichtig, und bleibt es, bis die Reduction so lange gewährt, dass bloss Oxydul übrig ist, wodurch es wieder klar wird. Die grüne Farbe des Oxyduls ist recht schön, so lange das

Glas warm ist, aber sie nimmt bei der Abkühlung ab, und wird, wenn der Eisengehalt geringe ist, endlich unmerklich.

Kobaltoxyd löst sich im Borax leicht zu einem klaren, blauen Glase, das geflattert nicht unklar wird. Eine geringe Menge Oxyd färbt das Glas so stark, und durch eine noch grössere so tief dunkelblau, dass es schwarz aussieht.

Nikkeloxyd löst sich im Borax zu einem dunkelgelben oder röthlichen Glase, das nach dem Abkühlen gelb oder beinahe farblos wird. Ein grösserer Zusatz von Oxyd bringt ein Glas hervor, das beim Schmelzen undurchsichtig, dunkelbraun ist, aber nach der Abkühlung klar, dunkelroth wird, wie das von der eisenhaltigen Wolframsäure in Phosphorsalz. Ein Zusatz von Salpeter oder kohlensaurem Kali verändert die Farbe ins Blaue oder dunkel Purpurfarbne, wodurch es sich vom Eisenoxyd unterscheidet, dessen Farbe mit Borax der des Nikkeloxyds gleicht. Im Reductionsfeuer wird diese Farbe zerstört, und das Glas bekommt einen Stich ins Graue von fein vertheiltem metallischen Nikkel, der bei länger fortdauerndem Blasen sich zu einer Masse sammelt, ohne zu schmelzen. Enthält das Nikkeloxyd Kobalt, wie sich das oft ereignet, so kommt nun dessen Farbe vor, und enthält das Nikkel zu gleicher Zeit Arsenik, so schmilzt es zu einer Kugel.

Wismuth wird vom Borax ohne Farbe in der äussersten Flamme gelöst; in der innern wird es reducirt, und giebt von fein zertheiltem Wismuth ein graues, trübes Glas.

Zinnoxyd wird vom Borax sehr träge und in geringer Menge zu einem klaren Glase gelöst, das bei der Abkühlung klar bleibt. Es kann nicht durch Flattern emailleweiss werden, aber wenn das gesättigte Glas, nachdem es ganz kalt geworden, von neuem eine Zeit lang in der äussern Flamme bis zum schwachen Glühen erhitzt wird, so erscheint es unklar, verliert seine runde Form, und giebt eine undeutliche Krystallisation. Vom Reductionsfeuer wird die Flamme des Glases nicht verändert.

Bleioxyd löst sich im Borax mit Leichtigkeit zu einem klaren Glase, welches gesättigt gelb ist, so lange es noch heiss ist, aber beim Abkühlen klar und farbenlos wird. Auf Kohle kann man die Perle nicht dahin bringen, dass sie als Kugel bleibt, sondern sie breitet sich über die Kohle aus; das Blei wird mit Kochen reducirt, und fliesst nach den Rändern.

Kupferoxyd wird vom Borax im Oxydationsfeuer leicht zu einem schön grünen Glase gelöst, welches im Reductionsfeuer farbenlos wird, aber in dem Augenblick, in welchem das Glas gesteht, eine zinnoberrothe Farbe annimmt und undurchsichtig wird. Ist das Kupferoxyd unrein, so wird das Glas oft dunkelbraun, und bekommt nicht das emailleähnliche Ansehen, wie in der flatternden Flamme. Bei einem grossen Kupfergehalt wird ein Theil vom Metall zu einem geschmolzenen Korn reducirt, welches man findet, wenn das Glas zerschlagen wird.

Silberoxyd wird vom Borax zum Theil aufgelöst, zum Theil reducirt. Das Glas wird im

Oxydationsfeuer bei der Abkühlung nach der ungleichen Quantität des aufgelösten Silbers milchweiss oder opalisirend, eben so, wenn Silber in metallischer Form zugesetzt wird. Im Reductionsfeuer wird es ein wenig grau von darin vertheiltem metallischen Silber.

Bernsteinsaures Natron. Natrum succinicum. Succinas natricus.

Man erhält es am besten auf direktem Wege durch Neutralisation einer beliebigen Menge in Wasser gelöster reiner *) Bernsteinsäure mit reinem kohlensauren Natron, Abdampfen und Hinstellen zur Krystallisation.

Das dadurch erhaltene Salz erscheint in dünnen vier- und sechsseitigen Säulen, die an der Luft unveränderlich sind, bitter schmecken, und 4 Theile Wasser von mittlerer Temperatur zur Auflösung bedürfen. Es besteht aus 1 A. Natron mit 2 A. Bernsteinsäure, in 100 Th. aus 38,37 Natron und 61,63 Säure.

Das Mischungsgewicht desselben, den Sauerstoff zur Einheit genommen ist 1640,897; den Wasserstoff damit verglichen 162,646.

---

*) Mit empyreumatischem Oel verunreinigte Säure darf hierzu nicht angewendet werden, weil das Empyreuma derselben sich gegen die Metallauflösungen eben so verhält, als verschiedene organische Säuren und Stoffe indifferenter Art, weil es nämlich die Fällung derselben durch Alkalien u. s. w. auf gleiche Weise verhindert.

Das bernsteinsaure Natron ist das beste Trennungsmittel des Eisenoxyds vom Manganoxydul, und wird in dieser Beziehung häufig gebraucht. Soll aber die Abscheidung vollständig gelingen, so ist es nöthig, dass die Auflösung das Eisen als vollkommenes Oxyd enthalte, und dass sie völlig neutral sei. Ist letztes nicht der Fall, so stumpft man die vorwaltende Säure durch vorsichtiges Zusetzen von kaustischem Ammoniak ab, bis sich eine Spur Eisenoxyd abzusondern beginnt, die selbst nach längerem Stehen der Flüssigkeit nicht wieder verschwindet. Da aber bei diesem Neutralisiren, und wenn es noch so vorsichtig geschieht, das Eisen gar leicht plötzlich niederfällt, so ist es nöthig, in der zu fällenden Flüssigkeit, ehe man zu ihrer Neutralisation schreitet, reichlich Salmiak aufzulösen, welcher, besonders wenn nur wenig Eisen mit dem Mangan verbunden ist, diesem Uebelstande vollkommen abhilft. Hat man so eine völlig neutrale Flüssigkeit erhalten, so fügt man bernsteinsaures Natron im Ueberschuss hinzu, kocht die Flüssigkeit mit dem Präcipitat auf, filtrirt den voluminösen zimmtbraunen Niederschlag (bernsteinsaures Eisenoxyd) von dem gelösten bernsteinsauren Manganoxyd ab, süsst ihn sorgfältig mit k a l t e m Wasser aus, trocknet und glüht ihn scharf. Heisses Wasser darf man nicht nehmen, weil sich sonst das bernsteinsaure Eisenoxyd in ein basisches und saures Salz, welches letzte in dem Wasser auflöslich ist, zersetzt. Beim Glühen des bernsteinsauren Oxyds muss man besonders darauf sehen, dass die Luft freien Zutritt habe; denn im verschlossenen Tiegel reducirt der Kohlenstoffgehalt der Bernsteinsäure leicht einen Theil des Eisenoxydes zu Oxyd-Oxydul, und giebt dergestalt zu einem unrichtigen Resultat Veranlassung. Hat aber die Luft ungehinderten Zutritt, so wird aus dem etwa gebildeten Oxyd-Oxydul leicht wieder vollkommenes Oxyd. Da diese Reduction beim Glühen grösserer Quantitäten bernsteinsauren Eisenoxyds leichter eintritt als bei kleinern, so kann man diesem Umstand dadurch vorbeugen, dass man das noch feuchte bernsteinsaure Eisenoxyd auf dem Filtrum mit Aetzammoniak übergiesst, und kalt damit stehen lässt. Es erzeugt sich dann bernsteinsaures Ammoniak, welches abfliesst, und Eisenoxyd bleibt auf dem Filtrum, wie man diess schon an de· dunklern Farbe und der Verminderung des Niederschlags im Volumen bemerken kann; nach dem Glühen erhält man reines Eisenoxyd.

Benzoesaures Natron. Natrum benzoicum. Benzoas natricus.

Diese Verbindung wird dadurch bereitet, dass man in eine erwärmte Auflösung von reinem kohlensauren Natron so lange zu einem zarten Pulver zerriebene reine Benzoesäure einträgt, bis die Flüssigkeit neutral reagirt, sie darauf zum Krystallisationspunkt abdampft, und zum Anschiessen hinstellt.

Das benzoesaure Natron erscheint in nadelförmigen Krystallen von stechend süsslichem Geschmack, die an der Luft verwittern, sich in acht Theilen Wasser von mittlerer Temperatur, auch unbedeutend im Alkohol, lösen. Es besteht aus gleichen A. Natron und Benzoesäure, in 100 Th. aus 20,6 Natron und 79,4 Benzoesäure.

Das Mischungsgewicht des benzoesauren Natron, den Sauerstoff zur Einheit genommen, ist 1652,311; den Wasserstoff damit verglichen 264,801.

Das benzoesaure Natron ist früher von Hisinger zu demselben Zweck, wozu man sich des bernsteinsauren Salzes bedient, vorgeschlagen, und ihm sogar vor diesem der Vorzug eingeräumt worden, weil es zu jener Zeit viel billiger zu stehen kam, als das bernsteinsaure Salz. Ohne zu berücksichtigen, dass rücksichtlich des Kostenpreises jetzt gerade das umgekehrte Verhältniss statt findet, ist es schon darum nicht so gut zu gebrauchen, weil man bei der Anwendung desselben noch mehr, als bei den bernsteinsauren Salzen, der dort erwähnten Gefahr einer Reduction des bernsteinsauren Eisens zu Oxyd-Oxydul ausgesetzt ist, in sofern nämlich die Benzoesäure von allen organischen Säuren den wenigsten Sauerstoff enthält, ihr Kohlenstoffgehalt daher um so grösser ist, und eher diesen Uebelstand herbeiführen kann. Dazu kommt noch, dass der durch benzoesaures Natron erhaltene Niederschlag bei weitem voluminöser ist als der von bernsteinsauren Salzen, also schon desshalb das benzoesaure Natron als Ersatzmittel des bernsteinsauren nicht zu empfehlen ist, wiewohl man sich durch Digeriren des Präcipitats mit kaustischem Ammoniak, welches die Säure grösstentheils aufnimmt, recht gut helfen könnte. In der Farbe erscheint das benzoesaure Eisen viel heller, mehr blassroth; im übrigen ist es der bernsteinsauren Verbindung sehr ähnlich, wesshalb auch dieselben Cautelen bei der Fällung zu beachten sind.

Chlornatrium. (Kochsalz.) Natrum muriaticum. Chloretum natrii.

Das im Handel vorkommende Kochsalz enthält bekanntlich noch so viele fremdartige Salze, dass eine Reinigung desselben zu analytischen Versuchen unerlässlich ist. Genügend erreicht man diese dadurch, dass man das käufliche Salz mit einer gesättigten Auflösung von reinem Kochsalz anrührt, nach einigem Stehen das Flüssige abfiltrirt, was sich nicht gelöst hat nochmals mit einer neuen Kochsalzlösung behandelt, darauf abtropfen lässt und trocknet.

Das Kochsalz, wie man es gewöhnlich sieht, ist durch gestörte Krystallisation erhalten, daher die Form der Krystalle schwer zu erkennen. Lässt man indess eine Auflösung desselben durch Stehen an der Luft allmählig verdampfen, so krystallisirt es in durchsichtigen oder durchscheinenden Würfeln, Octaëdern und vierseitigen Prismen, die an der Luft unveränderlich sind, und rein salzig schmecken. Erhitzt verknistert das Salz dadurch, das die zwischen den Lamellen der Krystalle eingeschlossene Mutterlauge, welche öfters gegen 3 bis 4 pro Cent. beträgt, mit Geräusch entweicht; bis zum Rothglühen erhitzt, schmilzt es, in der Weissglühhitze verflüchtigt es sich; in kaltem und warmen Wasser ist es ziemlich gleich gut lösbar, Weingeist nimmt es ebenfalls auf, aber nicht so gut Alkohol. Es besteht aus 1 A. Natrium und 2 A. Chlor, in 100 Th. aus 40 Natrium und 60 Chlor.

Das Mischungsgewicht des Kochsalzes ist, den Sauerstoff zur Einheit genommen, 733,547; den Wasserstoff damit verglichen 117,560.

Chemische Reinheit ist bei dem zum nachstehenden Zweck erforderlichen Kochsalz nicht nothwendig, wesshalb eine genaue Prüfung desselben hier übergangen wird.

Das Kochsalz wurde früherhin statt der Salzsäure häufig zur Entdeckung und Abscheidung des Silbers benutzt, seitdem man aber weiss, dass Salzsäure in dieser Hinsicht nicht bloss empfindlicher ist, sondern auch nicht so leicht wie das Kochsalz Chlorsilber auflöst (vergleiche Pag. 98), so ist es ziemlich ausser Gebrauch gekommen, und nur der Vollständigkeit wegen hat es hier einen Platz gefunden; im übrigen verweisen wir auf die Chlorwasserstoffsäure und den Gebrauch, den man von dieser als Reagens macht, weil auch sie die Causa efficiens im Kochsalz ist.

Schwefeligsaures Ammoniak. Ammoniacum sulphurosum. Sulphis ammonicus.

Man erhält diese Verbindung, wenn man die, nach dem Pag. 84 beschriebenen Verfahren bereitete, schwefelige Säure statt in Wasser in kaustische Ammoniakflüssigkeit leitet, bis das Gas nicht mehr verschluckt wird, das Alkali sich also damit gesättigt hat. Lässt man diese Flüssigkeit einige Zeit an einem warmen Ort leicht bedeckt stehen, so krystallisiren daraus sechsseitige Prismen, die kühlend, scharf, zugleich schwefelicht schmecken, an der Luft feucht werden, in dem Maasse aber als sie sich zu schwefelsaurem Ammoniak oxydiren, wieder trocken werden. Das Salz ist in gleichen Theilen kalten, und in weniger kochenden Wassers löslich, und zersetzt sich beim Erhitzen. Im krystallisirten Zustande besteht es aus 2 A. Säure, 1 A. Ammoniak und 1 A. Wasser, in 100 Th. aus 29,46 Ammoniak, 55,10 schwefelige Säure und 15,44 Wasser.

Das Mischungsgewicht desselben, den Sauerstoff zur Einheit genommen, ist 728,028; den Wasserstoff damit verglichen 116,689.

Das schwefeligsaure Ammoniak findet die nämliche Anwendung, als die Pag. 85 erwähnte schwefelige Säure, und verdient vor ihr sogar den Vorzug. Man braucht sie demnach:

1. zur Entdeckung und quantitativen Bestimmung des Selens, wenn selbiges als selenige Säure vorhanden ist. Die Flüssigkeit wird dazu mit etwas Salzsäure gesäuert, darauf so lange schwefeligsaures Ammoniak zugesetzt, als sich die rothe Färbung vermehrt, worauf die Flüssigkeit zum Kochen erhitzt, das niedergefallene Selen abfiltrirt und nach dem Trocknen gewogen wird. Selensäure muss, ehe sie reducirt

werden kann, durch Kochen mit Salzsäure erst in selenige Säure verwandelt werden.

2. zur Entdeckung des Tellurs. Es gilt davon dasselbe, was darüber Pag. 85 bei der schwefeligen Säure bereits angeführt worden.

Phosphorsaures Natron-Ammoniak. (Phosphorsalz. Mikrokosmisches Salz.) Natro-Ammoniacum phosphoricum. Phosphas natrico-ammonicus.

Dieses Salz, welches auch im Urin enthalten ist, bereitet man nach Berzelius auf die Weise, dass man 16 Th. Salmiak in einer sehr geringen Menge kochenden Wassers löst, 100 Th. krystallisirtes phosphorsaures Natron hinzumischt, das Ganze über Feuer sich vollständig lösen lässt, die Auflösung kochend heiss filtrirt, und darauf langsam erhalten lässt. Von dem Doppelsalz, welches man dadurch erhält, giesst man die Mutterlauge, welche fast nur Kochsalz enthält, ab, spült die Krystalle mit wenigem Wasser nach, und trocknet sie. In der Mutterlauge ist nur so wenig von dem Doppelsalz vorhanden, dass ein weiteres Abdampfen und Hinstellen zur Krystallisation nicht lohnt, sie kann daher als unbrauchbar unbeachtet bleiben. Das dadurch erhaltene Salz erscheint in farbenlosen Säulen oder Tafeln, die an der Luft verwittern, und dabei zugleich einen Theil ihres Ammoniaks verlieren. Man braucht es entweder in Form grober Körner oder eines gröblichen Pulvers. Auf der Kohle vor dem Löthrohr kocht es, bläht sich ein wenig auf, und giebt Ammoniak, wobei saures phosphorsaures Natron zurückbleibt, das still fliesst, und beim Abkühlen zu einem klaren, farbenlosen Glase erstarrt. Als Reagens wirkt es vorzüglich durch die freie Phosphorsäure, und man giebt ihm den Vorzug vor dieser, weil man sie nicht verwahren kann, ohne dass sie zerfliesst, auch weil sie theurer ist, und überdiess sich in die Kohle einsaugt. Das Phosphorsalz zeigt daher die Wirkung der Säure auf einen Stoff, den man untersuchen will. Die überschüssige Säure nimmt alle Basen auf, und giebt mit ihnen mehr oder minder leicht schmelzbare Doppelsalze, deren Durchsichtigkeit und Farbe wohl zu bemerken ist. Es ist besonders tauglich, um Metalloxyde zu erkennen, deren eigenthümliche Farben sich gewöhnlich weit besser mit ihm als mit Borax zeigen. Auch Säuren jagt es fort, die flüchtigen entweichen, die feuerbeständigen bleiben zurück, und theilen entweder die Basen mit der Phosphorsäure, oder werden abgeschieden, und schwimmen ungelöst im Glase. Dadurch wird das Phosphorsalz ein gutes Reagens für Silicate, deren Kieselerde sich abscheidet, und in dem geschmolzenen Phosphorsalze als eine gallertartige Masse liegt.

Das Phosphorsalz besteht aus gleichen A. phosphorsauren Natron, phosphorsauren Ammoniak und 10 A. Wasser, in 100 Th. aus 40,63 phosphorsauren Natron, 32,07 phosphorsauren Ammoniak und 27,30 Wasser.

Die Reinheit desselben erhellet daraus, dass es eine Perle giebt, welche sich beim Abkühlen klar erhält; ist das nicht der Fall, so muss man es nochmals in recht wenigem Wasser lösen, und von neuem krystallisiren lassen.

Nachdem das Verhalten des Phosphorsalzes im Allgemeinen bereits erwähnt, gehen wir das Verhalten desselben zu Erden, Metalloxyden u. s. w. speziell durch.

Baryt wird vom Phosphorsalz leicht und mit heftigem Brausen gelöst, wobei die Kugel schäumt, anschwellt, und endlich zu einem klaren Glase zusammenfällt. Von grösserm Zusatze bekommt man ein klares Glas, welches durch die Abkühlung fleckenweis milchweiss erscheint, und von einem noch grössern ein Glas, das während des Abkühlens emailleweiss wird. Mit Soda schmilzt sie zusammen, und wird von der Kohle eingesogen.

Strontian verhält sich wie Baryt.

Kalk wird in grosser Menge davon aufgelöst, im kohlensauren Zustande mit Brausen zu einem klaren Glase, das beim Abkühlen klar bleibt. Setzt man mehr kohlensauren Kalk in Stücken zu, so wird deren Kohlensäure ausgetrieben, und die Stückchen verwandeln sich mit Beibehaltung ihrer Form in phosphorsauren Kalk. Nach langem Blasen fängt dieser auch an sich aufzulösen, und bei der Abkühlung schiessen innerhalb des Glases feine nadelförmige Krystalle auf dem ungelösten an. Ist das Glas vollkommen gesättigt, so wird es beim Abkühlen ganz milchweiss.

Talkerde wird vom Phosphorsalz leicht zu einem klaren Glase gelöst, das, wenn es mit Bittererde gesättigt ist, während der Abkühlung milchweiss wird. Das unvollkommen gesättigte Glas wird durch Flattern milchweiss.

Thonerde löst sich im Phosphorsalz zu einem klaren Glase, das bei keinem Sättigungsgrade undurchsichtig wird. Setzt man zuviel hinzu, so wird das ungelöste halbdurchsichtig. Das gesättigte Phosphorsalz mit dem gesättigten Boraxglas gemischt bleibt klar. *)

Beryllerde, Yttererde und Zirkonerde verhalten sich zum Phosphorsalz auf nämliche Weise, wie zum Borax.

Kieselerde wird vom Phosphorsalz in sehr geringer Menge aufgelöst, das Glas bleibt beim Abkühlen klar, das Ungelöste wird halbdurchsichtig. Die Silicate werden vom Phosphorsalz so zersetzt, dass die Kieselerde abgeschieden wird, und die Basen mit der freien Säure im Phosphorsalz verbunden werden. Wenn man eine geringe Menge Phosphorsalz hinzusetzt, so kommt es oft, dass die Kieselerde im Ansscheidungsmoment anschwillt, und die fliessende Masse absorbirt. Wenn mehr Fluss hinzugesetzt wird, so kann man sie zu einer Kugel bekommen, in der aufgeschwollene, halbdurchsichtige Kieselerde schwimmt. Man sieht diess besser, wenn das Glas glüht, als wenn es kalt ist. Mit einem grossen Theile von Silicaten trifft es oft ein, dass das Glas, wenn es in der Schmelzung klar ist, bei der Abkühlung

*) Das Glas, welches durch Flattern milchweiss wird, wird auch unklar, wenn das Phosphorglas mit dem Boraxglas zusammengeschmolzen wird.

opalisirt, was bei reiner Kieselerde niemals stattfindet. Wenn die Probe nur eine Spur Kieselerde enthält, so wird diese gewöhnlich ganz und gar im Flusse aufgelöst.

Molybdänsäure wird auf Platindrath in der äussern Flamme zu einem klaren Glase aufgelöst, das, so lange es heiss ist, sich ins Grüne hinzieht, beim Abkühlen aber farbenlos wird. Im Reductionsfeuer wird das Glas dunkel und undurchsichtig, sieht schwarz oder dunkelblau aus, wird beim Abkühlen klar und schön grün, wie Chromoxyd. Auf Kohle zeigt sich diese Farbennüance vorzüglich bei einem grössern Zusatz von Molybdänsäure, sowohl in der innern als in der äussern Flamme. Auf Platindrath kann das grüne Glas in der äussern Flamme oxydirt werden, und wird dann wieder durchsichtig in der Schmelzhitze. Aus Phosphorsalz kann kein braunes Molybdänoxyd durch Reductionsfeuer gefällt werden. Selbst durch Zinn wird die Farbe des grünen reducirten Glases nicht verändert, aber man sieht, dass das Zinn innerhalb des Glases anschwellt, und bis zu einem gewissen Grade Molybdänhaltig wird.

Wolframsäure wird vom Phosphorsalz in der äussern Flamme zu einem farbenlosen oder gelblichen Glase gelöst; im Reductionsfeuer wird das Glas schön und rein blau, schöner als das von Kobalt. Enthält die Säure Eisen, so bekommt das Glas eine ganz andere Farbe im Reductionsfeuer; es wird blutroth, sehr ähnlich dem reducirten Boraxglase. Ein Zusatz von Zinn schafft die Reaction des Eisens fort, und das Glas bekommt eine grüne, manchmal auch eine blaue Farbe; es muss dann aber nicht sehr concentrirt sein. Durch einen grössern Zusatz vom Flusse kann diesem abgeholfen werden.

Chromoxyd wird vom Phosphorsalz sowohl in der äussern als innern Flamme mit grüner Farbe aufgelöst, die tief ist, wenn des Aufgelösten viel ist. Wenn das Glas mit mehr Chromoxyd gemengt wird, als es auflösen kann, und darauf stark erwärmt wird, so bekommt es die sonderbare Eigenschaft im Gerinnungsmoment mehr oder minder sich aufzublähen, und sich in eine schaumige Masse durch irgend eine Gasentwickelung, die dann stattfinden muss, zu verwandeln. Wenn das Glas von neuem geschmolzen wird, so fällt der Schaum zusammen, aber kommt wieder beim Gerinnen. Diess geschieht sowohl beim Daraufblasen in der innern als äussern Flamme, auf Kohle und auf Platindrath. Es geschieht nicht, wenn das Glas klar ist. Die Ursache ist unbekannt.

Antimonichte Säure wird vom Phosphorsalz zu einem klaren farbenlosen Glase gelöst. Auf Platindrath kann das Salz im Oxydationsfeuer schwach gelblich werden, aber die Farbe verschwindet bei der Abkühlung. Wenn das Glas zugleich Eisen enthält, so bringt es im Reductionsfeuer dieselbe rothe Farbe hervor, wie eisenhaltige Wolframsäure und eisenhaltige Titansäure. Durch gutes Blasen wird das Antimon reducirt und verflüchtigt sich, während alle Farbe verschwindet. Diess geschieht auch durch einen Zusatz von Zinn.

Telluroxyd verhält sich zum Phosphorsalz wie zum Borax.

Tantalsäure wird vom Phosphorsalz leicht und in grosser Menge zu einem farbenlosen Glase aufgelöst, das beim Abkühlen nicht unklar wird.

Titansäure wird vom Phosphorsalz in der äussern Flamme zu einem klaren farbenlosen Glase gelöst. Im Reductionsfeuer giebt sie ein Glas, das gelblich aussieht so lange es heiss ist, aber das bei der Abkühlung sich röthet, und eine schöne blauviolette Farbe bekommt. Durch zuviel Titansäure wird die Farbe so dunkel, dass das Glas undurchsichtig wird, emailleähnlich wird es aber nicht. Die Farbe kann in der äussern Flamme fortgeblasen werden. Die Reduction geschieht besser auf Kohle als auf Platindrath, aber erfordert auch auf der Kohle ein anhaltendes Feuer, besonders wenn man titanhaltige Fossilien, wie z. B. Sphen, prüft. Ein Zusatz von Zinn erleichtert und beschleunigt die Reduction sehr bedeutend. Wenn die Titansäure Eisen enthält oder wenn Eisen zu dem durch Titansäure gefärbten Glase gesetzt wird, so verschwindet die violette Farbe des Titanoxyds, und das Glas bekommt im Reductionsfeuer dieselbe rothe Farbe wie von der eisenhaltigen Wolframsäure. Wenn die Quantitäten von diesen Stoffen geringe sind, so wird die Farbe gelblichroth, erscheint nicht, so lange das Glas warm ist, kommt erst in dem Augenblick zum Vorschein, wenn das Glas kalt wird, und hat im Allgemeinen nie seine volle Intensität, bevor das Glas nicht vollkommen erkaltet ist. Diese Reaction ist so empfindlich, dass wenn das

Glas so wenig reine Titansäure enthält, dass man durch seine Farbe nicht ganz sicher von seiner Gegenwart ist, man die Reaction sehr stark bekommt, wenn man etwas Eisen, am besten in Metallform zusetzt. Diese Farbennüance wird beim Glase durch Reductionsfeuer hervorgebracht, durch eisenhaltige Wolfram- und antimonichte Säure, auch von Nikkeloxyd. Es ist indess leicht zu entdecken, welcher von diesen Stoffen mit dem Eisen vereinigt ist. Die antimonichte Säure lässt sich verflüchtigen, wenn man eine Zeit lang darauf geblasen hat, und die Farbe vom Eisen bleibt übrig. Wie schon vorhin angeführt, giebt die eisenhaltige Wolframsäure durch Zinnzusatz ein grünes, manchmal auch ein blaues Glas; behandelt man das eisenhaltige Titanglas auf gleiche Art, so verschwindet die Eisenfarbe, und die violette Farbe vom Titanoxyd kommt wieder zum Vorschein. Hierzu wird indess erfordert, dass die Intensität der Farbe im Flusse nicht zu gross sei. Ist diess der Fall, so muss man mehr Fluss hinzusetzen. Aber da es sich oft ereignet, dass eine so kleine Menge eisenhaltigen Titanoxyds die angeführte Farbe beim Glase hervorbringt, dass die darin befindliche Titansäure allein keine bedeutende Reaction giebt, so nimmt das Zinn in diesem Fall alle Farbe fort, und die Reaction verschwindet gänzlich. Man versuche dann mit dem zu untersuchenden Stoff und Phosphorsalz ein vollkommen gesättigtes Glas zu bereiten, und behandele dieses mit Zinn, wodurch es nicht selten glückt, die dem Titanoxyd eigenthümliche Farbe erkennbar zu machen, besonders wenn das Glas ganz abgekühlt ist. Die Reaction, welche Nikkeloxyd giebt, unterscheidet sich von den vorhergehenden dadurch, dass sie am stärksten ist, wenn das Glas heiss ist, und beinahe ganz bei der Abkühlung verschwindet, so wie auch, dass sie sowohl in der äussern als innern Flamme dieselbe ist, da sie hingegen mit den andern im guten Oxydationsfeuer verschwindet. Die hier beschriebene Wirkung des Eisens auf die Farbe der Titansäure oder Wolframsäure findet nicht mit Borax statt.

Uranoxyd wird vom Phosphorsalz auf Platindrath im Oxydationsfeuer zu einem klaren gelben Glase gelöst, dessen Farbe bei der Abkühlung abnimmt, und endlich strohgelb, ins Grüne sich hinneigend, wird. Im Reductionsfeuer giebt es ein schönes grünes Glas, dessen Farbe unter der Abkühlung noch schöner wird. Auf Kohle kann man schwer eine andere als grüne Farbe bekommen, obgleich die grüne Farbe vom Oxydationsfeuer vermindert wird.

Ceroxyd wird vom Phosphorsalz zu einem schönen rothen Glase gelöst, das beim Abkühlen seine Farbe verliert und wasserklar wird. Im Reductionsfeuer wird das Glas farbenlos, aber es löst sich niemals so viel auf, dass es bei der Abkühlung unklar wird.

Manganoxyd wird vom Phosphorsalz leicht zu einem klaren amethystfarbenen Glase aufgelöst, das im Reductionsfeuer farbenlos, und im Oxydationsfeuer amethystfarben ist; aber die Farbe wird niemals so tief, dass das Glas nicht seine Durchsichtigkeit behält. So lange das Glas in der äussern Flamme geschmolzen wird, sowohl auf

Platindrath wie auch auf Kohle, kocht es beständig und giebt Gas ab. Dieses Kochen hört im Reductionsfeuer auf, kommt aber sogleich im Oxydationsfeuer wieder. Es scheint davon herzurühren, dass die Glasperle sich auf der Oberfläche oxydirt, und da das Oxydirte durch die Umschwingung des Glases in die Masse wieder geführt wird, so wird Sauerstoff durch die Phosphorsäure ausgetrieben, und das Oxydsalz verwandelt sich in ein Oxydulsalz. Daher kommt es auch, dass das Phosphorsalz die Amethystfarbe nur bis zu einem gewissen Grade annimmt, weil bloss eine gewisse Menge Oxydsalz sich im Glase erhalten kann. Im Allgemeinen kann das Boraxglas leichter oxydirt als reducirt, und das Glas vom Phosphorsalz im Gegentheil besser vollkommen reducirt, aber unmöglich vollkommen oxydirt erhalten werden. Wenn das Glas vom Phosphorsalz so wenig Manganoxyd enthält, dass die Farbe nicht mehr sichtbar wird, so kann man sie erhalten, wenn die geschmolzene Perle mit einem Salpeterkrystall berührt wird, auf die Art, wie es bei den Reagentien beschrieben worden, wobei die Perle schäumt, und der Schaum unter der Abkühlung eine Amethyst- oder eine schwache Rosenfarbe annimmt, nach dem grössern oder geringern Mangangehalt.

Zinkoxyd verhält sich zum Phosphorsalz eben so wie zum Borax, reducirt sich und verflüchtigt sich wieder leicht, gleicht in seinem Verhalten sehr den eigentlichen Erden.

Cadmiumoxyd wird vom Phosphorsalz in grosser Menge zu einem klaren Glase aufgelöst, das, wenn es gesättigt ist, beim Abkühlen milchweiss wird.

Eisenoxyd wird vom Phosphorsalz unter denselben Farbenerscheinungen aufgelöst, wie vom Borax, aber die Farbe nimmt stärker bei der Abkühlung ab. Durch einen Zusatz von Zinn kann man es dahin bringen, dass sie beinahe ganz verschwindet. Ein sehr eisenhaltiges Glas bekommt nach der Behandlung mit Zinn eine schwache bläulichgrüne Farbe, und bisweilen läuft die Kugel im Abkühlungsmoment mit einer grauen und glänzenden Perlfarbe an, die indess bei einem neuen Daraufblasen verschwindet.

Kobaltoxyd löst sich im Phosphorsalz mit derselben Leichtigkeit und mit gleicher Farbe wie im Borax. Die Kobaltfarbe zieht sich beim Feuerlicht ins Violette, ist aber beim Tageslicht rein blau. Wenn das Phosphorsalzglas eine sehr schwache blaue Farbe beim Tageslicht hat, so sieht es beim Feuerschein rosenroth aus.

Nikkeloxyd wird vom Phosphorsalz mit den nämlichen Farbenerscheinungen aufgelöst wie vom Borax, aber die Farbe verschwindet beinahe bei der Abkühlung, und verhält sich übrigens sowohl im Reductionsfeuer als auch im Oxydationsfeuer gleich, wodurch es sich vom Eisenoxyd unterscheidet, dem es in seinem sonstigen Verhalten sehr gleicht. Ein Zusatz von Zinn bringt anfangs keine Veränderung hervor, aber nachher wird das Nikkel ausgefällt, und die Farbe verschwindet. Ein Gehalt von Kobalt wird nun wahrnehmbar, aber dies blaue Glas ist unklar und im Allgemeinen lässt sich das Kobaltoxyd minder leicht auf diese Art wie im Boraxglase entdecken.

Wismuth löst sich im Phosphorsalz auf, das Glas ist gelbbraun, wenn es heiss ist, und wird farbenlos aber nicht gänzlich klar beim Abkühlen. Im Reductionsfeuer, vorzüglich wenn Zinn hinzugesetzt wird, bekommt man ein Glas, das klar und farbenlos erscheint, so lange es heiss ist, aber schwarzgrau und undurchsichtig, wenn es gesteht, ungefähr so wie es vom Kupferoxydul eintrifft, mit Ausnahne der Farbe, die beim letztgenannten roth ist. Dieser Umstand scheint zu beweisen, dass das Wismuth noch einen niedrigern salzfähigen Oxydationsgrad hat, der auf nassem Wege nicht bekannt ist.

Zinnoxyd löst sich im Phosphorsalz träge und in geringer Menge zu einem klaren farbenlosen Glase. Wird Eisenoxyd hinzugesetzt, so verliert das Eisenoxyd seine Eigenschaft das Glas zu färben. Es versteht sich, dass eine gewisse Menge Zinnoxyd nur die Farbe von einer gewissen Menge Eisenoxyd wegnimmt, und dass dasjenige, welches darüber ist, das Glas färbt, als wenn kein Zinnoxyd zugegen wäre. Ein Gehalt von Arsenik macht das Glas unklar.

Bleioxyd wird vom Phosphorsalz leicht zu einem klaren farbenlosen Glase gelöst. Gesättigt sieht es gelblich bei der Schmelzung aus, es wird emailleweiss beim Abkühlen. Durch die innere Flamme wird es nicht reducirt, wenn nicht ein Ueberschuss von Bleioxyd hinzukommt.

Kupferoxyd löst sich im Phosphorsalz mit derselben Erscheinung wie im Borax. Bei einem geringen Kupfergehalt wird das im Reductionsfeuer behandelte Glas manchmal rubinroth, und das geschieht gewöhnlich in einem Augenblick, wenn das Glas gesteht. Fast immer wird es roth, undurchsichtig und emailleähnlich. Bei einem so geringen Kupfergehalt, dass das Reductionsfeuer nicht vermag die Reaction des Kupferoxyduls hervorzubringen, setzt man ein wenig Zinn hinzu, und bläst einen Augenblick darauf; das vorher farbenlose Glas wird dann roth und undurchsichtig bei der Abkühlung. Bläst man zu lange darauf, so wird das Kupfer in Metallform gefällt, und die Reaction ist vernichtet.

Silberoxyd löst sich im Oxydationsfeuer zu einem gelblichen Glase, das von einem grössern Silbergehalt opalfarben wird; gegen den Tag gesehen röthlich. Im Reductionsfeuer wird es grau wie das Boraxglas.

Kohlensaures Ammoniak. Ammoniacum carbonicum. Carbonas ammonicus.

Das im Handel vorkommende Salz ist keinesweges von solcher Beschaffenheit, dass es zu analytischen Versuchen ohne Weiteres brauchbar wäre, und da eine blosse Sublimation, wie wir späterhin sehen werden, nicht in allen Fällen ausreicht, es zu reinigen, so thut man am besten, diese Verbindung von Grund aus zu bereiten. Man erreicht diess dadurch, dass man 1 Theil Salmiak mit 2 Theilen kohlensauren Kalk (Kreide oder Marmor) sorgfältig zusammenreibt, das Gemenge in eine Glasretorte bringt, an diese eine nicht zu geräumige tubulirte Vorlage luftdicht befestigt, darauf so lange destillirt, bis der Anflug in der Vorlage nicht mehr zunimmt. Nach dem Erkalten des Apparats findet sich das kohlensaure Ammoniak in weissen rindenartigen Stücken in der Vorlage. Es besitzt einen starken, eigenthümlich stechenden Geruch, schmeckt scharf und brennend, reagirt auf Pflanzenfarben kräftig alkalisch, ist im Feuer vollkommen flüchtig, erfordert gegen zwei Theile kaltes Wasser zur Auflösung, wird noch leichter vom warmen aufgenommen, dagegen gar nicht vom Alkohol. Bei längerem Aufbewahren, besonders wenn die Luft Zutritt hat, zersetzt es sich allmählig zu doppelt kohlensaurem Ammoniak, indem ein Theil Ammoniak entweicht, der übrigbleibende aber die Kohlensäure des andern aufnimmt; vollständig tritt diese Zersetzung jedoch nicht ein, und das sehr lange aufbewahrte Salz ist vielmehr nichts weiter als ein Gemenge von einfach kohlensaurem mit doppelt kohlensaurem Ammoniak, welches um so mehr von dem letzten enthält, je mehr Wasser zu seiner Lösung erforderlich ist; 1 Theil doppelt kohlensaures Ammoniak bedarf nämlich gegen 8 Theile Wassers von mittlerer Temperatur, um gelöst zu werden.

Das kohlensaure Ammoniak besteht aus 4 A. Ammoniak, 3 A. Kohlensäure und 2 A. Wasser; in 100 Th. aus 28,92 Ammoniak, 55,91 Kohlensäure und 15,17 Wasser.

Das Mischungsgewicht des kohlensauren Ammoniak, den Sauerstoff zur Einheit genommen, ist 1912,165, den Wasserstoff damit verglichen 306,446.

Das auf obige Weise selbst bereitete Ammoniak ist nicht leicht einer Verunreinigung ausgesetzt, wesshalb die Prüfung desselben hier übergangen wird.

Die Anwendung des kohlensauren Ammoniak ist überaus mannichfaltig, und ohne Zweifel gehört es zu den unentbehrlichsten Mitteln in der analytischen Chemie. Man bedient sich desselben:

1. zur Entdeckung und quantitativen Bestimmung von Kalk und Baryt. In den Auflösungen beider bewirkt es einen in Wasser fast unlöslichen, farbenlosen Niederschlag, der jedoch von Säuren unter Brausen aufgenommen wird. Bei quantitativen Bestimmungen beider Erden muss man nicht unbeachtet lassen, dass in dem Reagens jederzeit eine verschiedene Quantität eines Bicarbonates enthalten ist, wodurch eine, diesem entsprechende Verbindung der zu fällenden Erden entsteht, die im Wasser gelöst bleibt. Dem lässt sich indess einigermaassen dadurch abhelfen, dass man die zu präcipitirende Flüssigkeit nach dem Zusatz des Reagens erwärmt, oder auch zu derselben ein Minimum von kaustischem Ammoniak hinzufügt. In beiden Fällen wird das Bicarbonat, welches in der über dem Präcipitat befindlichen Flüssigkeit aufgelöst ist, zersetzt, wiewohl dessenungeachtet das Resultat niemals auf eine solche Schärfe Anspruch machen kann, als wenn man den Baryt mit Schwefelsäure, den Kalk mit Kleesäure bestimmt; denn die koh-

lensauren Verbindungen beider Erden sind, wenn gleich nicht in salzhaltigem, doch in reinem Wasser etwas löslich.

2. zur Trennung der Beryllerde von der Thonerde. Man erreicht diess dadurch, dass man die Auflösung beider Erden, welche jedoch nicht zu verdünnt sein darf, in einem verschlossenen Glase mit einem grossen Ueberschuss einer recht concentrirten Auflösung des kohlensauren Ammoniaks versetzt, ohne die Mischung zu erwärmen, die Thonerde abfiltrirt, sie anfangs mit einer Solution von kohlensaurem Ammoniak, später jedoch mit reinem Wasser aussüsst. Der Ueberschuss von kohlensaurem Ammoniak muss aber beträchtlich sein, weil sonst die Beryllerde zum Theil mit der Thonerde verbunden bleibt. Die Beryllerde erhält man übrigens aus der Auflösung durch Abdampfen, wodurch sich das Ammoniak verflüchtigt und die Beryllerde niederfällt, welche nach dem Aussüssen und Trocknen zur Entfernung der Ammoniaksalze geglüht wird. Auch wenn man die Auflösung beider Erden mit kaustischem Ammoniak niederschlägt, und das Präcipitat mit kohlensaurem Ammoniak macerirt, erreicht man das nämliche.

3. zur Auffindung und quantitativen Bestimmung des Bleies, indem es selbst in sehr verdünnten Auflösungen die Gegenwart desselben noch durch ein merkliches Trübewerden anzeigt. Bei quantitativen Bestimmungen gilt das nämliche, was beim Baryt und Kalk angeführt worden, dass die zu präcipitirende Flüssigkeit nach dem Zusatz des Reagens erwärmt, oder mit etwas kaustischem Am-

moniak versetzt werden muss. Aus der Menge des abfiltrirten, ausgesüssten und getrockneten kohlensauren Bleioxyds berechnet man den Bleigehalt nach dem Glühen.

4. zur quantitativen Bestimmung des Wismuths, zu welchem Zweck es am besten von allen übrigen Stoffen sich eignet. Es ist dabei gleichgiltig, ob die Wismuthauflösung klar oder trübe ist; denn auch das basische Salz wird davon zerlegt, besonders wenn das kohlensaure Ammoniak etwas im Ueberschuss angewendet wird. Das Präcipitat wird nach dem Aussüssen und Trocknen in einem Porzellantiegel, doch mit sorgfältiger Entfernung alles anhängenden organischen Stoffs, namentlich des Papiers vom Filtrum, geglüht, damit nicht etwa durch eine theilweise Reduction des Oxyds ein unrichtiges Resultat erhalten werde.

Laugier d. j. *) hat in neuester Zeit das kohlensaure Ammoniak zur Trennung des Bleioxyds vom Wismuth vorgeschlagen. Das Verfahren besteht darin, dass man die Auflösungen beider Metalle mittelst eines kohlensauren Alkalis niederschlägt, das Präcipitat darauf mit kohlensaurem Ammoniak übergiesst, welches das Wismuth, aber nicht das Bleioxyd auflösen soll. Sättigt man darauf die klare, Wismuth haltige Auflösung mit einer Säure, und fügt kaustisches Ammoniak hinzu, so fällt das Wismuth nieder, und kann dadurch genauer seiner Menge nach be-

*) Annal. de Ch. et de Ph. XXXVI. pag. 331.

stimmt werden, als wenn man das kohlensaure Ammoniak durch Eindampfen der Flüssigkeit zersetzen, und so das Wismuth abscheiden wollte.

Auch zur Trennung des Wismuths vom Kupfer ist das kohlensaure Ammoniak mit Sicherheit zu brauchen. Der Wismuthniederschlag erscheint zwar in der Regel ein wenig kupferhaltig, doch lässt sich diess durch Aussüssen desselben mit kohlensaurem Ammoniak, später mit reinem Wasser bald beseitigen; nach dem Trocknen und Glühen erfährt man sein Gewicht. Das Kupfer bestimmt man nach Entfernung des Ammoniaks durch kaustisches Kali.

5. zur Trennung des Kupfers von Kadmium (nach Strohmeyer). Die Auflösung beider wird mit einem Ueberschuss von kohlensaurem Ammoniak vermischt, wodurch sich das Kupfer gelöst erhält, der grösste Theil vom Kadmium aber niederfällt; das wenige, was gelöst bleibt, sondert sich ab, wenn man die Flüssigkeit einige Zeit an offner Luft stehen lässt, ohne dass Kupfer abgeschieden wird.

6. Endlich ist noch das kohlensaure Ammoniak ein gutes Trennungsmittel des Urans vom Nikkel, Kobalt und Zinkoxyd, vorausgesetzt, dass das Uran in der Flüssigkeit als Oxyd enthalten ist, widrigenfalls das Oxydul mittelst Salpetersäure in Oxyd verwandelt werden muss. Ist das geschehen, so verdünnt man die Auflösung stark mit Wasser, fügt reichlich kohlensaures Ammoniak hinzu, und erhitzt darauf die Flüssigkeit zum Kochen. Dadurch scheidet sich alles Uran und Zink, aber nur wenig Kobalt und Nikkel aus.

Man süsst das Präcipitat mit einer Salmiakauflösung aus, und glüht es. Die noch dabei befindlichen fremdartigen Metalle scheidet man vom Uran durch Auflösen des geglühten Präcipitates in Salzsäure, reichlichen Zusatz von Salmiak zur Auflösung und Fällung des Urans mit kaustischem Ammoniak; Zink, Kobalt und Nikkel bleiben alsdann gelöst. Uebrigens ist das Uran nur im kohlensauren, nicht aber im kaustischen Ammoniak löslich.

Anderweitige, aber mehr untergeordnete Anwendungen, z. B. zur Entfernung überschüssiger Säure beim Glühen schwefelsaurer Salze, findet das kohlensaure Ammoniak noch mehrere.

Kleesaures Ammoniak. Ammoniacum oxalicum. Oxalas ammonicus.

Auch diese Verbindung bereitet man am besten auf direktem Wege, durch Sättigen von reinem kohlensauren Ammoniak mit reiner Kleesäure (Oxalsäure), und Hinstellen der Saturation zur Krystallisation.

Das einfach kleesaure Ammoniak erscheint in langen, farbenlosen, vier, sechs- und achtseitigen Säulen von stechendem Geschmack, die an der Luft verwittern. Es bedarf gegen 28 Th. Wassers von mittlerer Temperatur, um gelöst zu werden, wird aber vom Alkohol nicht aufgenommen. Mineralsäuren zersetzen es theilweise, und scheiden daraus doppelt kleesaures Ammoniak ab. Das einfach kleesaure Ammoniak besteht nach Berzelius aus 1 A. Kleesäure, 2 A. Ammoniak und 2 A. Wasser, oder in 100 Th. aus 24,03 Ammoniak, 50,75 Kleesäure und 25,22 Wasser.

Das Mischungsgewicht des kleesauren Ammoniak, den Sauerstoff zur Einheit genommen, ist 1106,781, den Wasserstoff damit verglichen 177,374.

Auf obige Weise bereitet, ist es so leicht keiner Verunreinigung ausgesetzt; übrigens muss es sich, im Platintiegel erhitzt, vollständig verflüchtigen.

Das kleesaure Ammoniak findet ziemlich überall Anwendung, wo man sich der Kleesäure selbst zu bedienen pflegt, hat sogar öfters Vorzüge vor derselben, wie auch vor den übrigen kleesauren Salzen. Nach Einigen (vergl. Fechner's Repertorium der organ. Chemie I. B. 1. Abth. Pag. 284) soll es weniger sicher anzuwenden sein, weil es leicht dreifache Salze bildet. Ohne dieses Verhalten in Zweifel ziehen zu wollen, ist jedoch zu bemerken, dass dergleichen Doppelsalze vorzugsweise nur bei Flüssigkeiten von einem gewissen Concentrationsgrade entstehen, und man der Entstehung derselben durch angemessenes Verdünnen der zu fällenden Flüssigkeit (was ohnehin schon bei Präcipitationen geschehen muss) leicht vorbeugen kann. Es findet daher gar kein Bedenken sich des kleesauren Ammoniaks in folgenden Fällen zu bedienen:

1. zur quantitativen Bestimmung des Kalks, und zwar unter denselben Cautelen, wie sie bei der Oxalsäure Pag. 144 u. s. w. angeführt wurden. Es ist sogar besser, besonders wenn noch andere Basen, z. B. erdige und metallische, vorhanden

sind, sich nicht der freien Kleesäure, sondern des kleesauren Ammoniaks zu bedienen, weil man dadurch leichter der Gefahr entgeht, beim Uebersättigen der Flüssigkeit mit kaustischem Ammoniak einen geringen Antheil, sei es auch noch so wenig, mit niederzuschlagen. Zur Trennung des Kalks von der Magnesia ist das kleesaure Ammoniak ebenfalls sicherer anzuwenden, als die Kleesäure, kleesaures Kali aber aus leicht begreiflichen Ursachen auf keine Weise, wie diess schon Pag. 210 erwähnt worden. Wenn in der Verbindung ausserdem Thonerde, Kieselerde, Eisen- und Manganoxyd vorhanden sind, wie das sehr häufig bei der Analyse von Mineralien vorkommt, so bedient man sich gleichfalls des oxalsauren Ammoniaks, um den darin befindlichen Kalk abzuscheiden. Zur Trennung des Kalks vom Kobalt ist es ebenfalls ganz besonders geeignet, nur muss man dabei nicht unbeachtet lassen, dass in der zu fällenden Flüssigkeit zuvor reichlich Salmiak gelöst, und das entstehende oxalsaure Kobalt durch kaustisches Ammoniak in Auflösung erhalten werden muss. Dessenungeachtet muss man den oxalsauren Kalk rasch abfiltriren, damit das schwerlösliche Kobaltsalz nicht etwa durch längeres Stehen an der Luft niederfalle, und den Kalkniederschlag verunreinige.

Auch zur Bestimmung des Bleies wie zur Reduction des Goldes ist das kleesaure Ammoniak eben so anwendbar, wie die Kleesäure selbst, und verweisen wir desshalb auf das Pag. 146 u. s. w. darüber Angeführte.

Um Eisenoxyd und Eisenoxydul von

einander zu unterscheiden, ist das kleesaure Ammoniak sicherer zu gebrauchen, als die Kleesäure selbst, weil das oxalsaure Eisenoxydul in freien Säuren leicht löslich ist, und die Entstehung derselben hierbei besser verhütet wird.

Bernsteinsaures Ammoniak. Ammoniacum succinicum. Succinas ammonicus.

Man erhält es gleichfalls am besten auf direktem Wege durch Verbindung des reinen kohlensauren Ammoniaks mit reiner, von allem Empyreuma sorgfältig befreiter Bernsteinsäure, so dass das Ammoniak prädominirt. Die dadurch erhaltene Flüssigkeit lässt man bei gelinder Wärme, im Winter am besten auf einem Stubenofen, zur Trockne verdampfen, wodurch sie dann eine neutrale Verbindung darstellt. Krystallisiren darf man das Salz nicht lassen, weil es in diesem Zustande keinesweges die neutrale, vielmehr eine saure Verbindung ausmacht, welche auf diese Art nicht zu brauchen ist.

Das erhaltene Salz ist eine farben- und geruchlose Masse, von bitterlich kühlendem Geschmack, leicht in Wasser löslich, zusammengesetzt aus gleichen A. Bernsteinsäure und Ammoniak und 2 A. Wasser.

Das Mischungsgewicht des bernsteinsauren Ammoniaks, den Sauerstoff zur Einheit genommen, ist 1070,140; den Wasserstoff damit verglichen 171,502.

Einer Verunreinigung ist das auf obige Weise

bereitete Reagens nicht so leicht ausgesetzt; die in den Apotheken unter dem Namen Liquor ammonii succinici vorkommende Verbindung ist wegen ihres beträchtlichen Gehalts an Empyreuma zu analytischen Zwecken nicht anwendbar. Der Geruch entscheidet bald darüber, ob die zur Bereitung genommene Säure brenzlich war, oder nicht.

Das bernsteinsaure Ammoniak wird wie das bernsteinsaure Natron zur Trennung des Eisens vom Mangan gebraucht, und verdient vor diesem besonders dann den Vorzug, wenn in der Verbindung noch feuerbeständige Alkalien vorhanden sind. Im Uebrigen gilt davon dasselbe, was Pag. 262 umständlich beim bernsteinsauren Natron angeführt worden. Auf nämliche Weise, wie man dadurch das Eisen vom Mangan scheidet, lässt sich das Eisen auch vom Kobalt und Nikkel trennen.

Chlorammonium. Salzsaures Ammoniak. (Salmiak.) Ammonium chloratum. Ammoniacum muriaticum. (Sal ammoniacum.)

Der im Handel unter dem Namen des ägyptischen, in 2 Zoll dicken Broden vorkommende Salmiak ist jedenfalls allem übrigen, nicht durch Sublimation erhaltenen vorzuziehen; nur muss man ihn nochmals in Wasser lösen, die Auflösung filtriren, und zur Krystallisation hinstellen.

Der auf diese Weise gereinigte Salmiak erscheint in Octaëdern, oder auch in weissen, federartigen, an der Luft unveränderlichen Krystallen, die scharf und stechend schmecken, sich unzersetzt verflüchtigen, und in 2,72 Th. Wasser von mittlerer Temperatur, zu gleichen Theilen aber in kochendem Wasser lösen; in Weingeist wird er unbedeutend gelöst. Er besteht aus gleichen A. Ammonium und Chlor, in 100 Th. aus 33,90 Ammonium und 66,10 Chlor.

Das Mischungsgewicht des Salmiaks, den Sauerstoff zur Einheit genommen, ist 334,799; den Wasserstoff damit verglichen 53,656.

Die Reinheit des Salmiaks ergiebt sich einmal daraus, dass er sich, in einem Tiegel erhitzt, ohne allen Rückstand verflüchtigt; anderseits darf die Auflösung desselben durch Zusatz eines Barytsalzes keine Trübung erfahren, oder gar einen Niederschlag geben (schwefelsaures Ammoniak); Schwefelwasserstoffgas darf endlich die Auflösung nicht färben.

Der Salmiak wird in der analytischen Chemie überaus häufig gebraucht, weniger, um vermittelst desselben andere Stoffe zu entdecken, als vielmehr mitzuwirken zur genauen Abscheidung gewisser Körper aus ihrer Verbindung mit andern. So braucht man ihn zur Entdeckung der Thonerde in ihrer Auflösung vom kaustischem Kali; fügt man zu einer solchen Salmiak hinzu, so entsteht Chlorkalium, während Ammoniak frei wird, welches darauf die Thonerde niederschlägt. Hierdurch unterscheidet sich die Thonerde sehr wesentlich von der Magnesia, deren Fällung durch das Vorhandensein des Salmiaks im Gegentheil verhindert wird. Man benutzt ihn desshalb auch bei der Trennung der Magnesia von

Thonerde, Kalk, Eisen, Mangan, Zink, Kobalt, Uran, Chrom u. s. w.

Aber nicht bloss bei der Magnesia findet dieses statt, sondern eben so unentbehrlich ist der Salmiak bei der Scheidung des Mangans von Kalk, Thonerde, Kobalt, Zink, wie auch wenn Eisen von Mangan, und Eisen von Kobalt geschieden werden sollen. Solcher Fälle giebt es noch viel mehrere. Wenn man ihn nöthig hat, bleibt es sich gleich, ob man zu der Flüssigkeit, welche die zu scheidenden Stoffe enthält, unmittelbar Salmiak hinzufügt, oder ob man den Salmiak hierzu erst aus seinen Bestandtheileu zusammensetzt, auf die Weise nämlich, dass man die freie Salzsäure der Flüssigkeit mit kaustischem Ammoniak neutralisirt, oder umgekehrt das vorwaltende Ammoniak mit Salzsäure sättigt. Seine Wirksamkeit in diesen verschiedenen Fällen beruht vornämlich darauf, dass er von zweien oder mehreren, in einer Flüssigkeit enthaltenen Stoffen, die bei nicht vorhandenem Salmiak durch den Zusatz des Reagens theilweis mit einander verbunden niederfallen würden, den einen oder andern Körper zurückhält, und dass auf diese Weise der Körper, dessen Trennung zunächst beabsichtigt wird, durchaus rein von allen übrigen zu Boden fällt.

Einen Vortheil anderer Art hat er aber noch beim Aussüssen in Wasser nicht ganz unauflöslicher Körper, indem er die Auflöslichkeit derselben alsdann beseitigt. Hat man z. B. Uranoxyd abgeschieden, und versucht es, dasselbe mit blossem Wasser auszusüssen, so läuft diess immer lehmig durchs Filtrum, und der Verlust im Resultat würde bedeutend ausfallen, wenn man damit fortfahren, und anstatt des reinen Wassers nicht eine schwache Salmiakauflösung nehmen wollte. Hat man dadurch die anhängenden feuerbeständigen Stoffe weggeschafft, so darf man, was übrig ist, nur glühen, wodurch sich der Salmiak verflüchtigt.

Nicht minder wichtig, als die bisher angeführten mannichfaltigen Arten der Anwendung des Salmiaks, ist auch die zur Abscheidung des Platins aus seinen Erzen, zur quantitativen Bestimmung desselben, wie auch zur Trennung von solchen Metallen, deren Chlorverbindungen in Weingeist leicht löslich sind, wie die des Goldes. Rein erhält man jedoch das Platin bei der Abscheidung aus seinen Erzen mittelst Salmiak nicht, vielmehr ist es in diesem Falle stets mit Rhodium und Iridium verunreinigt, was man, wie bereits Pag. 218. angeführt, bei der Anwendung des Chlorkaliums nicht zu fürchten hat. Zur quantitativen Bestimmung des Platins hat dagegen der Salmiak vor dem Chlorkalium Vorzüge, weil das damit erhaltene Doppelsalz nach dem Ausglühen sogleich reines Platin übrig lässt, während es bei jenem stets noch mit Chlorkalium verbunden ist, das erst weggewaschen werden muss.

Auch zur Entdeckung des Iridiums ist der Salmiak mit Vortheil zu gebrauchen, in sofern er in einer gesättigten Auflösung von Chloriridium ein in Wasser schwer, in Weingeist unlösliches Doppelsalz von rothgelber Farbe niederschlägt.

Hydrothionsaures (Wasserstoffschwefeliges, geschwefelwasserstofftes) Schwefelammonium. Hydrothion (Schwefel) Ammoniak. Hydrosulphuretum ammonii.

Diese Verbindung, nicht zu verwechseln mit dem sogenannten Oleum sulphuris Beguini der Pharmaceuten, erhält man am zweckmässigsten dadurch, dass man liquides Aetzammoniak mit seiner gleichen oder doppelten Menge destillirten Wassers verdünnt, darauf in die Mischung so lange Schwefelwasserstoffgas leitet, bis eine Auflösung von Bittersalz, mit derselben vermischt, sich vollkommen klar erhält. Hierdurch erfährt man den Sättigungspunkt genauer, als wenn man, wie es gewöhnlich in den Lehrbüchern vorgeschrieben wird, das Hineinleiten des Gases fortsetzt, bis kein Gas mehr verschluckt wird. Die auf diesem Wege erhaltene Verbindung ist im frischen Zustande ohne alle Farbe, wird indess durch längeres Stehen, besonders wenn die Luft Zutritt hat, allmählig gelb, indem, wenn sich der Sauerstoff der letzten mit einem Theil des Wasserstoffs der Hydrothionsäure zu Wasser verbindet, Schwefel ausgeschieden wird, welcher alsdann von dem nicht zerlegten Antheil der Verbindung aufgenommen wird, und diese gelb färbt. Daher kommt es auch, dass ein gelbgewordenes Präparat beim Sättigen mit Salzsäure durch den sich ausscheidenden Schwefel trübe wird, während die farbenlose Verbindung durch Säurezusatz klar bleibt. Eigentlich sollte man ein dergestalt verändertes Präparat nicht brauchen; doch sind, streng untersucht, der Fälle gar zu wenig, in denen es offenbaren Nachtheil bringt. Das Hydrothionammoniak besteht aus gleichen A. Schwefelammonium und Schwefelwasserstoff, in 100 Th. aus 65,91 Schwefelammonium und 34,09 Schwefelwasserstoff.

Das Mischungsgewicht desselben, den Sauerstoff zur Einheit genommen, ist 865,235; den Wasserstoff damit verglichen 137,222.

Das Schwefelammoniak ist ein besonders empfindliches Prüfungsmittel für Metalle, welche es mit denselben Farben als das Schwefelwasserstoffgas anzeigt. Im Allgemeinen lässt sich jedoch nicht annehmen, dass es zur Entdeckung derselben empfindlicher wäre, oder sicherer anzuwenden, als jenes. Bei der Reihe von Metallen freilich, welche, wie Pag. 121. erwähnt, durch Schwefelwasserstoffgas aus sauren Flüssigkeiten gar nicht, theilweise aus neutralen, aber vollständig aus alkalisch gemachten niedergeschlagen werden, ist es besser, zur Fällung Schwefelammoniak zu nehmen. Nicht bloss, dass man dadurch leichter der Gefahr entgeht, gleichzeitig in der Auflösung vorhandene Erden (Thonerde und Zirkonerde ausgenommen) mit niederzuschlagen, sondern man ist dadurch auch besser im Stande, die geringste Quantität eines solchen Metalles aufzufinden. Zur Abscheidung dieser Klasse von Metallen wird es daher auch häufig angewendet; nur ist nicht zu vergessen, dass die Trennung von Nikkel und Uran vermittelst Schwefelammoniak stets unsicher ist, weil ihre Schwefelverbindungen im Hydrothionammoniak nicht so vollkommen unlöslich sind, als es bei den übrigen der Fall ist. Aber nicht bloss für die, zu dieser Reihe gehörigen Metalle, sondern auch für diejenigen, welche unter allen Umständen gleich gut vom Schwefelwasserstoff niedergeschlagen werden, giebt das Schwefelammoniak ein gutes Mittel zur Scheidung ab, wenn sie mit solchen Metallen verbunden sind, die bloss aus sauren Flüssigkeiten vollständig geschieden werden können. Bekanntlich sind letztere darin leicht löslich, man darf daher die frisch niedergeschlagene Verbindung dieser Schwefelmetalle nur mit Schwefelammoniak übergiessen, das Ganze in einer verschlossenen Flasche oder in einem Glaskolben bei gelinder Wärme digeriren, dann erkalten lassen, darauf aber das Ungelöste durch ein Filtrum von der Auflösung scheiden, mit Hydrothionammoniak haltigem Wasser aussüssen, und weiter behandeln, wie es ihre Natur mit sich bringt. Dadurch lösen sich die elektronegativen Schwefelmetalle des Antimons, Arsenik, Zinnoxyd u. s. w., wie sie Pag. 111. vollständig erwähnt worden, auf, verbinden sich mit dem Schwefelammoniak zu einem Schwefelsalz, das als leicht löslich im Filtrat enthalten ist, und durch Zusatz einer verdünnten Säure im Ueberschuss dergestalt zerlegt wird, dass das Schwefelmetall, welches darin die Stelle der Säure vertritt, vollständig niederfällt. Hierauf beruht auch das Verfahren zur leichtern und schnellern Entdeckung der Arseniksäure, die bekanntlich durch Schwefelwasserstoffgas so langsam und schwer zersetzt wird, dass man bei etwas Mangel an Geduld mitunter

Gefahr läuft, sie zu übersehen. Es besteht darin, dass man die zu untersuchende Flüssigkeit, wenn die Säure darin vorherrscht, mit Ammoniak übersättigt, reichlich Schwefelammoniak zusetzt, das Ganze mit Wasser verdünnt, und sodann die Mischung, mit einem Ueberschuss von Salzsäure versetzt, erwärmt. Die Abscheidung des Schwefelarseniks erfolgt dadurch vollkommen. Verbindungen der verschiedenen Schwefelmetalle, wie sie z. B. in der Natur vorkommen, lassen sich auf vorhin angeführte Weise nicht trennen, mag man sie auch noch so fein pulverisirt anwenden. Es ist immer nöthig, dass sie frisch gefällt, noch etwas feucht mit dem Schwefelammoniak digerirt werden.

Die bereits beim Schwefelwasserstoffgas Pag. 106. angeführten vier Metalle, Cer, Chrom, Tantal und Titan, deren Auflösungen von demselben nicht affizirt werden, bleiben auch vom Schwefelammoniak unverändert, oder geben wenigstens damit keine Schwefelmetalle, wenn sie auch dadurch gefällt werden. Es ist daher falsch, was Pfaff darüber in seiner analytischen Chemie B. I. Pag. 237. folg. anführt. Die in den Auflösungen aller dieser Metalle durch Schwefelammoniak entstehenden Niederschläge sind, mit Ausnahme des vom Chrom (welcher grünes Chromoxydulhydrat ist), weiss, und ihrer Natur nach nichts anders als Hydrate der verschiedenen Oxyde; man sieht daher in den Auflösungen jener Metalle durch kaustische oder reine Alkalien dieselben Reaktionen, wie durch Schwefelammoniak oder hydrothionsaure Alkalien überhaupt entstehen, und darf selbige nicht als Reagentien für diese Metalle betrachten. Wichtig ist es noch, zu wissen, dass, wie auch schon im Vorübergehen erwähnt, Thonerde und Zirkonerde aus ihren Auflösungen gleichfalls vom Hydrothionammoniak niedergeschlagen werden, nicht aber etwa als Schwefelverbindungen, vielmehr wie die so eben angeführten vier Metalle, im reinen Zustande. Bei einer so häufig vorkommenden Erde, wie die Thonerde, muss man desshalb vorsichtig sein, und nicht unterlassen, überall, wo sie sich nur vermuthen lässt, auf sie zu prüfen. Uebrigens lässt sich Schwefelzink, der äusserlich verschiedenen Beschaffenheit beider nicht zu gedenken, von der Thonerde leicht und sicher durch kaustisches Kali unterscheiden; Schwefelzink ist darin vollkommen unauflöslich, Thonerde wird dagegen leicht und vollständig davon aufgenommen. Hätte man daher z. B. einen Niederschlag von Schwefelzink, worin man Thonerde vermuthete, so darf man diesen nur mit kaustischem Kali digeriren, und das Filtrat mit Salzsäure sättigen, wodurch sich das Zink ausscheiden wird. Die Trennung beider in einer gemeinschaftlichen Auflösung lässt sich leicht durch einen Ueberschuss an kaustischem Ammoniak bewirken, Thonerde ist darin fast total unlöslich, Zink hingegen bleibt darin vollkommen gelöst.

Salpetersaurer Baryt. Baryta nitrica. Nitras baryticus.

Man erhält dieses Salz am leichtesten aus dem Schwefelbarytium, welches man auf die Pag. 181. ausführlich beschriebene Weise aus dem schwefelsauren Baryt bereitet, und zwar indem man die Schwefelverbindung in der erforderlichen Menge reichlich mit Wasser verdünnter Salpetersäure auflöst, die Auflösung noch heiss filtrirt, und darauf zur Krystallisation abdampft. Die erhaltenen Krystalle spült man dann zur Entfernung des Strontians mit etwas destillirtem Wasser ab, und reinigt sie vollständig durch nochmaliges Krystallisiren. Der salpetersaure Baryt erscheint in wasserhellen, luftbeständigen Octaëdern oder Tetraëdern, die bitter und scharf schmecken, 20 Theile eiskalten und 4 — 5 Theile kochenden Wassers zur Auflösung bedürfen, vom Alkohol nicht aufgenommen werden, erhitzt heftig dekrepitiren, und unter Sauerstoffabgabe in kaustischen Baryt verwandelt werden. Der salpetersaure Baryt besteht aus gleichen A. Baryt und Salpetersäure, in 100 Th. aus 58,56 Baryt und 41,44 Salpetersäure.

Das Mischungsgewicht des salpetersauren Baryt, den Sauerstoff zur Einheit genommen, ist 1633,915; den Wasserstoff damit verglichen 261,854.

Einer Verunreinigung ist der auf obige Weise dargestellte salpetersaure Baryt nicht so leicht ausgesetzt.

Der salpetersaure Baryt ist, wie alle Barytverbindungen, ein empfindliches Prüfungsmittel auf Schwefelsäure, in sofern er die Gegenwart derselben durch einen in allen Säuren unlöslichen Niederschlag von schwefelsaurem Baryt zu erkennen giebt.

Nicht minder sicher lässt sich dadurch die Menge der Selensäure bestimmen, denn der selensaure Baryt ist in Säuren eben so unlöslich, als der schwefelsaure; es sind daher auch die nämlichen Vorsichtsmaasregeln zu beobachten, als bei der Bestimmung der Schwefelsäure.

Auch zur Bestimmung der Chromsäure ist der salpetersaure Baryt mit Vortheil anwendbar, vorausgesetzt, dass in der Flüssigkeit nicht Säure vorherrscht; ist das der Fall, so kann man ihn nicht nehmen, weil der chromsaure Baryt darin auflöslich ist, und zu einem falschen Resultate Veranlassung geben würde. Uebrigens ist der salpetersaure Baryt in diesem Fall aus leicht begreiflichen Ursachen dem Chlorbarytium vorzuziehen.

Endlich bedient man sich noch des salpetersauren Baryts, um solche Kieselverbindungen aufzuschliessen, welche unter ihren Bestandtheilen feuerbeständige Alkalien zählen, die also nicht mittelst Kali oder Natron aufzuschliessen sind, auch von Flusssäure nicht angegriffen werden. Seine Anwendbarkeit hierzu gründet sich darauf, dass kaustischer Baryt entsteht, welcher die Zerlegung bewirkt. Dazu ist es aber nöthig, dass man den salpetersauren Baryt, ehe man ihn mit der aufzuschliessenden Verbindung mischt, an und für sich erhitze, damit er seine Eigenschaft zu decrepitiren verliere; darauf wird er mit dem pulverisirten Fossil zusammengerieben, die Mischung in einen Silbertiegel gebracht (Platintiegel sind nicht zu brauchen weil sie zu stark angegriffen werden), und erst sehr gelinde, allmählig aber stärker erhitzt, damit die Masse nicht übersteige, was gar leicht geschieht.

Kohlensaurer Baryt. Baryta carbonica. Carbonas baryticus.

Die in der Natur unter dem Namen des Witherits vorkommende Verbindung ist zu unsern Zwecken nicht geeignet; man muss sich dieselbe daher auf dem Wege der Kunst verschaffen, und wählt dazu ein Barytsalz, am besten salpetersauren Baryt. Dasselbe wird in vielem Wasser glöst, mit kaustischem Ammoniak reichlich versetzt, und darauf so lange mit einer Auflösung von kohlensaurem Ammoniak vermischt, als dadurch noch ein weisses, unlösliches Präcipitat entsteht. Hat sich dasselbe abgesetzt, so giesst man die darüber stehende Flüssigkeit ab, bringt es auf ein Filtrum, und wäscht es so lange mit Wasser aus, bis dasselbe geschmacklos abfliesst. Nach dem Trocknen entfernt man etwa anhängende Ammoniaksalze vollständig durch Glühen.

Das so bereitete Präparat ist ein weisses, geruch- und geschmackloses Pulver, etwa viermal schwerer als Wasser. In reinem Wasser ist es in geringem Grade löslich, aber nicht in einem solchen, das verschiedene fremdartige Salze enthält. Beim Glühen wird es nicht zersetzt. Der kohlensaure Baryt besteht aus gleichen A. Baryt und Kohlensäure, in 100 Th. aus 77,59 Baryt und 22,41 Kohlensäure.

Das Mischungsgewicht des kohlensauren Baryts, den Sauerstoff zur Einheit genommen, ist 1233,317; den Wasserstoff damit verglichen 197,653.

Der auf obige Weise bereitete kohlensaure Baryt ist nicht leicht einer Verunreinigung ausgesetzt; daher wird das Verfahren zur Prüfung desselben übergangen.

Der kohlensaure Baryt wird weniger zur Entdeckung gewisser Stoffe, als vielmehr zur Abscheidung derselben angewendet. Am wichtigsten möchte wohl der Gebrauch desselben zum Aufschliessen solcher Kieselverbindungen sein, bei denen diess wegen eines Gehalts an fixem Alkali durch Kali oder Natron nicht geschehen darf, und ist er in diesem Betracht dem salpetersaurem Baryt weit vorzuziehen. Das Fossil muss dann aber um vieles feiner zerrieben und noch sorgfältiger geschlämmt werden, als wenn man Kali oder Natron in nämlicher Absicht anwendet; auch muss die Quantität des kohlensauren Baryts beträchtlicher sein, nämlich auf einen Theil der aufzuschliessenden Verbindung 5 bis 6 Theile kohlensauren Baryt. Die Hitze zum Aufschliessen muss ebenfalls um vieles stärker sein, als wenn man wie gewöhnlich verfährt. Platintiegel können eben so gut, als bei der Anwendung von kohlensauren Alkalien genommen werden. Die Behandlung nach dem Glühen ist von der gewöhnlichen nicht verschieden, nur muss nach der Abscheidung der Kieselerde, wenn der trockne Rückstand aufgeweicht, und vom Auflöslichen getrennt worden, aus dem Filtrat der Baryt gleich durch einen Ueberschuss von Schwefelsäure geschieden werden.

Auch bei der Trennung der Unterschwefelsäure von der Schwefelsäure, wenn sie zusammen in einer Flüssigkeit, z. B. im Elixir acidum Halleri vorkommen, bedient man sich mit Vortheil des kohlensauren Baryts. Beim Sättigen fällt sogleich schwefelsaurer Baryt zu Boden, welcher abfiltrit werden kann, während unterschwefelsaurer aufgelöst bleibt. Aus der Menge des schwefelsauren Baryts, den man bei der Zerlegung des unterschwefelsauren mittelst Schwefelsäure erhält, bestimmt man sodann den Säuregehalt.

Essigsaurer Baryt. Baryta acetica. Acetas baryticus.

Ein absolut reiner essigsaurer Baryt kann mit Vortheil nur durch Auflösen des auf vorhin erwähnte Weise bereiteten, reinen kohlensauren Baryts in reiner verdünnter Essigsäure dargestellt werden.

Der essigsaure Baryt krystallisirt in weissen vierseitigen Prismen, die mit Beibehaltung ihrer Form an der Luft verwittern, scharf und bitter schmecken, sich fast in ihrer gleichen Menge Wasser, auch im Alkohol lösen, und gegen 5,6 pro Cent Krystallwasser enthalten. Der essigsaure Baryt besteht aus gleichen Theilen Baryt, Essigsäure und Wasser, in 100 Th. aus 55,87 Baryt, 37,55 Essigsäure und 6,58 Wasser.

Das Mischungsgewicht des essigsauren Baryt, den Sauerstoff zur Einheit genommen, ist 1217,544; den Wasserstoff damit verglichen 274,455.

Die Reinheit des essigsauren Baryts ergiebt sich daraus, dass die Auflösung desselben durch kaustisches Ammoniak eben so wenig eine Trübung erfährt, als durch essigsaures Silber.

Der essigsaure Baryt ist unentbehrlich zur Trennung der feuerbeständigen Alkalien von Erden und Metallen. Man verwandelt dazu alle diese Basen in schwefelsaure Salze, und zerlegt sie darauf mittelst des essigsauren Baryt, filtrirt den Niederschlag von schwefelsaurem Baryt ab, dampft das Filtrat, welches die essigsauren Salze enthält, zur Trockne ab, glüht den trockenen Rückstand, und zieht nach dem Erkalten die kohlensauren Alkalien daraus mittelst Wasser aus. Die kohlensauren Erden und Metalloxyde, welche dabei ungelöst zurückbleiben, bestimmt man alsdann auf die einer jeden angemessene Weise. So trennt man z. B. Magnesia von einem Alkali.

Chlorbarytium (salzsaurer Baryt). Barytium chloratum (Baryta muriatica).

Ein besonders durch Wohlfeilheit, eben so sehr aber auch durch praktische Anwendbarkeit ausgezeichnetes Verfahren zur Darstellung dieser Verbindung besteht darin, dass man 2 Theile höchst feingeschlämmten Schwerspath und 1 Theil trocknes, geglühtes Chlorcalcium zusammenreibt, das Gemenge in einem hessischen Tiegel zwischen glühende Kohlen zum Fluss bringt, ausgiesst, und nach dem Erkalten fein pulverisirt. Das Pulver trägt man darauf in die sechsfache Menge seines Gewichts kochenden, destillirten Wassers, lässt das Ganze einigemal aufwallen, filtrirt darauf den unlöslichen schwefelsauren Kalk rasch ab, kocht ihn nochmals mit frischem Wasser aus, und verdampft darauf das Filtrat zur staubigen Trockne. Den Rückstand glüht man sodann scharf, kocht das geglühte, kalt gewordene, fein zerriebene Chlorbarytium einigemal mit starkem Alkohol aus, und löst, was übrig bleibt, in destillirtem Wasser, filtrirt und krystallisirt. Das auf diesem Wege erhaltene Chlorbarytiumhydrat erscheint in luftbeständigen, wasserhellen, vierseitigen Tafeln und Säulen von unangenehm bitterem Geschmack, die sich in etwa 2,5 kaltem und 1,5 heissem Wasser, nicht aber im absoluten Alkohol lösen; bis zum Glühen erhitzt verliert das Chlorbarytium sein Wasser, welches 14,75 pro Cent beträgt. Das Chlorbarytium besteht aus 1 A. Barytium und 2 A. Chlor, in 100 Th. aus 66 Barytium und 34 Chlor; das Hydrat, in welchem Zustande es bloss im Gebrauch ist, besteht aus 1 A. Chlorbarytium mit 2 A. Wasser, in 100 Th. aus 85,25 Chlorbarytium und 14,75 Wasser.

Das Mischungsgewicht des Chlorbarytiums, den Sauerstoff zur Einheit genommen, ist 1299,530; den Wasserstoff damit verglichen 208,265; das Mischungsgewicht vom Chlorbarytiumhydrat, im Vergleich zum Sauerstoff, ist 1524,488; im Vergleich zum Wasserstoff 244,317.

Die Reinheit des Chlorbarytiums ergiebt sich daraus, dass die Auflösung desselben durch kaustisches Ammoniak keine Trübung, durch Schwefelammoniak aber keine Färbung erfährt. Absoluter Alkohol damit in einem Kölbchen digerirt, darf daraus nichts aufnehmen, und angezündet nicht mit rother Flamme brennen.

Das Chlorbarytium ist von den Barytsalzen dasjenige, dessen man sich am häufigsten zur Entdeckung und Abscheidung der Schwefelsäure bedient, während die übrigen nur ausnahmsweise in manchen Fällen Anwendung finden. Im Allgemeinen gilt davon dasselbe, was schon früher Pag. 183. beim Barytwasser vom Verhalten des Baryts zur Schwefelsäure angeführt worden. Nur das dürfte hier noch eine Erwähnung verdienen, dass die Flüssigkeiten, aus denen die Schwefelsäure mittelst einer Barytverbindung gefällt werden soll, wenn darin die Säure vorherrscht, reichlich mit Wasser verdünnt sein müssen, damit nicht etwa das Barytsalz selbst, ehe es die Schwefelsäure abgeschieden hat, wegen seiner Schwerlöslichkeit in einer sauren Flüssigkeit niedergeschlagen werde. Das nämliche gilt auch vom salpetersauren Baryt, welcher eben so, wie der salzsaure, in einem Säure haltigen Wasser viel schwerer löslich ist, als im reinen, ja fast unlöslich.

Ein recht gutes Reagens ist das Chlorbarytium auch für die phosphorsauren Salze, in sofern es mit ihnen einen weissen, in Wasser unlöslichen Niederschlag von phosphorsaurem Baryt hervorbringt. Säuren lösen den phosphorsauren Baryt vollständig auf, kaustisches Ammoniak schlägt ihn aus dieser Auflösung wieder unverändert nieder; auch Salmiak nimmt ihn auf, wenn gleich die Menge desselben dazu nicht gering sein darf; aus Salmiakhaltiger Lösung wird er durch kaustisches Ammoniak auch niedergeschlagen, was als ein Unterscheidungszeichen der phosphorsauren Salze von den boraxsauren und von den Fluormetallen gelten kann, in sofern diess bei beiden nicht der Fall ist. Bei der Scheidung der Phosphorsäure ist der salzsaure Baryt dem salpetersauren jederzeit vorzuziehen.

Schwefelsaurer Kalk (Gyps). Calcaria sulphurica. Sulphas calcicus.

Zu den Zwecken, wo man des schwefelsauren Kalk als Reagens bedarf, ist es keinesweges nöthig, ihn besonders zu bereiten, man kommt im Gegentheil recht gut mit dem aus, welcher im gemeinen Leben im gebrannten Zustande häufig Anwendung findet. In diesem Zustande erscheint er als ein weisses, geruch- und geschmackloses Pulver, in kaltem und kochendem Wasser fast gleich löslich, verlangt 462 Theile zur Auflösung, wird vom Alkohol nicht aufgenommen; mit der nöthigen Menge Wasser angerührt, geht er unter Erhitzung in eine harte, feste Masse über. Er besteht aus gleichen A. Kalk und Schwefelsäure, und enthält im krystallisirten Zustande 2 A. Wasser. Im wasserfreien Zustande ist er in 100 Th. zusammengesetzt aus 41,53 Kalk und 58,47 Schwefelsäure; im wasserhaltigen aus 32,90 Kalk, 46,31 Schwefelsäure und 20,79 Wasser.

Das Mischungsgewicht des wasserfreien schwefelsauren Kalk ist, den Sauerstoff zur Einheit genommen, 857,184; den Wasserstoff damit verglichen 137,373; das des wasserhaltigen im Vergleich zum Sauerstoff 1082,142, und im Vergleich zum Wasserstoff 173,425.

Der schwefelsaure Kalk wird als Reagens auf trocknem und auf nassem Wege gebraucht; wegen seiner Anwendung in erster Beziehung verweisen wir auf den Artikel Flussspath. Als Reagens auf nassem Wege dient die Auflösung desselben zur Entdeckung

der Klee- oder Oxalsäure, in sofern sie und ihre Salze von denen aller organischen Säuren die einzigen sind, welche von der Gypsauflösung afficirt werden, basirt auf den hohen Grad der Verwandschaft zwischen Kalk- und Oxalsäure. Sollte der Niederschlag nicht auf der Stelle zum Vorschein kommen, so stellt er sich doch nach einiger Zeit bestimmt ein, wenn man es nicht vorziehen sollte, die Flüssigkeit zu erwärmen, wodurch er gleich sichtbar wird.

Bei der Trennung des Kalkes von der Magnesia bedient man sich ebenfalls mit Vortheil einer Auflösung des schwefelsauren Kalk in Wasser, wie diess Pag. 82. bereits angeführt worden.

Chlorcalcium (salzsaurer Kalk). Calcium chloratum. (Calcaria muriatica).

Der kürzeste Weg, sich diese Verbindung rein zu verschaffen, ist der, dass man Marmor in mit wenigem Wasser verdünnter Salzsäure löst, bis nichts mehr aufgenommen wird, die Auflösung vom nicht gelösten Rückstande abgiesst, zur Trockne eindampft, und das feste Salz glüht. Hierauf wird das Uebrigbleibende von neuem in Wasser gelöst, die Auflösung filtrit, und wiederum zur Trockne abgedampft, weil die Verbindung gerade nicht leicht krystallisirt.

Auf diesem Wege bereitet stellt das Chlorcalcium eine weisse, durchscheinende, in der Hitze leicht schmelzbare Masse dar, die ekelhaft bitter und scharf schmeckt, an der Luft gern feucht wird und zerfliesst, in Wasser und verdünntem Alkohol sich leicht löst. Im krystallisirten Zustande hat es die Form einer vier- oder sechsseitigen Säule, enthält 49,12 pro Cent Wasser, welches beim Erhitzen unter Aufschäumen entweicht. Die wasserfreie Verbindung besteht aus 1 A. Chlorcalcium und 2 A. Chlor, in 100 Th. aus 36,64 Calcium, und 63,36 Chlor.

Das Mischungsgewicht des Chlorcalcium, den Sauerstoff zur Einheit genommen, ist 698,669; den Sauerstoff damit verglichen 111,970.

Die Reinheit des Chlorcalciums ist daraus zu ersehen, dass er sich in Wasser und Weingeist vollständig löst, dass eine Auflösung desselben mit kaustischem Ammoniak vermischt, ungetrübt bleibt; auch beim Hindurchleiten von Schwefelwasserstoffgas keine Farbenveränderung erfährt.

Der salzsaure Kalk findet Anwendung:

1. zur Unterscheidung verschiedener organischer Säuren, und unter diesen besonders zur

Entdeckung und Erkennung der **Citronensäure**. Setzt man nämlich zu einer verdünnten Auflösung derselben aufgelösetes Chlorcalcium, so erfolgt auf der Stelle kein Niederschlag, wohl aber, wenn man die Flüssigkeit erwärmt oder zum Kochen erhitzt. Weinsteinsäure und Kleesäure geben in der Kälte sogleich einen Niederschlag, der sich durch Kochen nicht vermehrt.

2. zur Entdeckung der **Phosphorsäure**, wenn sie an Basen gebunden ist. Es erfolgt sogleich ein weisser in Salz- und Salpetersäure löslicher Niederschlag von phosphorsaurem Kalk, der auch durch viel Salmiak in Wasser löslich ist. Die durch letztern erhaltene Auflösung wird vom kaustischen Ammoniak sogleich gefällt, welches deshalb zu merken ist, weil die boraxsauren Salze und Fluormetalle, die sich im Uebrigen eben so verhalten, dadurch von den phosphorsauren unterschieden sind. Zur quantitativen Bestimmung der Phosphorsäure ist das Chlorcalcium nicht zu brauchen.

3. zur quantitativen Bestimmung der **Flusssäure**, besonders wenn sie mit Kieselerde zugleich vorhanden ist. Man schliesst dazu die Verbindung durch Schmelzen mit kohlensaurem Natron auf, zieht die geschmolzene Masse mit blossem Wasser aus, und dampft die Auflösung zur Trockne ein. Hat sich dadurch noch ein Antheil Kieselsäure, welcher aufgelöst gehalten wurde, abgeschieden, so saturirt man das Filtrat mittelst Salzsäure, lässt die Kohlensäure durch Stehen an der Luft entweichen, setzt, nachdem diess erfolgt, kaustisches Ammoniak im Ueber-

schuss hinzu, bringt sodann die Flüssigkeit in ein wohl zu verschliessendes Stöpselglas, und schlägt sie darin mit einer Auflösung von Chlorcalcium nieder. Es bildet sich Fluorcalcium, aus dessen Menge nach dem Absetzen, Aussüssen, Trocknen und Glühen der Flusssäuregehalt durch Rechnung gefunden wird.

4. Nach Wöhler zur Trennung des Wolfram von solchen Metallen, die mit Chlor in Wasser leicht lösliche Verbindungen geben, wie Eisen und Mangan. Eine solche Verbindung ist z. B. der in der Natur vorkommende Wolfram; um die erwähnten Metalle davon zu scheiden, wird das fein geschlämmte Fossil daher bloss mit dem doppelten seines Gewichts geglühtem Chlorcalcium zusammengeschmolzen, und die geschmolzene Masse mit Wasser extrahirt, worauf wolframsaurer Kalk übrig bleibt, der seiner Menge nach bestimmt werden kann; Chloreisen und Chlormangan finden sich in der Auflösung.

5. Im trocknen, geschmolzenen Zustande braucht man das Chlorcalcium auch, um aus seiner Gewichtszunahme den Wassergehalt einer Verbindung zu bestimmen, ferner um verschiedenen Gasarten ihr hygroscopisches Wasser zu entziehen; nur Ammoniakgas lässt sich dadurch nicht entwässern, weil es vom Chlorcalcium absorbirt wird. Bei diesem bedient man sich in nämlicher Absicht lieber des trocknen kaustischen Kalis oder des Kalkhydrats.

Fluorcalcium. (Flussspath). Calcium fluoratum. (Spathum fluoricum).

Man bedient sich nur des in der Natur vorkommenden. Am liebsten nimmt man den von Derbyshire, und sucht solchen aus, welcher frei von Kieselerde ist. Diess erfährt man nach Berzelius dadurch, dass man ihn fein pulverisirt mit Flusssäure anfeuchtet, und Acht giebt ob sich die Mischung erwärmt; die geringste Menge von Kieselerde lässt sich dadurch entdecken. Er besteht aus 1 A. Calcium und 2 A. Fluor, in 100 Theilen aus 52,29 Calcium und 47,71 Fluor.

Das Mischungsgewicht desselben, den Sauerstoff zur Einheit genommen, ist 489,819; den Sauerstoff damit verglichen 78,499.

Der Flussspath wird gebraucht:

1. nach Turner in Verbindung mit saurem schwefelsaurem Kali zur Entdeckung der Boraxsäure (wie Pag. 193 ausführlich beschrieben). Auch nach Arfvedson zur Trennung derselben von allen feuerbeständigen Basen, vorausgesetzt, dass die Verbindung durch Schwefelsäure zersetzt wird. Die zu untersuchende Verbindung wird in dem Fall mit drei bis vier Theilen höchst fein pulverisirten Flussspath gemengt, das Gemenge in einem Platingefäss mit Schwefelsäure übergossen, erst gelinde, allmählig stärker, endlich bis zum schwachen Glühen erhitzt. Dadurch entweicht Fluorborsäure und die überschüssige Schwefelsäure, während die Basen als schwefelsaure Salze übrigbleiben. Die Menge des ange-

wandten Flussspath ist bekannt, daher auch die daraus entstehende Quantität vom schwefelsauren Kalk. Scheidet man ihn von den andern schwefelsauren Basen auf eine ihrer Natur entsprechende Weise ab, so giebt das, was fehlt, den Gehalt an Boraxsäure, welche in der Verbindung vorhanden war.

2. zur Auffindung des Gyps, und umgekehrt des Gyps zur Entdeckung von Flussspath. Legt man ein kleines Stückchen Gyps neben ein noch kleineres Stückchen Flussspath, so dass sie sich berühren, erhitzt sie darauf, so fangen sie an im Berührungspunkte zu schmelzen, absorbiren einander, und schmelzen leicht zu einer klaren, farbenlosen Glasperle, welche beim Erkalten zu einem milchweissen Email erstarrt. Nimmt man bedeutend mehr von dem einen, so wird die Schmelzung unvollkommen.

Auch zur Analyse solcher Kieselerde haltiger Fossilien, die feuerbeständige Alkalien enthalten, und durch Säuren nicht zu zerlegen sind, ist nach Berzelius der Flussspath zu gebrauchen. Bei weitem vortheilhafter bedient man sich dazu aber der Flusssäure, wie Pag. 453 ausführlich angeführt worden.

Schwefelsaure Thonerde. Alumina sulphurica. Sulphas aluminicus.

Man erhält die Verbindung dadurch, dass man Alaun in Wasser löst, die Auflösung bis zum Vorwalten mit kohlensaurem Ammoniak versetzt, das dadurch entstandene Präcipitat einige Zeit mit der Flüssigkeit digerirt, abfiltrirt und es sorgfältig auswäscht. Darauf wird es in verdünnter Schwefelsäure aufgelöst, die Auflösung bis zur Trockne verdampft, der Rückstand darauf stark, aber nicht bis zum Glühen erhitzt, und die schwefelsaure Thonerde aus dem Rückstand mit Wasser extrahirt, das Ausgezogene filtrirt, und weil sie bloss im concentrirten Zustande ihre Dienste thut, durch Abdampfen das überflüssige Wasser davon entfernt.

Die neutrale schwefelsaure Thonerde krystallisirt schwer, erscheint, wenn das der Fall ist, in perlmutterglänzenden biegsamen Blättchen, die süss, zusammenziehend schmecken, sich in 2 Th. kalten Wassers, gar nicht im Alkohol lösen, und geglüht alle Säure verlieren. Die schwefelsaure Thonerde besteht aus 1 A. Thonerde und 3 A. Schwefelsäure, in 100 Th. aus 20,9 Thonerde, 70,1 Schwefelsäure mit 46,6 pro Cent Wasser.

Das Mischungsgewicht der schwefelsauren Thonerde, den Sauerstoff zur Einheit genommen, ist 2145,829; den Wasserstoff damit verglichen 343,893.

Die wichtigste Prüfung, welcher man sie vor ihrer Anwendung als Reagens zu unterwerfen hat, besteht darin, dass man sich überzeugt, ob sie nicht etwa mit einem Alkali verunreinigt ist. Falls Ammoniak darin wäre, würde die Auflösung, mit einem Ueberschuss von kaustischem Kali erhitzt, diess bald durch den Geruch zu erkennen geben. Kali oder Natron findet man, wenn die

Auflösung der schwefelsauren Thonerde durch essigsauren Baryt zersetzt, der schwefelsaure Baryt abfiltrirt, das essigsaure Thonerde enthaltende Filtrat zur Trockne eingedampft, der Rückstand zum Glühen erhitzt und darauf untersucht wird, ob die zurückbleibende Masse alkalisch reagirt. Ist das nicht der Fall, so kann man von der Abwesenheit eines Alkalis in der schwefelsauren Thonerde vollkommen überzeugt sein. Metalle hat man so leicht nicht darin zu erwarten. Schwefelwasserstoffgas würde darüber bald entscheiden.

Die schwefelsaure Thonerde wird hauptsächlich zur Entdeckung des Kalis gebraucht, in sofern eine concentrirte Auflösung mit Kali Alaun bildet, der ziemlich schwer im Wasser löslich ist. Ehe man aber darauf untersuchen kann, muss man von der Abwesenheit des Ammoniaks überzeugt sein, weil auch das Ammoniak mit der schwefelsauren Thonerde einen ziemlich schwer lösbaren Alaun hervorbringt. Man darf die auf Kali zu untersuchende Verbindung dazu bloss erst glühen, so entweicht diess Ammoniaksalz vollständig, und den Rückstand darauf in so wenigem Wasser als möglich lösen. Auf diese Weise behandelt bekommt man in den Auflösungen von Chlorkalium, salpetersaurem und schwefelsaurem Kali nach Verlauf von 24 Stunden sicher einen Niederschlag von kleinen octaëdrischen Alaunkrystallen; in den Auflösungen von phosphorsaurem, arseniksaurem und boraxsaurem Kali aber, in der Regel erst nach Verlauf von mehreren Tagen. Säuert man die Flüssigkeit, vor Zusatz des Reagens, durch etwas

Schwefelsäure, so stellen sich die Krystalle früher ein.

Schwefelsaures Eisenoxydul. Ferrum oxydulatum sulphuricum. Sulphas ferrosus.

Dieses Salz, das unrein häufig im Handel vorkommt, bekommt man durch Auflösen rostfreier eiserner Nägel in mit 5 Th. Wasser verdünnter Schwefelsäure, wobei man jedoch darauf zu sehen hat, dass noch etwas Eisen ungelöst im Rückstande bleibt, nachheriges Abrauchen, Filtriren der Flüssigkeit, und Hinstellen zur Krystallisation in einem gegen den Zutritt der Luft geschützten Gefäss. Wer bei seinen analytischen Arbeiten Schwefelwasserstoffgas mittelst Schwefelsäure aus Schwefeleisen entwickelt, kann auch den Rückstand davon mit Vortheil gebrauchen, die Flüssigkeit filtriren, und das Filtrat nach dem Abdampfen krystallisiren lassen.

Das auf dem einen oder andern Wege erhaltene Salz erscheint in blassgrünen rhomboidalen Säulen, die sorgfältig gegen den Luftzutritt geschützt aufbewahrt werden müssen, weil sie nicht bloss leicht unter Wasserverlust verwittern, sondern sich dann auch gleichzeitig oxydiren. Erwärmt schmelzen sie in ihrem Krystallwasser, und bekommen eine weisse Farbe; erhitzt man sie stärker, jedoch unter Zutritt der Luft, so oxydirt sich die Masse, es entsteht schwefelsaures Eisenoxyd, welches in der Glühhitze die Säure verliert und Eisenoxyd übrig lässt. Der Eisenvitriol löst sich in 1,5 Th. Wasser von mittlerer Temperatur, in weniger als seinem gleichen Gewicht kochenden Wassers, wenig im Alkohol. Sämmtliche Auflösungen röthen Lackmus, schmecken dintenhaft zusammenziehend, und werden an der Luft noch schneller als das trockne Salz oxydirt, indem sich basisch schwefelsaures Eisenoxyd ausscheidet. Das schwefelsaure Eisenoxydul ist aus gleichen A. Eisenoxydul und Schwefelsäure mit 6 A. Wasser zusammengesetzt, und besteht in 100 Th. aus 26,10 Eisenoxydul, 29,90 Schwefelsäure und 44,00 Wasser.

Das Mischungsgewicht desselben, im wasserfreien Zustande, den Sauerstoff zur Einheit genommen, ist 940,378; den Wasserstoff damit verglichen 150,706. Im mit Wasser verbundenen Zustande beträgt es, im Vergleich zum Sauerstoff, 1615,252, und im Vergleich zum Wasserstoff 258,862.

Die Reinheit des Eisenvitriol ergiebt sich daraus, dass eine Auflösung desselben mit Salpetersäure oxydirt, darauf mit einem Ueberschuss von kaustischem Ammoniak digerirt, filtrirt, das Filtrat mit Schwefelammoniak versetzt, keine Farbenveränderung eintritt. Ist Zink allein darin, so erscheint das Präcipitat weiss, wenn Kupfer dabei ist, dunkelbraun, fast schwarz. Beide Metalle, sowohl Kupfer als Zink, können nur dadurch hineinkommen, dass das Präparat durch versuchte Reinigung eines gewöhnlichen, im Handel vorkommendsn schwefelsauren Eisenoxyduls erhalten worden.

Ein Oxydgehalt, der sich zwar im Aeussern schon durch die bouteillengrüne Farbe des Salzes offenbart, lässt sich mittelst Schwefelwasserstoff finden, welches, wie schon Pag. 125. erwähnt, alsdann einen weissen Niederschlag von Schwefel hervorbringt, durch Einwirkung des Eisenoxyds auf den Schwefelwasserstoff abgeschieden.

Der Eisenvitriol findet Anwendung:

1. zur quantitativen Bestimmung des Goldes, wenn es in einer Auflösung allein und als Chlorgold vorhanden ist. Dazu muss die Auflösung etwas freie Säure (am besten Salzsäure) enthalten, damit nicht etwa ein Theil Eisenoxyd mit niederfalle, wie es bei neutralen Auflösungen immer der Fall ist. Chlor- oder Salpetersäure dürfen aber nicht in der zu fällenden Flüssigkeit enthalten sein, weil sonst das reducirte Gold dadurch zum Theil wieder aufgelöst werden könnte. Es ist daher Bedingung, ehe man die Goldauflösung fällt, sie abzudampfen, bis sie nicht mehr nach Chlor riecht, oder auch geradezu bis zur Trockne. Das trockne Chlorgold wird sodann in Salzsäure haltigem Wasser gelöst, die Eisenvitriolauflösung hinzugesetzt, worauf sich das metallische Gold als ein feines, braunes Pulver abscheidet, das durch ein Filtrum geschieden werden kann. Dieselbe reducirende Wirkung zeigt der Eisenvitriol auf Silbersalze.

2. bei medico - legalen Untersuchungen zur Entdeckung des weissen Arseniks durch einen strohgelben, in Essigsäure unlöslichen Niederschlag; die Reaction tritt schneller ein, wenn das Arsenik

an eine Base z. B. Ammoniak, gebunden ist. Die Unlöslichkeit des Präcipitats in Essigsäure dient zur Unterscheidung von reinem Eisenoxydul, welches frisch gefällt in Essigsäure leicht löslich ist.

3. zur Entdeckung des Stickstoffoxydgases, welches bekanntlich von den Eisenoxydulsalzen begierig eingesogen wird, und die Auflösungen desselben dunkel und undurchsichtig macht. Ob dadurch auch eine vollständige Trennung von andern Gasen, wie Stickgas u. s. w. erlangt werden kann, ist sehr zu bezweifeln.

4. auch zur Entdeckung der Kleesäure und kleesauren Salze; vergleiche das Pag. 147. darüber Erwähnte.

Schwefelsaures Eisenoxyd. Ferrum oxydatum sulphuricum. Sulphas ferricus.

Es wird aus dem schwefelsauren Eisenoxydul bereitet, indem man dieses in der nöthigen Wassermenge löst, etwa 4 pro Cent concentrirte Schwefelsäure dazu bringt, die Mischung zum Kochen erhitzt, hierauf aber tropfenweise Salpetersäure hinzufügt, bis die Entwicklung rother Dämpfe nachlässt. Das neutrale schwefelsaure Eisenoxyd krystallisirt so schwierig, dass man es gewöhnlich in flüssiger Form, wie man es auf oben erwähnte Weise erhalten hat, aufbewahrt. Verdampft man die Auflösung zur

Trockne, so erhält man das Salz im wasserfreien Zustande als eine weisse Masse, die sich im Wasser langsam und schwer mit gelbrother Farbe löst, von concentrirter Schwefelsäure aber nicht im mindesten aufgenommen wird.

Das neutrale schwefelsaure Eisenoxyd besteht aus 1 A. Eisenoxyd und 3 A. Schwefelsäure, in 100 Th. aus 39,42 Eisenoxyd und 60,58 Schwefelsäure.

Das Mischungsgewicht vom schwefelsauren Eisenoxyd, den Sauerstoff zur Einheit genommen, ist 2181,921; den Wasserstoff damit verglichen 397,755.

Von der Abwesenheit anderer Metalle überzeugt man sich auf nämliche Weise, wie beim schwefelsauren Eisenoxydul. Einen nicht selten darin anzutreffenden Eisenoxydulgehalt entdeckt man durch den Niederschlag von Berlinerblau, welcher alsdann in der Auflösung durch Kaliumeisencyanid entsteht. Oxydulfreie Oxydauflösungen verhalten sich beim Zusatz desselben unverändert.

Das schwefelsaure Eisenoxyd findet Anwendung zur Entdeckung verschiedener Säuren, und zwar:

1. eben so wie das schwefelsaure Eisenoxydul zur Entdeckung des Arseniks bei medico-legalen Untersuchungen. Der Niederschlag ist dunkel orangefarben, in Essigsäure unlöslich, und stellt sich ebenfalls besser ein, wenn das Arsenik an Basen, z. B. Ammoniak gebunden ist.

2. um Bernstein- und Benzoe-Säure zu finden. Beide werden durch neutrale Eisenoxyd-

salze aus ihren Auflösungen mit rother Farbe niedergeschlagen, nur mit dem Unterschiede, dass das bernsteinsaure Eisenoxyd dunkelroth, das benzoesaure blassroth ist. Dazu ist es aber Hauptbedingung, dass sowohl die Auflösung des Eisensalzes, als auch die der zu ermittelnden Säuren vollkommen neutralisirt angewendet werden; ist das nicht der Fall, so wird man vergeblich auf Entstehung des Niederschlags warten. Beide Säuren lassen sich übrigens, ohne auf den verschiednen Grad ihrer Löslichkeit zu sehen, noch durch ihr Verhalten gegen Salzsäure deutlich unterscheiden; vergl. das Pag. 100. darüber Angeführte.

3. zur Auffindung der Gallus- und Gerb-Säure (der Galläpfel). Die Auflösung beider wird dadurch dunkelblau gefärbt. Von der Gallussäure ist das Präcipitat fast schwarz, wird aber durch ein Uebermaass von schwefelsaurem Eisenoxyd grünlich; der Niederschlag mit der Gerbsäure neigt sich ins Violette, und wird von einem Uebermaass des Reagens nicht verändert. Abweichend von diesem Verhalten ist das derjenigen Modification der Gerbsäure, die in den Chinarinden, im Catechu und verwandten Pflanzenkörpern enthalten ist. Ihre Auflösung wird von den Eisenoxydsalzen mit grüner, ins Braune übergehender Farbe gefällt, worauf bekanntlich die Eintheilung der Gerbsäure in Eisenblau- und Eisengrünfärbende beruht.

4. zur Entdeckung der Mekonsäure und der Schwefelblausäure, in sofern die Auflösung beider davon eine schön rothe Färbung erfährt,

ohne dass sich jedoch ein Niederschlag bildet. Um zu erfahren welche von beiden Säuren die Färbung hervorgebracht, darf man die rothe Flüssigkeit nur mit Goldsolution vermischen, verändert sie dadurch ihre Farbe in Gelb, so war Schwefelblausäure, bleibt sie dagegen unverändert, so war Mekonsäure, die Ursach von der Entstehung der rothen Farbe.

Schwefelsaures Eisenoxyduloxyd. Ferrum oxydulato-oxydatum sulphuricum.

Diese Verbindung erhält man dadurch, dass man eine Auflösung des schwefelsauren Eisenoxyduls so lange in einem offenen Gefässe an der Luft stehen lässt, als sich daraus noch ein gelber Bodensatz absondert. Nimmt dieser nicht mehr zu, so filtrirt man die darüber stehende Flüssigkeit ab, und verbraucht sie in diesem Zustande. Es ist eine dunkelgelbrothe Flüssigkeit, welche nicht krystallisirt werden kann, sondern abgedampft zu einer syrupähnlichen Masse eintrocknet. Kaustisches Kali bewirkt darin sogleich einen schwarzen Niederschlag, was ein, dieser Klasse von Eisensalzen charakteristisches Verhalten ist. Es besteht aus 1 A. schwefelsauren Eisenoxydul und 3 A. schwefelsauren Eisenoxyd.

Diese Verbindung ist das beste Reagens zur Entdeckung der Blausäure in einer Flüssigkeit, und wird in Ermangelung besserer Mittel auch zur quantitativen Bestimmung derselben gebraucht, ohne dass indess die erhaltenen Resultate auf Genauigkeit Anspruch machen könnten. Will man es dazu brauchen, so muss man zuerst die Blausäure in der zu untersuchenden Flüssigkeit an eine Base, kaustisches Kali oder Ammoniak, binden, sie daher einige Zeit hindurch anhaltend mit diesen schütteln. Der Blausäure Geruch vergeht nicht leicht, weshalb man auch nicht zu warten braucht, bis er vollkommen verschwunden ist. Hierauf setzt man die Eisensolution hinzu, darauf aber mit Wasser verdünnte Salzsäure, bis das Ganze sich aufgehellt hat. Gewöhnlich erscheint hierauf die Farbe der Mischung schön grün, und ein Präcipitat ist nicht sogleich zu bemerken; nach einigem Stehen fällt aber ein blauer Niederschlag (Berlinerblau) zu Boden, der indess, weil er gern mit durchs Filtrum geht, nur mit Mühe abgesondert werden kann. Aus der Menge des Eisenoxyds, welches nach anhaltendem Glühen des, zuvor mit Salmiakauflösung gewaschenen und getrockneten Berlinerblaus übrig bleibt, berechnet man den Blausäuregehalt. Aber es ist schwer, das Berlinerblau so vollkommen auszusüssen, dass nicht das nach dem Ausglühen desselben rückständige Eisenoxyd eine schwach alkalische Reaction zeigen sollte. Es bleibt daher nichts anderes übrig, als das aus dem Berlinerblau erhaltene Eisenoxyd in Salzsäure aufzulösen, es aus der Auflösung mit kaustischem Ammoniak wieder niederzuschlagen, sorgfältig auszusüssen, zu trocknen, zu glühen, und in diesem Zustande aus der Menge desselben den Eisengehalt zu berechnen. Das Berlinerblau bei einer bestimmten Temperatur zu trocknen, und daraus den Blausäure und Eisengehalt unmittelbar zu bestimmen, giebt kein genaueres Resultat, weil das Berlinerblau, wie auch das Filtrum, worauf es sich denn doch in diesem Fall befinden müsste, beides ein Paar so hygroscopische Körper sind, dass sie schon während des Wiegens eine in Betracht kommende Menge Feuchtigkeit anziehen.

Reine Eisenoxydul- und reine Eisenoxydauflösungen können aus leicht begreiflichen Gründen in diesem Fall das schwefelsaure Eisenoxydoxydul nicht ersetzen.

Kaliumeisencyanür (Blausaures Eisenkali) Kali ferroso-hydrocyanicum (Kali borussicum s. zooticum).

Unter der grossen Zahl von Reagentien giebt es gewiss wenige, deren Werth mehr überschätzt worden, als dieses. Zu quantitativen Analysen ist es durchaus unbrauchbar, und bei qualitativen Untersuchungen nur für wenige Stoffe von entschiedenem Werthe; dabei erfordert es noch eine solche Vorsicht im Gebrauch, dass man öfters in der That nicht weiss, ob man die eingetretenen Veränderungen als wesentliche, oder als von Nebenumständen abhängig zu betrachten hat. Auch von der Darstellung dieses Salzes im reinen Zustande ist viel gesprochen worden, ja man hat sogar verlangt, das hierzu erforderliche Berlinerblau erst selbst darzustellen, um dadurch von der Reinheit desselben um so sicherer überzeugt sein zu können. Das ist jedoch überflüssig; nimmt man nur zur Zersetzung nicht gerade kaustisches Kali, so mag das Berlinerblau immerhin Thonerde, Eisenoxyd u. s. w. enthalten, das bleibt sich gleich. Auch ist nicht wohl einzusehen, warum sich nicht durch wiederholtes Auflösen und Krystallisiren aus dem im Handel vorkommenden blausauren Kali ein reines Salz sollte bereiten lassen, besonders wenn man gute Krystalle auswählt, sie erst zum Fatisciren, darauf zum Schmelzen erhitzt, das geglühte Salz in Wasser löst, die Auflösung mit verdünnter Essigsäure neutralisirt, alsdann mit Alkohol fällt, und das niedergefallene Salz wiederholentlich auflöst und krystallisirt. Es ist ja eine unbestreitbare Thatsache, dass solche Präparate bei nur nicht gerade nachlässiger Behandlung im Grossen viel besser ausfallen, als im Kleinen, und absichtlichen Verfälschungen ist das im Handel vorkommende Salz eben nicht ausgesetzt. Wenn aber jemand aus übertriebener Sorgfalt darauf bestehen sollte, sich das blausaure Eisenkali zu seinen Untersuchungen von Grund aus selbst bereiten zu wollen, so wird er das am besten auf folgendem Wege erreichen. Man löse eine beliebige Menge doppelt kohlensaures Kali*) in seinem zehnfachen Gewicht Wasser auf, erhitze die Auflösung zum Kochen, und trage unter fortwährendem Rühren so lange Berlinerblau hinein, als die blaue Farbe desselben in eine braune ver-

*) Wer diess zu kostspielig finden sollte, kann sich mit dem nämlichen Erfolg auch des einfach kohlensauren Salzes bedienen.

ändert wird. Ist dieser Zeitpunkt eingetreten, so filtrirt man die Flüssigkeit vom unlöslichen Eisenoxyd ab, dampft sie etwas ein, und stellt sie zur Krystallisation hin. Die erhaltenen Krystalle lässt man zuerst fatisciren, darauf werden sie zum Schmelzen erhitzt, dann in destillirtem Wasser gelöst, das entstandene kohlensaure Kali endlich mit destillirtem Essig gesättigt. Aus dieser Verbindung schlägt man das Cyaneisenkalium mittelst alkoholisirten Weingeist nieder, wäscht das niedergefallene wasserfreie Salz mit Alkohol aus, löst es nochmals in Wasser, und krystallisirt es.

Das Kaliumeisencyanür krystallisirt mit Wasser verbunden in luftbeständigen citronengelben Octaëdern, von süsslich bitterm Geschmack. In gelinder Wärme verwittert es, verliert sein Krystallwasser, und wird weiss; zum Rothglühen erhitzt zersetzt es sich; um gelöst zu werden, bedarf es gegen 8 Th. Wasser von mittlerer Temperatur, leichter wird es vom heissen Wasser aufgenommen, in Weingeist ist es total unlöslich. Schwächere oder verdünnte Säuren zersetzen darin das Cyankalium unter Entwicklung von Blausäure und Abscheidung von Eisencyanür. Es besteht aus 1 A. Eisencyanür, 2 A. Cyankalium und 3 A. Wasser; in 100 Th. ist es zusammengesetzt aus 25,28 Cyaneisen, 61,96 Cyankalium, 12,76 Wasser.

Das Mischungsgewicht desselben, den Sauerstoff zur Einheit genommen, ist 3632,948; den Wasserstoff damit verglichen 572,703.

Unter den verschiedenen fremdartigen Stoffen, mit denen es verunreinigt sein kann, hat man es besonders auf schwefelsaures Kali zu prüfen. Die Gegenwart desselben verräth sich dadurch, dass eine Auflösung des Salzes durch essigsauren Baryt eine Trübung erfährt, und dass der, diese Trübung bewirkende Niederschlag abfiltrirt sich in Säuren nicht löst. Salzsaure Salze entdeckt man durch essigsaures Silber, welches die Gegenwart derselben durch einen käsigen, in kaustischem Ammoniak lösbaren Niederschlag zu erkennen giebt. Auch mechanisch mit Eisen verunreinigt soll es hin und wieder angetroffen werden, was dem Verfasser indess noch nicht vorgekommen ist, und auch mit der chemischen Constitution des Salzes nicht recht vereinbar zu sein scheint. Die gewöhnlich angeführte Probe, dass ein Krystall von einem dergestalt verunreinigten Salze in Salzsäure gelegt, blaue Streifen zeigen, der von einem reinen hingegen nur weiss werden, auch die Auflösung desselben im Wasser durch Salzsäurezusatz keinen blauen Niederschlag geben soll, beweist n i c h t s. Das reinste blausaure Kali wird jederzeit durch freie Säuren zum Theil zerlegt, dadurch nämlich, dass sich diese des Alkalis im Cyankalium bemächtigen, und das Eisencyanür, (ursprünglich zwar weiss, an der Luft aber schnell blau werdend) abscheiden. Darum muss man auch meistentheils, wo man sich des Kaliumeisencyanürs bedienen will, sorgfältig freie Säure vermeiden, die immer das Reagens zersetzt, und zu falschen Resultaten Veranlassung giebt. Versuche werden die Wahrheit dieser Behauptung bestätigen, und die Unsicherheit der bisherigen Prüfungsmethode beweisen. Sollte es in der That gegründet sein, dass ein mechanisch mit Eisen verunreinigtes Salz im Handel vorkäme, so würde man sich durch Schwefelwasserstoff, Schwefelammoniak, Galläpfeltinktur u. s. w. sicher von einem solchen, ausserwesentlichen Eisengehalt des Präparats bald überzeugen können; denn bekanntlich lassen alle diese Stoffe ein reines Präparat durchaus unverändert. Weitere Verunreinigungen sind nicht zu erwarten.

Das blausaure Eisenkali gehört zu den am häufigsten angewandten Reagentien für Metalle, wiewohl es auch einige Erden ausnahmsweise niederschlägt. Es zeigt die Gegenwart der ersten durch Bildung in Wasser unlöslicher Doppelcyanüren an, deren Hauptcharakter in der Verschiedenheit ihrer Farbe besteht. Manche von diesen Verbindungen sind in verdünnten Säuren löslich, andere nicht, alle werden jedoch von Alkalien zersetzt, indem diese das Cyan daraus aufnehmen, die Metalle aber als Oxyde abscheiden.

Doch nicht alle Metalle lassen sich mittelst des Kaliumeisencyanürs entdecken; diejenigen, welche mit Sauerstoff Säuren hervorbringen, also die elektro-negativen, wie Antimon, Arsenik, Gold, Platin, Tellur u. s. w. werden davon in der Regel nicht angezeigt, wohl aber kann man dadurch diejenigen finden, deren Oxyde Salzbasen sind. Bemerkenswerth kann man jedoch das Verhalten desselben nur für folgende Metalle nennen.

1. für das Kupferoxyd, dessen neutrale Auflösungen davon schön rothbraun (Carmeliterbraun) gefällt werden; vorwaltende Säure verhindert die Reaction nicht, wohl aber, wenn die Flüssigkeit

beträchtlich alkalisch reagirt, z. B. durch einen Ammoniakgehalt. Für Kupfer ist Cyaneisenkalium unstreitig eines der empfindlichsten Reagentien, denn selbst noch bei mehr als 50,000 facher Verdünnung zeigt es das Dasein desselben an, und übertrifft in dieser Beziehung bei weitem das kaustische Ammoniak. Quantitativ lässt sich das Kupfer durch Cyaneisenkalium nicht bestimmen.

2. für das Eisen. Der Niederschlag fällt verschieden aus, je nachdem das Eisen als Oxydul, Oxyd, oder Oxyd-Oxydul in der Auflösung vorhanden ist. Das Oxydul müsste damit eigentlich einen weissen Niederschlag geben, er fällt aber gewöhnlich bläulich aus, weil einmal in jedem Oxydulsalz gewöhnlich etwas Oxyd eingemengt ist, und andererseits auch der Sauerstoff von der in der Auflösung befindlichen atmosphärischen Luft momentan auf das Eisencyanür wirkt, und die Farbe desselben erst grünlich, dann blau macht, was immer mehr und mehr an Intensität zunimmt. Die an der Luft gestandenen Eisenauflösungen, welche also Oxyd-Oxydul enthalten, geben auf der Stelle einen blauen Niederschlag, dessen Intensität von der Menge des in der Verbindung vorhandenen Oxyds abhängig ist, und der um so dunkler erscheint, je grösser der Gehalt darin war. Die Eisenoxydsalze geben daher auch gleich beim Zusatz des Reagens einen tief dunkelblauen Niederschlag, welcher an der Luft wenig nachdunkelt. Obgleich alle diese blauen Niederschläge, ihrer Natur nach Verbindungen von Eisencyanür mit Eisencyanid (Berlinerblau), von Säuren nicht verändert werden, so ist es doch

unerlässliche Bedingung bei der Prüfung einer Flüssigkeit auf Eisen, dass keine Säure vorherrsche, weil sonst, wie schon wiederholentlich angeführt, das Reagens selbst zersetzt, und aus ihm auf nämliche Weise und unter denselben Erscheinungen, als ob wirklich Eisen in der zu untersuchenden Flüssigkeit vorhanden wäre, der charakteristisch blaue Niederschlag von Berlinerblau erhalten wird. Es ist dieses ein Umstand, auf den gar nicht oft genug aufmerksam gemacht werden kann, weil er gar zu häufig unbeachtet bleibt, und weil in ihm der Grund zu den falschen Resultaten liegt, welche bei der an und für sich gleich schlechten qualitativen und quantitativen Bestimmung des Eisens durch Cyaneisenkalium erhalten werden. Pfaff, welcher in seiner analytischen Chemie B. 1. Pag. 250. u. folg. den Satz aufstellt, dass die Reaction des blausauren Eisenkalis auf Eisen und auch auf andere Metalle wesentlich an das Vorherrschen freier Säure gebunden sei, und diess Beispielsweise am neutralen weinsteinsauren Kali zu beweisen sucht, ist im Irrthume, und das von ihm angeführte Beispiel beweist nichts. Er fand nämlich, dass eine Auflösung des weinsteinsauren Kalis (Tart. tartarisat.) durch Galläpfeltinktur einen Eisengehalt verrieth, Cyaneisenkalium aber darauf ohne Wirkung blieb; dass aber sogleich eine blaue Färbung eintrat, als er die Auflösung des zu prüfenden Salzes mit einem kleinen Ueberschuss von Salpetersäure versetzt hatte. Dass aber von dem blausauren Kali der vermeintliche Eisengehalt vor dem Zusatz der Salpetersäure nicht angezeigt wurde, lag in der Natur der Sache, denn die Auflösung des weinsteinsauren Kali reagirte alkalisch, wie er das selbst auf der folgenden Seite anführt. Bekanntlich werden aber jene unlöslichen Niederschläge der Doppelcyanüren, auf deren Entstehung die Wirkung des blausauren Kali basirt ist, durch Alkalien auf der Stelle zerlegt, und können daher auch gar nicht gebildet werden, wenn Alkali vorwaltet; das ist also der Grund, warum in dem vorliegenden Fall die Reaction ausbleiben musste. Wäre nun, als sich diese Verschiedenheit im Verhalten der erwähnten Reagentien zeigte, eine andere Quantität der zu prüfenden Salzauflösung mit einer organischen Säure (welche minder kräftig zerlegend auf das blausaure Kali einwirken), z. B. mit destillirtem Essig, gesättigt worden, so würde sich haben finden lassen, ob wirklich Eisen vorhanden war oder nicht. Das geschah aber nicht, sondern statt dessen wurde die Flüssigkeit mit Salpetersäure übersättigt, welche eben so, wie jede andere starke mineralische Säure, das Reagens zerlegte, und jene blaue Färbung hervorbrachte. Wäre übrigens noch statt dieser auf der Stelle ein Niederschlag zum Vorschein gekommen, so würde die Meinung, dass in dem zu prüfenden Salz wirklich Eisen vorhanden gewesen, dadurch in sofern an Glaubwürdigkeit gewonnen haben, als sich dazu doch schon eine gewisse Menge von Eisen voraussetzen liesse; so aber, da bloss eine Färbung eintrat, ist es mehr als wahrscheinlich, dass diese ihren Grund mehr in der zersetzenden Einwirkung der überschüssigen Salpetersäure auf das Reagens, als in einer wirklichen Verunreinigung des Präparats mit Eisen hatte. In wie weit übrigens in dem vorliegenden Fall die Wirkung der Galläpfeltinktur als entscheidend angesehen werden kann, darüber verweise ich auf das bei diesem Reagens Angeführte. Ehe ich das Verhalten der Säuren zum blausauren Kali, wenn man mittelst desselben Eisen finden will, verlasse, muss ich noch auf eine andere Unrichtigkeit aufmerksam machen, die sich in Pfaff's Kapitel über diesen Gegenstand (siehe die vorhin angeführte Pagina im 1sten Th. seiner analytischen Chemie) ebenfalls eingeschlichen hat, und wozu Buchner mit Veranlassung gegeben haben soll. Es heisst da nämlich, dass Eisen, in seiner Verbindung mit Weinsteinsäure vom blausauren Kali nicht angezeigt .werde. Ich will hier nicht in Abrede stellen, dass es Körper geben mag, welche das Eintreten der Reaction verhindern können, so viel ist aber gewiss, dass jener Satz in solcher Allgemeinheit ausgesprochen nicht richtig ist; denn alsdann dürfte blausaures Eisenkali in dem sogenannten Eisenweinstein (Tartar. martiat.) den Eisengehalt auch nicht anzeigen, was denn doch, wie allgemein bekannt, immer geschieht. Was in dieser Beziehung an eben der Stelle Pfaff von der Phosphorsäure anführt, fand ich ebenfalls nicht bestätigt.

Aber nicht bloss Säuren sind es, welche beim Gebrauch des blausauren Kalis Täuschungen hervorbringen, und dadurch zu Irrthümern Veranlassung geben können, noch andere Körper mehr können dasselbe thun. Von ihnen sollen hier nur die

Quecksilberoxydsalze und die ihnen entsprechenden Chlorverbindungen angeführt werden. Bringt man zu einer Auflösung derselben blausaures Kali, so entsteht anfangs allerdings ein weisslicher Niederschlag, nach wenigen Augenblicken wird er aber blau durch sich abscheidendes Cyaneisen, während Cyanquecksilber gelöst bleibt. Würde diess immer in der erwähnten Reihefolge eintreten, so wäre man noch einigermaassen gegen Irrthum gesichert, so aber kömmt es mitunter, dass die Quecksilberauflösung auf der Stelle jene Zersetzung in Cyanquecksilber und in sich abscheidendes Cyaneisen erfährt, und wer sollte dann nach dieser Reaction nicht auf Eisen vermuthen. Weil nun aber die Umstände nicht genau bekannt sind, unter denen sich die Quecksilbersalze so verhalten, so muss man sich niemals auf die Reaction des blausauren Kalis für Eisen allein verlassen, sondern immer noch andere Reagentien vergleichungsweise mit anwenden. Eben dieser leichten Zersetzbarkeit des blausauren Kali halber ist dasselbe auch zu quantitativen Bestimmungen des Eisens durchaus unbrauchbar, selbst wenn man sich versichert halten dürfte, dass andere Metalle zugleich nicht vorhanden wären. Dazu muss man sich noch mehr bewogen fühlen, wenn man die Pag. 324. bei der Bestimmungsweise der Blausäure durch Eisen erwähnten Schwierigkeiten erwägt, die auch hier in Betracht kommen.

Ausser den angeführten Metallen giebt das blausaure Kali noch mit mehreren anderen verschiedenartig gefärbte Niederschläge, ohne dass es jedoch in dieser Beziehung sonderlichen Werth hätte. So werden die Manganoxydulsalze davon weiss gefällt, der Niederschlag wird indess allmählig röthlich; Salzsäure löst ihn auf, was desshalb bemerkenswerth ist, weil diese Doppelcyanüren sonst nicht in Säuren lösbar sind. Kobaltauflösungen geben einen graugrünen Niederschlag, welcher selbst bei Ausschluss der Luft einen Stich ins Röthliche annimmt. Nikkelsalze geben einen weissen, ins grüne sich hinneigenden Niederschlag. Zink wird weiss niedergeschlagen, das Präcipitat ist auch in Salzsäure löslich. Cadmiumauflösungen werden ebenfalls weiss gefällt, eben so die Auflösungen von Blei, Zinnoxyd, Zinnoxydul und Wismuth; bei allen diesen Metallen fällt die Farbe ein wenig ins Gelbe. Die Uransalze fallen braunroth. Die Quecksilberoxydulsalze geben einen weissen, gallertartigen Niederschlag, der an der Luft unverändert bleibt. Die Quecksilberoxydsalze geben zwar anfangs einen gleichen Niederschlag, nach wenigen Minuten färbt er sich aber blau in Folge sich bildenden Berlinerblau's. Waltet in der Flüssigkeit auch nur im mindesten Säure vor, so fällt das Präcipitat auf der Stelle blau aus, woraus die Unsicherheit der Wirkung des blausauren Kalis, wie schon angeführt, erhellt. Silbersalze werden weiss gefällt. Goldsalze gar nicht, die Auflösung färbt sich bloss smaragdgrün. Titansäure schlägt sich braunroth nieder. Die Chromverbindungen geben einen grünen Niederschlag.

Von den Erden ist die Yttererde die einzige, welche vom blausauren Kali gefällt wird; der Niederschlag ist weiss. Die Zirkonerde und ihre Salze werden vom Cyaneisenkalium nicht präcipitirt; Chevreul's Angabe hat sich also nicht bestätigt.

Kaliumeisencyanid. (Blausaures Eisenoxydkali). Kali ferrico-hydrocyanicum.

Diese erst in neuester Zeit von L. Gmelin entdeckte Verbindung, auch unter dem Namen des rothen Cyaneisenkaliums bekannt, erhält man auf die Weise, dass man eine beliebige Menge Kaliumeisencyanür in Wasser löst, in die Auflösung so lange Salzsäure freies Chlorgas leitet, bis in einem von der Flüssigkeit abfiltrirten, und mit einer (von Oxydul freien) Eisenoxydauflösung gemischtem Theile kein Niederschlag von Berlinerblau entsteht. Am besten unternimmt man die Operation des Abends bei Licht, weil man dann am besten die rothe Farbe der zuvor grünlichen Flüssigkeit unterscheiden kann. Diesen Punkt muss man wohl beachten, weil ein länger fortgesetztes Hineinleiten von Chlorgas sonst die neue Verbindung wieder zerstören würde. Ist der richtige Moment getroffen, so überlässt man die zuvor filtrirte Flüssigkeit in einem hohen, locker bedeckten Gefässe sich selbst; allmählig verdunstet das Wasser, und rothe Krystalle schiessen daraus an. Durch wiederholtes Auflösen und Krystallisiren reinigt man sie von dem gleichzeitig entstandenen Chlorkalium, welches später aus der Mutterlauge in Würfeln anschiesst.

Das blausaure Eisenoxydkali erscheint in morgen- (fast rubin-) rothen, durchsichtigen, beinah metallisch glänzenden Krystallen, die schwach zusammenziehend schmecken, zerrieben ein pomeranzengelbes Pulver geben, erhitzt lebhaft verpuffen, in höherer Temperatur sich vollständig zerlegen. Es bedarf 3,8 Theile kalten Wassers, weniger vom heissen zur Lösung; in Weingeist ist es weniger löslich; alle Auflösungen sind ohne Wirkung auf Pflanzenfarben. Es besteht aus 6 A. Cyan, 3 A. Kalium und 2 A. Eisen, in 100 Theilen aus 47,62 Cyan, 35,86 Kalium und 16,49 Eisen. Wasser ist nicht darin vorhanden.

Das Mischungsgewicht des Kaliumeisencyanids, den Sauerstoff zur Einheit genommen, ist 4127,640; den Wasserstoff damit verglichen 661,402.

Die Reinheit desselben geht daraus hervor, das es von (Oxydul freien) Eisenoxydauflösungen nicht im geringsten verändert wird; entsteht dadurch ein blaues Präcipitat von Berlinerblau, so war in dem Reagens noch unzersetztes Kaliumeisencyanür.

Das blausaure Eisenoxydkali ist das empfindlichste Prüfungsmittel auf Eisenoxydul, was um so wichtiger ist, weil man vor Entdeckung desselben dafür nicht so scharfe Reagentien besass, als für das Eisenoxyd, und sich daher häufig genöthigt sah, um vom Dasein des Eisenoxyduls die gewisseste Ueberzeugung zu bekommen, dasselbe erst in Eisenoxyd zu verwandeln. Dazu kommt noch, dass sich das Cyanid nicht so leicht zerlegt, als das Cyanür, und eben dadurch zur Erhöhung der Sicherheit in den Resultaten nicht wenig beiträgt. Die Wirkung desselben besteht in der Erzeugung eines blauen Präcipitats von Berlinerblau, eben so wie Cyanür diese Verbindung aus Eisenoxydsalzen niederschlägt. Anfangs färbt sich die Flüssigkeit, wenn die Menge des Eisenoxyduls gering war, bloss grün, allmählig sondert sich aber aus einer solchen Flüssigkeit ein blaues Präcipitat ab. Auch wenn das Eisenoxydul in der Auflösung mit Eisenoxyd verbunden ist, lässt sich dasselbe dadurch noch recht gut finden, was dem Analytiker öfters von grossem Werthe ist.

Auch noch viele andere Metalle lassen sich durch das Cyanid entdecken, in sofern sie in der Regel mit viel ausgezeichneteren Farben niedergeschlagen werden, als vom Cyanür. Nicht angezeigt werden dadurch Gold, Antimon, Blei und Zinnoxyd.

Zinnoxydulsalze werden davon weiss präcipitirt.

Kupfersalze geben ein gelbgrünes, in Salzsäure lösliches Präcipitat.

Manganoxydsalze geben einen braunen, in Salzsäure unlöslichen Niederschlag. Kobaltauflösungen werden braunroth niedergeschlagen. Nikkelauflösungen gaben mir einen gelbgrünen (dem Scheelschen Grün nicht unähnlichen) Niederschlag; nach Gmelin soll er bräunlich sein. Zinksalze werden gelbroth (pomeranzenfarben) gefällt; das Präcipitat ist in Salzsäure löslich. Cadmiumauflösungen fallen gelb. Wismuthauflösungen wurden in meinen Versuchen blassgelb gefällt, der Niederschlag löste sich in Salzsäure leicht auf. Die Uransalze geben einen röthlich braunen Niederschlag. Quecksilberoxydauflösungen geben ein gelbes Präcipitat. Sublimatauflösung hielt sich unverändert. Die Quecksilberoxydulauflösungen, welche nach Gmelin ebenfalls gelb gefällt werden sollen, schlugen sich bei meinen Versuchen auf der Stelle rothbraun nieder, nach einigem Stehen veränderte sich die Farbe des Präcipitats in gelblich weiss. Silberauflösung gab in meinen Versuchen ein rothbraunes, dem Eisenoxyd nicht unähnliches Präcipitat.

Salpetersaures Kobaltoxyd. Cobaltum nitricum. Nitras cobalticus.

Dieses Salz erhält man dadurch, dass man Kobaltoxyd in der nöthigen Menge mit Wasser verdünnter Salpetersäure löst, die Auflösung bei gelinder Wärme zur Trockne eindampft, das feste Salz in seinem dreifachen Gewicht destillirten Wassers löst und filtrirt. In diesem flüssigen Zustande und Concentrationsgrade wird das Reagens verbraucht. Die Flüssigkeit erst krystallisiren zu lassen, ist nicht rathsam, weil das langsam von statten geht, und die Krystalle überdiess leicht feucht werden und zerfliessen. Das Kobaltoxyd, welches zur Bereitung erforderlich ist, braucht keinesweges von Arsenik frei zu sein, Eisen darf es aber nicht enthalten.

Auch darf ihm nicht von der Präcipitation her noch etwas Kali anhängen, und ist es deshalb nöthig, das Kobaltoxyd, welches zur Bereitung dieses Reagens bestimmt ist, ganz besonders gut auszusüssen.

Das salpetersaure Kobaltoxyd krystallisirt in karmoisinrothen Prismen, welche erwärmt in ihrem Krystallwasser schmelzen, stärker erhitzt sich zersetzen. In Wasser ist es leicht löslich. Es besteht aus gleichen A. Kobaltoxyd und Salpetersäure, in 100 Th. aus 40,9 Kobaltoxyd und 59,1 Salpetersäure.

Das Mischungsgewicht des salpetersauren Kobaltoxyd, den Sauerstoff zur Einheit genommen, ist 1146,027; den Wasserstoff damit verglichen 183,664.

Die Reinheit des salpetersauren Kobaltoxydes ergiebt sich daraus, dass die reichlich mit Salmiak vermischte Auflösung desselben mit bernsteinsaurem Ammoniak keinen Niederschlag (bernsteinsaures Eisenoxyd) giebt. Auch darf eine Quantität der zu prüfenden Kobaltauflösung nach Abscheidung des Metalles durch Schwefelammoniak zur Trockne verdampft, und scharf geglüht, keinen Rückstand lassen, welcher auf einen Gehalt an feuerbeständigem Alkali deuten würde.

Der vorzügliche Gebrauch des salpetersauren Kobaltoxydes ist der, auf trocknem Wege Thonerde von Talkerde zu unterscheiden. Erste wird nämlich nach strengem Erhitzen damit schön blau, letzte rosenroth gefärbt. Wie viel von der Kobaltsolution hiezu nöthig ist, hängt von ihrem Concentrationsgrade ab, und lernt man das bald aus der

Erfahrung. Ein Gehalt an Kieselerde verhindert die Reaktion nicht, wohl aber ein Metallgehalt. Wenn Salpeter vorhanden ist, so verändert dieser ihre Wirkung dergestalt, dass sie alsdann auch mit solchen Stoffen eine blaue Färbung bewirkt, gegen welche sie sich im entgegengesetzten Fall indifferent verhält, wie mit Kieselerde und Zirkonerde.

Will man in Fossilien diese Erden entdecken, so wendet man dieselben entweder ganz oder fein pulverisirt an. Ganz nimmt man sie in dem Fall, dass sie die Kobaltsolution einzusaugen im Stande sind. Man setzt alsdann einen Tropfen der Kobaltauflösung auf eine Seite der Probe, und erhitzt sie recht stark, ohne sie indess zu schmelzen. Nach kurzer Zeit ist die Farbe der Probe da. Erscheint sie blau, mehr oder weniger rein, so deutet diess auf einen Thonerdegehalt, ist sie hingegen roth, besonders schwach rosenroth, so deutet dieses auf Talkerde. Im letzten Fall muss man versuchen, die Probe zum Schmelzen zu bringen, weil sie geschmolzen die rothe Farbe behält, diese sogar dadurch noch deutlicher wird. Die Thonerde behält beim Schmelzen wohl auch ihre blaue Farbe, aber wenn in der Probe Kalk oder ein Alkali ohne Thonerde vorhanden ist, so erhält man durchs Schmelzen mit Kobaltsolution ein blaues Glas, während die Verbindung ungeschmolzen keine blaue Farbe bekommt. Härtere, krystallisirte Fossilien müssen anders behandelt werden, wenn man diese Erden darin finden will. Man reibt sie nämlich in einem kleinen Achatmörser mit Wasser zu einem feinen Pulver, nimmt das Pistill aus der abgeriebenen Mischung, wobei ein Tropfen an demselben hängen bleibt, der das feinste Pulver enthält. Diesen Tropfen lässt man auf die Kohle fallen, welche das Wasser einsaugt, und die Masse halb trocken, und ein wenig ausgebreitet auf der Kohle zurücklässt. Nun setzt man einen Tropfen der Kobaltsolution hinzu, und erhitzt die Masse nach und nach bis zum Glühen. Man muss sich hierbei nicht mit den Farbenveränderungen von Blau und Roth aufhalten, die das Salz aufnimmt, ehe es zerlegt ist, und die mit einer schwarzen Farbe endigen; erst bei stärkerer Erhitzung kommt die Reaktion zum Vorschein. Wenn man sieht, dass die Masse sich von der Kohle zu lösen beginnt, so kann man sie behutsam in die Zange mit den Platinspitzen (Fig. 10.) nehmen, und auf diese Art in der Löthrohrflamme halten, wodurch sie sich leichter erhitzen lässt. Die Farbe lässt sich nicht eher beurtheilen, als bei vollkommner Abkühlung und beim Tageslicht; beim Feuerschein erscheint oft das schönste Blau schmutzig violett, fast roth.

Reine Thonerde giebt nach starkem Blasen mit der Kobaltsolution eine schön blaue Farbe, die von einem grösseren Zusatz des Reagens tiefer wird, aber eben so schön blau sich erhält. Nur beim Tageslicht, und wenn die Probe kalt geworden, lässt sich die Farbe richtig beurtheilen.

Reine Talkerde giebt nach langem Blasen eine schön fleischrothe Farbe, die keine starke Intensität erlangt, und nicht eher richtig beurtheilt werden kann, bevor nicht die Probe vollkommen erkaltet ist.

Ausserdem ist das Verhalten der salpetersauren Kobaltauflösung noch charakteristisch für das Zinkoxyd, welches damit vor dem Löthrohr behandelt eine schön grüne Farbe annimmt. Titansäure wird davon schwarz oder dunkelgrau. Kieselerde giebt bei einem gewissen Zusatz eine schwach bläuliche Farbe, welche durch einen grössern Zusatz von Kobalt schwarz oder dunkelgrau wird, wodurch sie in ihrem Verhalten von thonerdehaltigen Stoffen abweicht. Giebt man ein heftiges Feuer auf eine dünne Kante der Probe, so schmilzt diese mit dem Kobaltoxyd zu einem blauen Glase, und der Rand zunächst um das Geschmolzene bleibt auch blau, aber diess Blau zieht sich ins Rothe und ist nicht schön. Beryllerde giebt mit Kobaltsolution eine dunkelgraue oder schwarze Masse. Eben so verhalten sich die Kalk und Strontian-Erde, keine von ihnen schmilzt damit. Verschieden von ihnen verhält sich der Baryt, er schmilzt damit zu einer Kugel, die, so lange sie noch heiss ist, nach der ungleichen Menge von Kobaltoxyd braunroth, ziegelroth oder rostgelb erscheint, und nach dem Abkühlen ihre Farbe verliert. Durch nochmaliges Erwärmen kommt die Farbe nicht wieder, was aber geschieht, wenn man sie schmilzt. An der Luft fällt die Verbindung schnell zu einem lichtgrauen Pulver zusammen.

Zur Aufbewahrung der Kobaltsolution hat man kleine weisse Glasflaschen mit eingeriebenem Stöpsel, welcher so geschliffen ist, dass er fast bis auf den Boden des Glases reicht, und ein am Ende hin immer spitziger werdendes Stäbchen darstellt. — Es ist diese Einrichtung deshalb sehr bequem, weil man dadurch im Stande ist, beim Oeffnen der Flasche vermittelst ihres Stöpsels sogleich einen Tropfen der Kobaltsolution auf die Probe zu bringen. Fig. 17 zeigt eine solche Flasche mit ihrem Stöpsel.

Salpetersaures Nikkeloxyd. Niccolum nitricum. Nitras niccolicus.

Zur Bereitung desselben löst man Kobalt und Kupfer freies Nikkeloxyd*) in der nöthigen Menge verdünnter Salpetersäure, filtrirt die Auflösung, und dampft sie darauf zur Krystallisation ab.

Das salpetersaure Nikkel erscheint in blaugrünen sechsseitigen Säulen, welche an feuchter Luft zerfliessen, gelinde erwärmt verwittern, stärker erhitzt aber zersetzt werden. Es löst sich in zwei Theilen kalten Wassers, auch im Weingeist, und besteht aus gleichen A. Nikkeloxyd und Salpetersäure mit 6 A. Wasser. In 100 Th. ist es zusammengesetzt aus 25,8 Nikkel, 37,2 Salpetersäure und 37,0 Wasser.

Das Mischungsgewicht des salpetersauren Nikkels, den Sauerstoff zur Einheit genommen, ist 1821,585; den Wasserstoff damit verglichen 291,930.

---

*) Wie man ein solches erhält, siehe Berzelius Lehrbuch der Chemie II. B. 1. Abth. Pag. 321.

Von der Reinheit des salpetersauren Nikkels überzeugt man sich dadurch, dass man mit Hilfe eines zu einem Oehr gebogenen Platindrathes, wie er in Fig. 8. zu sehen ist, vorm Löthrohr eine Boraxperle bläst, auf diese einen Tropfen der zu prüfenden Nikkelauflösung fallen lässt, und die Perle damit in der äussern Flamme behandelt. Färbt sie sich braun, so ist das ein Beweis der Reinheit; bläulich darf sie dagegen nicht werden.

Harkort hat die Bemerkung von Kirwan, dass Kaliglas durch Nikkeloxyd blau, Natronglas hingegen braun gefärbt werde, zuerst benutzt, um dadurch vor dem Löthrohr das Kali in Salzen und Fossilien zu entdecken. Man verfährt dazu am besten folgendermassen. Mittelst zweier Platindräthe von der vorhin erwähnten Art bläst man zwei Boraxperlen, tropft auf jede etwas Nikkelauflösung, und schmilzt sie darauf in der äussern Flamme um. Zu der einen von beiden bringt man alsdann den auf Kali zu prüfenden Stoff, schmilzt sie damit zusammen, und vergleicht nun die Färbung beider Perlen am Tageslichte. Diejenige, welche bläulich, wie eine verdünnte Auflösung von Nikkeloxyd in kaustischem Ammoniak erscheint, ist die Kali haltige, die, welche braun aussieht, die Perle aus Nikkel mit Borax. Man sieht hieraus, dass ein Natrongehalt die Entdeckung des Kalis nicht verhindert.

Diess Verhalten ist um so wichtiger, als man nur dadurch im Stande ist, auf trocknem Wege Kali von Natron zu unterscheiden. Oxalsaures Nikkeloxyd kann mit dem nämlichen Erfolg angewendet werden, als salpetersaures.

Salpetersaures Bleioxyd. Plumbum nitricum. Nitras plumbicus.

Es wird durch Auflösen von kohlensaurem Bleioxyd (Bleiweiss) oder Glätte in mit Wasser verdünnter Salpetersäure, Abrauchen und Hinstellen zur Krystallisation bereitet. Die Verbindung krystallisirt leicht in weissen Octaëdern oder Tetraëdern, die erwärmt stark decrepitiren, stärker erhitzt Sauerstoffgas entwickeln, und gelbes Bleioxyd zurücklassen. Es bedarf etwa $7\frac{1}{2}$ Th. kalten, viel weniger heissen Wassers zur Lösung, und wird vom Weingeist nicht aufgenommen. Es ist zusammengesetzt aus gleichen A. Bleioxyd und Salpetersäure in 100 Th. aus 67,3 Bleioxyd und 32,7 Salpetersäure.

Das Mischungsgewicht vom salpetersauren Bleioxyd, den Sauerstoff nur Einheit genommen, ist 2071,534; den Wasserstoff damit verglichen 331,987.

Das salpetersaure Bleioxyd findet wie alle in Wasser löslichen Bleisalze Anwendung:

1. zur Entdeckung des Schwefelwasserstoffs, in sofern es sich mit diesem zu Schwefelblei von braunschwarzer Farbe verbindet. Es giebt allerdings noch mehrere Metalle, wie Silber, Wismuth, Kupfer u. s. w., die sich eben so verhalten, aber Blei scheint dafür am empfindlichsten zu sein. Nach Pfaff soll es noch den 800,000 Theil Blei in einer Flüssigkeit zu erkennen geben.

2. zur Auffindung der Schwefelsäure und schwefelsauren Salze durch Entstehung eines

weissen, in verdünnten Säuren unvollständig, in vieler Salpetersäure aber vollkommen löslichen Präcipitates von schwefelsaurem Bleioxyd.

3. zur Entdeckung der Phosphorsäure und Arseniksäure, so wie auch ihrer Salze. Der in beiden Fällen entstehende weisse, krystallinische Niederschlag ist in Essigsäure schwer, in Salpetersäure aber leicht löslich.

4. zur Auffindung und quantitativen Bestimmung der Chromsäure. In letzter Beziehung hat das salpetersaure Blei sogar Vorzüge vor dem salpetersauren Baryt, wenn in der zu fällenden Flüssigkeit Säure vorwaltet; denn das chromsaure Bleioxyd ist in freien Säuren unlöslich, nicht aber der chromsaure Baryt. Die Farbe des chromsauren Bleioxyd ist gelb, roth oder orange, je nachdem die zu fällende Flüssigkeit neutral oder sauer, je nachdem sie kalt oder warm war. Alkalisch darf sie nicht sein, weil das chromsaure Bleioxyd in alkalischen Flüssigkeiten löslich ist.

5. zur Entdeckung des Iods in seinen Verbindungen ist es ebenfalls zu brauchen; der Niederschlag ist lebhaft gelb, und in einem Ueberschuss vom Fällungsmittel wie auch im kaustischen Kali löslieh.

6. zur Auffindung des Brom. Das Präcipitat ist weiss, und nicht wie das Chlorblei in vielem Wasser löslich.

7. zur Entdeckung der Salzsäure. Das Präcipitat ist ebenfalls weiss, dagegen leicht in Wasser und freien Säuren löslich; vergleiche das Pag. 99 bei der Chlorwasserstoffsäure Erwähnte.

Essigsaures Bleioxyd. (Bleizucker.) Plumbum aceticum. (Saccharum Saturni.) Acetas plumbicus.

Man erhält diese Verbindung vollkommen rein und zu analytischen Versuchen geeignet, wenn man die beste Sorte des im Handel vorkommenden Bleizuckers in mit destillirten Essig gesäuertem Wasser löst, die Lösung filtrirt, und darauf zur Krystallisation befördert. Das neutrale essigsaure Bleioxyd erscheint in farben- und geruchlosen vierseitigen Säulen, die süsslich zusammenziehend schmecken, an trockner Luft verwittern, und nach längerer Zeit durch den Kohlensäuregehalt derselben zersetzt werden. Erwärmt schmilzt der Bleizucker in seinem Krystallwasser, verliert $14\frac{1}{3}$ pro Cent seines Gewichts, und stellt alsdann ein weisses Pulver dar; er bedarf 2 Theile Wassers und gegen 8 Theile Weingeists zur Auflösung. Er besteht aus gleichen A. Bleioxyd, Essigsäure und 3 A. Wasser, in 100 Th. ist er zussmmengesetzt aus 51,71 Bleioxyd, 27,08 Essigsäure und 14,21 Wasser.

Das Mischungsgewicht des neutralen essigsauren Bleioxyds, den Sauerstoff zur Einheit genommen, ist 2374,122; den Wasserstoff damit verglichen 380,639.

Die Reinheit des Bleizuckers ergiebt sich daraus, dass eine mit wenigen Tropfen Salpetersäure sauer gemachte Auflösung desselben nach Abscheidung des Bleies durch Schwefelwasserstoff und Abstumpfen der vorwaltenden Säure von Galläpfeltinktur nicht verändert wird (Eisen);

auch darf eine dergestalt von ihrem Metallgehalt befreite Auflösung durch kleesaures Ammoniak nicht getrübt werden (Kalk). Kupfer entdeckt man darin durch einen blanken Eisenstab, welcher in die erwärmte, schwach gesäuerte Auflösung gestellt einen rothen Ueberzug von metallischem Kupfer bekommen wird.

Das essigsaure Blei findet fast überall Anwendung, wo man das salpetersaure braucht. Nur in einigen Fällen ist es ihm vorzuziehen, und zwar:

1. zur quantitativen Bestimmung der Arseniksäure in solchen Verbindungen, die in Wasser schwer oder unlöslich sind. Dabei verfährt man am besten folgendermassen: die zu untersuchende Verbindung wird in Salpetersäure gelöst, die Lösung mit einer Bleizuckerauflösung vermischt, das Ganze zur Trockne verdunstet, und das Uebrigbleibende scharf geglüht. Aus der trocknen Masse zieht man nach dem Erkalten die auflöslichen Salze mit Wasser aus, und analysirt sodann das arseniksaure Bleioxyd auf die Weise, dass man eine bestimmte Menge desselben abwiegt, in Salzsäure löst, die Auflösung mit einem Ueberschuss von concentrirter Schwefelsäure digerirt*), Alkohol zusetzt, das entstandene schwefelsaure Bleioxyd abfiltrirt, mit Weingeist aussüst, trocknet

*) Saures arseniksaures Bleioxyd, welches sich nach dem Glühen nicht in Salzsäure löst, muss fein pulverisirt, sogleich durch Digestion mit concentrirter Schwefelsäure zerlegt werden.

und glüht. Aus der Menge desselben erfährt man den Bleigehalt im arseniksauren Bleioxyd, welcher von der Quantität des angewandten arseniksauren Bleies subtrahirt, die Menge der Arseniksäure anzeigt. Aus der Menge des arseniksauren Bleioxyds die Arsenikmenge ohne Weiteres bestimmen, eine nochmalige Analyse desselben also umgehen zu wollen, führt zu keinem genauen Resultat.

2. bei der Analyse der Phosphorsäure in ihrer Verbindung mit Alkalien. Das Salz wird dazu bloss in Wasser gelöst, die Auflösung mit etwas concentrirtem Essig gesäuert, darauf die Phosphorsäure durch eine Auflösung von Bleizucker niedergeschlagen, die über dem Niederschlag befindliche, das essigsaure Alkali enthaltende Flüssigkeit abfiltrirt, zur Trockne eingedampft, die trockne Masse geglüht, und das hierauf im kohlensauren Zustand zurückbleibende Alkali als solches, oder als neutrales schwefelsaures Salz bestimmt.

Auch bei der Analyse der phosphorsauren Thonerde ist der Bleizucker unentbehrlich. Man verfährt dabei auf nämliche Weise, als es von den arseniksauren Salzen so eben angeführt worden; die phosphorsaure Thonerde wird nämlich in Essigsäure gelöst, die Auflösung mit Bleizucker gefällt, und das phosphorsaure Bleioxyd analysirt, wie vorhin angegeben.

Zinnchlorür. (Salzsaures Zinnoxydul. Zinnsalz.) Stannum chloratum. (Stannum muriaticum oxydulatum.)

Auch diese Verbindung braucht man sich nicht selbst zu bereiten. Hat man sich von der Reinheit des im Handel vorkommenden Zinnsalzes überzeugt, so ist es ausreichend, dasselbe nochmals in Salzsäure haltigem Wasser zu lösen, und die filtrirte Auflösung krystallisiren zu lassen. Das Zinnchlorür erscheint mit 1 A. Wasser verbunden in farbenlosen Nadeln oder Prismen, die unangenehm metallisch schmecken, aus der Luft gern Feuchtigkeit anziehen und zerfliessen. In Wasser ist es leicht löslich, zersetzt sich aber in ein Oxychloretum, welches niederfällt, und in salzsaures Chlorzinn, das gelöst bleibt; fügt man dem zur Auflösung bestimmten Wasser einige Tropfen Salzsäure hinzu, so tritt die erwähnte Zersetzung nicht ein, und alles bleibt klar. Das Zinnsalz besteht aus 1 A. Zinn, 2 A. Chlor und 1 A. Wasser, in 100 Th. aus 56,98 Zinn, 34,31 Chlor, 8,71 Wasser.

Das Mischungsgewicht des Zinnsalzes, den Sauerstoff zur Einheit genommen, ist 1290,423; den Wasserstoff damit verglichen 206,805.

Die Reinheit des Zinnsalzes geht daraus hervor, dass es aus der mit Salzsäure gesäuerten Auflösung durch Schwefelwasserstoff niedergeschlagen, das Präcipitat abfiltrirt, ein wenig mit Wasser nachgesüsst, und darauf mit frisch bereitetem Hydrothionammoniak in einer verstopften

Flasche digerirt, dieses kein Zinnoxyd daraus aufnimmt, welches beim Sättigen der mit Hydrothionammoniak bereiteten Auflösung durch Salzsäure als Schwefelzinn von gelber Farbe (dem Oxyd entsprechend) zu Boden fallen würde. Diess ist die wichtigste Prüfung, welcher man das Zinnsalz unterwerfen muss, weil in den meisten Fällen, wo man dasselbe braucht, es ganz vorzugsweise darauf ankommt, dass es blosses Chlorür, ohne Beimischung von Chlorid sei. Einen etwanigen Kupfergehalt entdeckt man durch einen blankpolirten Eisenstab, der in die mit etwas Salzsäure sauer gemachte, vorher erwärmte Auflösung gestellt, einen Ueberzug von metallischem Kupfer bekommen müsste. Eisen findet man durch Schwefelammoniak, welches einen grünlichen oder schwarzen Niederschlag geben muss, wenn man das Zinnsalz damit im Ueberschuss vermischt, nachdem es jedoch zuvor mit mässig verdünnter Salpetersäure gekocht worden.

Das Zinnsalz wird gebraucht

1. zur Entdeckung des Goldes. Dazu muss aber die Auflösung höchst verdünnt angewendet werden, widrigenfalls statt des purpurrothen Niederschlags (Cassius Goldpurpur) ein dunkelbraunes Präcipitat erhalten wird. Nach Pfaff soll die Reaktion noch bei 40,000 facher Verdünnung der Goldauflösung bemerkbar sein. Uebrigens ist der Niederschlag in Salzsäure löslich, und dürfen daher die Gold- und Zinnauflösung nicht viel freie Säure enthalten; wenn indess das Zinnsalz zu diesem Versuch in schwach gesäuertem Wasser gelöst worden, so hindert das die Reaktion nicht.

2. zur Entdeckung, mehr aber noch zur quantitativen Bestimmung des **Quecksilbers**, wozu es aus dem Grunde besser geeignet ist, als die phosphorige Säure, weil man es leichter und billiger haben kann. Alle Quecksilbersalze, selbst die in Wasser unlöslichen, wie Calomel, können dadurch analysirt werden, wenn man sie vorher mit vieler Salzsäure anrührt; nur Salpetersäure darf nicht vorhanden sein. Ist sie da, so bleibt nichts anders übrig, als sie auf die Weise zu entfernen, dass man die Verbindung so lange mit Salzsäure übergiesst, und damit wiederholentlich abdampft, bis sich kein Chlor mehr entwickelt. Bei grossen Mengen von Salpetersäure ist diess allerdings nicht ganz leicht zu erlangen, es bleibt aber nichts anders übrig, wenn man genaue Resultate haben, und das metallische Quecksilber nicht mit Zinnoxyd verbunden erhalten will, welches die Vereinigung des ersten zu Kügelchen verhindert. Andere, zugleich vorhandene Säuren, thun der Reduktion keinen Eintrag. Im Uebrigen verfährt man folgendermassen: man löst das Zinnsalz in mit Salzsäure stark gesäuertem Wasser, vermischt die Auflösung mit der der Quecksilberverbindung, und kocht das Ganze eine kurze Zeit lang, aber nicht zu lange, weil sich mit den Wasserdämpfen gleichzeitig Quecksilber verflüchtiget. Der schwarze Niederschlag, welcher sich hierbei erzeugt, so wie auch das öfters auf der Oberfläche der Flüssigkeit herumschwimmende Pulver, welches durch Umschwenken benetzt werden muss, wenn es niederfallen soll, trennt man durch Abklären von der Flüssigkeit, übergiesst es von neuem mit

Salzsäure, und kocht es damit. Hat man dadurch das Quecksilber in grössern Kugeln erhalten, so wäscht man diese noch so lange mit Salzsäure haltigem Wasser nach, bis alle fremdartigen Beimengungen fortgeschafft sind, worauf das Wasser durch Abtrocknen mit Löschpapier sorgfältig entfernt, und das Metall allenfalls noch vor dem Wiegen durch Hinstellen an der Luft von anhängender Feuchtigkeit vollständig befreit wird. Aus den Abwascheflüssigkeiten sondert sich bisweilen auch noch ein solches schwarzes Pulver ab, welches dann ebenfalls in Kugeln gebracht werden muss, nöthigenfalls mit Anwendung einer neuen Menge Zinnsalz. Es ist gleichviel, ob die Quecksilberauflösung verdünnt oder concentrirt war; das Kochen des abgesonderten fein zertheilten metallischen Quecksilbers, wie es als ein grauschwarzes Präcipitat erscheint, muss immer geschehen, um es zu reinigen und in grössern Kugeln zu erhalten. Diess Reductionsverfahren ist in allen Fällen anwendbar, wenn die mit dem Quecksilber verbundenen Stoffe nach ihrer Abscheidung in Salzsäure löslich sind. Ist das nicht der Fall, wie z. B. mit dem Schwefel beim Zinnober, so ist das Zinnsalz nicht zu brauchen.

Schwefelsaures Kupferoxyd (Kupfervitriol). Cuprum sulphuricum. Sulphas cupricus.

Man erhält diess Salz dadurch rein, dass man Zinkfreien Kupfervitriol, wie er im Handel vorkommt, unter öfterm Umrühren mit einem kupfernen Stabe längere Zeit an der Luft calcinirt, die geglühte Masse in Wasser löst, das übrigbleibende basisch schwefelsaure Eisenoxyd abfiltrirt, und das Filtrat krystallisirt. Zwar nicht so billig, aber weniger umständlich, erreicht man dasselbe, wenn man Bremerblau (worin sich selten Eisen findet) in verdünnter Schwefelsäure löst, und die filtrirte Auflösung zur Krystallisation befördert.

Das schwefelsaure Kupferoxyd erscheint in lasurblauen vierseitigen Tafeln, welche sich an der Luft wenig verändern, an einem lauwarmen Orte aber unter Verlust ihres Wassers verwittern und bläulich weiss werden; stärker erhitzt schmelzen sie zu einer weissen Salzmasse, die wasserfreies schwefelsaures Kupferoxyd ist. Der Kupfervitriol löst sich in 4 Th. kalten und 2 Th. heissen Wassers, nicht im Alkohol; die Auflösung schmeckt herbe, zusammenziehend, metallisch. Das schwefelsaure Kupferoxyd besteht aus gleichen A. Schwefelsäure und Kupferoxyd mit 5 A. Wasser, in 100 Th. aus 31,80 Kupfer, 32,14 Schwefelsäure und 36,06 Wasser.

Das Mischungsgewicht des schwefelsauren Kupferoxyds, den Sauerstoff zur Einheit genommen, ist 1559,255; den Wasserstoff damit verglichen 249,888.

Von der Reinheit des Kupfervitriols überzeugt man sich dadurch, dass man eine beliebige Menge desselben in der erforderlichen Quantität heissen destillirten Wassers löst, die Lösung mit Salpetersäure vermischt, stark aufkocht, und darauf so lange kaustisches Ammoniak hinzusetzt, bis sich der anfangs entstandene Niederschlag wiederum zu einer intensiv blauen Flüssigkeit gelöst hat. Erfolgt die Auflösung nicht vollständig, bemerkt man im Gegentheil beim Filtriren der Flüssigkeit, dass auf dem Filtrum braune Flocken zurückbleiben, so ist diess ein Beweis, dass der Kupfervitriol eisenhaltig war. Im Fall er zinkhaltig sein sollte, findet man diess dadurch, dass man die erhaltene intensiv blaue Kupferauflösung mit einem bedeutenden Ueberschuss von kaustischer Kalilauge kocht, bis kein Ammoniakgeruch mehr zu bemerken ist, das schwarze Kupferoxyd von der darüber stehenden Flüssigkeit abfiltrirt, und durch das klare Filtrat Schwefelwasserstoffgas leitet. Zeigt sich hierbei ein weisser Niederschlag, so ist der Zinkgehalt des Kupfervitriols ausser Zweifel gesetzt.

Das schwefelsaure Kupferoxyd wird gebraucht:

1. zur Entdeckung des Arseniks, sowohl wenn derselbe als arsenige Säure, wie auch als Arseniksäure vorhanden ist. Bei beiden ist es gut, wenn in der zu prüfenden Flüssigkeit das Arsenik an Kali oder Natron gebunden ist, und diess ein wenig, aber doch nur sehr unbedeutend prädominirt. War arsenige Säure (weisser Arsenik) vorhanden, so ist die Farbe des Niederschlags grün; die Nüance spielt um so mehr ins blaue, je mehr Kupfer, um so mehr ins gelbe, je mehr Arsenik im überwiegenden Verhältniss da ist. Der Niederschlag ist in einem Ueberschuss von kaustischem Ammoniak, so wie auch in freien Säuren löslich. Kaustisches Kali nimmt ihn zwar ebenfalls, aber nicht vollständig, zu einer blauen

Flüssigkeit auf; Ammoniaksalze verhindern die Entstehung des Niederschlags. Uebrigens ist der Kupfervitriol als Reagens auf Arsenik bei medicolegalen Untersuchungen nicht von entscheidendem Werthe.

Die Arseniksäure, auf gleiche Weise an Alkalien gebunden, giebt mit schwefelsaurer Kupferauflösung einen rein hellblauen Niederschlag, der sich dadurch von dem im Acussern ihm sehr ähnlichen Kupferoxydhydrat unterscheidet, dass er mit der Flüssigkeit, woraus er abgeschieden worden, zum Kochen erhitzt, seine schöne Farbe unverändert behält, und nicht schwarz wird, wie das Kupferoxydhydrat. Säuren und kaustisches Ammoniak lösen das arseniksaure Kupferoxyd leicht auf.

2. zur Trennung des Jod von Brom und Chlor, wenn sie zugleich in einer Verbindung enthalten sind. Nach Berzelius geschieht diess am besten dadurch, dass man einen Theil krystallisirtes schwefelsaures Kupferoxyd mit $2\frac{1}{4}$ Theilen schwefelsaurem Eisenoxydul in Wasser löst, und von dieser Auflösung so lange zu der zu analysirenden Verbindung hinzusetzt, als noch ein Niederschlag entsteht. Aus dem erhaltenen Kupferjodür findet man die Menge des Jod leicht durch Rechnung; die Brom- und Chlorverbindungen bleiben unzersetzt in der Auflösung.

3. zur Entdeckung der Blausäure. Es soll sogar bei kleinen Quantitäten von Blausäure besser als die Eisensalze zu brauchen sein, was der Verfasser indess nicht bestätigt fand. Die auf Blausäure zu prüfende Flüssigkeit wird dazu erst mit einem Alkali geschüttelt, darauf mit der Kupfer-

vitriolauflösung gemischt, endlich verdünnte Salzsäure zugesetzt, wodurch ein milchiger Niederschlag entsteht, der nach längerm Stehen wieder verschwindet.

Schwefelsaures Kupferoxyd-Ammoniak. Cuprum sulphurico-ammoniatum. (Cuprum ammoniacale).

Wird häufig als ein besonders empfindliches Reagens zur Entdeckung der arsenigen Säure (weissen Arseniks) empfohlen. Genaue, wiederholentlich angestellte Versuche zeigten aber dem Verfasser, dass es rücksichtlich seiner Empfindlichkeit dem schwefelsauren Kupferoxyd bedeutend nachsteht, und dass ihm dieses schon desshalb, weil es sich nicht so leicht zersetzt, jederzeit vorzuziehen ist.

Kupferchlorid. (Salzsaures Kupferoxyd.) Cuprum perchloratum. Cuprum muriaticum.

Diese Verbindung, welche bloss im wasserhaltigen Zustande Anwendung findet, verschafft man sich am besten dadurch, dass man Kupferoxyd oder Kupferoxydhydrat (Bremerblau) in der erforderlichen Menge reiner Salzsäure löst, und die filtrirte Auflösung ohne sie krystallisiren zu lassen aufbewahrt, weil die Krystalle ohnehin sehr leicht an der Luft zerfliessen. Das Kupferchlorid erscheint in seinem krystallisirten Zustande in Form smaragdgrüner Nadeln und Säulen, welche erwärmt in ihrem Krystallwasser schmelzen, in höherer Temperatur sich zersetzen. Sie werden an der Luft gern feucht und zerfliessen, und werden vom Wasser und Weingeist leicht aufgenommen; sie sind zusammengesetzt aus 1 A. Kupfer, 2 A. Chlor und 4 A. Wasser, in 100 Theilen aus 30,71 Kupfer, 34,37 Chlor und 34,92 Wasser.

Das Mischungsgewicht des wasserhaltigen Chlorkupfers, den Sauerstoff zur Einheit genommen, ist 1288,261, und den Wasserstoff damit verglichen 206,459.

Zu den nachstehend erwähnten Zwecken muss das Chlorkupfer vornämlich frei von Eisen und Schwefelsäure sein. Den Eisengehalt findet man auf die beim Kupfervitriol erwähnte Weise; ob Schwefelsäure da ist, erfährt man dadurch, dass man das aufgelösete Chlorkupfer mit einer Auflösung von Chlorbarytium vermischt, und auch selbst auf die leiseste Trübung, welche bei überschüssig zugesetzter Säure sich erhält, achtet. Durch Unkrystallisiren lässt es sich alsdann von seinem Schwefelsäuregehalt reinigen.

Das Chlorkupfer ist das beste Mittel zur genauen, quantitativen Bestimmung des Schwefels, wenn er mit Alkalien und Erden verbunden ist. Alle anderen Methoden müssen der sogleich zu erwähnenden an Genauigkeit nachstehen. Schwefelsaures Kupfer leistet zwar hierbei dasselbe, als das Chlorkupfer; aber es kann sehr leicht kommen, dass dem Schwefelkupfer, auf dessen Reinheit hier alles ankommt, noch etwas von dem schwefelsauren Salz anhängt, zumal da sich das Schwefelkupfer nicht gut so vollständig aussüssen lässt, dass nicht ein Theil davon mit weggewaschen werden, und verloren gehen sollte. Sicherer ist es daher immer, reines Chlorkupfer zu gebrauchen. Man bedient sich desselben folgendermassen. Von der zu analysirenden Verbindung wird eine bestimmte Menge in einem Kolben mit etwas weiter Oeffnung abgewogen, die Oeffnung auf nämliche Weise, wie die, in der Fig. 16. abgebildeten Gasentbindungsflasche mit einem Kork luftdicht verschlossen, der niederwärts gehende Schenkel des Gasentbindungsrohrs fast bis auf den Boden einer Flasche geleitet, welche ebenfalls wie der Kolben durch einen Korkstöpsel luftdicht gemacht, und so eingerichtet ist, dass daraus ein anderes Rohr auf den Boden einer zweiten Flasche führt, und so fort, bis der Kolben mit vier dergleichen luftdicht verschlossenen Flaschen in Verbindung steht. Die beiden mit dem Kolben zunächst in Verbindung gesetzten Flaschen füllt man bis zu $\frac{1}{3}$ ihres Inhalts mit dem aufgelöseten Chlorkupfer, die beiden letzten aber eben so weit mit einer durch kaustisches Ammoniak stark alkalisch gemachten Auflösung desselben. Dass in diesen eine ammoniakalische Kupferauflösung gebracht wird, geschieht deshalb, weil eine solche viel empfindlicher gegen Schwefelwasserstoff ist, mithin auch die Absorption des Gases um vieles schneller und vollständiger bewirkt, als eine neutrale Auflösung. Ist der Apparat dergestalt vorgerichtet, so giesst man mittelst des Trichters auf die zu analysirende Schwefelverbindung im Kolben nach und nach mit Wasser nicht zu sehr verdünnte Salzsäure, worauf sich Schwefelwasserstoffgas entwickelt, das alsdann von den Metallauflösungen eingesogen wird. Hat die Gasentwickelung nachgelassen, so treibt man das in dem Kolben noch vorhandene Schwefelwasserstoffgas vollständig durch Erwärmen des Kolbens aus. Zu mehrerer Sicherheit vermischt man auch wohl die in dem Kolben befindliche saure Flüssigkeit allmählig mit aufgelöstem kohlensauren Ammoniak, worauf die Hydrothionsäure gleichzeitig mit der Kohlensäure entweicht. Letzte bringt hierbei eben so wenig Nachtheil, als wenn gleichzeitig noch Wasserstoffgas mit fortgetrieben werden sollte; die Metallauflösung verschluckt keins von beiden. Darf man sich dergestalt versichert halten, dass alles Schwefelwasserstoffgas von den Metallauflösungen verschluckt worden, so filtrirt man das darin entstandene Schwefelkupfer rasch ab, oxydirt es schnell mit rauchender Salpetersäure zu schwefelsaurem Kupfer, und fällt die Schwefelsäure mittelst eines Barytsalzes. Aus der Menge des sorgfältig ausgesüssten, getrockneten und geglühten schwefelsauren Baryts findet man den Schwefelgehalt durch Rechnung. Bei solchen Verbindungen, die mehr Schwefel enthalten, als der bei der Zerlegung sich abscheidende Wasserstoff aufnehmen kann, bei denen also ein Antheil Schwefel in der, im Kolben rückständig gebliebenen Flüssigkeit, mechanisch vertheilt herumschwimmt, filtrirt man diese durch ein gewogenes Filtrum, süsst den darauf befindlichen Schwefel wohl aus, trocknet ihn, und addirt das Gewicht desselben zu dem, des durch die Metallauflösungen erhaltenen. Will man eine sichere Controlle haben, so kann man noch das vom Schwefel abfiltrirte Fluidum aus dem Kolben vorsichtig zur Trockne abdampfen, die Ammoniaksalze durch Glühen verjagen, und aus der Menge des rückständigen neutralen Salzes die Quantität der Base bestimmen, an welche der Schwefel gebunden war. Ein Gegenversuch, bei dem man das Schwefelwasserstoffgas unberücksichtigt lässt, und nur das Alkali oder die Erde bestimmt, welche mit dem Schwefel verbunden war, ist noch zu mehrerer Sicherheit anzurathen.

Nicht minder wichtig ist das Chlorkupfer um die Menge des Phosphors in den verschiedenen Verbindungen desselben mit dem Wasserstoff zu finden. Die zu analysirende Verbindung wird hiebei über das schwach erhitzte Chlorkupfer hingeleitet, wobei Chlorwasserstoffsäure entweicht, Phosphorkupfer aber übrig bleibt. Die Menge des Kupfers im angewandten Chlorkupfer ist bekannt, daher denn aus dem Gewicht des Phosphorkupfers der Gehalt des Phosphors leicht zu erfahren ist.

Salpetersaures Quecksilberoxydul. Hydrargyrum oxydulatum nitricum. Nitras hydrargyrosus.

Vollkommen neutral erhält man nach Mitscherlich d. J. die Verbindung, wenn man metallisches Quecksilber in reiner überschüssiger Salpetersäure auflöst, wobei aber eine jede Temperaturerhöhung sorgfältig zu vermeiden ist, das Auflösungsgefäss daher stets mit möglichst kaltem Wasser umgeben werden muss.

Das neutrale salpetersaure Quecksilberoxydul

erscheint in farbenlosen, durchscheinenden, prismatischen Krystallen von herbem Geschmack, welche am Lichte gelb werden, die Haut purpurroth färben, sich in wenigem Wasser vollständig und unzersetzt, in vielem aber unter Zersetzung und Abscheidung eines basischen Salzes lösen, während die saure Verbindung sich gelöst erhält; ein geringer Zusatz von Salpetersäure zu dem zur Auflösung bestimmten Wasser verhindert diese Zersetzung. Das neutrale salpetersaure Quecksilberoxydul besteht aus gleichen A. Quecksilberoxydul, Salpetersäure und 2 A. Wasser, in 100 Th. aus 74,50 Quecksilberoxydul, 19,16 Salpetersäure und 6,34 Wasser.

Das Mischungsgewicht des salpetersauren Quecksilberoxyduls, den Sauerstoff zur Einheit genommen, ist 3133,639; den Wasserstoff damit verglichen 566,307.

Die Reinheit, namentlich aber die Abwesenheit eines Oxydgehaltes in dem neutralen salpetersauren Quecksilberoxydul, erfährt man dadurch, dass man die mit etwas Wasser verdünnte Auflösung in der Kälte durch einen Ueberschuss von Salzsäure präcipitirt, und wenn der Niederschlag abfiltrirt worden, sich überzeugt, ob Schwefelammoniak in dem Filtrat noch eine Farbenveränderung zu Wege bringt, was bei dem Reagens in seinem reinen Zustande nicht geschehen darf.

Das salpetersaure Quecksilberoxydul findet Anwendung:

1. zur Entdeckung des A m m o n i a k s, und weil sich dieses stets bei der trock-

nen Destillation stickstoffhaltiger, organischer Substanzen erzeugt, ist es auch ein gutes Mittel zur Auffindung des Stickstoffs in thierischen und vegetatilischen Körpern, und soll noch $\frac{1}{1000}$ desselben in den erwähnten Verbindungen erkennen lassen. Man verfährt dazu folgendermassen: der zu untersuchende organische Körper wird mit kohlensaurem Kali vermischt in einer dazu eigends eingerichteten Röhre erhitzt, und ein Schenkel derselben in eine mit gesäuertem Wasser bereitete Auflösung des salpetersauren Quecksilberoxyduls geleitet. Die geringste Spur einer grauen oder schwärzlichen Färbung, welche eintritt, zeigt an, ob Stickstoff in der organischen Verbindung vorhanden war, oder nicht; es entsteht nämlich eine Verbindung von Quecksilberoxydul mit salpetersaurem Ammoniak, der bekannte Mercurius solubilis Hahnemanni. Das Vermischen des organischen Körpers mit Kali ist hierbei von Wichtigkeit, weil man, wie die Erfahrung gelehrt, sonst Gefahr läuft, Quantitäten von 4—5 pro Cent Stickstoff in einem organischen Körper zu übersehen.

2. zur Entdeckung der Salzsäure und des Chlors, in sofern es die Gegenwart beider durch Entstehung eines sich leicht absondernden Präcipitates von Quecksilberchlorür (Calomel) anzeigt. Wenn die Wirkung desselben auch um vieles in die Sinne fallender ist, so bleibt doch das salpetersaure Silber für die genannten Stoffe ein viel empfindlicheres Reagens, und verdient desshalb vor dem salpetersauren Quecksilberoxydul jederzeit den Vorzug.

3. zur Entdeckung und quantitativen Bestimmung des **Goldes**, und zwar durch Entstehung eines dunkelbraunen, verdünnt mehr rothbraunen Niederschlags von metallischem Golde. Nach **Pfaff** soll es die Gegenwart desselben noch in einer 60,000 fach verdünnten Auflösung anzeigen, würde hiernach also das Zinnchlorür an Empfindlichkeit übertreffen. Bei quantitativen Bestimmungen des Goldes durch salpetersaures Quecksilberoxydul hat man insbesondere darauf zu sehen, dass der entstandene Niederschlag von metallischem Golde nach dem Aussüssen und Trocknen recht scharf geglüht werde, weil er jederzeit noch etwas Quecksilber enthält.

4. zur quantitativen Bestimmung des **Platins**, wobei sich Quecksilberchlorür (Calomel) bildet. Wird die Mischung zum Glühen erhitzt, so geht das Quecksilbersalz nebst freiem Chlor fort, und metallisches Platin bleibt zurück.

5. zur Bestimmung des **Chroms**, wenn es als Chromsäure vorhanden ist. Die Auflösung wird dazu neutralisirt, darauf mit dem Quecksilbersalz gefällt, das Präcipitat abfiltrirt, ausgesüsst, getrocknet und durch Glühen zerlegt. Aus der Menge des rückständigen grünen Chromoxydul findet man den Gehalt an Chromsäure durch Rechnung.

6. zur Entdeckung der **Ameisensäure** und ihrer Salze. Dazu ist es aber nöthig, dass die mit einander in Berührung kommenden Flüssigkeiten vollkommen neutral sind; alsdann stellt sich ein anfangs weisses Präcipitat ein, welches jedoch bald schwärzlich wird, und zwar besonders wenn man die Flüssigkeit erwärmt. Es entsteht näm-

lich metalliches Quecksilber, welches diese Farbenveränderung bewirkt, und gleichzeitig entwickelt sich etwas Kohlensäure. Brennzlicher Essigspiritus und Empyreuma überhaupt, verhalten sich gegen das salpetersaure Quecksilberoxydul ähnlich, wodurch einige Unsicherheit bei Anwendung dieses Reagens entsteht.

Einen betrügerischen Zusatz von Saamenölen im Baumöl durch salpetersaures Quecksilberoxydul zu entdecken, ist nicht zuverlässig.

Quecksilberchlorid. (Aetzender Quecksilbersublimat.) Hydrargyrum perchloratum. (Mercurius sublimatus corrosivus.)

Man kann sich dieses Reagens durch Auflösen, Filtriren und Krystallisiren des im Handel vorkommenden Quecksilbersublimats hinreichend rein verschaffen. Der auf diesem Wege gereinigte, ätzende Quecksilbersublimat erscheint in weissen, vierseitigen, in der Hitze vollkommen flüchtigen, prismatischen Krystallen, welche ätzend und scharf metallisch schmecken, sich in 16 Th. kalten, in 3 Th. kochenden Wassers, in $2\frac{1}{2}$ Th. kalten, und in $1\frac{1}{6}$ kochenden Alkohols lösen; vom Aether sind 3 Th. erforderlich. Die wässrigen Auflösungen verhalten sich von den spirituösen und ätherischen in sofern verschieden, als sie sich bald unter Abscheidung von Chlorür zersetzen, wobei Chlorwasserstoffsäure gebildet wird; die spirituösen und ätherischen Lösungen erhalten sich dagegen unverändert. Er besteht aus 1 A. Quecksilber mit 2 A. Chlor, in 100 Th. aus 74,1 Quecksilber und 25,9 Chlor.

Das Mischungsgewicht des ätzenden Quecksilbersublimats, den Sauerstoff zur Einheit genommen, ist 1708,472; den Wasserstoff damit verglichen 273,803.

Die Reinheit desselben geht daraus hervor, dass er sich in 2½ Th. kalten Alkohol vollständig, ohne die geringste Spur eines Rückstandes löst.

Der ätzende Quecksilbersublimat wird gebraucht:

1. zur Trennung der Zinnoxydulsalze von den Zinnoxydsalzen, oder der entsprechenden Chlorverbindungen von einander, darauf gegründet, dass die Oxydulsalze einen Theil vom Quecksilbersublimat zu Chlorür reduciren, aus dessen Menge nach dem Abfiltriren, Aussüssen und Trocknen die Quantität des in der Verbindung vorhandenen Zinnoxyduls leicht zu berechnen ist.

2. um phosphorige Säure von Phosphorsäure zu scheiden. Das Quecksilberchlorid wird hierbei durch die phosphorige Säure ebenfalls zu Chlorür reducirt, aus dessen Menge man alsdann leicht findet, wie gross die Quantität der phosphorigen Säure war. Die Sublimatauflösung muss hiezu aber möglichst concentrirt angewandt werden, und das Eintragen von dem Gemenge beider Säuren in sehr kleinen Mengen geschehen, damit nicht etwa das Quecksilber zu Metall reducirt werde.

3. zur Entdeckung und Unterscheidung des Eiweiss von Schleim und Gallerte, wie Bostock zuert gezeigt hat.

4. zur Auffindung von Jod, wozu er aber nur geringen Werth hat; vergleiche Pag. 221.

****

Cyanquecksilber. (Blausaures Quecksilberoxyd). Hydrargyrum cyanogenatum. (Hydrargyrum oxydatum hydrocyanicum).

Man erhält es durch Kochen von einem Theil fein zerriebenen und geschlämmten Quecksilberoxyd mit 2 Theilen zart pulverisirten Berlinerblau und 8 Th. Wasser. Die Flüssigkeit wird von dem Unlöslichen abfiltrirt, wenn das Gemenge eine hellbraune Farbe angenommen hat. Um aus der entstandenen Verbindung alles Eisen vollständig zu entfernen, muss man die klare Flüssigkeit von neuem mit Quecksilberoxyd digeriren, und nachdem dadurch alles Eisen abgeschieden, aus dem Filtrat, welches nun ein Oxycyanetum hydrargyricum geworden ist, das Quecksilberoxyd durch Neutralisation mit Blausäure entfernen. Lässt man die Flüssigkeit sich hierauf durch Abdampfen zum Salzhäutchen concentriren, so schiesst daraus das Cyanquecksilber in weissen, undurchsichtigen, vierseitigen Säulen und Doppelpyramiden an. In einer Retorte erhitzt zersetzt es sich unter Abscheidung von metallischem Quecksilber und Cyan. Es erfordert 6 Th. kaltes, viel weniger heisses Wasser zur Lösung, und wird vom Weingeist nur schwierig aufgenommen. Es ist zusammengesetzt aus 1 A. Quecksilber uud 2 A. Cyan, iu 100 Th. aus 79,32 Quecksilber und 20,68 Cyan.

Das Mischungsgewicht des Cyanquecksilbers, den Sauerstoff zur Einheit genommen, ist 1595,733; den Wasserstoff damit verglichen 255,735.

Die Reinheit des Cyanquecksilbers geht daraus hervor, dass, nachdem aus der zuvor mit Salzsäure gesäuerten Flüssigkeit durch Schwefelwasserstoff alles Quecksilber abgeschieden ist, das Filtrat nach der Neutralisation mit kaustischem Ammoniak durch Zusatz von Schwefelammoniak keine grünliche Färbung oder gar einen schwärzlichen Niederschlag von Schwefeleisen erfährt.

Das Cyanquecksilber findet beinahe ausschliesslich Anwendung zur Scheidung des Palladiums vom Platin und den übrigen Metallen, welche dieses in seinen Erzen begleiten. Aber auch selbst hierbei ist es durch Berzelius neueste, Pag. 215. angeführte Methode zur Analyse der Platinerze fast entbehrlich gemacht, und nicht einmal sicher anzuwenden, wenn in der zu fällenden Auflösung Kupfer vorhanden ist, weil alsdann, das als eine schwerlösliche Verbindung niederfallende Palladiumcyanid kupferhaltig wird. Das Präcipitat ist dann grünlich, und wird beim Trocknen dunkel, während es sonst eine hellgelbe Farbe besitzt. Den Vorzug hat die Scheidung des Palladiums mittelst Cyanquecksilber vor der Pag. 219. angeführten durch Chlorkalium in dem Fall, wenn die Menge des beim Kaliumkupferchlorid und beim Kaliumpalladiumchlorid befindlichen Chlorkaliums so gross ist, dass sie ein zu lange fortgesetztes Digeriren mit Weingeist nöthig machen sollte. Erhält man dabei das Palladiumcyanid mit Kupfer verunreinigt, so ist kein anderer Ausweg, als den damit verunreinigten Niederschlag in Schwefelsäure zu lösen, die Lösung zur Trockne abzudampfen, das rückständige Salz eine Zeit lang gelinde zu glühen, und die geglühte Verbindung darauf mit Wasser auszuziehen, wodurch das entstandene basisch schwefelsaure Palladiumoxyd ungelöst bleibt, das schwefelsaure Kupferoxyd hingegen aufgenommen wird. Diese Operation erfordert indess viele Vorsicht, damit nicht entweder das Kupfersalz durch eine zu starke Hitze zersetzt werde, oder das Palladiumsalz durch eine zu geringe unzersetzt bleibe.

Salpetersaures Silberoxyd. Argentum nitricum. Nitras argenticus.

Zur Bereitung desselben löst man reines Silber, wie es Pag. 61. darzustellen gelehrt worden, in der erforderlichen Menge mit Wasser verdünnter Salpetersäure auf, filtrirt die Auflösung, falls es nöthig sein sollte, und befördert sie darauf durch gelindes Abdampfen und ruhiges Hinstellen zur Krystallisation. Wem ein durchaus reines Silber nicht zu Gebote stehen sollte, kann dieses Salz nach Trautwein auch aus kupferhaltigem rein bekommen, wenn er folgendermassen verfährt. Man löst das kupferhaltige wie das reine Metall in der erforderlichen Quantität reiner Salpetersäure auf, filtrirt die Auflösung, und verdampft sie darauf zur Trockne. Das trockne Salz schmilzt man in einem eisernen Löffel oder in einem Porzellangefäss, bis eine herausgenommene Probe in Wsser gelöst, das Kupferoxyd abfiltrirt, das Silber aus dem Filtrat mittelst Salzsäure entfernt, nach dem Abfiltriren des Chlorsilbers, und vorherigem Neutralisiren der Flüssigkeit mit kaustischem Ammoniak, durch Kaliumeisencyanür keine Farbenveränderung zum Vorschein kommt. Ist der Punkt eingetreten, so wird die durch Zersetzung des salpetersauren Kupfers und Abscheidung von Kupferoxyd schwarz gewordene Masse mit Wasser behandelt, welches das unzersetzt gebliebene salpetersaure Silberoxyd aufnimmt, das Kupferoxyd hingegen zurücklässt. Dampft man die so erhaltene Silberauflösung zum Krystallisationspunkt ab, so erhält man die Verbindung in farbenlosen Krystallen.

Das salpetersaure Silberoxyd erscheint in durchsichtigen, wasserhellen, vier- und sechsseitigen Tafeln von ätzend bitterm Metallgeschmack, färbt Haut und thierische Stoffe unauslöschlich schwarz, löst sich in gleichen Theilen kalten, in noch weniger kochenden Wassers, auch in Weingeist; in der Hitze schmilzt es leicht zu einer beim Erkalten weissen, im Bruch strahligen Masse. Durch Einwirkung des Sonnenlichts schwärzt es sich wie alle Silbersalze, wesshalb man es in schwarz gefärbten, oder dem Licht keinen Zutritt verstattenden Gefässen aufbewahren muss. Das salpetersaure Silberoxyd besteht aus gleichen A. Silberoxyd und Salpetersäure, in 100 Th. aus 68,2 Silberoxyd und 31,8 Salpetersäure.

Das Mischungsgewicht des salpetersauren Silberoxyds, den Sauerstoff zur Einheit genommen, ist 2128,643; den Wasserstoff damit verglichen 341,140.

Die Reinheit des salpetersauren Silberoxyds geht daraus hervor, dass eine Auflösung desselben, zur Abscheidung des Silbers mit einem Ueberschuss von Salzsäure versetzt, das Chlorsilber abfiltrirt, nach ihrer Neutralisation mit kaustischem Ammoniak durch Kaliumeisencyanür keine röthliche Färbung erfährt (Kupfer). Auch darf eine auf erwähntem Wege mittelst Salzsäure ihres Metallgehalts beraubte Auflösung, nach dem Eindampfen und Glühen keinen Rückstand lassen.

Das salpetersaure Silberoxyd, eines der unentbehrlichsten Reagentien, findet Anwendung:

1. zur Entdeckung der Salzsäure, gleichviel ob diese frei oder gebunden ist. Das in beiden Fällen entstehende Chlorsilber ist in verdünnten Säuren unlöslich, wird aber von concentrirter Salzsäure aufgenommen, jedoch beim Verdünnen der Auflösung mit Wasser unverändert wieder niederschlagen. Kaustisches Ammoniak löst das vom Licht unveränderte Chlorsilber leicht und vollständig auf, lässt indess immer einen schwärzlichen Rückstand, wenn es die Pag. 98. erwähnte Zersetzung durchs Licht erfahren hatte. Ueberhaupt darf man die Auflösbarkeit des Chlorsilbers in kaustischem Ammoniak nicht als eine unter allen Umständen sichere Probe betrachten, und verlangen, dass der entstandene Niederschlag sich jederzeit durch mehr Ammoniak zu einer vollkommen klaren Flüssigkeit lösen soll. Denn es lassen sich Fälle nachweisen, wo es in der Natur der Sache liegt, dass das Ganze nicht wieder vollkommen klar werden kann, z. B. wenn man eine Quecksilbersublimatauflösung mit Silbersolution fällt, und darauf kaustisches Ammoniak zusetzt,

wo sich alsdann ein, in diesem unlösliches Doppelsalz bildet; eben so, wenn man salzsaure Thonerde mit einer Silberauflösung präcipitirt, wo durch nachherigen Ammoniakzusatz die Thonerde niedergeschlagen wird. Es ist daher weit sicherer, wenn man über die Natur eines mittelst Silberauflösung erhaltenen Präcipitates zu entscheiden hat, und Chlorsilber vermuthet, mehr auf die Unlösbarkeit desselben in Salpetersäure zu sehen, als auf die Lösbarkeit in kaustischem Ammoniak. Im übrigen gilt vom Chlorsilber alles, was Pag. 98. u. folg. bei der Salzsäure angeführt worden.

Aber auch freies, nicht an Basen gebundenes, Chlor, wie es in der Aqua oxymuriatica der Pharmakopoeen enthalten ist, wird auf nämliche Weise dadurch angezeigt; meines Wissens eine noch nicht allgemein bekannte Thatsache, die zuerst von Schubarth ausser Zweifel gesetzt worden. In seiner Erwiederung auf Link's Antikritik auf des Ersteren Beurtheilung der neuen preuss. Pharmakopoe (von 1827), welche sich in Horn's und Nasse's Archiv für medicinische Erfahrung Nov. und Decemb. Stück 1828 abgedruckt befindet, heisst es nämlich wörtlich folgendermassen: „Leitet man reines aus Braunstein, „Kochsalz und Schwefelsäure ohne Wärme ent„bundenes, durch kaltes Wasser gewaschenes, also „von allem salzsauren Gas befreites Chlorgas in „eine Silbersolution, so erzeugt jede Blase, wel„che durchströmt, einen weissen, in Salmiakgeist „löslichen Niederschlag, Chlorsilber. Lässt man „reines Chlorgas in destillirtes Wasser streichen, „umhüllt das Gefäss mit dichtem Papier, und

„setzt dann Silbersolution hinzu, so entsteht der„selbe Niederschlag, und zwar in reichlicher „Menge. Leitet man reines Chlorgas in che„misch reine so wie auch in rauchende Salpe„tersäure, welche beide vorher die Silbersolu„tion nicht niederschlugen, so geben sie dar„auf bedeutende Niederschläge mit jener." Dass aber nun hier, besonders im letzten Fall, wo Chlor in Salpetersäure, ja, in rauchende Salpetersäure geleitet wurde, sich keine Salzsäure bilden konnte, bedarf keines Beweises, wie auch im ersten angeführten Beispiel, wo bei Ausschluss des Lichtes gewaschnes, und in Wasser geleitetes Chlorgas dieselben Erscheinungen hervorrief. Hiernach und nach sorgfältig angestellter, eigener Wiederholung der obigen Versuche findet es kein Bedenken, das salpetersaure Silberoxyd für ein nicht minder empfindliches Reagens auf freies Chlor als auf freie Salzsäure zu erklären. Es ist diess um so wichtiger, als in den meisten Handbüchern der Pharmazie, in fast allen Anleitungen zur Prüfung der Arzneikörper, ja selbst in der Pharmacopoea Borussica Editio quarta 1827 *) vom Chlorwasser (Aqua oxymuriatica) verlangt wird, dass es eine salpetersaure Silberauflösung nicht trübe. In der Editio quinta der gedachten Pharmacopoe von 1829 ist die Stelle weggeblieben, ein Beweis, dass man sich von der Unhaltbarkeit der Prüfungsmethode überzeugt haben muss. Da aber freies Chlor unter den nämlichen Erschei-

---

*) „liquoremque argenti nitrici vix turbet" heisst es da wörtlich Pag. 143.

nungen wie freie Salzsäure angezeigt wird, so lässt salpetersaures Silberoxyd es unentschieden, welche von beiden vorhanden sei, und sieht man sich daher gezwungen, wenn nicht schon äussere Merkmale darüber entscheiden, die zu prüfende Flüssigkeit mit metallischem Golde, Indigo oder andern Pigmenten, die von der Salzsäure nicht affizirt werden, zu untersuchen, ob freie Salzsäureoder freies Chlor die caufa efficiens der Trübung des Silbersalzes war. Dass alles hier vom Chlor Angeführte bloss von freiem, nicht an Basen gebundenen gilt, bedürfte wohl kaum einer nochmaligen Erwähnung, da sich, wie allgemein bekannt, die Chlormetalle den salzsauren Salzen analog verhalten.

2. zur Entdeckung der arsenigen Säure (des weissen Arseniks) wie auch der Arseniksäure. Bei beiden muss aber die zu untersuchende Flüssigkeit neutral sein, und es darf darin eben so wenig Säure als Alkali, besonders nicht Ammoniak prädominiren. Ueberhaupt gilt auch hier, was schon bei der Wirkung des Kalkwassers als Reagens auf Arsenik angeführt worden, dass man nämlich besser thut, das flüchtige Alkali bei Arsenikuntersuchungen ganz und gar zu vermeiden, und die beiden Säuren des Arseniks lieber an Kali oder Natron zu binden. Herrscht nur im mindesten etwas kaustisches Ammoniak vor, so wird man sowohl bei der arsenigen Säure, wie bei der Arseniksäure vergeblich auf Entstehung eines Niedeschlags warten, denn die Verbindungen beider Säuren mit dem Silber sind, wie die meisten Silbersalze, in kaustischem Ammoniak löslich. Eben so verhalten sich auch die

Niederschläge beider Säuren gegen Salpetersäure, beide werden von einem Ueberschuss derselben jederzeit leicht und vollständig gelöst; auch in Essigsäure ist das arsenigsaure Silber vollständig lösbar, das arseniksaure wird dagegen von ihr nicht gelöst. In der Farbe beider Präcipitate ist aber ein merklicher Unterschied, das arsenigsaure Silberoxyd erscheint mattgelb von Farbe, das arseniksaure rothbraun. Bei medico-legalen Untersuchungen auf weissen Arsenik, bei denen man nicht gern ein Mittel unversucht lässt, wodurch die Sicherheit des Resultats erhöht werden kann, ist von jeher auch das salpetersaure Silber als eins der empfindlichsten Reagentien empfohlen worden. Nach Roloff soll es noch $\frac{1}{40000}$ weissen Arsenik anzeigen, und Pfaff will selbst bei 50,000 facher Verdünnung, einen lockern Niederschlag erhalten, ja sogar bei 150,000 facher noch den Anschein zu einer Reaktion bemerkt haben. Ohne diesen Grad der Empfindliehkeit des salpetersauren Silbers für den weissen Arsenik in Zweifel ziehen zu wollen, hat es denn doch nicht den hohen Werth bei solchen Untersuchungen, welche man ihm beizulegen in neuerer Zeit nur allzu geneigt gewesen ist, und schwerlich möchte es sich zu den entscheidenden Reagentien für Arsenik zählen lassen, wofür bloss Schwefelwasserstoffgas zu halten ist. Besonders wird diess dadurch motivirt, dass auch die Phosphorsäure und phosphorsauren Salze im nicht geglühten Zustande mit den Silbersalzen eben solch einen Niederschlag geben, als die arsenigsauren, und waltet gleichwohl in der Farbennüance ein geringer Unterschied ob, so ist diess Kennzeichen doch zu unwichtig, als dass sich darauf etwas geben liesse. Dazu kommt noch, dass bei medico-legalen Untersuchungen, von denen jetzt hier allein die Rede ist, immer so verschiedene fremdartige organische Stoffe zugleich vorhanden sind, dass auch durch sie in der Regel dis Farbennüance merklich verändert wird. Zwar hat Monheim*) in neuerer Zeit in der Auflösbarkeit des arsenigsauren Silberoxyds in Essigsäure ein leicht anwendbares Mittel zur Unterscheidung desselben vom phosphorsauren Silberoxyd angegeben, was Berücksichtigung verdienen würde, wenn sich die Sache so verhielte, wie er behauptet hat; aber das Ganze beruht auf einem Irrthum, und es ist durchaus falsch, was er sagt, dass sich phosphorsaures Silber in Essigsäure nicht löse; sogar in der verdünnten Säure, dem Acetum concentratum der Apotheker, ist es leicht und vollständig lösbar. Es ist in der That schwer zu begreifen, wie sich bei einem so höchst einfachen Versuch ein Irrthum einschleichen konnte. Sollte er wohl gar bei seinen Versuchen den Acetum concentratum der preuss. Pharmakopoe angewendet haben, welcher seiner Bereitungsmethode nach immer salzsäurehaltig ausfallen muss, so dass sich Chlorsilber erzeugte, als er die Auflösbarkeit des

*) Monheim und Sartorius medic. chemische Untersuchung einer an dreien Personen verübten Arsenikvergiftung. Pag. 35.

phosphorsauren Silbers ermitteln wollte? Oder wäre etwa anzunehmen, dass er sich bei einem Gegenversuch, um das Verhalten des phosphorsauren Silbers im Vergleich zum arsenigsauren kennen zu lernen, des phosphorsauren Natrons der preuss. Pharmak. bedient hätte, worin sich auch allemal Salzsäure findet? Das wären die einzig denkbaren Fälle. Bei den Versuchen des Verfassers, wo aus Phosphor und Salpetersäure bereitete Phosphorsäure mit chemisch reinem Kali neutralisirt angewandt, und das auf diesem Wege bereitete phosphorsaure Salz mit salpetersaurer Silberauflösung niedergeschlagen wurde, löste sich der gelbe Niederschlag jederzeit leicht und vollkommen, ohne die leiseste Trübung zu lassen, in concentrirter und verdünnter Essigsäure auf. Hieraus geht wohl zur Genüge hervor, dass es zur Unterscheidung des arsenigsauren Silbers vom phosphorsauren zur Zeit noch kein leicht und sicher anwendbares Mittel giebt, dass man sich vielmehr begnügen muss, über das Vorhandensein der einen oder andern Säure nach ihrem Verhalten gegen Schwefelwasserstoff zu urtheilen. Phosphorsäure und phosphorsaure Salze werden davon bekanntlich gar nicht affizirt, arsenige und Arseniksäure aber so wie ihre Salze gelb niedergeschlagen. Auch durch die Reducirbarkeit des arsenigsauren Silbers mittelst Kohle und Darsellung eines Spiegels von metallischem Arsenik könnte man sich überzeugen, ob das in einer Flüssigkeit mittelst Silbersolution entstandene gelbe Präcipitat nicht etwa phosphorsaures, sondern arsenigsaures Siber war. Iodsilber, welches bei medico-legalen Arsenik-Untersuchungen indess wohl schwerlich vorkommen dürfte, hat zwar auch eine gelbe Farbe, man erkennt es aber, wie gehörigen Orts schon angeführt, leicht daran, dass es sich in kaustischem Ammoniak nicht löst, während phosphorsaures und arsenigsaures Silber davon leicht und schnell aufgenommen werden. Vorhandene Salzsäure kann, wenn man bei solchen Arsenikuntersuchungen salpetersaures Silber anwendet, nicht leicht zu einem Irrthum Veranlassung geben; wenn man sie nämlich, wie sich das fast schon von selbst versteht, vor der Prüfung auf Arsenik aus der stark mit Salpetersäure gesättigten Flüssigkeit durch überschüssig zugesetzte Silbersolution abscheidet, das entstandene Chlorsilber abfiltrirt, und darauf das Filtrat mit reinem kohlensauren Kali sättigt. Nach diesem Verfahren ist der alsdann entstehende gelbe Niederschlag gewiss frei von Chlorsilber, daher auch vollständig in Essig- und Salpetersäure, wie auch im kaustischen Ammoniak löslich.

3. zur Auffindung der Phosphorsäure und phosphorsauren Salze. Davon ist schon im Vorhergehenden gesprochen, auch das Nöthige bereits beim phosphorsauren Natron Pag. 231 angeführt worden.

4. zur quantitativen Bestimmung der Blausäure, indem man ihre Menge aus der Quantität des erhaltenen Cyansilbers berechnet; natürlich darf in der zu untersuchenden Flüssigkeit nicht gleichzeitig Chlorwasserstoffsäure enthalten sein.

5. zur quantitativen Bestimmung des Schwefelwasserstoffs, wenn er in nicht zu grosser Menge da ist, wie z. B. in Mineralwässern. Das

entstehende Schwefelsilber wird alsdann mit rauchender Salpetersäure oxydirt, die gebildete Schwefelsäure aus der filtrirten Auflösung durch salpetersauren Baryt gefällt, und aus der Menge des, nach dem Aussüssen, Trocknen und Glühen vorhandenen schwefelsauren Baryt die Schwefelwasserstoffmenge berechnet.

6. zur Entdeckung der Ameisensäure und ihrer Salze, welche in nämlicher Weise auf das salpetersaure Silber reducirend wirken, wie auf das salpetersaure Quecksilberoxydul; überhaupt gilt davon alles, was Pag. 365 angeführt worden. Gegen schwefelige Säure und ihre Salze verhält sich das salpetersaure Silber eben so, nur dass die Mischung erwärmt werden muss, ehe die Reduction eintritt.

7. zur Entdeckung des Iod, wovon das Nöthige bereits Pag. 221 beim Iodkalium erwähnt worden.

8. zur Auffindung der Chromsäure in ihren Salzen hat es keinen sonderlichen Werth, vergleiche übrigens desshalb Pag. 213.

Essigsaures Silberoxyd. Argentum aceticum. Acetas argenticus.

Will man es durchaus rein und frei von allem Fremdartigen haben, so geht man offenbar am sichersten, wenn man eine mit Wasser verdünnte salpetersaure Silberlösung durch einen geringen Ueberschuss von reinem kohlensauren Kali niederschlägt, das weisse Präcipitat sorgfältig mit Wasser aussüsst, darauf in verdünnter Essigsäure löst, die Auflösung filtrirt, und in einem gegen den Zutritt des Lichtes geschützten Gefässe durch freiwilliges Verdampfen in Krystalle anschiessen lässt. Das essigsaure Silber erscheint in weissen, perlmutterglänzenden, weichen und leichten Nadeln, von scharf metallischem Geschmack, die kein Krystallwasser enthalten, in höherer Temperatur unter Beibehaltung ihrer Form in metallisches Silber und Essigsäure zerlegt werden, welche, wie Chenevix bemerkt hat, besonders rein erscheint, und nicht mit der zu vergleichen ist, welche man sonst gewöhnlich durch trockne Destillation essigsaurer Metallsalze erhält. Es erfordert 100 Theile Wasser von mittlerer Temperatur, und viel weniger kochendes zur Lösung, im Alkohol ist es nicht löslich. Es besteht aus gleichen A. Silberoxyd und Essigsäure, in 100 Th. aus 69,29 Silber und 30,71 Essigsäure.

Das Mischungsgewicht des essigsauren Silberoxyds, den Sauerstoff zur Einheit genommen, ist 2094,793; den Wasserstoff damit verglichen 335,715.

Die Reinheit des essigsauren Silbers ist daraus zu ersehen, dass kein Rückstand bleibt, wenn man eine in der Siedhitze bereitete essigsaure Silberlösung mit Salzsäure präcipitirt, nachdem das Chlorsilber abfiltrirt worden, das Filtrat zur Trockne abgedunstet, und zum Glühen erhitzt worden.

Das essigsaure Silberoxyd wird in mancherlei Fällen zur Abscheidung der Salzsäure oder des Chlors gebraucht, wo ein Silbersalz mit mineralischer Säure nicht anwendbar ist. Ein solcher Umstand kann z. B. eintreten, wenn man in einer Verbindung Natronsalze mit verschiedenen Säuren hätte, z. B. schwefelsaures Natron, Chlornatrium und salpetersaures Natron. Wie wollte man sich wohl hier besser von dem Dasein der salpetersauren Verbindung überzeugen, als dass man die Schwefelsäure durch essigsauren Baryt, das Chlor durch essigsaures Silber entfernt, und das Filtrat sodann mit Kupferfeile, metallischem Golde, Indigauflösung u. s. w. auf Salpetersäure prüfte. Dabei hat man noch den Vortheil, dass die alkalische Base, das Natron, nach Zerstörung der Essigsäure im kohlensauren Zustande übrig bleibt, und in diesem über seine Natur alsdann rascher und sicherer zu entscheiden ist.

Chlorsilber (Hornsilber). Argentum chloratum (Luna cornea).

Wenn man nicht gerade bei chemischen Analysen erhaltenes, reines Chlorsilber zur Hand hat, so bleibt nichts anders übrig, als dass man reines oder auch kupferhaltiges Silber in der ausreichenden Menge Salpetersäure löst, die Auflösung filtrirt, mit Wasser verdünnt, und darauf mit so viel Salzsäure versetzt, bis kein Niederschlag mehr entsteht. Das Chlorsilber wird hierauf abfiltrirt, mit Wasser ausgesüsst, getrocknet, und in einem Porzellantiegel geschmolzen. In diesem Zustande ist es nach dem Erkalten eine halbdurchsichtige, gelblich graue, Horn ähnliche Masse, die sich leicht schneiden lässt, und im heftigsten Feuer, selbst mit Kohlen in Berührung, sich unverändert erhält. Aetzammoniak Flüssigkeit löst dasselbe leicht und vollständig auf, auch concentrirte Salzsäure; durch Verdünnen mit vielem Wasser fällt es aus der sauren Lösung jedoch unverändert wieder nieder. Es besteht aus 1 A. Silber und 2 A. Chlor, in 100 Th. aus 75,34 Silber und 24,66 Chlor.

Das Mischungsgewicht des Chlorsilbers, den Sauerstoff zur Einheit genommen, ist 1794,257; den Wasserstoff damit verglichen 287,551.

Die Reinheit des Chlorsilbers ist daraus zu ersehen, dass es sich in dem, vom Licht unveränderten Zustande in Aetzammoniakflüssigkeit vollständig löst.

Das Chlorsilber wird in der analytischen Chemie nur selten gebraucht; zur quantitativen Bestimmung des Kohlengehalts in verschiedenen Metallen, wie im Roh- oder Gusseisen, im Zink u. s. w. ist es aber von grossem Werthe. Zwar kann man dasselbe noch auf andere Weise erreichen, schwerlich aber so einfach und leicht. Man verfährt dazu folgendermassen. Man legt einen Kuchen geschmolzenen Hornsilbers auf den Boden eines gläsernen Cylinders, darauf das Stück des zu analysirenden Metalles (Gusseisen, Zink, oder was es nun ist), füllt hierauf das Gefäss mit, durch lange fortgesetztes Kochen von atmosphärischer Luft befreitem Wasser möglichst voll bis oben an, und bedeckt es mit einer, auf der untern Seite mit Talg bestrichnen Glasplatte, welche recht dicht und gut schliessen muss. So vorgerichtet lässt man das Ganze 24 bis 36 Stunden ruhig stehen, auch wohl noch länger, je nachdem die Menge des zu untersuchenden Metalls geringer oder grösser war. Nach Verlauf dieser Zeit findet man auf dem Hornsilber eine Lage metallischen Silbers und statt des Eisens die Kohle desselben, ohne dass eine Gasentwicklung bemerkbar gewesen. Man giesst hierauf die Auflösung ab, wäscht das Uebrigbleibende mit etwas Wasser ab, dem man, falls die zu analysirende Verbindung Eisen enthielt, einige Tropfen Salzsäure zusetzt, trocknet sie, und bestimmt darauf ihr Gewicht. Beim Gusseisen dieses und das Chlorsilber mit schwach gesäuertem Wasser zu übergiessen, ist immer gewagt, weil dadurch leicht eine Wasserzerlegung eintreten, und mit dem sich dabei entwickelnden Wasserstoffgas ein Theil Kohle in Verbindung treten, und verloren gehen kann, ganz auf nämliche Art, als wenn man ein solches Kohlenmetall in einer verdünnter Säure lösen, und erwarten wollte, dass die Kohle vollständig als unlöslicher Rückstand übrig bleiben sollte. Hierbei muss das Hornsilber stets im überwiegenden Verhältniss angewendet werden. Auch ist es gut zur Controlle der Untersuchung das Chlor aus dem Chlorsilber zu bestimmen; man spühlt deshalb bloss das auf dem unzerlegten Hornsilber liegende regulinische Silber ab, trocknet und wiegt es, und ersieht aus dem Verlust den Antheil des von dem zu untersuchenden Metall aufgenommenen Chlors. In allen Metallen, welche durch die angegebne Behandlung nur eine partielle Zerlegung des Chlorsilbers zu bewirken im Stande sind, wie das Kupfer u. a. m., ist der

Gehalt an Kohle auf genannte Weise nicht zu bestimmen.

Platinchlorid (salzsaures Platinoxyd). Platinum perchloratum. (Platinum oxydatum muriaticum).

Man bereitet es auf die Weise, dass man eine beliebige Menge Platinschwamm oder anderes, in recht dünne Blättchen geschlagenes metallisches Platin mit der doppelten Menge Salzsäure übergiesst, damit erwärmt, und hierauf tropfenweis so lange Salpetersäure hinzufügt, bis die Auflösung erfolgt ist. Zur Entfernung der freien Säure wird die Flüssigkeit darauf vorsichtig zur Trockne verdampft, die rückständige braune Masse in der hinlänglichen Quantität recht starken (wenn es sein kann, absoluten) Alkohols gelöst, und die Lösung filtrirt. Die spirituöse Auflösung verdient vor der wässrigen Behufs ihrer Anwendung als Reagens jederzeit den Vorzug. Sie erscheint in diesem Zustande als eine dunkelbraune Flüssigkeit von saurer Reaktion, welche die Haut braunroth färbt, beim Erhitzen in Platinchlorür verwandelt wird, und wenn dieses länger fortgesetzt, sich vollständig zerlegt. Das Platinchlorid besteht aus 1 A. Platin mit 4 A. Chlor, in 100 Th. aus 58,21 Platin und 41,79 Chlor.

Das Mischungsgewicht desselben, den Sauerstoff zur Einheit genommen, ist 2100,520; den Wasserstoff damit verglichen 336,633.

Verunreinigungen sind bei dem auf angeführte Weise bereiteten Reagens nicht leicht zu erwarten.

Das Platiochlorid ist ein empfindliches Prüfungsmittel auf Kali, und dient zur sichern Unterscheidung desselben vom Natron. Seine Wirkung äussert sich durch Entstehung eines blassgelben Niederschlags, eines Doppelsalzes von Platinchlorid und Chlorkalium. Im Wasser ist dieses Präcipitat zwar schwer, aber doch nicht ganz unlöslich, besonders im warmen; Alkohol uud Säuren, nehmen es nicht auf, leichter noch wässrige Alkalien. So viel als möglich muss daher die auf Kali zu untersuchende Verbindung in Weingeist gelöst werden, oder so weit es angeht in ein darin lösliches Salz, z. B. in Chlorkalium verwandelt werden. Ist das nicht zu erlangen, wie beim schwefelsauren Kali, so muss die wässrige Auflösung doch mindestens so concentrirt als möglich bei der Vermischung mit der Platinsolution angewendet werden. Auf diese Weise lässt sich das Kali in allen seinen Verbindungen, die mit Schwefel (Schwefelleber) ausgenommen entdecken, vorausgesetzt, dass man sich von der Abwesenheit des Ammoniaks und der Ammoniaksalze überzeugt hat; denn auch sie werden unter den nämlichen Erscheinungen von der Platinsolution gefällt, so dass letzte als ein eben so gutes Reagens zur Auffindung des Ammoniaks wie des Kali zu betrachten ist. Beide Doppelsalze sind indess darin von einander unterschieden, dass das mit Ammoniak (Platinsalmiak) in Wasser schwerer lösbar ist, als das mit Kali; auch weichen sie noch darin von einander ab, dass das Ammoniaksalz scharf geglüht, reines metallisches Platin (Platinschwamm) zurücklässt, das Kalisalz hingegen metallisches Platin mit Chlorkalium. Dessenungeachtet ist es nothwendig, wenn die Reaktion der Platinsolution zuverlässig sein soll, das zu prüfende Salz, ehe man es mit dem Reagens vermischt, vorher durch anhaltendes Glühen von seinem Ammoniakgehalt zu befreien.

Natriumplatinchlorid. (Salzsaures Platinoxydnatron.) Natrium platinoperchloratum. (Platinum natricomuriaticum).

Diese Verbindung, welche bloss zur quantitativen Trennung des Kali vom Natron Anwendung findet, erhält man durch das Vermischen einer wässrigen Platinchloridsolution mit gereinigtem Kochsalz, Filtriren und ruhiges Hinstellen des Gemisches in einem leicht bedeckten Gefässe an der Luft, wodurch das Doppelsalz in regelmässigen Krystallen herauskrystallisirt.

Es erscheint alsdann in gelben, an der Luft unveränderlichen Tafeln oder Säulen, die gelind erwärmt bloss ihr Krystallwasser abgeben, pomeranzengelb werden, zum Weissglühen erhitzt aber ein Gemenge von metallischem Platin und Chlornatrium zurücklassen; in Wasser und Weingeist ist es in jedem Verhältniss überaus leicht lösbar. Es besteht aus 1 A. Chlornatrium, 2 A. Platinchlorid und 6 A. Wasser; in 100 Th. ist es zusammengesetzt aus 21 Chlornatrium, 59,68 Platinchlorid und 19,32 Wasser.

Das Mischungsgewicht desselben, den Sauerstoff zur Einheit genommen, ist 3508,941; den Wasserstoff damit verglichen 562,949.

Einer Verunreinigung ist es nicht leicht ausgesetzt, ausgenommen mit Iridium, wodurch es eine morgenrothe Farbe bekommt. Das thut jedoch dem Eintreten der Reaktion keinen Eintrag. Wie schon gesagt, braucht man es bloss, um Kali und Natron, die zusammen in einer Verbindung enthalten sind, quantitativ von einander zu scheiden; man verfährt dazu nach Berzelius folgendermassen. Die zu trennenden Alkalien werden mittelst Salzsäure in Chlormetalle verwandelt, und ihr Gewicht nach dem Abdampfen und Glühen bestimmt. Darauf mengt man die Verbindung mit der $3\frac{3}{4}$ fachen Menge des Doppelsalzes, löst das Gemenge in wenigem Wasser, dampft es wiederum zur Trockne ein, und behandelt den Rückstand mit Weingeist, so lange dieser noch etwas aufnimmt. Was gelöst wurde, ist das mit dem Chlorkalium verbunden gewesene Kochsalz, ferner dasjenige, welches aus dem angewandten Natriumplatinchlorid frei geworden, und endlich das überschüssig angewandte Doppelsalz, welches keine Zersetzung erfuhr. Der im Weingeist unlösliche Rückstand ist das Kaliumchloridplatin; nach dem Trocknen bestimmt man sein Gewicht; 100 Th. desselben enthalten 30,5 Chlorkalium. Subtrahirt man nun die hieraus leicht zu berechnende Menge des Chlorkaliums im getrockneten Kaliumplatinchlorid von dem Totalgewicht der untersuchten Verbindung, so zeigt das Fehlende die Menge des Chlornatriums an.

Dass gerade die $3\frac{3}{4}$ fache Menge vom Doppelsalz angewendet werden muss, geschicht desshalb, damit, wenn die zu analysirende Verbindung bloss aus Chlorkalium bestände, (was doch auch der Fall sein könnte) dieses auch völlig in jenes Doppelsalz verwandelt werde. Eine blosse Auflösung des Platinchlorids kann diess Doppelsalz aus dem Grunde nicht ersetzen, weil, wenn man es in Spiritus gelöst hat, es sich beim Abdampfen sehr leicht zu Platinchlorür zerlegt, was indess bei Anwendung des Doppelsalzes nicht zu befürchten ist.

Auf nämliche Weise scheidet man **Kali** von **Lithion**.

Goldchlorid. (Salzsaures Goldoxyd.) Aurum perchloratum. (Aurum oxydatum muriticum).

Neutral erhält man die Verbindung dadurch, dass man Blattgold mit Salzsäure erwärmt, tropfenweis Salpetersäure hinzufügt, nachdem die Auflösung erfolgt ist, die Flüssigkeit bei gelinder Wärme zur Trockne eindampft, das übrigbleibende dunkelrubinrothe, krystallinische Salz in seiner 10fachen Menge destillirten Wassers, nöthigenfalls unter Zusatz einiger Tropfen Salzsäure löst und filtrirt. In diesem Zustande, in welchem es allein als Reagens Anwendung findet, stellt es eine hellgelbe, bei grösserer Concentration saffranfarbene Flüssigkeit dar, die herbe und bitter schmeckt, und, da sie immer etwas Salzsäure enthält, sauer reagirt; organische Körper, wie Haut, Nägel u. s. w. färbt sie bleibend purpurroth; durch

Einwirkung des Sonnenlichts zersetzt sie sich häufig unter Abscheidung metallischen Goldes; mit Alkohol und Aether lässt sie sich ohne trübe zu werden, in jedem Verhältniss mischen. Das trockne Salz besteht aus 1 A. Gold und 3 A. Chlor, in 100 Th. aus 65,3 Gold und 34,7 Chlor.

Das Mischungsgewicht des Chlorgoldes, den Sauerstoff zur Einheit genommen, ist 1906,988; den Wasserstoff damit verglichen 305,617.

Die Reinheit der Goldsolution geht daraus hervor, dass sie mit einem Ueberschuss von Schwefelammoniak versetzt in einem verschlossenen Glase digerirt, keinen Niederschlag giebt.

Das Chlorgold findet Anwendung:

1. zur Entdeckung verschiedener organischer Säuren, besonders aber zur Ermittelung der Oxalsäure. Die Mischung wird zuerst grünlich schwarz, allmählig tritt aber eine Reduction des Goldes ein. Ameisensäure, brenzliche Essigsäure, Citronen- und Weinsteinsäure verhalten sich zwar eben so, aber die Einwirkung erfolgt nicht so rasch, und hat man zur Bestätigung das Pag. 309 erwähnte Gypswasser angewendet, so bleibt kein Zweifel übrig, dass die reducirende Säure Oxalsäure war. Die Reaktion kommt schneller zum Vorschein, wenn man die Säure an ein Alkali bindet, und das Gemisch erwärmt.

2. zur Auffindung der schwefeligen Säure, in sofern das Gold dadurch ebenfalls reducirt wird. Der Zusatz einer stärkern Säure, z. B. Salzsäure befördert die Reduction ungemein.

3. zur Entdeckung des Zinnoxyduls, in

sofern es damit bei gehöriger Verdünnung einen purpurrothen Niederschlag (Cassius Goldpurpur) hervorbringt; der Niederschlag fällt schmutzig braunroth aus, wenn man die Flüssigkeit zu concentrirt anwendet, und bleibt ganz aus, wenn freie Säure in der Flüssigkeit ist; vergleiche das Pag. 352 Angeführte.

4. zur Entdeckung des Eisenoxyduls, in sofern dasselbe ebenfalls eine Reduction des Goldes bewirkt. Verdünnte Eisenoxydulauflösungen macht es erst bläulich, dann scheidet sich das Gold metallisch aus, concentrirte Auflösungen nehmen sogleich eine violette Farbe an, worauf sich das Metall absondert. Ficinus hat es insbesondere zur Entdeckung des Eisenoxyduls in Mineralwässern, in denen dieses meist an Kohlensäure gebunden vorkommt, empfohlen, und gezeigt, dass wenn mit dem Eisensalz gleichzeitig ein Alkali vorhanden ist, die Wirkung um so schneller und deutlicher eintritt. Zur quantitativen Bestimmung des Eisenoxyduls ist das Goldchlorid nicht so gut anwendbar, als das sogleich zu erwähnende Doppelsalz desselben mit dem Chlornatrium, weil es durch Nebenumstände gar leicht eine Reduction erfährt.

Natriumgoldchlorid. (Salzsaures Goldoxydnatrum). Natrium-Auro perchloratum. (Aurum natrico-muriaticum.)

Man erhält es, wenn man einen Theil Gold in der erforderlichen Menge Königswasser auflöst, die Flüssigkeit zur Trockne abdunstet, den Rückstand in 2 Th. Wasser löst, $\frac{1}{4}$ des angewandten metallischen Goldes Kochsalz dazu mischt, die Flüssigkeit zur Hälfte abdunstet, und erkalten lässt. Nimmt man mehr Kochsalz, so schiesst diess zuerst für sich an, bei weniger bleibt freies Goldchlorid in der Flüssigkeit. Nach Figuier erscheint es in orangefarbenen, an der Luft unveränderlichen, vierseitigen Säulen, die erwärmt in ihrem Krystallwasser schmelzen, und zum Rothglühen erhitzt unter Chlorentwicklung zersetzt werden. Es besteht aus 1 A. Chlornatrium, 2 A. Chlorgold und 6 A. Wasser, in 100 Th. aus 18,61 Kochsalz, 64,28 Chlorgold, 27,11 Wasser.

Das Mischungsgewicht desselben, den Sauerstoff zur Einheit genommen, ist 3315,409; den Wasserstoff damit verglichen 531,933.

Das Natriumgoldchlorid wird bis diesen Augenblick bloss zur quantitativen Bestimmung des Eisenoxyduls gebraucht, wenn es mit Eisenoxyd verbunden ist, wie diess von H. Rose erst vor kurzem ausgemittelt worden. Besonders findet das sogleich ausführlich zu erwähnende Verfahren da Anwendung wo es wegen Vorhandenseins anderer Stoffe nicht angeht, das Oxydul in Oxyd zu verwandeln, und aus der Gewichtszunahme das Verhältniss des Oxyduls zum Oxyd durch Rechnung zu finden. Man kann davon aber keinen Gebrauch machen, wenn die zu untersuchende Verbindung in Salzsäure unlöslich ist, ein Fall, für den man in diesem Augenblick noch keinen zuverlässigen Weg, die Menge beider Oxyde zu bestimmen, kennt. Rose's Verfahren besteht in Folgendem. Man bringt eine gewogene Menge der zerriebenen Verbindung in eine Flasche, die mit einem Glasstöpsel luftdicht verschlossen werden kann, füllt sie darauf dergestalt mit Kohlensäuregas, dass man das Gas durch eine Glasröhre bis beinahe auf den Boden der Flasche leitet, ohne dass jedoch die Röhre die zu untersuchende Substanz berührt. Wenn man glaubt, dass das schwerere Kohlensäuregas die atmosphärische Luft aus der Flasche getrieben hat, nimmt man die Glasröhre aus der Flasche, giesst schnell die zur Auflösung nöthige Menge Salzsäure hinein, verschliesst das Gefäss, und verbindet es zur Sicherheit mit nasser Schweinsblase. Wenn die Auflösung erfolgt ist, giesst man in die Flasche schnell eine Auflösung von Natriumgoldchlorid, und verschliesst sie wieder. Es wird dadurch das Gold reducirt; nach Verlauf von einigen Tagen filtrirt man es ab, süsst es aus, glüht es schwach, und bestimmt sein Gewicht.

Hieraus findet man leicht die Menge des Sauerstoffs, welche nothwendig war, um das Eisenoxydul in Oxyd zu verwandeln. Verdoppelt man diese Sauerstoffmenge, so hat man die Sauerstoffquantität, welche in der Substanz mit dem Eisen zu Oxydul verbunden ist; woraus sich alsdann der Gehalt an Eisenoxydul leicht berechnen lässt. Enthält die Substanz in Salzsäure unlösliche, fremdartige Stoffe, so muss man das reducirte Gold in schwachem Königswasser auflösen, worauf die heterogenen Substanzen zurückbleiben. Man bestimmt alsdann das Gewicht derselben, und zieht diess von dem des reducirten Goldes ab, wodurch man erst die richtige Menge desselben erfährt.

D. Reagentien aus den organischen Reicheu.

Galläpfeltinktur. Tinctura Gallarum.

Man bereitet sie durch 24 bis 48 stündige Digestion von 1 Th. grobgepulverter Galläpfel mit 6 Th. höchst rektifizirten Weingeist (Alkohol), worauf das Flüssige abgegossen, der Rückstand ausgepresst, die Flüssigkeiten zusammengemischt und filtrirt werden.

Es ist eine klare, dunkelbraune Flüssigkeit, die blaues Lackmuspapier röthet, und mit Wasser, ohne trübe zu werden, sich in jedem Verhältniss mischen lässt. Ihrer Grundmischung nach ist die Galläpfeltinktur als eine Verbindung der Gallussäure mit Gerbestoff (Gerbsäure) zu betrachten, allerdings noch mit Extrativstoff und einigen Salzen verbunden, die jedoch als ausserwesentlich bei ihrer Wirkung keine Berücksichtigung verdienen. Sie ist in jeder Beziehung ein weit empfindlicheres Reagens als die Galläpfelsäure, und kann, da auch der darin befindliche Gerbestoff wesentlich zu ihrer Wirksamkeit beiträgt, keinesweges durch die reine Säure ersetzt werden. Man braucht sie vorzugsweise bei Untersuchungen auf Metalle, besonders zur Entdeckung des Eisens und Titans.

Doch wird das **Eisen** von der Galläpfeltinktur nicht unter allen Umständen angezeigt; so lässt sie z. B. die Oxydulsalze, wenn man von einer frisch bereiteten Auflösung derselben beim Vermischen mit der Galläpfeltinktur die Luft vollständig abzuhalten weiss, durchaus unverändert, und es stellt sich erst alsdann eine Reaktion ein, wenn ein Theil Eisen durch den Sauerstoff der Atmosphäre höher oxydirt worden. Es zeigt daher die Galläpfeltinktur das Eisen sowohl als Oxyd-Oxydul (Oxydum ferroso-ferricum) wie auch als reines Oxyd an, nicht aber, wenn es als reines Oxydul vorhanden ist. Unrichtig ist, was **Pfaff** in dieser Beziehung vom Eisenoxydul in seinem Handb. der analyt. Chemie I. B. P. 135 u. f. angiebt.

Die Farbenveränderung, welche die Eisen-Oxyd-Oxydul, so wie die reinen Eisenoxyd-Salze von der Galläpfeltinktur erfahren, ist, wenn die in Wechselwirkung tretenden Stoffe reichlich mit Wasser verdünnt angewendet wurden, rein blau, und wird in dem Maasse intensiver, je concentrirter die Flüssigkeiten sind. Vermischt man daher eine nur mit wenigem Wasser verdünnte Eisenoxydauflösung mit Galläpfeltinktur, so tritt eine blauschwarze (dintenartige) Färbung der Flüssigkeit ein, und ein eben so gefärbtes Präcipitat fällt zu Boden, wenn man das Ganze durch ruhiges Stehen sich selbst überlässt. Hat man die Eisenauflösung im überwiegenden Verhältniss gegen Galläpfeltinktur angewendet, so tritt keine blauschwarze, sondern eine olivengrüne Farbenveränderung ein; ist umgekehrt zu viel Galläpfeltinktur gegen das Eisen genommen, so entsteht keine Veränderung in der Farbennüance. Freie Säuren verhindern die Entstehung eines Niederschlags mit Galläpfeltinktur, und nehmen auch des einmal entstandene Präcipitat vollkommen wieder auf; kaustisches Ammoniak, wie jedes die Säure bindende Mittel, ruft indess den Niederschlag in eben der Farbennüance wieder hervor. Hat man indess im mindesten zu viel Alkali genommen, so erscheint das von neuem zu Wege gebrachte Präcipitat kirschbraun oder röthlich, und zeigt fast dieselhe Farbenveränderung, welche der blauschwarze Niederschlag durch Zusatz eines freien Alkali's überhaupt erfährt, nämlich die, dass der blaue Stich vom Präcipitat gänzlich verloren geht, und sich mehr ins röthliche hinneigt. Neutrale Verbindungen der Alkalien mit einer Säure, wie Salmiak, zeigen sich ohne allen farbenverändernden Einfluss auf das gerb- und galläpfelsaure Eisen (d. i. der Niederschlag durch Galläpfeltinktur aus einer Eisensolution). Auffallend verschieden hiervon ist das Verhalten der Galläpfeltinktur zum Eisen, wenn selbiges an Weinsteinsäure gebunden, oder wenn diese gleichzeitig in Verbindung mit einer andern Base in der Auflösung vorhanden ist. Alsdann entsteht nämlich, besonders wenn die Menge der Weinsteinsäureverbindung gross ist, kein blauschwarzer Niederschlag, sondern ein röthlich blauer, welcher in überschüssiger Weinsteinsäure so wie in einem Ueberschuss von kaustischem Ammoniak und kohlensaurem Kali vollkommen löslich ist, was desshalb bemerkenswerth ist, weil der mittelst Galläpfeltinktur von

Eisensalzen mit mineralischen Säuren entstandene Niederschlag von kaustischen oder kohlensauren Alkalien nicht aufgenommen wird. Roloff ist daher im Irrthum, wenn er glaubt, der rothviolette Niederschlag durch Galläpfeltinktur im Kali tartaricum sei Folge eines Hinterhalts von Kalk in dem Präparate, (siehe dessen Anleitung zur Prüfung der Arzneikörper 1820. Pag. 23). Kalksalze, wie alle neutralen Salze, haben, wie schon gesagt, keinen Farbenverändernden Einfluss auf das gerb- und galläpfelsaure Eisen.

Ausser dem Eisen ist die Galläpfeltinktur noch als ein entscheidendes Reagens für das Titan und die Titansalze zu betrachten, indem es die Auflösungen derselben in pomeranzenfarbenen Flocken nach Art des Goldschwefels, präcipitirt; war die Auflösung des Titansalzes concentrirt, so erstarrt sie durch Zusatz von Galläpfeltinktur wie Blut; ist das Titan eisenhaltig, so ist der Niederschlag dunkler von Farbe.

Obgleich das Verhalten der Galläpfeltinktur gegen andere Metalle eben keinen sonderlichen Werth hat, so mag es der Vollständigkeit halber zu den wichtigern von ihnen hier dennoch kurze Erwähnung finden. Nicht davon affizirt werden die Auflösungen des Mangan, Zink, Cadmium, Platin*) und Arsenik.

---

*) Pfaff behauptet zwar in seiner analyt. Chemie B. I. Pag. 141 und 142 das Platin werde von der Galläpfeltinktur in gelben Flocken niedergeschlagen; dem ist aber nicht so. Wiederholte

Antimon, besonders die Auflösung des Brechweinstein, fällt gelblich weiss. Wismuth orange- oder pomeranzengelb. Zinn, namentlich die Oxydulsalze oder die diesen entsprechenden Chlorverbindungen (Zinnsalz) werden gelb niedergeschlagen. Blei schlägt sich strohgelb nieder. Kobalt fällt gelblich weiss; Pfaff, der aus einer Auflösung von Chlorkobalt ein röthlich weisses Präcipitat erhielt, mag vielleicht das Kobaltsalz nicht absolut rein angewendet haben. Dasselbe lässt sich auch bei Nikkel vermuthen, dessen Auflösungen schmutzig weiss niedergeschlagen werden; der grünliche Stich, den Pfaff bemerkt hat, liess sich bei einer durchaus reinen Auflösung nicht wahrnehmen. Kupferauflösungen werden mit brauner Farbe präcipitirt. Quecksilberoxydulsalze fallen gelblich braun nieder, Quecksilberoxydsalze orange, fast wie das Titan; Quecksilberchlorid- (Sublimat) Auflösungen

---

Versuche mit verdünnten und concentrirten, wässrigen und spirituösen, vollkommen neutralen Auflösungen vom Platinchlorid erfuhren durch Galläpfeltinktur weiter keine Veränderung, als dass sie etwas dunkler wurden, und es entstand nicht einmal die leiseste Trübung, vielweniger ein flockiger Niederschlag. Vermischt man aber die Verbindung der Platinsolution und Galläpfeltinktur mit Natron, und erwärmt die Mischung, so scheidet sich nach ruhigem Stehen metallisches Platin als ein dunkelgraues Pulver ab, nachdem die Flüssigkeit zuvor in Platinchlorür von gelbgrüner Farbe verwandelt worden.

erfahren indess keine Veränderung. Silbersalze werden in der Kälte gelbbraun niedergeschlagen, erwärmt man die Mischung, so erfolgt eine Reduktion des Silbers. Goldauflösungen verhalten sich ähnlich, anfangs färben sie sich, wenn man sie mit Galläpfeltinktur vermischt, braun, dann werden sie purpurroth, und zuletzt scheidet sich das Gold metallisch aus.

Aber auch mehrere Erden werden aus ihren Verbindungen mit Säuren durch Galläpfeltinktur präzipitirt; die Salze der Thonerde geben damit gelbliche Flocken, die der Zirkonerde nach Berzelius ein reichlich weisses Präcipitat, welches in einem Ueberschuss von Galläpfeltinktur löslich ist; auch die Salze von der Beryllerde werden in gelblichen Flocken gefällt, die von der Yttererde nach Klaproth grau, nach Vauquelin braun.

Auch zur Entdeckung verschiedener organischer Körper, namentlich der Alkaloide ist die Galläpfeltinktur nicht ohne Werth, indem sie die neutralen Auflösungen fast aller präcipitirt, nur die Salze des reinen, Narcotinfreien Morphins werden davon nicht gefällt, höchstens im concentrirten Zustande ein wenig getrübt, was jedoch beim Erwärmen oder Verdünnen mit Wasser sich wieder verliert.

Von dem Verhalten der Galläpfeltinktur zu indifferenten organischen Substanzen ist bloss das gegen Stärkmehl hervorzuheben, für welche sie, ehe man das Iod kannte, das beste Reagens war. Der Niederschlag erscheint in hellgelben Flocken, und verschwindet beim Erwärmen.

Stärkmehl. Amylum.

Behufs ihrer Anwendung als Reagens verdient die Kartoffelstärke (Kartoffelmehl), als bei weitem reiner, vor der Waizenstärke den Vorzug; denn in der letzten befindet sich jederzeit noch Pflanzenleim und Pflanzeneiweiss. Es ist eine schneeweisse, geruchlose Substanz, die entweder als ein Mehl, oder in, zwischen den Fingern mit einem knarrenden Laut zu zerdrückenden Stücken im Handel vorkommt; in kaltem Wasser, und Alkohol ist sie unlöslich, mit kochendem Wasser giebt sie einen consistenten gallertartigen Schleim (Kleister).

Das Stärkmehl ist das empfindlichste Reagens zur Entdeckung von freiem Iod; ist letztes an eine Base gebunden (z. B. an Kalium, Natrium und dgl.), so tritt keine Reaktion ein, bevor man es nicht durch Säurezusatz aus der Verbindung frei gemacht hat. Die Wirkung des Stärkmehls offenbart sich durch Entstehung einer röthlich violetten, blauen, ja sogar schwarzen Farbe, abhängig von der relativen Menge des Stärkmehl. Schwefelige Säure, Schwefelwasserstoff und andere desoxydirende Stoffe mehr, auch Kochsalz, so wie alle Chlorverbindungen überhaupt, falls durch Zusatz von Säuren das Chlor daraus frei wird, können reichlich angewandt, leicht die Reaktion zerstören, und die Probe auf Iod mit Stärke fehlschlagen machen. Um diesem auszuweichen, schlägt Balard*) vor,

*) Annales de Chimie et de Physique XXVIII. p. 178.

das Amylum in der zu prüfenden, mit ein wenig Schwefelsäure versetzten Flüssigkeit zu lösen, und sie hierauf unter der Vorsicht mit Chlorwasser zu vermischen, dass zwei abgesonderte Schichten entstehen. Ist die Flüssigkeit iodhaltig, so wird die Berührungsfläche blau, und durch vorsichtiges Vermischen kann man diesen Streifen tiefer blau erhalten. Schüttelt man das Gemisch unter einander, so verschwindet die Reaktion wegen des Ueberschusses an Chlor. Balard hat auf diese Weise die Gegenwart vom Iod im Meerwasser ausser allen Zweifel gesetzt, nachdem andere Chemiker es vor ihm darin vergebens gesucht hatten. Noch sicherer möchte es vielleicht sein, die stärkemehlhaltige Probeflüssigkeit tropfenweise mit Chlorwasser zu vermischen und umzuschütteln, wobei sich der Punkt finden lassen muss, wo die Reaktion so stark als möglich wird. Wenn eine gefärbte Flüssigkeit auf Iod untersucht werden soll, räth Baup, in ein Glas von kleinem Durchmesser nahe über der Oberfläche der Flüssigkeit einen in Stärkelösung getauchten Spahn oder Papierstreifen aufzuhängen, die Flüssigkeit mit etwas Salpetersäure zu vermischen, und damit stehen zu lassen. Nach einigen Stunden findet man die Stärke gefärbt, auch in der Kälte, wenn selbst die Flüssigkeit nicht mehr als einen Milliontheil der Iodverbindung enthielt.

Iodstärkmehl. Amylum jodinatum.

Man erhält die Verbindung dadurch, dass man eine beliebige Menge Stärkmehl in siedendem

Wasser zu einem dünnen kleisterartigen Schleim löst, und diesen in einem Porzellan-Mörser mit so viel Iod abreibt, bis die Mischung dunkelblau, fast schwarz erscheint. Hat sie sich durch ruhiges Stehen abgesetzt, so giesst man die über dem Bodensatz stehende Flüssigkeit ab, spült ihn allenfalls mit wenigem Wasser nach, und löst ihn darauf in hinreichendem Wasser zu einer blauen Flüssigkeit.

Das Iodstärkmehl ist, wie schon gesagt, eine nach der abweichenden Stärkemenge verschiedenartig gefärbte Verbindung, die sich um so leichter in Wasser löst, je reicher sie an Iod ist. An offener Luft, sich selbst überlassen, verdampft das Iod mit der Zeit vollkommen daraus; einer Destillation unterworfen, entweicht das Iod, ehe sich noch das Amylum zu zersetzen beginnt. Durch concentrirte Schwefelsäure wird die Verbindung braun, durch starke Salpetersäure röthlich. Die nämlichen Säuren, verdünnt mit ihr in Berührung gebracht, bringen keine Farbenveränderung hervor; eben so wenig Salzsäure, Phosphorsäure oder Essigsäure. Chlor, schwefelige und phosphorige Säure, Schwefelwasserstoff, wie auch Alkalien machen die Farbe des Iodstärkemehls verschwinden; dasselbe geschieht durch weissen Arsenik und Quecksilbersublimat. Um das Vorhandensein dieser beiden letzten Stoffe zu ermitteln, sogar sie von einander zu unterscheiden, hat man das Iodstärkemehl unter die Reihe der Reagentien aufgenommen. Nicht zu gedenken, dass es für diese beiden Körper bei weitem sichere und empfindlichere Reagentien giebt, als das Iodstärkemehl, so ist selbiges aus dem Grunde zu verwerfen, weil, wie aus dem Gesagten hervorgeht, es noch eine grosse Zahl anderer Körper giebt, welche die nämliche farbenzerstörende Kraft auf das Iodstärkmehl ausüben; dadurch aber, dass sich die Farbe des Iodstärkmehls nach Zusatz einer concentrirten Säure, wie Schwefel- oder Salpeter-Säure, wieder einstellt, wenn die Causa efficiens der Entfärbung Arsenik war, dagegen nicht wieder hervorzurufen ist, wenn Quecksilbersublimat dazu die Veranlassung gab, gewinnt die Probe keinesweges an Sicherheit. Es gehört mithin das Iodstärkmehl jedenfalls zu den entbehrlichen Reagentien, und bloss um auf die Unsicherheit und Trüglichkeit desselben aufmerksam zu machen, ist seiner hier Erwähnung geschehen.

Lakmus. (Lacmus.) Lacca muscus.

Lakmus, das beste Reactionsmittel auf freie Säuren und Alkalien, wird entweder in Form eines wässrigen Auszugs (Lakmustinktur), oder in Gestalt mit dem Pigment desselben gefärbter Papierstreifen gebraucht. Wenn schon nicht zu läugnen ist, dass die Tinktur um vieles empfindlicher ist, als das Papier, so findet sie in der Praxis doch wenig Anwendung, weil sie zu leicht verdirbt; sie kann desshalb hier füglich übergangen werden, zumal da alles, was vom Lakmuspapier gilt, auch auf die Tinktur Anwendung findet.

Blaues Lakmuspapier.

Am besten wird es folgendermassen bereitet. Man lässt einen Theil zu einem gröblichen Pulver zerstossenen Lakmuses (bester Qualität) mit der zehnfachen Menge zuvor zum Kochen gebrachten Wassers in einem Porzellangefäss einigemal aufwallen, klärt die Flüssigkeit ab, giesst auf den Rückstand eben so viel Wasser als das erstemal, lässt die Mischung wiederum zum Kochen kommen, vermischt sie mit dem Klaren der ersten Abkochung, und filtrirt das Ganze. Auch kann man zur Bereitung eines solchen Auszugs das gröblich zerriebene Lakmus mit Wasser zu einem Teig anknęten, diesen in einen Beutel von feiner Leinwand binden, und durch Einhängen desselben in ein Gefäss mit kochendem Wasser das Pigment extrahiren. Soll nun mit dem, auf die eine oder andere Weise bereiteten Auszug Papier gefärbt werden, so schneidet man dieses in Fuss lange, gegen zwei Zoll breite Streifen, zieht es mit Hilfe eines Glasstäbchens einigemal durch die milchwarme, in einer Untertasse befindliche Lakmusbrühe, und hängt dieselben auf einem Bindfaden an einem staubfreien schattigen Ort zum Trocknen auf. Das Papier von hellerer Farbe hat vor dem dunkelgefärbten immer den Vorzug, weil es viel empfindlicher ist. Man würde es daher offenbar in seinem Werth verringern, wenn man es recht oft durch die Lakmusbrühe hindurchziehen wollte.

Die Wahl des Papiers ist hierbei nicht gleichgültig. Druck- und Postpapier taugen dazu nicht;

eben so wenig darf es aber auch irgend ein geleimtes Papier sein, und wäre die Masse zum Papier etwa durch Chlor gebleicht worden, so kann man das daraus verfertigte Papier auch nicht brauchen, weil das Lakmuspapier sonst fleckig ausfällt. Das Bestreichen des Papiers mit einem in die Farbenbrühe getauchten Pinsel ist nicht zu empfehlen, und giebt eine ungleiche Färbung; eben so wenig ist es gut, die Lakmustinktur, ehe man damit färben will, durch Stärkmehl zu verdicken, wie es Göttling empfohlen hat.

Das blaue Lakmuspapier ist ein überaus empfindliches Reagens auf freie Säuren, und wird sogar von den schwächsten unter ihnen, z. B. von der Kohlensäure, geröthet. Nur muss man nicht vergessen, die Wirkung sogleich zu beobachten, wenn das Papier mit der zu untersuchenden Flüssigkeit in Berührung kommt, weil sich die eingetretene Röthung wieder verliert. Das ist gerade der Fall bei der Kohlensäure, bei der das Papier nach dem Trocknen wiederum unverändert blau erscheint, so dass man dieses Verhalten als für die Kohlensäure besonders charakteristisch betrachten, und zu ihrer Entdeckung benutzen kann. Bei noch andern Säuren, wie bei der schwefelichten Säure, der Hydronthionsäure u. s. w. verschwindet die blaue Farbe ganz und gar, und man kommt in Versuchung, die vor der Entfärbung stattgefundene Röthung zu übersehen, wenn man nicht recht aufmerksam war. Jedenfalls ist es daher nöthig, bei Versuchen mit blauem Lakmuspapier nachzusehen, ob die eingetretene Röthung bleibend war oder nicht, und welche Farbenveränderungen vor oder nach der Einwirkung des zu untersuchenden Körpers stattfanden.

Noch verdient angeführt zu werden, dass auch die Auflösungen vieler Neutralsalze die Eigenschaft haben, das blaue Lakmuspapier zu röthen, dahin gehören z. B. alle neutralen Thonerdesalzen, wie auch die meisten Metallsalze in geringerm oder höherm Grade. Die Silbersalze sind die einzigen, welche im neutralen Zustande blaues Lakmuspapier unverändert lassen.

Geröthetes Lakmuspapier.

Es wird auf nämliche Weise wie das blaue Papier bereitet, nur mit dem Unterschiede, dass der mit Wasser bereitete Lakmusauszug zuvor durch eine Säure geröthet werden muss. Die Wahl der Säure ist dabei nicht gleichgültig; wählt man flüchtige, wie Salz- oder Essigsäure, so verändert sich nicht selten nach längerm Aufbewahren, die Farbe des Papiers. Desshalb ist es besser Schwefel- oder Phosphorsäure anzuwenden, nur trifft beide wieder der Vorwurf, dass, da sie zu den stärkeren Mineralsäuren gehören, das damit gefärbte Papier weniger empfindlich ist, als wenn man schwächere Säuren nahm. Dessenungeachtet gebührt dem auf letztgenannte Weise bereiteten Papier der Vorzug.

Geröthetes Lakmuspapier ist das empfindlichste Mittel zur Entdeckung von freien Alkalien, indem die rothe Farbe desselben dadurch in eine blaue übergeht. Die nämliche Veränderung bewirken indess auch die neutralen Verbindungen mancher Säuren mit feuerbeständigen Alkalien, wie die der Arseniksäure, Boraxsänre, Kohlensäure uud Phosphorsäure. Auch die Verbindungen des Kalium, Natrium, Barytium, Strontium und Kalcium mit Schwefel äussern darauf dieselbe Wirkung. Ob das Alkali aber rein, oder mit einem der genannten Stoffe verbunden war, das ergiebt sich bald aus dem Verhalten anderer Reagentien.

Indig. Indigo.

Der Indig, einer der merkwürdigsten Farbestoffe, ist neuerdings von Liebig als Reagens zur Entdeckung der Salpetersäure empfohlen worden, und soll man, seiner Angabe nach, noch $\frac{1}{500}$ derselben dadurch zu finden im Stande sein. Man löst dazu den Indig in fein pulverisirtem Zustande in der vierfachen Menge seines Gewichts rauchender Schwefelsäure (Nordhäuser Vitriolöl), und verdünnt, wenn die Auflösung erfolgt ist, das Gemisch mit so vielem reinen Wasser, dass es hell und durchsichtig erscheint. Auch Papierstreifen kann man auf die beim Lakmus angegebene Weise mit dieser Tinktur färben, nur muss man nicht vergessen, alsdann die überschüssige Säure in der Indigtinktur durch Abstumpfen mit Natron unwirksam zu machen. Bei Anwendung der Indigtinktur verfährt man nach Liebig folgendermassen. Die zu prüfende Flüssigkeit wird mit so vieler Indigsolution vermischt, dass sie deutlich blau erscheint, darauf setzt man wenige

Tropfen Schwefelsäure zu, und erhitzt die Mischung zum Sieden. Im Fall die Flüssigkeit Salpetersäure oder ein salpetersaures Salz enthält, wird sie entfärbt, oder bei geringer Menge dieser Stoffe gelb gefärbt. Bringt man zur Flüssigkeit vor dem Erhitzen etwas Kochsalz, so gelingt die Entfärbung noch leichter. Das Verfahren mit Anwendung von Papierstreifen ist diesem durchaus gleich; auch der Papierstreif muss mit der auf Salpetersäure zu prüfenden Flüssigkeit bis zum Siedpunkt erhitzt werden, wenn die Entfärbung desselben eintreten soll.

Dass übrigens der Indig nicht, als ein unter allen Umständen sicher anwendbares Reagens anzusehen ist, vielmehr bloss für ein solches, welches erst dann Werth hat, wenn die Wirkung mit dem anderweitigen, in der Natur der Salpetersäure und ihrer Verbindungen begründetem Verhalten in Einklang steht, ist leicht zu erachten. Denn es giebt bekanntlich noch eine grosse Zahl Körper, welche die blaue Farbe des Indigs eben so gut aufzuheben im Stande sind, als die Salpetersäure, z. B. Chlor im freien, so wie an Kalk gebundenen Zustande. Man gebraucht sogar den Indigo, um den Chlorgehalt, mithin die Güte und Stärke des Chlorkalks zu bestimmen. Dieselbe farbenzerstörende Eigenschaft haben aber ausser dem Chlor noch das Zinnsalz, der Eisenvitriol, verschiedene Schwefelverbindungen, unter gewissen Umständen auch manche chromsaure Salze, und noch andere Körper mehr.

Ausser den erwähnten Pigmenten giebt es noch verschiedene andere, welche in dieser oder jener Beziehung Werth haben sollen. Dahin gehören die Pigmente der Alkanna, Curcuma, des Fernambuk, der Heidelbeeren, Päonien, des Rhabarbers, der Rosen, Veilchen u. s. w. Alle sind indess zu entbehren, einerseits weil ihre Auszüge eben nicht besser haltbar sind, als der vom Lakmus, und andrerseits weil sie mitunter nicht einmal so empfindlich sind als dieses.

Hausenblase. Ichthyocolla.

Dieser Körper, der eben so gut durch den, freilich nicht so reinen Tischlerleim zu ersetzen ist, muss, ehe er sich lösen lässt, zuvor in kaltes Wasser eingeweicht werden. Ist er darin so weich geworden, dass man ihn mit den Händen kneten kann, so übergiesst man ihn in einem Kolben mit der zwanzigfachen Menge Branntwein, und stellt, wenn die Auflösung erfolgt ist, selbige ruhig hin, damit sie klar werde. Von den zu Boden gefallenen Flocken abgeklärt, bewahrt man sie an einem kühlen Orte in wohl verschlossenen Flaschen auf.

Man bedient sich ihrer als eins der sichersten Prüfungsmittel auf Gerbestoff, in sofern sie die Gegenwart desselben durch eine augenblickliche starke Trübung, verbunden mit reichlicher Bildung käseartiger, grauweisser Flocken anzeigt. Der Niederschlag oder die Flocken sind in einem Ueberschuss der Hausenblaseauflösung löslich;

man muss sich daher vor einem solchen hüten. Als Reagens auf Salpetersäure, wozu man die auf Taffent aufgetragene Hausenblase (englisch Pflaster) empfohlen hat, ist sie ohne Werth.

Weingeist. Alkohol. Spiritus vini. Alcohol.

Am besten ist es allerdings, zu analytischen Arbeiten absoluten Alkohol zu nehmen, in manchen Fällen kann man indess auch höchst rectifizirten, ja sogar einen, durch nochmalige Rektifikation des Branntweins erhaltenen 60 pro Cent. haltigen Weingeist gebrauchen. Alle diese Arten des Weingeistes selbst bereiten zu wollen, ist nicht nöthig; wenn man sie nur in dem Zustande, wie sie im Handel vorkommen, bei gelinder Wärme einer nochmaligen Rektifikation unterwirft.

Der absolute Alkohol ist eine farbenlose, vollkommen durchsichtige Flüssigkeit von durchdringend geistigem Geruch, stark brennendem Geschmack, berauschender Wirkung; sein spec. Gewicht ist bei 20° C. nach Richter 0,792, nach Meissner 0,791. An der Luft verdampft er schnell, in der Wärme verflüchtigt er sich vollständig, ist leicht entzündlich, und verbrennt mit blauer Flamme. Er verschluckt Gasarten, und nimmt auch mancherlei feste und tropfbarflüssige Stoffe auf. Mit Wasser lässt er sich in jedem Verhältniss mischen, wobei unter Wärmeentwickelung und Entstehung vieler kleiner Luftbläschen eine Condensation statt findet; solche Gemische sind der höchst rektifizirte Weingeist, Spiritus vini rectificatissimus, und der rektifizirte Weingeist, Spiritus vini rectificatus. Erster, durch zweimalige Destillation des Branntweins erhalten, enthält 86 — 89 Volumenprocente absoluten Alkohols, und besitzt ein spec. Gewicht von 0,845 bis 0,835; letzter, durch einmaliges Abziehen dargestellt, enthält 60 — 65 pro Cent. absoluten Alkohols, und hat ein spec. Gewicht von 0,905 bis 0,895. Ein aus 88,5 Volumen Alkohol und 11,5 Wasser bestehendes Gemisch, dessen spec. Gew. 0,833 bis 0,825 beträgt, ist dadurch ausgezeichnet, dass es sich bei der Destillation, ohne Zusatz hygroskopischer Körper, vollständig verflüchtigt, und kein Wasser übrig lässt. Die Eigenschaften dieser mit Wasser verdünnten Spiritusarten sind im Wesentlichen die nämlichen, als die des absoluten Alkohol, nur modifizirt durch das gleichzeitig vorhandene Wasser.

Nach Boullay und Dumas besteht der absolute Weingeist aus 2 A. Kohlenstoff, 6 A. Wasserstoff, 1 A. Sauerstoff; in 100 Th. aus 52,659 Kohlenstoff, 12,896 Wasserstoff und 34,445 Sauerstoff. Sein Mischungsgewicht, den Sauerstoff zur Einheit genommen, ist 290,313; den Wasserstoff damit verglichen 174,900.

Die Güte und Brauchbarkeit des absoluten Alkohol ist von seinem wasserfreien Zustande abhängig, und auch die gute Beschaffenheit der übrigen Weingeistarten ist in ihrem wahren Alkoholgehalt zu suchen. Das spec. Gewicht giebt hierüber den sichersten Aufschluss, nur muss bei der Bestimmung desselben auch die Temperatur in Betracht kommen; denn bei einer in der Wärme so ausdehnbaren Flüssigkeit, als der Alkohol, variirt das spec. Gewicht auffallend nach Verschiedenheit der Temperatur. Gewöhnlich bedient man sich, um den Alkoholgehalt zu bestimmen, eigner Instrumente, der Alkoholometer.

Der Alkohol kommt in so fern als Reagens in Betracht, als er einige Stoffe mehr, andere weniger, noch andere gar nicht löst, und eben dadurch ein Mittel abgiebt, verschiedene Körper von einander zu trennen. So benutzt man ihn in der analytischen Chemie:

1. zur Trennung des Kali vom Natron, wie auch des Kali vom Lithion durch Natriumplatinchlorid, wie es Pag. 388 angeführt worden, nachdem diese Körper auf schickliche Weise in Chlormetalle verwandelt worden sind. Der 60 pro Cent. haltige Weingeist, welcher dabei zum Aussüssen dient, löst Chlornatrium und das überschüssig zugesetzte Natriumplatinchlorid.

2. bei der quantitativen Bestimmung des Kalks und Strontians durch Schwefelsäure, vorausgesetzt, dass die Säure, an welcher die Erden gebunden waren, in Spiritus löslich ist, wie die Phosphorsäure. Um genaue Resultate zu bekommen, müssen indess die in beiden Fällen entstehenden schwefelsauren Salze statt des Wassers mit Alkohol ausgesüsst werden.

3. nach Stromeyer zur Trennung des Kalks vom Strontian. Beide Erden werden dazu in vollkommen neutrale salpetersaure Salze verwandelt, und diese, nachdem sie recht trocken gemacht sind, in einer Flasche mit absolutem Alkohol digerirt. Der sal-

petersaure Kalk ist im Weingeist löslich, der salpetersaure Strontian dagegen nicht.

4. um Kalk von Baryt zu scheiden. Beide müssen dazu ebenfalls in Chlorverbindungen umgewandelt, und darauf in einem verschliessbaren Glase mit absolutem Alkohol ausgezogen werden. Chlorcalcium wird gelöst, Chlorbarytium bleibt im Rückstande.

5. zur Scheidung des Baryt vom Strontian. Man verfährt dazu auf nämliche Weise, wie bei der Trennung des Kalk vom Baryt. Das Chlorstrontium ist im Alkohol löslich, Chlorbarytium nicht.

6. wenn Kalk, Baryt und Stontian zusammen vorkommen. Alle drei Erden müssen ebenfalls zuvor in Chlormetalle verwandelt, und darauf im recht trockenen Zustande mit absolutem Alkohol extrahirt werden. Chlorcalcium und Chlorstrontium werden gelöst, Chlorbarytium bleibt zurück. Die in der Auflösung befindlichen Erden werden nach Verflüchtigung des Alkohols, wie bereits oben erwähnt, in neutrale salpetersaure Salze verwandelt, und diese alsdann mittelst Alkohol geschieden.

7. zur Trennung von Blei und Quecksilber. Die Oxyde beider Metalle müssen ebenfalls erst Chlormetalle werden, ehe man sie mit Alkohol digeriren kann; versteht sich, dass die freie Salzsäure durch Abdampfen zur Trockne entfernt sein muss. Alsdann bleibt das Chlorblei volltändig ungelöst übrig, während sich Quecksilberchlorid löst.

8. bei der Scheidung des Blei vom Chrom.

Auch sie müssen in Chlormetalle verwandelt werden; Chromchlorür wird alsdann gelöst, Chlorblei bleibt ungelöst.

9. bei der quantitativen Bestimmung des Platins mittelst Chlorkalium oder Salmiak, wo das sich bildende Doppelsalz statt des Wassers mit Alkohol ausgesüsst werden muss, wie Pag. 218 angeführt worden. Eben so nöthig ist der Alkohol bei der Trennung des Platins von allen denjenigen Metallen, deren Chlorverbindungen in Weingeist löslich sind, wie die vom Mangan, Eisen, Kobalt, Kupfer, Quecksilber, Gold u. s. w. (vergleiche Pag. 294).

Nicht minder wichtig, als die im Vorhergehenden angeführte, auf das Lösungsvermögen des Alkohols gegründete Anwendung desselben ist auch der Gebrauch, den man von ihm als Reductionsmittel macht. Er eignet sich hierzu um vieles besser als manche andere, viel häufiger angewandte, organische Substanzen, z. B. Zucker, Gummi u. s. w., da er keinesweges wie diese und alle übrigen nicht flüchtigen organischen Stoffe die Fällung vieler Substanzen durch Alkalien gänzlich verhindert. Aus diesem Grunde giebt man dem Alkohol bei der Reduction des Manganoxyds zu Oxydul jederzeit den Vorzug, eben so bei der Reduction der Chromsäure zu Oxyd. Wie leicht zu erachten, darf man sich seiner nicht bedienen, wenn neben den chromsauren Salzen noch schwefelsaure vorhanden sind; wenigstens erfolgt sodann durch Barytsalze keine vollständige Abscheidung der Schwefelsäure.

Endlich braucht man noch den Alkohol mit

glücklichem Erfolg, um nach dem Anzünden desselben aus der verschiedenartig gefärbten Flamme das Dasein gewisser Körper zu erkennen. So verräth sich Boraxsäure, wenn die Flamme grün gefärbt ist; ist die Säure an eine Base gebunden, so muss man sie erst durch Zusatz einer stärkern Säure abscheiden; am besten übergiesst man alsdann das zu untersuchende Salz mit concentrirter Schwefelsäure und Alkohol. Dabei ist indess zu bemerken, dass gleichzeitig keine Chlorverbindung vorhanden sein darf, weil sich alsdann durch den entstehenden Chloräther die Flamme eben so, doch mehr blaugrün, färbt.

Charakteristisch ist ferner die carminrothe Färbung, welche die Flamme des brennenden Weingeist von den Strontiansalzen erfährt. Es ist dabei gleichviel, ob das Salz in Spiritus löslich ist oder nicht; die unlöslichen werden, fein pulverisirt, mit Alkohol übergossen, und das Ganze darauf umgerührt. Aehnlich verhalten sich Kalk und Lithionsalze. In allen diesen Fällen muss man besonders die Ränder der Flamme beim Umrühren beobachten, und den Alkohol beinahe gänzlich abbrennen lassen.

Destillirtes Wasser. Aqua destillata.

Vollkommen rein erhält man es am sichersten durch vorsichtige Destillation des Brunnenwassers in metallenen Destillirgeräthen, wenn man das zuerst übergehende als unbrauchbar bei Seite stellt. Zu analytischen Arbeiten anwendbares

Wasser aus gläsernen Retorten zu destilliren, ist nicht rathsam. Auch thut man wohl, falls in dem zu destillirenden Wasser Chlormagnesium vorhanden ist, selbiges ehe man das Wasser destillirt, durch einen Zusatz von Pottasche zu zersetzen. Zur vollständigen Entfernung der in jedem destillirten Wasser enthaltenen Kohlensäure und atmosphärischen Luft muss man es anhaltend kochen, und nachher in wohl verschlossenen Gefässen aufbewahren. Kein natürliches Wasser, selbst mit besonderer Sorgfalt gesammeltes Regenwasser nicht ausgenommen, vermag destillirtes Wasser zu ersetzen.

Zeichen der Reinheit des destillirten Wassers sind vollkommen klare und ungefärbte Beschaffenheit, Geruch- und Geschmacklosigkeit. *)

---

*) Das in Apotheken vorkommende destillirte Wasser ist häufig nicht geruchlos, besitzt im Gegentheil fast immer einen unangenehmen Geruch, welches daher kommt, dass in den Destillirgeschirren, welche zur Bereitung dienen, noch andere Flüssigkeiten destillirt werden, deren Geruch den Gefässen alsdann hartnäckig anhängt. Aber auch selbst bei eigends zur Destillation des Wassers bestimmten Geräthen kann es kommen, dass das in ihnen bereitete Wasser nicht ohne Geruch erhalten wird. In jedem Wasser sind bekanntlich organische Stoffe vorhanden, welche nicht mit überdestilliren, und da ist es denn ganz natürlich, dass sie, wenn das Wasser übergeht, an den Wänden des Destillirapparats hängend zurückbleiben, durch die hohe Temperatur des Metalls zerlegt werden, und

Das spec. Gewicht des reinen Wassers setzt man allgemein = 1,000, und bestimmt nach diesem Einheitsmaass die spec. Gewichte anderer Stoffe. Es besteht nach Berzelius und Dulong aus 1 A. Sauerstoff und 2 A. Wasserstoff, in 100 Gewichtstheilen aus 88,90 Sauerstoff und 11,10 Wasserstoff.

Das Mischungsgewicht desselben, den Sauerstoff zur Einheit genommen, ist 112,478; den Wasserstoff damit verglichen 18,026.

Die Reinheit des destillirten Wassers ist daraus zu ersehen, dass es, in einem kleinen Platinlöffel über der Flamme einer Weingeistlampe erhitzt, keine Spur eines Rückstandes lässt, selbst nicht einmal in dem Glanz des Metalls die mindeste Veränderung hervorbringt. Mit salpetersaurer Silberauflösung darf es nicht trübe werden, eben so wenig dürfen Baryt- und kleesaure Salze darin eine Veränderung bewirken. Ist es vollkommen frei von organischen Stoffen, so muss es, in luftdicht verschlossenen Gefässen dem Sonnenlicht ausgesetzt, keine grüne Materie absetzen. Da es zu den unentbehrlichsten Mitteln bei jeder chemischen Untersuchung gehört, so ist die Reinheit desselben unerlässliche Bedingung.

---

das Wasser brenzlich machen. Dem lässt sich dadurch abhelfen, dass man in dem Verhältniss, als sich das im Destillirgeschirr befindliche Wasser vermindert, frisches Wasser zuströmen lässt, wodurch nothwendig der Stand der Flüssigkeit immer gleich bleiben muss, und ein Brenzlichwerden des Wassers gar nicht eintreten kann.

Für gewisse Metalle, oder vielmehr für deren Salze hat man es wohl als ein Reagens im eigentlichen Sinne des Worts zu betrachten. Wenigstens schliesst man aus der Zersetzung, die es z. B. in der salpetersauren Wismuthauflösung hervorbringt, auf das Dasein desselben. Die zuvor klare Auflösung trübt sich nämlich durch Wasserzusatz unter Abscheidung eines basischen Salzes. Doch ist diess Verhalten, so gewöhnlich man es auch als ein sicheres Mittel zur Erkennung dieses Metalls angeführt findet, nichts weniger als zuverlässig. Einmal, weil es nur bei grössern Wismuthmengen stattfindet, dann, weil beim Vorhandensein freier Säuren bis zu einem gewissen Grade auch selbst nach einem überaus reichlichen Wasserzusatz die Trübung ausbleibt, und drittens, weil es noch mehrere Metalle giebt, die sich ähnlich verhalten. Dahin gehört das Chlorantimon (Butyrum Antimonii), das Zinnchlorür, das salpetersaure Quecksilber u. a. m. Dass es als Lösungsmittel der Reagentien selbst häufig gebraucht wird, ist eine bekannte Sache.

Zweite Abtheilung.

Kurze Uebersicht der bei Analysen am häufigsten vorkommenden Substanzen mit Angabe der wichtigsten Reagentien, welche ihr Dasein zu erkennen geben.

Ammoniak.

Die Gegenwart desselben verräth sich durch den eigenthümlich stechenden Geruch, der sich beim Zusammenreiben seiner Verbindungen mit kaustischem Kali oder Kalk entwickelt. Sollte die Menge des vorhandenen Ammoniak so gering sein, dass es durch den Geruch nicht deutlich zu bemerken wäre, so überzeugt man sich von der Gegenwart desselben durch die Nebel, welche zum Vorschein kommen, wenn man über das Gemisch ein mit Essigsäure, Salpetersäure, oder besser noch mit (nicht rauchender) Salzsäure befeuchtetes Glasstäbchen bringt.

Antimon.

Man erkennt es am sichersten durch den rothen Niederschlag, welchen Schwefelwasserstoff in sauren und neutralen Auflösungen hervorbringt, und der in Hydrothionammoniak leicht und vollständig löslich ist. Alkalisch gemachte Antimonauflösungen erfahren durch Schwefelwasserstoff keine Veränderung.

Vor dem Löthrohr erkennt man das Antimon in seinen Salzen daran, dass es mit der innern Flamme durch Soda reducirt, als reguliinisches Metall lange fortfährt zu glühen, und einen dicken weissen Rauch entwickelt; wenn dieser nicht mehr aufsteigt bildet sich um die Metallkugel ein crystallinisches Netzwerk von Antimonoxyd.

Arsenige Säure

entdeckt man am sichersten:

1. durch Schwefelwasserstoff, welches die neutrale und gesäuerte Auflösung ihrer Salze sogleich feurig gelb niederschlägt, die alkalisch gemachte Auflösung dagegen unverändert lässt. In Hydrothionammoniak ist der gelbe Niederschlag löslich.

2. durch salpetersaures Silberoxyd, welches einen gelben, in kaustischem Ammoniak, Salpeter- und Essigsäure löslichen Niederschlag hervorbringt.

3. durch Kalkwasser, welches einen weissen, in Ammoniaksalzen ziemlich leicht lösbaren Niederschlag bewirkt.

4. durch Kupfervitriol; das Präcipitat ist grün und in caustischem Ammoniak vollständig lösbar.

Vor dem Löthrohr erkennt man sie an dem

knoblauchähnlichen Geruch, den sie, mit Soda auf der Kohle durch die innere Flamme erhitzt, entwickelt.

Arseniksäure

wird eben so wie die arsenige Säure am besten durch Schwefelwasserstoff und salpetersaures Silber entdeckt. Der Schwefelniederschlag hat indess keine so feurig gelbe Farbe, sieht im Gegentheil mattgelb aus, und kommt bei Einwirkung des Gases nicht auf der Stelle zum Vorschein, sondern erst nach längerer Zeit; in Hydrothionammoniak ist er noch leichter, als der aus den arsenigsauren Salzen lösbar. Der Niederschlag mit der Silberauflösung hat eine rothbraune Farbe, und ist mit Ausnahme der Essigsäure in den nämlichen Körpern löslich, als das arsenigsaure Silberoxyd.

Kalkwasser verhält sich zu den arseniksauren Salzen wie zu den arsenigsauren.

Schwefelsaures Kupferoxyd bringt aber in den arseniksauren einen blauen, beim Kochen unveränderlichen Niederschlag hervor.

Vor dem Löthrohr verhalten sich die Arseniksäure und ihre Salze eben so wie die arsenigsauren.

Baryt

lässt sich entdecken:

1. durch den mittelst Schwefelsäure und schwefelsaure Salze entstehenden, in jeder Säure unlöslichen Niederschlag.

2. durch Kieselflusssäure, welche nach

einiger Zeit ein Präcipitat zum Vorschein bringt, das ebenfalls in Salz- und Salpetersäure unlöslich ist.

Benzoesäure

findet man:

1. durch ihr Verhalten gegen Eisenoxydsalze, welche dadurch mit hellbrauner Farbe niedergeschlagen werden.

2. dadurch, dass Chlorwasserstoffsäure, als eine stärkere Säure, sie aus ihren Verbindungen abscheidet, worauf sie ihrer Schwerlöslichkeit wegen zu Boden fällt.

Bernsteinsäure

entdeckt man ebenfalls durch Eisenoxydauflösungen; das Präcipitat ist indess viel dunkler von Farbe, auch nicht ganz so voluminös, als das durch Benzoesäure entstandene. Chlorwasserstoffsäure präcipitirt übrigens die bernsteinsauren Salze nicht, wodurch sie leicht von den benzoesauren zu unterscheiden sind.

Blausäure. (Cyanwasserstoffsäure.)

Von ihrem Dasein in einer Flüssigkeit überzeugt man sich:

1. durch den blauen Niederschlag (Berlinerblau), welchen Eisenoxyd-oxydulsalze, nachdem man die Blausäure an ein Alkali gebunden hat, darin bewirken.

2. Auch durch eine Auflösung von Kupfervitriol lässt sie sich entdecken.

Blei

ermittelt man:

1. durch den schwarzen Niederschlag, den Schwefelwasserstoff und Schwefelammoniak unter allen Umständen in einer Bleiauflösung bewirken.

2. durch den weissen, in verdünnten Säuren unlöslichen Niederschlag, welchen verdünnte Schwefelsäure hervorbringt.

3. durch die Trübung mit Oxalsäure und oxalsauren Salzen.

4. durch den Niederschlag mit Chlorwasserstoffsäure.

5. durch das gelbe Präcipitat mit Iodkalium, und

6. durch den Niederschlag von nämlicher Farbe, den chromsaure Salze (chromsaures Kali) darin zu Wege bringen.

Vor dem Löthrohr entdeckt man es daran, dass die Salze desselben mit Soda auf der Kohle leicht durch die innere Flamme reducirt werden, während sich die Kohle mit einem gelben Beschlag belegt; die erhaltenen Körner metallischen Bleies lassen sich auf dem Amboss ausplatten, und sind nicht spröde.

Borsäure

erkennt man leicht an der grünen Färbung der Flamme, welche die spirituöse Auflösung der Säure beim Anzünden bemerken lässt. Um die Säure in den borsauren Salzen zu finden, muss man diese mit Schwefelsäure und Alkohol übergiessen, und das Gemisch darauf anzünden.

Auf trocknem Wege findet man sie nach Turner auf die Pag. 193 angeführte Weise.

Brom

entdeckt man in seinen Verbindungen durch das Erwärmen derselben mit concentrirter Schwefelsäure, wodurch sich das Brom in gelben Dämpfen, denen der salpetrigen Säure nicht unähnlich, entwickelt, und an seinem eigenthümlichen Geruch leicht erkannt werden kann. Mittelst salpetersauren Bleioxydes ist es ebenfalls zu erkennen.

Vor dem Löthrohr erkennt man die Brommetalle an der blauen Färbung, welche sie der Löthrohrflamme ertheilen, wenn sie mit einer Perle aus Phosphorsalz und Kupferoxyd geschmolzen werden; von den Chlormetallen, mit welchen man sie hiernach verwechseln könnte, unterscheidet sich die Färbung dadurch, dass sie an den Rändern mehr ins Grüne hinüberspielt, aber nicht ins Purpurfarbene.

Cadmium

kann am besten durch Schwefelwasserstoff aufgefunden werden, wodurch es unter allen Umständen, mag die Flüssigkeit neutral, sauer oder alkalisch sein, angezeigt wird. Der gelbe

Niederschlag ist in Hydrothionammoniak unlöslich, wodurch man ihn auf der Stelle vom Schwefelarsenik zu unterscheiden im Stande ist, mit welchem er seiner Farbe nach verwechselt werden kann.

Vor dem Löthrohr erkennt man das Cadmium in seinen Verbindungen an dem braunen Beschlag, welcher auf der Kohle beim Erhitzen durch die innere Flamme unter Sodazusatz zum Vorschein kommt.

Chlor

im freien und gebundenen Zustande entdeckt man:

1. durch salpetersaures Silber, welches einen weissen, in Salpetersäure unlöslichen Niederschlag bewirkt, der sich meistentheils in kaustischem Ammoniak leicht und vollständig löst.

2. durch eine Auflösung des Indigo in Schwefelsäure, welche ihre blaue Farbe verliert, wenn das Chlor rein, oder an Kalk gebunden da ist.

3. durch Schwefelsäure, indem sie, allein angewendet, aus den Chlorverbindungen Chlorwasserstoffsäure, unter Braunsteinzusatz aber Chlor entbindet.

Vor dem Löthrohr erkennt man es an der blauen Färbung der Flamme, welche sichtbar wird, wenn man ein Chlormetall zu einer aus Phosphorsalz und Kupferoxyd geblasenen Perle bringt und damit schmilzt.

Chlorsäure.

Wenn sie an Basen gebunden ist, lässt sich finden, wenn man die Verbindung in der Kälte entweder mit concentrirter Schwefel- oder Salz-Säure übergiesst, und sie darauf vorsichtig erwärmt, wodurch sich gelbe Dämpfe (verschiedene Oxydationsstufen von Chlor) entwickeln. Auch daran kann man sie in ihren Salzen erkennen, dass salpetersaures Silber deren Auflösung unverändert lässt; nach dem Glühen und Auflösen des Rückstandes aber sich daraus Chlorsilber niederschlägt, wenn salpetersaures Silber hinzugesetzt wird. Endlich kann man sich noch dadurch von ihrem Vorhandensein überzeugen, dass sie mit brennbaren Körpern, wie Kohle, Schwefel, Phosphor u. s. w. detonirt.

Chlorwasserstoffsäure, (Salzsäure)

findet man wie Chlor durch salpetersaures Silber. Auch Bleisalze (Bleizucker, salpetersaures Bleioxyd u. s. w.) zeigen das Dasein derselben an.

Chromsäure,

an Basen gebunden, kann aufgefunden werden:

1. durch salpetersaures Bleioxyd, welches damit einen feurig gelben Niederschlag giebt.

2. durch salpetersaures Silberoxyd; der Niederschlag ist lebhaft roth.

3. durch Schwefelwasserstoff, welches die gelbe Farbe der neutralen, gesäuerten oder alkalisch gemachten Auflösung unter Abscheidung von Schwefel in Grün verändert.

4. durch Kochen mit Salzsäure, wodurch ebenfalls die Farbe in Grün verändert wird, und kaustisches Ammoniak das Metalloxyd nachher

abscheidet. Ein Zusatz von Alkohol befördert die Reduction.

Vor dem Löthrohr erkennt man sie an der schönen smaragdgrünen Farbe, welche sie dem Borax und Phosphorsalzen in der innern und äussern Flamme ertheilt. Dabei ist indess zu bemerken, dass die Farbe anders ausfällt, wenn gleichzeitig andere Metalloxyde vorhanden sind, welche das Vermögen, obige Flüsse schön zu färben, ebenfalls besitzen.

Citronensäure

erkennt man an ihrem Verhalten gegen Kalkwasser und Chlorcalcium; in der Kälte damit vermischt, erfolgt keine Veränderung; sobald indess das Gemisch erwärmt wird, stellt sich sogleich ein Niederschlag (citronensaurer Kalk) ein. Auch dadurch kann man sie unterscheiden, dass sie mit Kali kein saures Salz giebt, wie es der Weinsteinsäure eigen ist.

Cyanwasserstoffsäure siehe Blausäure.

Eisenoxydul

erkennt man in seinen Auflösungen daran, dass diese

1. durch Schwefelwasserstoffgas im neutralen und sauren Zustande gar nicht verändert werden; nur wenn man sie alkalisch gemacht hat, stellt sich ein schwarzes Präzipitat von Schwefeleisen ein, welches in seiner Zusammensetzung ganz mit dem übereinstimmend ist, welches durch Schwefelammoniak in neutralen Auflösungen zum Vorschein kommt.

2. durch Kaliumeisencyanid einen blauen, in Säuren unlöslichen Niederschlag von Berlinerblau geben.

3. durch Oxalsäure, besser noch durch neutrale oxalsaure Salze einen gelben Niederschlag von oxalsaurem Eisenoxydul liefern.

4. durch kaustische und kohlensaure Alkalien weiss präzipitirt werden; der Niederschlag wird aber schnell grünlich, zuletzt braun.

Vor dem Löthrohr erkennt man das Eisenoxydul an der dunkelrothen Färbung, welche es der aus Phosphorsalz oder Borax erhaltenen Glasperle in der äussern Flamme ertheilt; in der innern Flamme kommt eine grüne Farbe zum Vorschein, welche, während die rothe beim Erkalten heller wird, hier ganz verschwindet. Mag die Menge des Eisenoxyduls auch noch so geringe sein, so lässt sie sich doch entdecken, wenn man sie in Phosphorsalz löst; es zeigt sich eine grüne Färbung, welche indess beim Erkalten bedeutend abnimmt, und endlich ganz verschwindet.

Eisenoxyd

zeigt sich:

in neutralen Auflösungen durch die weissliche Trübung, welche 1. Schwefelwasserstoff in Folge des sich ausscheidenden Schwefels zu Wege bringt; saure Auflösungen verhalten sich gegen Schwefelwasserstoff unverändert. Hydrothionammoniak fällt daraus schwarzes Schwefeleisen, welches eben so zusammengesetzt ist, als der schwarze Niederschlag, den Schwefelwasserstoff in den alkalisch gemachten Eisenoxydauflösungen bewirkt.

2. durch **Kaliumeisencyanür**, welches darin einen in Säuren unlöslichen blauen Niederschlag von Berlinerblau hervorbringt.

3. durch **kaustische** und **kohlensaure Alkalien**, welche rothbraune Niederschläge geben.

Vor dem Löthrohr verhalten sich die Eisenoxydsalze den Oxydulsalzen analog.

Fluor,

wenn es an Metalle gebunden ist, offenbart sich durch das Aetzen des Glases, wenn man die Verbindung mit Schwefelsäure zerlegt. Man überzieht zu dem Zweck eine Glasscheibe mit Wachs, gräbt mittelst einer Nadel auf dem Ueberzug einige Schriftzüge ein, und trägt sodann die auf Fluor zu untersuchende Verbindung, mit Schwefelsäure zu einem Brei angerührt, auf den Wachsüberzug. So bleibt das Ganze eine Zeitlang liegen, darauf spült man den Brei mit Wasser ab, nimmt den Wachsüberzug vom Glase, und sieht nach, ob auf dem Glase in Folge der Aetzung matte Stellen zu bemerken sind. Diese Probe ist dem Fluor so ausschliesslich angehörend, dass eine Verwechselung mit andern Substanzen bei ihrer Anwendung gar nicht möglich ist.

Gold

erkennt man an dem schwarzen, in Hydrothionammoniak leicht und vollständig lösbaren Niederschlag, welchen **Schwefelwasserstoff** in neutralen und sauergemachten Auflösungen zu Wege bringt; alkalisch gemachte Goldauflösungen werden durch Schwefelwasserstoff nicht verändert. Noch entscheidender ist zur Entdeckung das Zinnchlorür (Zinnsalz), welches selbst in höchst verdünnten Goldauflösungen noch eine rothe Farbenveränderung hervorbringt; auch Oxalsäure und Eisenvitriol, in sofern sie das Gold aus seinen Auflösungen regulinisch niederschlagen, sind gute Reagentien.

Iod

entdeckt man am besten:

1. durch Stärkemehl, indem Iodstärkemehl von blauer Farbe entsteht.

2. durch concentrirte Schwefelsäure, indem sie aus der Iodverbindung beim Uebergiessen veilchenblaue Dämpfe von Iod entbindet.

3. durch Quecksilberchlorid, welches mit den Iodmetallen einen feurig rothen Niederschlag, und durch salpetersaures Bleioxyd, das ein gelbes Präzipitat giebt. Beide sind indess nicht sicher anzuwenden.

Vor dem Löthrohr entdeckt man Iod wie Chlor, nämlich durch Kupferoxyd, welches in Phosphorsalz gelöst, dem Iodmetall zugemischt, und sodann geschmolzen, die Flamme smaragdgrün färbt.

Kali

lässt sich entdecken:

1. durch den dottergelben Niederschlag mit Platinchlorid, vorausgesetzt, dass keine Ammoniaksalze vorhanden sind.

2. durch Kohlenstickstoffsäure (vergleiche die Zusätze), welche ebenfalls einen gelben Niederschlag hervorbringt.

3. durch Weinsteinsäure, die einen weissen krystallinischen Niederschlag von Cremor Tartari zu Wege bringt.

4. durch eine concentrirte Auflösung von schwefelsaurer Thonerde, welche die Entstehung von Alaunkrystallen hervorruft.

Auf trocknem Wege findet man das Kali in seinen Salzen nach der Angabe von Fuchs dadurch, dass man sie, auf Platindraht zu einer Perle geschmolzen, der inneren Flamme des Löthrohrs aussetzt, und dann Acht giebt, ob sich die äussere Flamme violett färbt. Doch ist diess nur beim Chlorkalium der Fall, bei andern Kalisalzen wenig oder gar nicht. Es ist daher Harkort's Probe mit salpetersaurem Nickel besser, und schon darum von grösserm Werthe, weil ein Gehalt von Natron ihrer Entstehung keinen Eintrag thut.

Kalk

entdeckt man:

1. durch Oxalsäure, besser aber noch durch neutrale oxalsaure Salze, weil der zum Vorschein kommende Niederschlag in freien Säuren leicht löslich ist.

2. durch Schwefelsäure und schwefelsaure Salze; in verdünnten Auflösungen kommt jedoch der Niederschlag erst nach einiger Zeit zum Vorschein, ausserdem ist er viel voluminöser als der aus Baryt- und Strontian-Salzen erhaltene.

Kieselsäure. (Kieselerde.)

Auf nassem Wege erkennt man sie leicht an ihrer Unlöslichkeit in allen Säuren; nur Flussspathsäure nimmt sie mit Leichtigkeit auf. Bloss getrocknet und nicht geglüht, löst sie sich auch in concentrirter Kalilauge, so wie in starken Auflösungen von kohlensaurem Kali und Natron. Ob man eine Auflösung in kaustischem oder kohlensaurem Alkali vor sich habe, ersieht man bald aus der gelatinösen Beschaffenheit der kalt gewordenen Auflösung in kohlensaurem Kali, die um so grösser ist, je concentrirter die Auflösung ist; die Solution in kaustischem Kali gerinnt beim Erkalten nicht.

Vor dem Löthrohr ist die Kieselsäure daran zu erkennen, dass sie von der Soda unter Brausen zu einer klaren Perle gelöst wird. Mit Phosphorsalz behandelt schwimmt sie in dem daraus erhaltenen Glase als eine aufgeschwollene Masse umher, und wird selbst nach langem Blasen nicht darin gelöst.

Kobalt

wird entdeckt:

1. durch Schwefelwasserstoff; gesäuerte Auflösungen werden davon nicht verändert, neutrale und alkalisch gemachte aber schwarz niedergeschlagen; eben so verhält sich Hydrothionammoniak, welches den Schwefelniederschlag nicht löst.

2. durch kaustisches Kali, welches einen

blauen, durch Stehen an der Luft grün werdenden und beim Kochen schmutzig blasroth erscheinenden Niederschlag giebt.

Auf trocknem Wege erkennt man es leicht an der intensiv blauen Färbung, welche es dem Boraxglase oder einer Perle aus Phosphorsalz ertheilt, und welche mitunter so dunkel ausfällt, dass man sie für schwarz halten könnte.

Kohlensäure.

Am schnellsten wird die Gegenwart derselben durch das Brausen dargethan, welches sich beim Uebergiessen ihrer Salze mit einer stärkeren Säure einstellt. Schwefelmetalle brausen mit Säuren übergossen zwar auch, doch ist das sich dabei entwickelnde Schwefelwasserstoffgas leicht an seinem üblen Geruch zu erkennen. Kalk- und Baryt-Wasser geben damit Niederschläge, die ebenfalls unter Brausen in stärkeren Säuren löslich sind.

Kupfer

kann aufgefunden werden:

1. durch Schwefelwasserstoff und Schwefelammoniak, wodurch es unter allen Umständen, mag die Auflösung neutral, gesäuert oder alkalisch sein, mit dunkler, beinahe schwarzer Farbe niedergeschlagen wird.

2. durch kaustisches Ammoniak, welches sogar in stark verdünnten Auflösungen noch eine bläuliche Färbung bewirkt.

3. durch Kaliumeisencyanür, welches einen rothbraunen, in Salzsäure unlöslichen Niederschlag hervorbringt.

4. durch metallisches Eisen, das sich mit einem rothen Ueberzug bekleidet.

Auch auf trocknem Wege entdeckt man das Kupfer leicht durch die schöne grüne Färbung, welche Perlen von Kupfer und Borax oder Phosphorsalz in der äussern, und durch die braunrothe, welche sie in der innern Flamme erfahren. Bei sehr kleinen Kupfermengen lässt sich die braunrothe Farbe durch Zinn, welches man hinzusetzt, hervorrufen. Auch kann man das Kupfer recht gut an der ihm eigenthümlichen Farbe erkennen, wenn man es auf der Kohle durch Soda reducirt hat, und die Kohle abschlämmt.

Lithion

wird am sichersten durch phosphorsaures Natron entdeckt, welches damit ein schwer lösliches Doppelsalz eingeht, also durch die Trübung und den Niederschlag sich verräth, welcher vornämlich beim Abdampfen zum Vorschein kommt.

Vor dem Löthrohr findet man es nach Turner durch die rothe Flamme, welche zum Vorschein kommt, wenn man die Verbindung mit einem Gemenge aus 1 Th. Flussspath und $1\frac{1}{2}$ Th.sauren schwefelsauren Kali zusammenschmilzt.

Magnesia

findet man:

1. durch phosphorsaures Natron, welches, wenn man einige Tropfen kaustischen Ammoniaks hinzusetzt, verdünnte Auflösungen sogleich, selbst in der Kälte niederschlägt.

2. durch kaustisches Kali und kaustisches Ammoniak, welche einen voluminösen, in Salmiak leicht und vollständig auflösbaren Niederschlag geben.

Auf trocknem Wege vor dem Löthrohr ist sie daran zu erkennen, dass sie geglüht und mit salpetersaurer Kobaltsolution befeuchtet, darauf von neuem stark erhitzt, sich pfirsichblüthroth färbt.

Mangan

erkennt man:

1. durch Schwefelwasserstoff, welches die gesäuerten Auflösungen unverändert lässt, neutrale und alkalisch gemachte dagegen mit eben der fleischrothen Farbe niederschlägt, als Schwefelammoniak; in einem Ueberschuss des letztern ist das Präcipitat unlöslich; an der Luft oxydirt es sich leicht, und wird braunschwarz.

2. durch kaustisches Ammoniak und kaustisches Kali, welche ein weisses, durch Einwirkung der Luft erst gelb, dann braun, endlich schwarz werdendes Präcipitat hervorbringen.

3. durch Kaliumeisencyanür; der Niederschlag ist weiss, mit einem Stich ins Röthliche.

Vor dem Löthrohr entdeckt man die kleinste Menge desselben durch die grüne Färbung, welche beim Schmelzen desselben mit Soda auf Platinblech zum Vorschein kommt. Auf der Kohle in der äussern Flamme behandelt giebt es dem Boraxglase und dem aus Phosphorsalz eine amethystrothe Farbe, welche beim Umschmelzen in der innern Flamme vollständig verschwindet, in der äussern aber wieder zum Vorschein kommt.

Mekonsäure

findet man durch die blutrothe Färbung, welche Eisenoxydsalze in ihrer Auflösung hervorbringen, und die sich beim Zusatz einer Goldauflösung erhält, nicht aber wieder verschwindet, wie es mit der durch Schwefelblausäure bewirkten rothen Farbe der Fall ist.

Natron

kann auf nassem Wege nur durch sein negatives Verhalten erkannt werden. Wenn man nämlich in einer Verbindung sich vom Dasein eines Alkalis überzeugt hat, und selbiges sich durch die gehörigen Orts angeführten Reagentien nicht als Kali, Lithion oder Ammoniak zu erkennen gegeben hat, so darf man auf das Vorhandensein des Natron schliessen. Die Eigenschaft mancher Natronsalze, zu verwittern, ist kein durchgreifendes Merkmal, salpetersaures Natron und Kochsalz verwittern z. B. gar nicht.

Besser kann man die Natronsalze auf trocknem Wege erkennen, wenn man sie auf Platindraht schmilzt, und die Perle sodann mit der innern Flamme des Löthrohrs in Berührung bringt, wodurch sich die äussere Flamme stark gelb färbt. Wie Kobell gezeigt hat, thut ein gleichzeitig vorhandenes Kalisalz dem Entstehen der Reaktion keinen Eintrag; nach seinen Beobachtungen verschwindet im Gegentheil die Kalireaktion, wenn $\frac{1}{25}$ bis $\frac{1}{30}$ von einem Natronsalz, z. B. Kochsalz, vorhanden ist.

Nikkel

wird aufgefunden:

1. durch **Schwefelwasserstoff**, welches in gesäuerten Auflösungen keine Veränderung bewirkt, dagegen neutrale und alkalisch gemachte mit schwarzer Farbe präcipitirt; eben so verhält sich **Hydrothionammoniak**, wobei noch bemerkenswerth ist, dass die über dem Niederschlag stehende Flüssigkeit nicht klar und farbenlos, sondern dunkel gefärbt erscheint.

2. durch **kaustisches Ammoniak** und **kohlensaures Kali**, die einen apfelgrünen Niederschlag geben, der in einem Ueberschuss von kaustischem Ammoniak leicht löslich ist. Diese ammoniakalische Auflösung hat das Ausgezeichnete, dass **kaustisches Kali** daraus das Nikkel mit apfelgrüner Farbe vollständig abscheidet.

Vor dem Löthrohr erkennt man Nikkel an der röthlichen Farbe, welche es der aus Borax oder Phosphorsalz erhaltenen Perle mittheilt, die aber beim Erkalten sich allmählig verliert.

Oxalsäure

findet man:

1. durch die Trübung, welche in ihren Auflösungen durch **Gypswasser** hervorgerufen, durch freie Säure aber wieder aufgehoben wird.

2. durch die reducirende Wirkung, welche sie für die Auflösungen der edlen Metalle, namentlich des Goldes, äussert, so dass man sich des **Goldchlorids** als eines guten Reagens für Kleesäure bedienen kann.

Von den übrigen organischen Säuren ist sie noch insbesondere dadurch unterschieden, dass sie mit concentrirter Schwefelsäure erhitzt, sich ohne Abscheidung von Kohle, daher auch ohne dass die Säure sich schwärzt, in Kohlenoxydgas und Kohlensäure zerlegt wird. Ihre Verbindungen mit feuerbeständigen Alkalien werden beim Glühen auch nicht schwarz, sondern lassen kohlensaures Kali in fast ungefärbtem Zustande zurück.

Phosphorsäure

ist schwierig aufzufinden; man erkennt sie:

1. durch den gelben, in Säuren und kaustischem Ammoniak leicht löslichen Niederschlag, welchen salpetersaures Silber in den nicht geglühten, in Wasser löslichen phosphorsauren Salzen hervorruft.

2. durch salpeter- oder essigsaures Bleioxyd, welche einen weissen, in Salpetersäure löslichen Niederschlag geben, der auf der Kohle vor dem Löthrohr zu einem Korn geschmolzen deutlich krystallisirt. Eben solche, in freien Säuren lösliche Niederschläge geben Kalkwasser, Chlorbarytium und Chlorcalcium.

Auf trocknem Wege lässt sich die Phosphorsäure nach Fuchs an der grünlichen Farbe der äussern Flamme erkennen, welche zum Vorschein kommt, wenn die auf Phosphorsäure zu untersuchende Verbindung mit Schwefelsäure befeuchtet, und der innern Flamme des Löthrohrs ausgesetzt wird. Da sich indess die Borsäure und ihre Salze eben so verhalten, so muss man sich vor Anstellung des Versuchs von deren Abwesenheit überzeugt haben.

Wie man sich nach Berzelius unter Anwendung des Klavierdrahts vom Vorhandensein der Phosphorsäure überzeugt, ist Pag. 74 umständlich erwähnt.

Quecksilberoxyd

verräth sich am besten:

1. durch sein Verhalten gegen Schwefelwasserstoff, von dem es unter allen Umständen, mag die Auflösung neutral, sauer oder alkalisch sein, als Schwefelquecksilber mit schwarzer Farbe präcipitirt wird. Anfangs ist der Niederschlag weisslich, später gelb, dann braun, und endlich erscheint er schwarz, ein Verhalten, was dem Oxyde ausschliesslich eigen ist. Hydrothionammoniak giebt sogleich einen schwarzen Niederschlag, welcher in einem Ueberschuss desselben ein wenig löslich ist.
2. durch kaustisches Kali, das in hinreichender Menge der Auflösung zugesetzt, einen citronengelben Niederschlag giebt.
3. durch kaustisches Ammoniak, das ein weisses Präcipitat liefert.
4. durch Iodkalium, welches einen zinnoberrothen im Ueberschuss vom Iodkalium auflöslichen Niederschlag giebt.
5. durch metallisches Kupfer, welches sich mit einer in der Wärme flüchtigen Haut von metallischem Quecksilber überzieht.

Quecksilberoxydul

wird durch Schwefelwasserstoff und Schwefelammoniak sogleich als Schwefelquecksilber mit schwarzer Farbe und zwar unter allen Umständen niedergeschlagen. Kaustisches Kali und kaustisches Ammoniak präcipitiren es schwarz. Chlorwasserstoffsäure bewirkt darin einen weissen, in Säuren unlöslichen Niederschlag von Quecksilberchlorür, das von kaustischem Ammoniak schwarz wird. Metallisches Kupfer verhält sich den Oxydauflösungen analog.

Salpetersäure

entdeckt man am besten:

1. durch gefeiltes Kupfer oder metallisches Quecksilber, in sofern beide, wenn die Säure im freien Zustande vorhanden ist, sich darin unter Entwicklung von Stickstoffoxydgas lösen, das an der Luft rothe Dämpfe von salpetriger Säure giebt. Ist die Säure an eine Base gebunden, als salpetersaures Salz vorhanden, so verfährt man eben so, nur muss man alsdann, um die Säure abzuscheiden, dem Gemische concentrirte Schwefelsäure zusetzen.

2. durch Eisenvitriol oder Eisenoxydulsalze überhaupt, ebenfalls unter Zusatz von Schwefelsäure, wenn die Säure gebunden ist. Die Reaktion liegt in der Entstehung einer dunkeln, fast schwarzen Farbe und Bildung von Stickstoffoxyd, das bekanntlich von den Eisenoxydulsalzen begierig eingesogen wird, und so die Färbung hervorruft.

Ausser diesen Reagentien giebt es noch einige andere, und zwar:

a. Zinkamalgam in Verbindung von Eisenchlorür; übergiesst man das Amalgam mit der Eisensolution, und wirft hierauf die zu untersuchende Verbindung im festen Zustande auf das Metall, so entsteht ein schwarzer Fleck, wenn Salpetersäure vorhanden war; nach Runge, der dieses Reagens zuerst angegeben hat, soll man dadurch die kleinste Menge eines festen salpetersauren Salzes entdecken können (vergl. Pag. 71).

b. Indigauflösung, in sofern sie durch Salpetersäure ihre blaue Farbe verliert.

c. Blattgold, das sich unter Salzsäurezusatz löst, und der zu prüfenden Flüssigkeit alsdann eine gelbe Farbe ertheilt.

Auf trocknem Wege erkennt man sie an ihrer Eigenschaft, auf glühende Kohlen gestreut, unter Feuersprühen zu verpuffen.

Salzsäure siehe Chlorwasserstoffsäure.

Sauerstoff.

Von der Gegenwart desselben überzeugt man sich:

1. durch Stickstoffoxydgas, welches sich dadurch zu salpetriger Säure von rothgelber Farbe oxydirt.

2. durch Wasserstoffgas, in sofern es damit Wasser bildet.

3. durch Phosphor, welcher damit Phosphorsäure hervorbringt (Reboul'sches Eudiometer).

Schwefel

lässt sich in seinen Verbindungen auf die Weise entdecken, dass man selbige mit einer Säure,

z. B. Salzsäure übergiesst, wo sich alsdann Schwefelwasserstoffgas entbindet, das an seinem üblen Geruch leicht zu kennen ist. In Verbindungen, welche von Chlorwasserstoffsäure nicht angegriffen werden, findet man den Schwefel durch Behandlung mit Königswasser, wodurch sich Schwefelsäure erzeugt, welche auf die sogleich zu erwähnende Weise entdeckt wird.

Wie man auf trocknem Wege Schwefel auffindet, ist bei der Schwefelsäure nachzusehen.

Schwefelichte Säure

wird leicht an ihrem eigenen Geruch erkannt, der auch beim Uebergiessen ihrer Salze mit einer stärkern Säure zum Vorschein kommt. Man erkennt sie ferner daran, dass sie mit Chlorbarytium einen in Salzsäure leicht und vollkommen löslichen Niederschlag giebt, die klare Auflösung aber, mit einem Zusatz von Salpetersäure zum Sieden erhitzt, sich trübt, und ein in Säuren unlösliches Präcipitat fallen lässt.

Schwefelsäure

findet man am sichersten durch Barytsalze, z. B. durch Chlorbarytium, die in ihren Auflösungen ein in Säuren unlösliches Präcipitat von schwefelsaurem Baryt hervorbringen. Die Bleisalze verhalten sich den Barytsalzen hierin zwar ähnlich, doch sind sie bei weitem nicht so empfindlich, und kleine Mengen schwefelsaurer Salze lassen sich durch sie nicht finden.

Auf trocknem Wege findet man die Schwefelsäure und die Verbindungen des Schwefels überhaupt, wenn man etwas von der zu untersuchenden Verbindung zu einer aus Soda und Kieselerde geblasenen Perle bringt, und das Ganze hierauf in der innern Flamme des Löthrohrs zusammenschmilzt. Dabei entsteht durch Reduction der Schwefelsäure eine dunkelbraune, bei kleinen Mengen rothe Färbung, die Folge von gebildetem Hepar. Auch noch auf eine andere Weise findet man den Schwefel in schwefelsauren Salzen; man behandelt diese nämlich auf der Kohle in der innern Flamme, legt die geschmolzene Masse auf ein Silberblech, und giebt Acht, ob diess davon schwarz oder dunkelgelb anläuft.

Schwefelwasserstoff

in Gasgemengen verräth sich zwar schon durch seinen eigenen, stinkenden Geruch, sicherer aber noch durch die Farbenveränderung, welche Kupfer- und Silberauflösungen erfahren, wenn man sie mit einem solchen Gasgemenge schüttelt. Auch Bleiauflösungen werden dazu häufig empfohlen, eben so Wismuthsalze, ohne dass indess beide empfindlicher wären, oder sicherer anzuwenden.

Selen.

Ist es als selenichte Säure vorhanden, so findet man es leicht durch das Verhalten des schwefelichtsauren Ammoniak, welches bekanntlich das Selen als eine zinnoberrothe, in grössern Mengen dunkle Masse reducirt. Auch Schwefelwasserstoffgas giebt die Gegenwart der selenichten Säure zu erkennen, in sofern es daraus Schwefelselen als eine gelbe, in Säuren unlösliche, in Hydrothionammoniak dagegen leicht lösliche Verbindung niederschlägt. Baryt- und Blei-Salze geben endlich mit der selenichten Säure in überschüssiger Säure lösbare Niederschläge, ein Verhalten wodurch sie besonders von der Selensäure unterschieden ist, die analog der Schwefelsäure, mit Baryt z. B. eine in Säuren unlösliche Verbindung eingeht *). Selensäure unterscheidet sich ferner von seleniger Säure, dass sie durch schwefeligsaures Ammoniak nicht reducirt wird, sondern dazu erst mit Chlorwasserstoffsäure desoxydirt werden muss. Endlich wird die Selensäure auch nicht durch Schwefelwasserstoffgas verändert, d. h. als Schwefelselen präcipitirt.

Vor dem Löthrohr erkennt man das Selen in seinen Verbindungen an dem starken, widerlichen, verfaultem Rettig nicht unähnlichem Geruch, den sie beim Erhitzen in der äussern Flamme verbreiten. Gegen eine aus Kieselerde und Soda geschmolzene Glasperle verhalten sie sich wie die Schwefelverbindungen; auch wenn man sich Selen-

---

*) Selensaurer Baryt unterscheidet sich von schwefelsaurem dadurch, dass durch anhaltendes Kochen mit Salzsäure die Selensäure darin zu selenichter Säure reducirt und die Verbindung alsdann in Chlorwasserstoffsäure löslich wird, während sie vor der Zersetzung darin unlöslich war.

natrium verschafft, diess auf ein Silberblech legt, und es mit Wasser befeuchtet, sieht man eben solch einen Fleck entstehen, als der von einem Hepar.

Silber

wird vom Schwefelwasserstoffgas aus seinen Auflösungen unter allen Umständen mit dunkler Farbe präcipitirt; es ist also gleichgültig, ob diese neutral, sauer oder alkalisch sind. Hydrothionammoniak verhält sich eben so, und löst den Schwefelniederschlag nicht wieder auf. Besonders lässt es sich aber durch sein Verhalten gegen Chlorwasserstoffsäure erkennen, in sofern es mit ihr einen weissen, in grösseren Massen käsigen Niederschlag von Chlorsilber zu Wege bringt, der in Säuren unlöslich ist, dagegen in den meisten Fällen vom kaustischen Ammoniak gelöst wird. Mit Iodkalium geben die Silberauflösungen ein gelbes, in kaustischem Ammoniak fast unlösliches, in einem Ueberschuss von Iodkalium aber leicht lösliches Präcipitat.

Vor dem Löthrohr erkennt man das Silber in seinen Verbindungen an der leichten Reducirbarkeit mit Soda.

Thonerde

entdeckt man:

1. durch den weissen, in einem Ueberschuss vom Fällungsmittel lösbaren Niederschlag mittelst kaustischen Kalis.

2. durch den voluminösen Niederschlag mit kaustischem Ammoniak, der immer zum Vorschein kommt, wenn auch noch so viel Salmiak da ist, und in überschüssigem Ammoniak unlöslich ist.

3. durch Schwefelammoniak, welches einen weissen, in überschüssigem Kali leicht löslichen Niederschlag von Thonerde hervorbringt.

Auf trocknem Wege ist sie durch ihr Verhalten gegen salpetersaure Kobaltauflösung ausgezeichnet, in sofern sie auf der Kohle erhitzt, damit befeuchtet, und geglüht eine beim Tageslicht rein blaue, beim Kerzenlicht schmutzig violette Farbe annimmt.

Weinsteinsäure

lässt sich vornämlich daran erkennen, dass sie mit Kali in dem Maasse versetzt, dass die Säure vorwaltet, einen weissen krystallinischen Niederschlag von saurem weinsteinsaurem Kali (Cremor Tartari) hervorbringt. Blei- und Kalksalze geben mit ihr ebenfalls weisse, in freien Säuren lösliche Niederschläge; der Kalkniederschlag vermehrt sich durch Kochen nicht, wie es z. B. bei der Citronensäure der Fall ist.

Wismuth

erkennt man daran, dass es vom Schwefelwasserstoffgas unter allen Umständen, mag die Auflösung neutral, sauer oder alkalisch sein, mit dunkler Farbe niedergeschlagen wird; eben so verhält sich Hydrothionammoniak, welches der Schwefelniederschlag nicht löst. Ferner ist es für das Wismuth charakteristisch, dass der in den Auflösungen desselben mittelst kautischen Kalis entstandene weisse Niederschlag sich in einem Ueberschuss des Fällungsmittels nicht wieder löst; endlich werden die meisten Salze desselben, wenn man sie in Wasser lösen, oder ihre Auflösung mit mehr Wasser verdünnen will, in basische und saure zerlegt, wobei die Flüssigkeit milchig wird.

Vor dem Löthrohr ist es daran zu erkennen, dass es mit Soda gemengt durch die innere Flamme leicht reducirt wird, wobei die Kohle gelb beschlägt. Das so erhaltene Metallkorn ist vom Blei darin unterschieden, dass es unter dem Hammer leicht in Stücke springt, aber nicht zu Platten ausgedehnt werden kann, wie das Blei.

Zink

ist das einzige Metall, welches von Schwefelwasserstoff und Schwefelammoniak mit weisser Farbe niedergeschlagen wird. In gesäuerten Auflösungen entsteht durch Schwefelwasserstoff keine Veränderung, in neutralen und alkalisch gemachten tritt indess die oben erwähnte Reaktion ein; von der Thonerde ist das Schwefelzink darin unterschieden, dass es sich in kaustischem Kali nicht löst. Kaustisches Kali und Salmiakgeist geben weisse Niederschläge, die in einem Ueberschuss der genannten Stoffe löslich sind; eben so verhält sich kohlensaures Ammoniak. Kaliumeisencyanid schlägt die Zinksalze mit gelbrother Farbe nieder; das Präcipitat löst sich in Salzsäure.

Auf trocknem Wege erkennt man sie an ihrer Eigenschaft, mit Soda gemengt, und in der innern Flamme erhitzt, die Kohle weiss zu beschlagen. Mit Kobaltauflösung befeuchtet, und vor dem Löthrohr erhitzt, werden sie grün.

Zinnoxydul.

Schwefelwasserstoffgas präcipitirt es, mag die Auflösung neutral, sauer oder alkalisch sein, mit dunkler Farbe, welche kaffeebraun ist, wenn die Metallauflösung verdünnt war. In Hydrothionammoniak löst sich der Schwefelniederschlag nicht, wenn jenes frisch bereitet war, und frei von überschüssigem Schwefel in verschlossenen Gefässen damit digerirt wird. Goldauflösung giebt in den Zinnoxydulsalzen einen purpurrothen Niederschlag (Cassius Purpur), welcher, wenn die Auflösungen concentrirt waren, dunkler, und nicht schön von Farbe erscheint; hieran kann man sie vorzugsweise erkennen.

Vor dem Löthrohr erkennt man Zinnoxydul daran, dass, wenn man es mit Soda zu einem Metallkorn reducirt hat, und diess zu einer aus Phosphorsalz und Kupferoxyd geblasenen grünen Perle bringt, diese undurchsichtig braunroth wird.

Zinnoxyd

unterscheidet sich vom Zinnoxydul dadurch, dass es vom Schwefelwasserstoffgas nur aus gesäuerten Auflösungen und zwar mit schmutzig gelber Farbe niedergeschlagen wird; in alkalisch gemachten Auflösungen erfolgt kein Niederschlag; das Schwefelmetall löst sich daher auch in Hydrothionammoniak leicht und vollständig auf. Ferner kann man es dadurch vom Oxydul unterscheiden, dass der mittelst kaustischen Ammoniaks in der Auflösung entstandene weisse Niederschlag sich in einem Ueberschuss desselben löst, während der aus den Zinnoxydulauflösungen entstandene darin unlöslich ist. Von dem Arsenik, mit welchem das Zinnoxyd rücksichtlich seines Verhaltens zum Schwefelwasserstoff verwechselt werden könnte, kann man es dadurch unterscheiden, dass kohlensaures Kali die Auflösungen des Zinns mit weisser Farbe präcipitirt, die vom Arsenik dagegen unverändert lässt.

Vor dem Löthrohr verhalten sich die Oxydsalze den Oxydulsalzen analog.

Zusätze.

Seite 61 vor dem Artikel **Silber** ist einzuschalten:

Platin. Platina. Pt.

Zu analytischen Versuchen ist es unstreitig eins der unentbehrlichsten Metalle. Nicht bloss, dass manche Geräthschaften, als Tiegel, Abdampfschaalen, Spatel u. s. w. daraus gearbeitet sein müssen; sondern auch unmittelbar findet es Anwendung, nämlich im höchst fein zertheilten Zustande, als sogenannter **Platinschwamm**. Man bereitet ihn dadurch, dass man das in recht dünne Blättchen geschlagene Platin, wie es im Handel vorkommt, mit Salzsäure übergiesst, erwärmt, und tropfenweise Salpetersäure zusetzt, bis die Auflösung erfolgt ist. Die Auflösung filtrirt man hierauf, macht sie durch Salpetersäure ein wenig sauer, und fügt endlich so lange eine gesättigte Auflösung von Salmiak hinzu, als noch ein Niederschlag entsteht; das citronengelbe Präcipitat (Platinsalmiak) scheidet man darauf durch ein Filtrum, wäscht es so lange mit Wasser aus, als diess noch weingelb gefärbt abfliesst, trocknet es, und erhitzt es alsdann in einer Retorte bei angelegter Vorlage, bis es vollständig in metallisches Platin verwandelt worden.

Auf diesem Wege bereitet erscheint das Platin als eine poröse graue Masse, ohne allen Glanz, deren spec. Gew. nach Wollaston 21,47 beträgt.

Das Mischungsgewicht desselben, den Sauerstoff zur Einheit genommen, ist 1233,260; mit dem Wasserstoff verglichen 197,644.

Einer Verunreinigung ist der so bereitete Platinschwamm nicht leicht ausgesetzt, wenigstens darf man nicht fürchten, dass sich Iridium dabei befindet, da die Auflösung vor der Fällung schwach gesäuert worden.

Der Platinschwamm ist, wie Döbereiner entdeckt hat, ein unentbehrliches Mittel bei der Bestimmung der Sauerstoffmenge durch Wasserstoffgas, wenn nämlich das Volumen des einen Gases zu dem des andern in einem so überwiegenden Verhältniss steht, dass sich die Entzündung durch den elektrischen Funken nicht mehr bewirken lässt. Man verfährt alsdann folgendermassen. Zwei Theile Platinschwamm und einen Theil Pfeifenthon formt man unter Anfeuchten mit Wasser zu erbsengrossen Kügelchen, befestigt daran einen Platindrath, lässt sie lufttrocken werden, und glüht sie alsdann in der Flamme einer Weingeistlampe gelinde aus. Blosser Platinschwamm lässt sich zwar auch anwenden, besser ist es indess, in das zu untersuchende Gasgemenge ein solches Kügelchen zu bringen, und es so lange darin zu lassen, bis die allmählige

Verbindung des Wasserstoffgases mit dem Sauerstoffgase erfolgt, keine Volumenverminderung also weiter zu bemerken ist. Auf diese Weise versichert Turner, das Verhältniss beider Gase zu einander noch mit Genauigkeit bestimmt zu haben, wenn sie sich zu einander wie 1 zu 100 verhielten, mithin an eine Entzündung durch den elektrischen Funken gar nicht mehr zu denken war; nur muss man sich dabei Röhren von etwas grösserm Durchmesser als gewöhnlich bedienen, weil sonst der Versuch gar zu lange währt, ehe er beendigt ist. Die kleinen Thonkugeln erfahren dabei keine chemische Veränderung, und eine einzige kleine Kugel ist wohl zu funfzig und noch mehreren Versuchen zu brauchen; sollte ja eine Verminderung ihrer Kraft zu spüren sein, so darf man sie nur einige Minuten gelinde glühen, und sie hat ihre frühern Eigenschaften wieder bekommen.

Seite 139 vor **Kieselflusssäure** ist zu ergänzen:

Fluorwasserstoffsäure. (Flusssäure.) Acidum hydrofluoricum.

Man stellt sie folgendermassen dar. Von metallischen Beimengungen freier pulverisirter Flussspath wird in einer Platinretorte *) mit dem dop-

*) Bleierne Gefässe dürfen eben so wenig zur Bereitung als zur Aufbewahrung der Flusssäure angewendet werden, weil das Blei in der Säure löslich ist, und sie verunreinigen würde.

pelten seines Gewichts concentrirter Schwefelsäure übergossen, das Gemenge mit einem Platinspatel umgerührt, und der Retortenhals dergestalt unter destillirtes Wasser gebracht, dass ein Theil des Halses über, ein anderer unter dem Wasserspiegel steht. Das Wasser muss ebenfalls in einem Platingeschirr enthalten sein. So vorgerichtet erwärmt man die Retorte mit ihrem Inhalt gelinde durch die Flamme einer Spirituslampe, und fährt damit lange fort, bis aus dem Wasser eine an der Luft stark dampfende Flüssigkeit geworden ist. Die Säure muss frisch verbraucht werden, weil sie durch das Aufbewahren beträchtlich an Stärke verliert.

Die Flusssäure ist eine farbenlose, an der Luft rauchende Flüssigkeit, von durchdringend stechendem Geruch. Fernambuk macht sie charakteristisch gelb, zerfrisst Glas, und ist überhaupt eins der heftigsten und zerstörendsten Aetzmittel. Sie besteht aus gleichen A. Fluor und Wasserstoff, in 100 Th. aus 94,93 Fluor und 5,07 Wasserstoff.

Das Mischungsgewicht derselben, den Sauerstoff zur Einheit genommen, ist 246,279; den Wasserstoff damit verglichen 39,469.

Die Flusssäure ist das sicherste Mittel zur Entdeckung der Kieselerde auf nassem Wege, in sofern sie die einzige Säure ist, von welcher diese im geglühten und nicht geglühten Zustande leicht und vollständig gelöst wird. Bei weitem wichtiger ist indess die Anwendung der Flusssäure bei der Analyse Kieselerde haltiger Fossilien, wozu sie Berzelius zuerst anwandte. Besondern Werth hat sie, wenn in solchen Verbindungen ein

Alkali enthalten ist, das sehr genau bestimmt werden soll, das Fossil aber durch Säuren nicht zerlegt wird. Man verfährt alsdann folgendermassen. Das fein pulverisirte Fossil wird in einer geräumigen Platinschaale mit Flusssäure übergossen, wenn die erste heftige Einwirkung vorüber ist, mit einem Platinspatel umgerührt, vorsichtig Schwefelsäure zugesetzt, darauf alles bei anfangs gelindem, allmählig verstärktem Feuer zur Trockne abgedampft. Dadurch entweichen Fluorsilicium, Flusssäure und die überschüssige Schwefelsäure. Im Rückstand befindet sich die bloss von ihrem Kieselerdegehalt befreite Substanz, aus der die übrigen Bestandtheile abgeschieden werden können, wie es ihre Natur mit sich bringt. Sollte ja noch etwas Kieselerde dabei sein, so bleibt diese beim Auflösen der trocknen Masse im warmen Wasser übrig. Alle Kieselfossilien lassen sich nicht durch Flusssäure analysiren; die, welche der Einwirkung des kohlensauren Kali widerstehen, werden auch nicht von der Flusssäure angegriffen; bei ihnen bedient man sich zur Bestimmung der Alkalimenge besser des salpetersauren Baryt. Um übrigens zu erfahren, ob sich ein Fossil durch Flusssäure wird analysiren lassen oder nicht, darf man es nur in Pulverform mit der Säure übergiessen, und Acht geben, ob eine starke Erhitzung eintritt. Ist das nicht der Fall, so lässt sich annehmen, dass das Fossil zur Reihe derjenigen gehört, welche nicht durch Flusssäure zu zersetzen sind.

Von nicht geringerm Interesse ist die Flusssäure zur Trennung der B o r s ä u r e aus ihrer

Verbindung mit feuerbeständigen Basen, wozu ebenfalls Berzelius sie zuerst angewandt hat. Das zu analysirende Salz wird dazu in einem gewogenen Platintiegel mit einem Gemisch von Flusssäure und Schwefelsäure übergossen, zur Trockne abgedampft, und geglüht, worauf die Basen als schwefelsaure Salze übrig bleiben, und als solche weiter untersucht werden können; Fluorborsäure aber entweicht.

Seite 156 nach der zweiten Zeile von oben ist einzurücken:

Kohlenstickstoffsäure. Acidum carbazoticum.

Diese in neuster Zeit zuerst von Liebig im reinen Zustande dargestellte Säure bereitet man nach seiner Angabe folgendermassen. In 20 Th. Salpetersäure von 1,43 spec. Gewicht (nimmt man sie zu schwach, so erzeugt sich statt Kohlenstickstoffsäure künstliche Indigsäure) trägt man allmählig $1\frac{1}{2}$ Th. Indigo in kleinen Portionen, und wartet mit dem Eintragen neuer Mengen immer so lange, bis die Auflösung der frühern, welche unter heftigem Schäumen und Entbindung einer grossen Menge salpetriger Säure vor sich geht, erfolgt ist. Hat sich der Schaum gesetzt, so bringt man die Flüssigkeit, welche sich bis dahin so wenig als möglich erhitzen darf, zum Kochen, setzt, wenn sie gegen das Ende hin beim Annehmen einer stärkeren Consistenz noch viel salpetrige Säure entwickeln sollte, aufs neue Salpetersäure zu, und fährt mit dem Kochen und Zusetzen der

Säure fort, bis man keine salpetrigsauren Dämpfe mehr bemerkt. Darauf stellt man die Flüssigkeit zum Erkalten hin, trennt, wenn Krystalle entstanden sind, diese von der Mutterlauge, spült sie mit Wasser ab, und reinigt sie vollständig durch wiederholtes Auflösen und Krystallisiren*). Sollte die kalt gewordene Flüssigkeit keine Krystalle abgesondert haben, was häufig geschieht, so muss man sie mit Wasser vermischen, und aus dem Niederschlag die Säure durch Auflösen und Krystalliren zu erhalten suchen. Hat man sich auf diese Weise eine genugsame Menge von Krystallen verschafft, so löst man sie in einer Auflösung von kohlensaurem Kali zu einem neutralen kohlenstickstoffsauren Salz, das gleichfalls durch mehrmaliges Auflösen und Krystallisiren gereinigt, dann aber durch eine stärkere Mineralsäure, am besten Schwefelsäure, zerlegt werden muss.

Die auf vorstehende Weise bereitete Säure erscheint in hellgelben, stark glänzenden Rhombenoctaëdern von bitterm Geschmack, welche Lakmus stark röthen, sich unter Schmelzen unzersetzt verflüchtigen, stärker erhitzt aber mit stark russender Flamme verbrennen; kaltes Wasser nimmt sie schwierig, heisses leichter auf; Alkohol und Aether lösen sie gleichfalls. Mit Basen giebt sie heftig detonirende Salze.

---

*) Bemerkt man, dass beim Auflösen der Krystalle, auf der Flüssigkeit ölartige Tropfen (künstlicher Gerbestoff) sich absetzen, so nimmt man diese sorgfältig mit Fliesspapier ab.

Nach Liebig besteht sie aus 15 A. Kohlenstoff, 6 A. Stickstoff und 15 A. Sauerstoff; in 100 Th. aus 36,081 Kohlenstoff, 16,714 Stickstoff und 47,205 Sauerstoff.

Ihr Mischungsgewicht, den Sauerstoff zur Einheit genommen, ist 3177,70; den Wasserstoff damit verglichen 519,256.

Ob die Kohlenstickstoffsäure rein, ob sie namentlich frei von Salpetersäure sei, erfährt man nach Liebig auf die Weise, dass man sie mit einer Auflösung von Indig in Schwefelsäure vermischt, welche dadurch ihre blaue Farbe nicht verlieren darf. Ein Gehalt von Oxalsäure offenbart sich beim Kochen derselben mit Goldauflösung, in sofern sich das Metall dadurch nicht regulinisch niederschlagen darf.

Die Kohlenstickstoffsäure ist von Liebig als ein Reagens zur Entdeckung des Kali vorgeschlagen worden, und soll in dieser Beziehung Platinsolution noch an Empfindlichkeit übertreffen; auch ist sie schon desshalb dazu von grösserm Werthe, weil sie das Ammoniak unverändert lässt, nicht aber, gleich dem Platin, damit eine unlösliche Verbindung wie mit dem Kali giebt. Man thut dabei am besten die Kohlenstickstoffsäure in Alkohol zu lösen, und wenn es angeht, auch von der auf Kali zu prüfenden Verbindung eine spirituöse Lösung zu machen. Es ist diess der Vorsicht halber bei kleineren Mengen von Kali nöthig; denn das kohlenstickstoffsaure Kali ist sonst gerade nicht besonders leicht löslich, erfordert im Gegentheil etwa 260 Theile Wasser von mittlerer Temperatur, um gelöst zu werden.

Die Farbe des Präcipitats ist hellgelblich, von Beschaffenheit ist es krystallinisch.

Seite 185 vor dem Artikel Kupferoxyd ist einzuschalten:

Bleioxyd. Oxydum plumbicum.

Vollkommen rein erhält man es am besten durch gelindes Glühen des reinen krystallisirten salpetersauren Bleioxydes in einem offenen Porzellantiegel, bis keine Dämpfe von salpetriger Säure mehr zum Vorschein kommen. Auch ganz reines Bleiweiss kann man dazu brauchen.

Das so bereitete Bleioxyd besitzt eine rein und lebhaft gelbe Farbe, wird beim Erhitzen vorübergehend roth, schmilzt in der Rothglühhitze, gesteht aber beim Erkalten zu einer schuppigen Masse; in reinem destillirtem Wasser ist es ein wenig löslich. Das spec. Gewicht desselben ist nach Herapath bei 18° 9,277. Es besteht aus gleichen A. Blei und Sauerstoff; in 100 Theilen aus 92,83 Blei und 7,17 Sauerstoff.

Das Mischungsgewicht des Bleioxydes, den Sauerstoff zur Einheit genommen, ist 1394,498; den Wasserstoff damit verglichen, 223,484.

Einer Verunreinigung ist das auf obige Weise bereitete Bleioxyd, welches unter keiner Bedingung durch die so genannte Bleiglätte ersetzt werden kann, nicht leicht ausgesetzt.

Das Bleioxyd findet Anwendung zur Bestimmung der Wassermenge in verschiedenen Verbindungen. So braucht man es, um dadurch den Gehalt an Wasser in manchen Säuren zu bestimmen, worin dieses die Stelle der Base vertritt. Ist die Säure in fester Gestalt da, so mengt man bloss eine gewogene Quantität derselben mit einer ebenfalls gewogenen Menge frisch geglühten Bleioxyds, erhitzt das Ganze in einer Retorte, wenn sich die entstandene Verbindung an der Luft zersetzt, ist diess aber nicht zu befürchten, bloss in einem Tiegel. Was nun das auf diesem Wege erhaltene wasserfreie Salz weniger wiegt, als die zum Versuch angewandte wasserhaltige Säure und das zu ihrer Sättigung erforderliche Bleioxyd zusammengenommen, zeigt den Wassergehalt der Säure an. Ist übrigens die zu untersuchende Säure im aufgelösten, also flüssigen Zustande da, so sättigt man eine gewogene Menge derselben mit einer gleichfalls abgewogenen Menge frisch geglühten Bleioxyds, dampft das Ganze zur Trockne ein, glüht es, und verfährt im übrigen wie vorhin angeführt. Auf diese Weise lässt sich mit Genauigkeit die Menge der Arseniksäure, Boraxsäure und Phosphorsäure ausmitteln, die in einer Flüssigkeit frei von andern Stoffen enthalten sind.

Aber nicht bloss in Säuren, sondern auch in verschiedenen krystallisirten Salzen, kann man auf nämliche Weise den Wassergehalt bestimmen. Mit grosser Genauigkeit hat das Berzelius namentlich bei den Fluorverbindungen gethan. Er rieb dazu einen Theil des zu analysirenden Salzes mit sechs Theilen frisch geglühten Bleioxydes zusammen, brachte beides in eine gewogene Retorte, schüttete noch ein wenig Bleioxyd darauf, nahm das Gewicht der Retorte mit ihrem Inhalt, glühte, wog nach dem Erkalten abermals, und fand nun aus dem Gewichtsverlust die Menge des entwichenen Wassers. Das Erhitzen geschah hier darum in einer Retorte, weil sich das Fluorblei an der Luft theilweise zersetzt.

Nicht minder wichtig ist endlich der Gebrauch, den man vom Bleioxyd bei der Bestimmung der Sättigungscapacität verschiedener organischer Körper macht. Die Substanz wird dazu mit dem Bleioxyd gesättigt, die Verbindung getrocknet, und sodann auf einer gewogenen Glasscheibe verbrannt. Ist die Verbrennung beendigt, die Scheibe erkaltet und ihr Gewicht bestimmt, so zieht man den Rückstand mit destillirtem Essig aus, bis sich nichts mehr löst. Was zurück bleibt, ist metallisches Blei, dessen Gewicht bestimmt, und auf Bleioxyd berechnet werden muss. Der Gewichtsverlust der Scheibe zeigt an, wie viel Bleioxyd vom Essig aufgenommen wurde, welches man alsdann zu dem aus dem metallischen Blei berechneten hinzu addiren muss. Gut ist es, den Versuch einigemal zu wiederholen, und aus den erhaltenen Resultaten das arithmetische Mittel zu nehmen; wenigstens darf man alsdann sicher überzeugt sein, die Sättigungscapacität mit grösster Schärfe bestimmt zu haben.

Atomengewichte

der in dem Werke vorkommenden Reagentien. *)

Einfache Stoffe.

Name.	Formel.	O = 100.	H = 1.
Sauerstoff	O	100,000	16,026
Wasserstoff	H	6,239	1,000
	H̶	12,479	2,000
Phosphor	P	196,155	31,436
	P̶	392,310	62,872
Chlor	Cl	221,325	35,470
	C̶l	442,650	70,940
Jod	J	768,781	123,206
		(789,145)	(126,470)
	J̶	1537,562	246,412
		(1578,290)	(252,940)
Gold	Au	1243,013	199,207
	A̶u	2486,026	398,415
Platin	Pt	1215,220	194,753
		(1233,260)	(197,644)
	P̶t	2430,440	389,506
		(2466,520)	(395,288)

*) Alle Zahlen sind aus Berzelius Schriften entehnt, oder nach seinen Angaben berechnet; die eingeklammerten abweichenden aber nach dessen neuesten Bestimmungen beigefügt. Siehe Poggendorfs Annalen d. Physik u. Chemie 14 B. pag. 566.

Name.	Formel.	O = 100.	H = 1.
Silber	Ag	1351,607	216,611
	$\overline{Ag}$	2703,214	433,222
Quecksilber	Hg	1265,822	202,863
	$\overline{Hg}$	2531,645	405,725
Kupfer	Cu	395,695	63,415
	$\overline{Cu}$	791,390	126,829
Zinn	Sn	735,294	117,839
	$\overline{Sn}$	1470,588	235,678
Zink	Zn	403,226	64,621
	$\overline{Zn}$	806,452	129,242
Eisen	Fe	339,213	54,363
	$\overline{Fe}$	678,426	108,725

Verbindungen.

Name.	Formel.	O = 100.	H = 1.
Wasser	$\dot{\overline{H}}$	112,479	18,026
Stickstoffoxyd	$\dot{N}$	188,518	30,212
Salpetersäure	$\overset{\cdot\cdot\cdot\cdot\cdot}{\overline{N}}$	677,036	108,503
Schwefelsäure	$\dddot{S}$	501,165	80,317
Schwefelige Säure . . .	$\ddot{S}$	401,165	64,291
Phosphorige Säure . . .	$\overset{\cdot\cdot\cdot}{\overline{P}}$	692,310	110,950
Oxalsäure	$\overset{\cdot\cdot\cdot}{\overline{C}}$	452,875	72,578
Borsäure	$\overset{\cdot\cdot\cdot\cdot\cdot\cdot}{\overline{B}}$	871,966	139,743
Kieselsäure	$\ddot{Si}$	577,478	92,548
Kalihydrat	$\dot{K}+\dot{\overline{H}}$	702,395	112,575

Name.	Formel.	O = 100.	H = 1.
Ammoniak	$\not{N}\not{H}^3$	214,474	34,372
Kalk	$\dot{Ca}$	356,019	57,056
Barythydrat	$\dot{Ba}+\dot{\not{H}}$	1069,359	171,377
Kupferoxyd	$\dot{Cu}$	495,695	79,441
Bleioxyd	$\dot{Pl}$	1394,498	223,484
Mangansuperoxyd	$\ddot{Mn}$	555,785	89,071
Schwefelwasserstoffsäure	$\not{H}S$	213,644	34,239
Chlorwasserstoffsäure	$\not{H}\not{C}l$	455,129	72,940
Fluorwasserstoffsäure	$\not{H}\not{F}$	246,279	39,469
Kieselflusssäure	$2Si\not{F}^3+3\not{H}\not{F}$	2696,593	432,159
Essigsäure	$H^6C^4O^3=\overline{A}$	643,187	103,077
Weinsteinsäure	$H^5C^4O^5=\overline{T}$	836,947	134,130
Einfach schwefelsaures Kali	$\dot{K}\dddot{S}$	1091,081	174,859
Doppelt schwefelsaures Kali	$\dot{K}\dddot{S}^2$	1592,246	255,176
Salpetersaures Kali	$\dot{K}\overset{\cdot\cdot\cdot\cdot\cdot}{\not{N}}$	1266,952	203,044
Einfach kohlensaures Kali	$\dot{K}\ddot{C}$	866,353	138,843
Doppelt kohlensaures Kali mit Krystallwasser	$\dot{K}\ddot{C}^2+\dot{\not{H}}$	1255,269	201,171
Einfach kleesaures Kali	$\dot{K}\dddot{\not{C}}$	1042,791	167,119
Doppelt kleesaures Kali mit Krystallwasser	$\dot{K}\dddot{\not{C}}^2+2\dot{\not{H}}$	1720,624	275,749
Chromsaures Kali	$\dot{K}\dddot{Cr}$	1241,735	199,003
Chlorkalium	$K\not{C}l$	932,566	149,455
Jodkalium	$K\not{J}$	2068,206	331,455

Name.	Formel.	O = 100.	H = 1.
Schwefelcyankalium . .	$K\overline{N}\overline{C}S$	1954,398	313,215
Einfach schwefelsaures Natron (wasserfreies)	$\dot{Na}\dddot{S}$	892,062	142,963
Einfach schwefelsaures Natron mit Krystallwasser	$\dot{Na}\dddot{S}+10\dot{\overline{H}}$	2016,852	323,223
Phosphorsaures Natron mit Krystallwasser .	$\dot{Na}^2+\dddot{\overline{P}}+24\dot{\overline{H}}$	4373,600	700,919
Kohlensaures Natron m. Krystallwasser	$\dot{Na}\ddot{C}+10\dot{\overline{H}}$	1792,124	287,208
Kohlensaures Natron (wasserfreies)	$\dot{Na}\ddot{C}$	667,334	106,948
Boraxsaures Natron mit Krystallwasser	$\dot{Na}\dddot{\overline{B}}+10\dot{\overline{H}}$	2387,653	382,649
Bernsteinsaures Natron	$\dot{Na}\overline{S}$	1652,311	264,802
Benzoesaures Natron .	$\dot{Na}\overline{B}$	3012,579	482,802
Chlornatrium	$Na\overline{Cl}$	733,547	117,560
Schwefeligsaures Ammoniak mit Krystallwasser	$\overline{N}\overline{H}^3\ddot{S}+\dot{\overline{H}}$	1129,283	180,980
Kohlensaures Ammoniak	$\overline{N}\overline{H}^3\ddot{C}$	490,911	78,674
Oxalsaures Ammoniak mit Krystallwasser .	$\overline{N}\overline{H}^3\dddot{\overline{C}}+2\dot{\overline{H}}$	1106,781	177,374
Bernsteinsaures Ammoniak mit Krystallw. .	$\overline{N}\overline{H}^3\overline{S}+2\dot{\overline{H}}$	1070,140	171,502
Chlorammonium	$\overline{N}\overline{H}^3H\overline{Cl}$	669,603	106,312

Name.	Formel.	O = 100.	H = 1.
Hydrothionsaures Schwefelammonium	$H^4NS + H^2S$	641,762	102,850
Salpetersaurer Baryt ..	$\dot{Ba}\overset{\cdot\cdot\cdot\cdot\cdot}{N}$	1633,916	261,854
Kohlensaurer Baryt ..	$\dot{Ba}\ddot{C}$	1233,317	197,653
Essigsaurer Baryt mit Krystallwasser	$\dot{Ba}\bar{A} + \dot{H}$	1712,546	277,455
Chlorbarytium mit Wasser	$BaCl + \dot{H}$	1524,488	244,317
Schwefelsaurer Kalk m. Krystallwasser	$\dot{Ca} + \dddot{S} + 2\dot{H}$	1082,142	173,425
Chlorcalcium	$CaCl$	698,669	111,970
Fluorcalcium	CaF	489,819	78,499
Schwefelsaure Thonerde	$\dddot{Al}\dddot{S}^3$	2145,829	343,893
Schwefelsaures Eisenoxydul m. Krystallw.	$\dot{Fe}\dddot{S} + 6\dot{H}$	1615,252	258,862
Schwefelsaures Eisenoxyd	$\dddot{Fe}\dddot{S}^3$	2481,906	397,754
Kaliumeisencyanür mit Krystallwasser	$FeCy + 2KCy + 3\dot{H}$	2646,215	424,087
Kaliumeisencyanid ...	$Fe(NC)^3 + 3K(NC)$	4127,640	661,502
Salpetersaures Kobaltoxyd	$\ddot{Co}\overset{\cdot\cdot\cdot\cdot\cdot}{N}$	1146,027	183,664
Salpetersaures Nikkeloxyd mit Krystallw.	$\dot{Ni}\overset{\cdot\cdot\cdot\cdot\cdot}{N} + 6\dot{H}$	1821,585	291,930

Name.	Formel.	O=100.	H=1.
Salpetersaures Bleioxyd	$\dot{P}l\ddot{\ddot{N}}$	2071,534	331,987
Essigsaures Bleioxyd m. Krystallwasser	$\dot{P}l\bar{A}+3\dot{H}$	2374,122	380,639
Zinnchlorür m. Krystallwasser	$SnCl+2\dot{H}$	1402,902	224,831
Schwefelsaures Kupferoxyd mit Krystallw. .	$\dot{C}u\dddot{S}+5\dot{H}$	1559,155	249,888
Kupferchlorid mit Krystallwasser	$CuCl+4\dot{H}$	1287,261	206,457
Salpetersaures Quecksilberoxydul m. Krystallwasser	$\dot{H}g\ddot{\ddot{N}}+2\dot{H}$	3533,639	506,307
Quecksilberchlorid . . .	$HgCl$	1708,472	273,803
Quecksilbercyanid . . .	$Hg(NC)$	1595,733	255,735
Salpetersaures Silberoxyd	$\dot{A}g\ddot{\ddot{N}}$	2128,643	341,140
Essigsaures Silberoxyd	$\dot{A}g\bar{A}$	2094,794	335,714
Chlorsilber	$\dot{A}gCl$	1794,257	287,551
Platinchlorid	$PtCl^2$	2118,560	339,524
Natriumplatinchlorid m. Krystallwasser	$2(PtCl^2)+NaCl+6\dot{H}$	5645,541	904,764
Goldchlorid	$AuCl^3$	1906,988	305,617
Natriumgoldchlorid mit Krystallwasser	$2(AuCl^3)+NaCl+6\dot{H}$	5222,397	858,950

Register.

Berlin, gedruckt bei C. Feister und W. Eisersdorff.

Druckfehler.

Pag. 8	Zeile 2	v. u. lies Erscheinungen statt Erscheiuungen.
- 9	- 1	v. o. lies der statt das.
- 46	- 13	v. u. streiche das Wort „in" weg.
- 57	- 6	v. u. lies Octaëder statt Octaöder.
- 80	- 1	v. u. lies der statt das.
- 103	- 10	v. o. lies beigemengten Wasserstoffgases statt beigemengter Wasserstoffgase.
- 108	- 18	v. o. lies dergestalt statt dergestallt.
- 112	- 9	v. o. lies Schwefelammoniak statt Schwefelammonik.
- 118	- 19	v. o. lies Schwefelammoniak statt Schwefelammnoiak.
- 118	- 20	v. o. lies ohne statt chne.
- 200	- 3	v. o. lies kohlensaure statt koklensaure.
- 222	- 16	v. o. lies Anthrakazothionsaures statt Anthrazothionsaures.
- 335	- 12	v. o. lies nicht statt „auch."
- 380	- 1	v. o. lies Platinchlorid stat Platiochlorid.
- 394	- 3	v. o. lies Reichen statt Reicheu.
- 395	- 10	v. u. lies Wasser statt Wasscr.

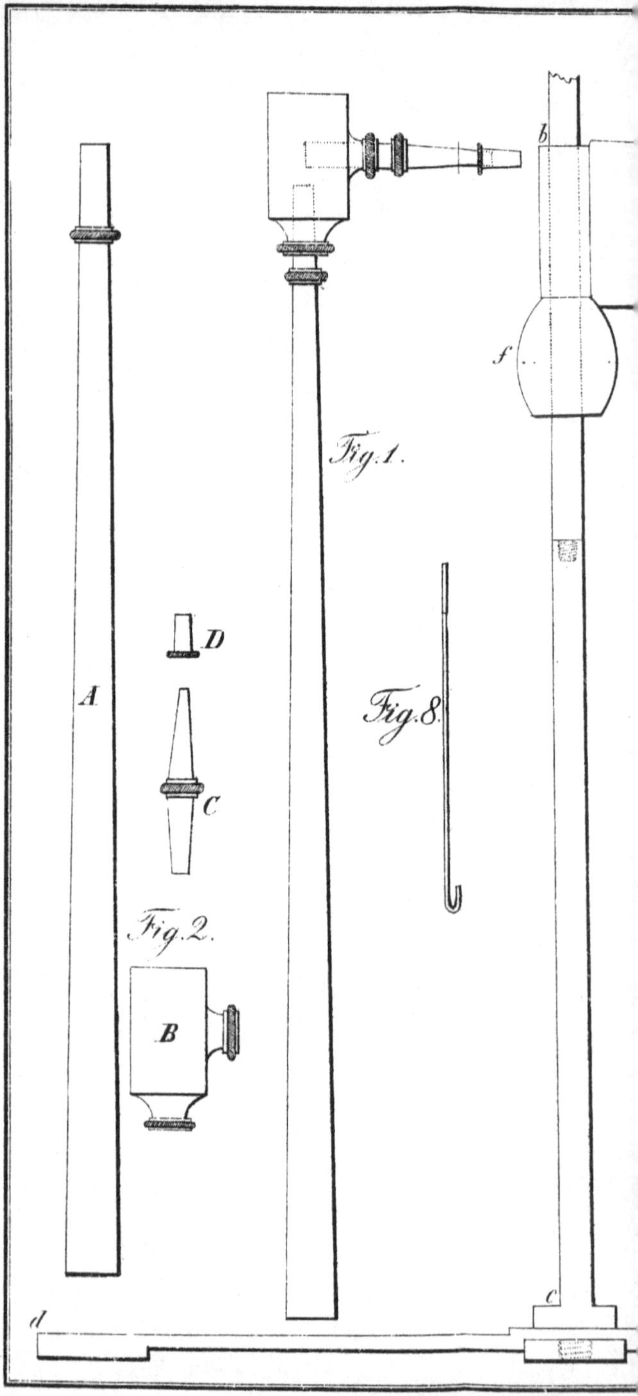

Fig.1.
Fig.2.
Fig.8.
A
B
C
D
b
c
d
f

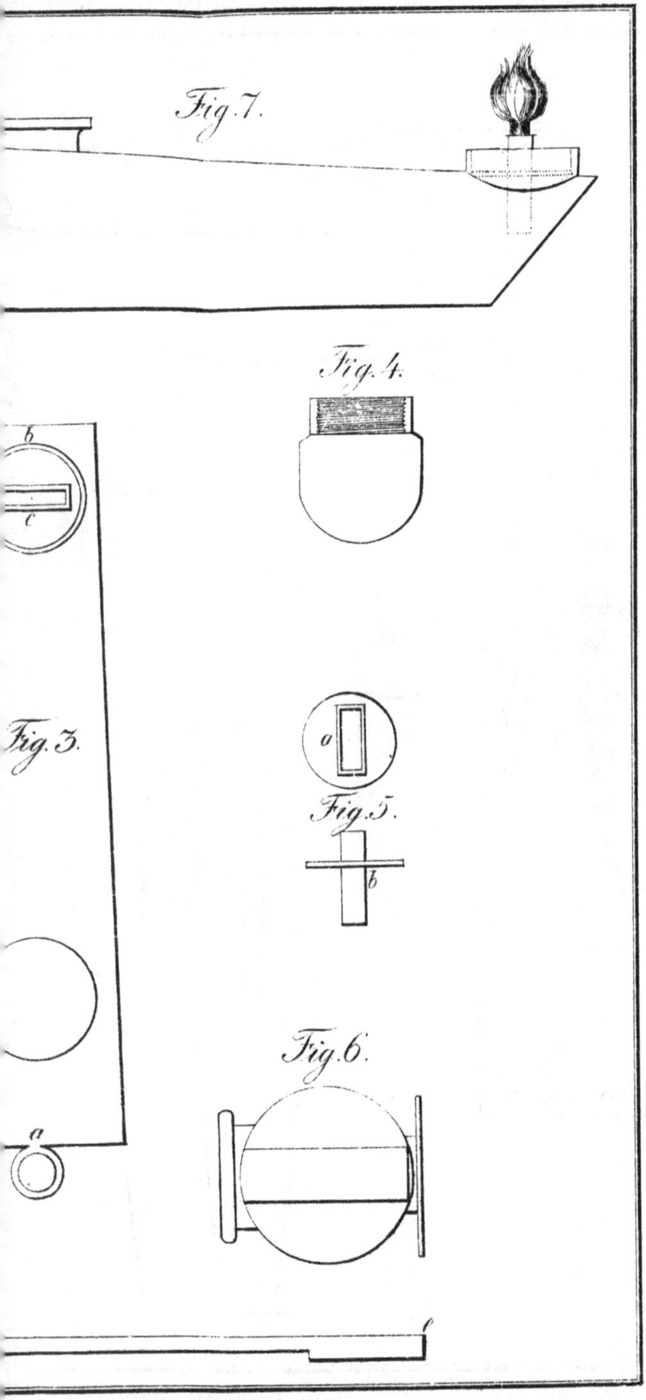

Fig. 7.
Fig. 4.
b
c
Fig. 3.
a
Fig. 5.
b
a
Fig. 6.
c

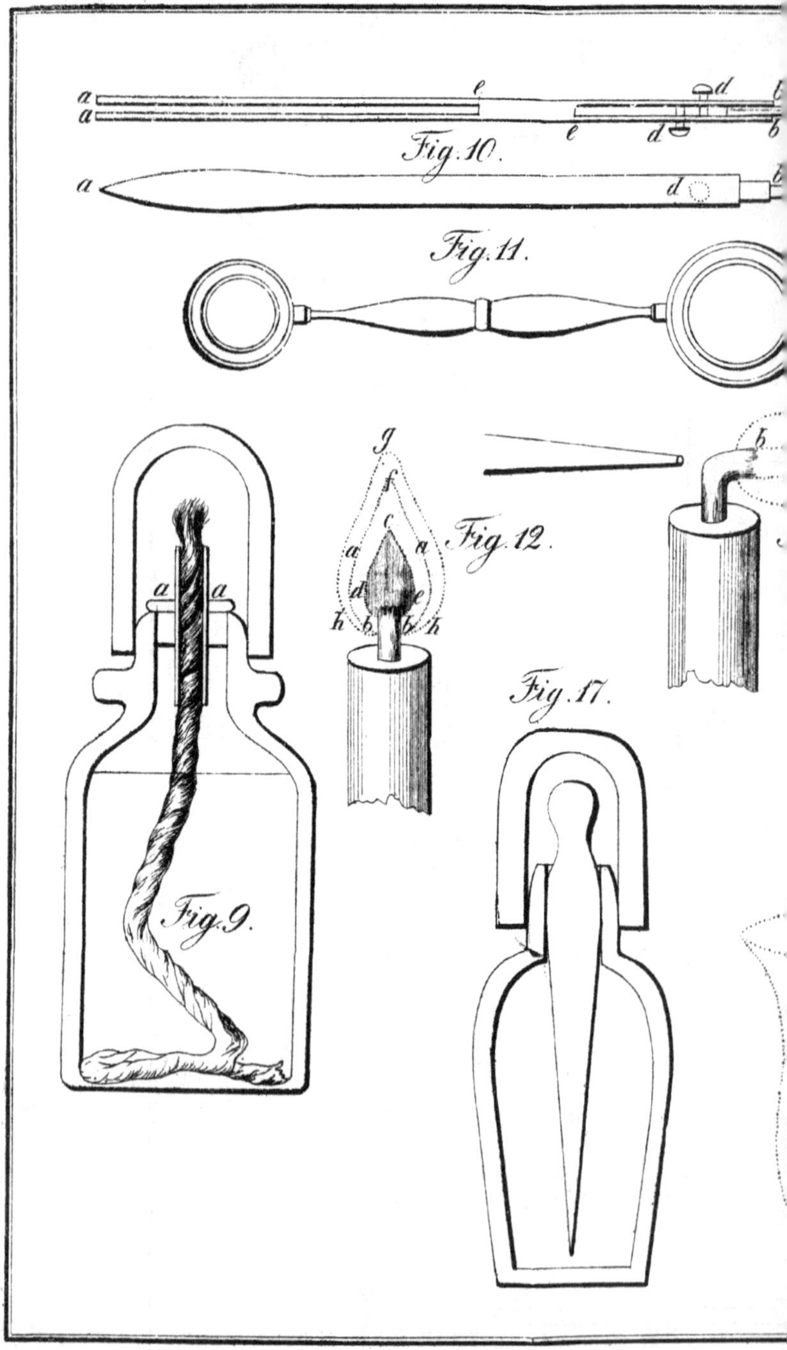
Fig. 10.
a a e e d d b b
a d b
Fig. 11.
Fig. 12.
g f c a a d e h b b h
Fig. 9.
a a
Fig. 17.

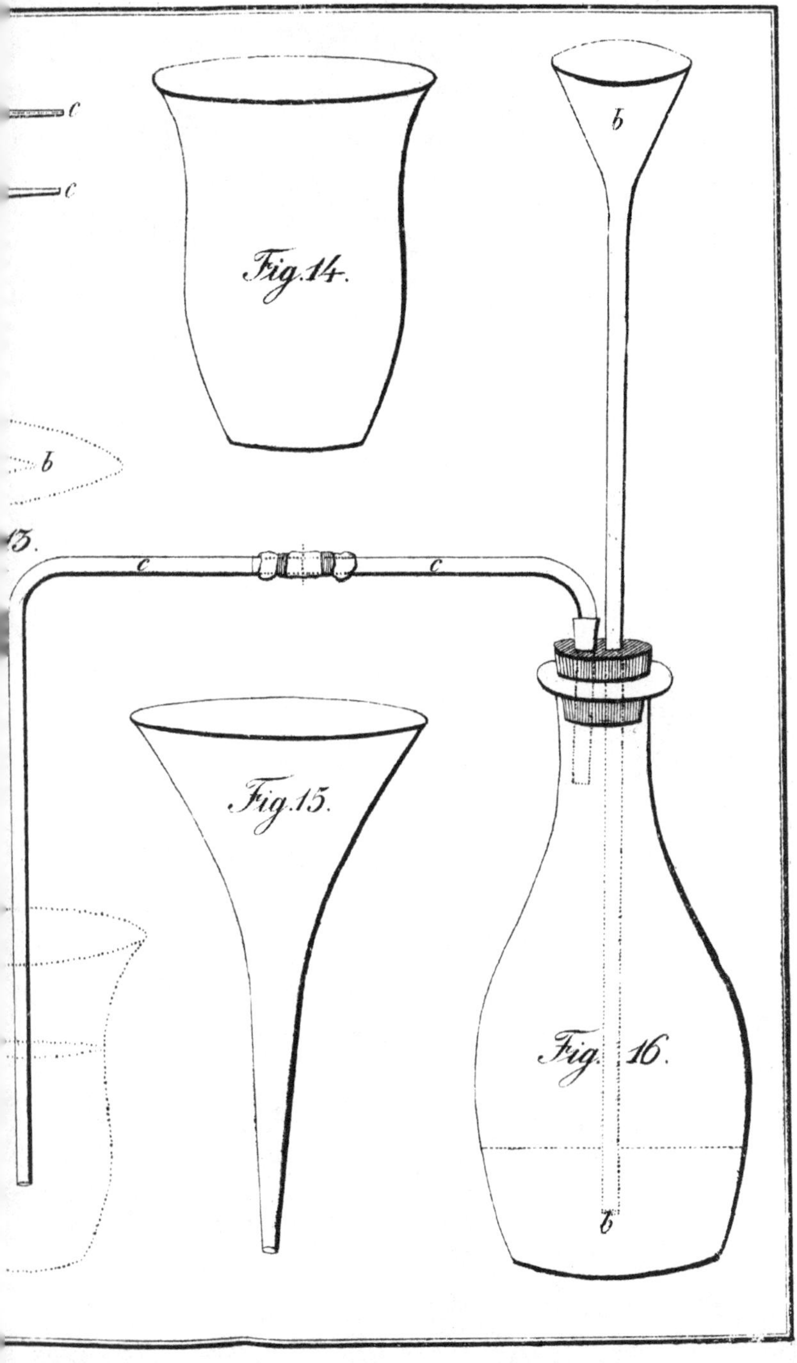
c
c
Fig.14.
b
b
13.
c
c
Fig.15.
Fig. 16.
b

FSC
www.fsc.org
MIX
Papier | Fördert
gute Waldnutzung
FSC® C083411

Zeitfracht Medien GmbH
Ferdinand-Jühlke-Straße 7
99095 Erfurt, Deutschland
produktsicherheit@kolibri360.de